全国职业技术院校计算机信息类专业教材

Windows Server 2003 服务器配置与管理

人力资源和社会保障部教材办公室组织编写

中国劳动社会保障出版社

简介

本书系统地介绍了 Windows Server 2003 服务器配置与管理的各方面内容。全书包括 5 个项目，共 20 个任务，具体项目有：认知 Windows Server 2003 操作系统、创建实验环境、文件服务器的使用、应用服务器的安装与配置、用域控制器管理网络。

本书由薛立新主编。

图书在版编目（CIP）数据

Windows Server 2003 服务器配置与管理/薛立新主编. —北京：中国劳动社会保障出版社，2013

全国职业技术院校计算机信息类专业教材

ISBN 978-7-5167-0806-4

Ⅰ.①W… Ⅱ.①薛… Ⅲ.①Windows 操作系统-网络服务器-高等职业教育-教材 Ⅳ.①TP316.86

中国版本图书馆 CIP 数据核字（2013）第 312957 号

中国劳动社会保障出版社出版发行

（北京市惠新东街 1 号 邮政编码：100029）

*

北京鑫海金澳胶印有限公司印刷装订 新华书店经销

787 毫米×1092 毫米 16 开本 21.5 印张 507 千字

2014 年 1 月第 1 版 2024 年 11 月第 11 次印刷

定价：38.00 元

营销中心电话：400-606-6496

出版社网址：http://www.class.com.cn

http://jg.class.com.cn

前　言

为了更好地满足全国职业技术院校计算机信息类专业的教学要求，全面提升教学质量，人力资源和社会保障部教材办公室组织全国有关学校的一线教师和行业、企业专家，充分调研企业用人需求和学校教学情况，吸收借鉴各地职业技术院校教学改革的成功经验，在2013年出版的计算机信息类专业基础课教材基础之上，开发了本套计算机信息类专业教材。

本次开发的专业教材主要包括《Access 2003 数据库应用》《C 语言（第二版）》《Visual Basic 程序设计（第二版）》《小型局域网组建与管理》《IT 产品营销》《网络综合布线》《Windows Server 2003 服务器配置与管理》《Linux 网络操作系统应用》《网络设备互联》《网络安全》《网页制作高级特效》《计算机系统故障诊断与维修》《常用办公自动化设备使用与维护》《CorelDraw 平面设计与制作》《Illustrator 平面设计与制作》，可用于计算机网络应用、计算机应用与维修以及计算机广告制作等专业的教学，下一步还将根据教学需求继续开发其他计算机信息类专业教材。

本套计算机信息类专业教材开发工作的重点主要体现在以下几个方面：

第一，坚持以能力为本位，突出职业教育特色。

根据计算机信息类专业毕业生所从事岗位的实际需要，合理确定相关技能人才应具备的能力结构与知识结构，在教学内容的深度和难度上做了科学界定。同时，在教材编写中进一步加强实践应用环节，突出职业教育特色，并力求使教材内容涵盖有关国家职业标准和国家计算机等级考试的知识和技能要求。

第二，遵循专业教学规律，合理构建教材体系。

根据计算机信息类专业的教学规律，按照当前职业院校的专业设置情况和发展趋势，合理构建通用的专业基础课教材和各专业方向的专业课教材体系，并做到有机衔接。通过由基础到专业、由通用到专门的教学内容安排，使学生掌握扎实的计算机基础应用能力，并进一步深入学习各专业课程的知识与技能，满足就业实际需要，提高岗位适应能力。

第三，兼顾技术发展与教学条件，突出计算机综合应用能力培养。

针对计算机软、硬件更新迅速的特点，在教学内容选取上，既注重体现新软件、新知识，又兼顾职业技术院校教学实际条件。在教学内容组织上，不局限于软件版本和软件功能的介绍，而更注重相关计算机综合应用能力的培养，为后续专业课程的学习打下良好的基础。

第四，创新教材编写模式，丰富教材表现形式。

根据职业院校学生认知规律，创新教材编写模式。以完成具体工作过程为主线组织教材内容，将理论知识的讲解与具体的任务载体有机结合，激发学生学习兴趣，提高学生实践能力。在表现形式上，通过丰富的操作图片和软件截图详尽地指导任务操作步骤和软件使用方法，使教材内容更加直观、形象。

第五，开发更多辅助产品，提供优质教学服务。

为方便教学，教材中涉及的素材文件均可通过中国人力资源和社会保障出版集团网站（http://www.class.com.cn）免费下载，进入主页后搜索相应教材并进入图书详细页面即可找到下载链接。

本次教材的开发工作得到了北京、河北、辽宁、黑龙江、江苏、河南、广东、云南等省市人力资源和社会保障厅（局）及有关学校的大力支持，在此我们表示诚挚的谢意。

人力资源和社会保障部教材办公室
2014 年 1 月

目　录

项目一　认知 Windows Server 2003 操作系统……（1）

任务 1　认识服务器……（1）
任务 2　Windows Server 2003 操作系统的安装……（10）
任务 3　Windows Server 2003 的基本操作……（15）
任务 4　本地组策略……（30）
任务 5　注册表……（36）

项目二　创建实验环境……（48）

任务 1　VM 虚拟机……（48）
任务 2　光盘镜像文件……（58）
任务 3　硬盘分区……（71）
任务 4　安装服务器和客户机……（90）
任务 5　创建实验环境……（120）

项目三　文件服务器的使用……（132）

任务 1　本地账户和组……（132）
任务 2　NTFS 权限设置……（142）
任务 3　文件服务器……（170）

项目四　应用服务器的安装与配置……（181）

任务 1　Web 服务器的配置与使用……（181）
任务 2　DNS 服务器的配置与使用……（232）
任务 3　DHCP 服务器的配置与使用……（259）
任务 4　FTP 服务器的配置与使用……（274）
任务 5　E－mail 服务器的配置与使用……（283）

项目五　用域控制器管理网络……（293）

任务 1　活动目录和域……（293）
任务 2　域组策略的使用……（315）

项目一　认知 Windows Server 2003 操作系统

项目目标

1. 能利用 Internet 查询服务器相关信息、选购服务器。
2. 能根据实际需要合理选择操作系统。
3. 能正确安装 Windows Server 2003 操作系统。
4. 掌握 Windows Server 2003 基本操作，完成计算机联网的相关设置。

任务 1　认识服务器

学习目标

1. 了解服务器的概念和分类。
2. 熟悉市场上的主流服务器品牌，并能正确选购服务器。

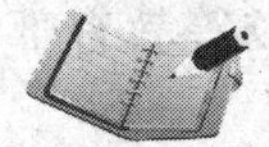

任务描述

随着公司规模的不断扩大，公司的计算机数目从原来的 10 台增加到 100 台。为了提高信息化办公的水平，公司决定安装服务器，从而更好地管理公司。作为公司网络管理员的小钱负责此项工作，小钱首先从了解服务器相关知识开始，着手准备购买服务器。

本任务在了解服务器基础知识之后，借助于网络查询分析服务器市场以及服务器报价、技术参数，并下载服务器用户手册以了解更多相关信息。

相关知识

一、服务器的概念

服务器（Server）是指在网络环境下运行相应的软件，为网上用户提供共享信息资源和各种服务的一种高性能计算机。

服务器与 PC 机在结构组成上相似，也有 CPU（中央处理器）、内存、硬盘、各种总线等，只是性能和可靠性不一样，服务器能够提供各种共享服务（网络、Web 应用、数据库等）以及其他方面的高性能应用。服务器的高性能主要体现在高速度的运算能力、长时间的可靠运行、强大的外部数据吞吐能力等方面。

服务器针对的是7天24小时不间断运行进行设计。服务器为了保证足够的可靠性和安全性，采用了大量普通计算机没有的技术，如冗余技术、系统备份、在线诊断技术、故障预报警技术、内存纠错技术、热插拔技术和远程诊断技术等，使绝大多数故障能够在不停机的情况下得到及时排除。

二、服务器的分类

1. 按应用层次划分

服务器按应用层次划分为入门级服务器、工作组级服务器、部门级服务器和企业级服务器四类。

（1）入门级服务器。入门级服务器通常只使用一块CPU，并根据需要配置相应的内存和大容量的IDE硬盘，必要时也会采用IDE RAID（一种磁盘阵列技术，主要目的是保证数据的可靠性和可恢复性）进行数据保护。

入门级服务器主要是针对基于Windows、NetWare等网络操作系统的用户，可以满足办公室中小型网络用户的文件共享、打印服务、数据处理、Internet接入及简单数据库应用的需求，也可以在小范围内完成诸如E－mail、Proxy、DNS等服务。

（2）工作组级服务器。工作组级服务器一般使用1～2个处理器，支持大容量的ECC（一种内存技术，多用于服务器内存）内存，功能全面。其可管理性强，且易于维护，具备了小型服务器所必备的各种特性，如采用SCSI（一种总线接口技术）总线的I/O（输入/输出）系统、SMP对称多处理器结构、可选装RAID、热插拔硬盘、热插拔电源等，具有高可用性特性。

工作组级服务器适用于为中小企业提供Web、Mail等服务，也能够用于学校等教育部门的数字校园网、多媒体教室的建设等。

（3）部门级服务器。部门级服务器通常可支持2～4个处理器，具有较高的可靠性、可用性、可扩展性和可管理性。部门级服务器集成了大量的监测及管理电路，具有全面的服务器管理能力，可监测如温度、电压、风扇、机箱等状态参数。结合服务器管理软件，可以使管理人员及时了解服务器的工作状况。

目前，部门级服务器是企业网络中分散的各基层数据采集单位与最高层数据中心保持顺利连通的必要环节，适合中型企业（金融、邮电等行业）作为数据中心、Web站点等应用。

（4）企业级服务器。企业级服务器属于高档服务器，普遍可支持4～8个处理器，拥有独立的双通道和内存扩展板设计，具有高内存带宽、大容量热插拔硬盘和热插拔电源，以及超强的数据处理能力。这类产品具有高度的容错能力、优异的扩展性能和系统性能、极长的系统连续运行时间等特点，能在很大程度上保护用户的投资，可作为大型企业级网络的数据库服务器。

企业级服务器主要适用于需要处理大量数据、高处理速度和对可靠性要求极高的大型企业和重要行业（金融、证券、交通、邮电、通信等行业），可用于提供ERP（企业资源配置）、电子商务、OA（办公自动化）等服务。

2. 按服务器处理器架构划分

按服务器处理器架构（CPU 所采用的指令系统）划分为 CISC 架构服务器、RISC 架构服务器和 VLIW 架构服务器三种。

（1）CISC 架构服务器。CISC（Complex Instruction Set Computer，复杂指令系统计算机）的特点是指令数目多而复杂，每条指令字长并不相等。在每个指令中可执行若干操作，从内存读取、储存和计算操作全部集中于单一指令中。在微处理器中，程序的各条指令按顺序串行执行，每条指令中的各个操作也按顺序串行执行。顺序执行的优点是控制简单，但计算机各部分的利用率不高，执行速度慢。

CISC 架构服务器主要以 IA－32 架构（Intel Architecture，英特尔架构）为主，而且多数为中低档服务器所采用。

（2）RISC 架构服务器。RISC（Reduced Instruction Set Computer，精简指令集计算机）的指令系统相对简单，它只要求硬件执行很有限且最常用的那部分指令，大部分复杂的操作则使用成熟的编译技术，由简单指令合成。

目前在中高档服务器中普遍采用这一指令系统的 CPU，特别是高档服务器全都采用 RISC 指令系统的 CPU。在中高档服务器中采用 RISC 指令的 CPU 主要有 Compaq（康柏，即新惠普）公司的 Alpha、HP 公司的 PA－RISC、IBM 公司的 Power PC、MIPS 公司的 MIPS 和 SUN 公司的 Spare。

（3）VLIW 架构服务器。VLIW（Very Long Instruction Word，超长指令字）采用了先进的 EPIC（显式并行指令运算）设计，这种构架也叫作“IA－64 架构”。

VLIW 的最大优点是简化了处理器的结构，删除了处理器内部许多复杂的控制电路。其结构简单，制造成本较低，价格低廉，能耗少，性能比超标量芯片高得多。

在一个时钟周期内 CISC 通常只能运行 1～3 条指令，RISC 能运行 4 条指令，IA－64 可运行 20 条指令。

目前，基于这种指令架构的微处理器主要有 Intel 的 IA－64 和 AMD 的 X86－64 两种。

3. 按服务器用途划分

按服务器用途划分为通用型服务器和专用型服务器两类。

（1）通用型服务器。通用型服务器不是为某一功能而设计的，要兼顾多方面的应用需要，服务器的结构相对复杂，性能要求较高，价格也较高。当前大多数服务器是通用型服务器。

（2）专用型服务器。专用型（或称功能型）服务器是专门为某一种或某几种功能专门设计的服务器。如光盘镜像服务器主要是用来存放光盘镜像文件的，需要配备大容量、高速的硬盘以及光盘镜像软件。FTP 服务器主要用于在网上（包括 Intranet 和 Internet）进行文件传输，要求服务器在硬盘稳定性、存取速度、I/O（输入/输出）带宽方面具有明显优势。E－mail 服务器要求服务器配置高速宽带上网工具、大容量硬盘等。

专用型服务器只需要满足某些需要的功能即可，所以结构比较简单，采用单 CPU 结构，在稳定性、扩展性等方面要求不高，价格也便宜许多。

4. 按服务器机箱结构划分

按服务器机箱结构划分为塔式服务器、机架式服务器、机柜式服务器和刀片式服务器四类。

（1）塔式服务器。塔式服务器采用大小与普通立式计算机大致相当的机箱，有的采用大容量机箱（见图1—1—1）。低档服务器由于功能较弱，整个服务器的内部结构比较简单，所以机箱不大，都采用台式机箱结构。

塔式服务器扩展性较好，拆卸和维护比较方便。此类服务器是一般中小企业的首选，应用支持广泛，是比较通用的服务器类型。

（2）机架式服务器。机架式服务器的外形看起来不像计算机，更像是交换机（见图1—1—2），这种结构的服务器多为功能型服务器，有1U、2U、4U、6U、8U等多种规格，安装在19 inch机架里面。

图1—1—1　塔式服务器

图1—1—2　机架式服务器

规定服务器的尺寸，是为了使服务器放在铁质或铝质的机架上。规定的尺寸是服务器的宽（19 inch＝48.26 cm）与高（1.75 inch＝4.445 cm）的倍数。

U（Unit的缩略语，表示单元）是一种表示服务器外部尺寸的单位，尺寸由美国电子工业协会（EIA）决定。1U＝1.75 inch＝4.445 cm，2U＝4.445 cm×2＝8.89 cm，3U＝4.445 cm×3＝13.335 cm，4U＝4.445 cm×4＝17.78 cm。

通常1U的机架式服务器最节省空间，但性能和可扩展性较差，适合一些业务相对固定的使用领域。4U以上的产品性能较高，可扩展性好，管理十分方便，一般支持4个以上的高性能处理器和大量的标准热插拔部件。厂商通常提供相应的管理和监控工具，适合大访问量的关键应用，但体积较大，空间利用率不高。

（3）机柜式服务器。在一些高档企业服务器中，由于服务器内部结构复杂、设备较多，有的还具有许多不同的设备单元，因此将这些设备或几个服务器都放在一个机柜（见图1—1—3）中，这种服务器就是机柜式服务器。

（4）刀片式服务器。刀片式服务器（见图1—1—4）是一种HAHD（High Availability High Density，高可用高密度）的低成本服务器平台，是专门为特殊应用行业和高密度计算

图1—1—3　机柜式服务器

图1—1—4　刀片式服务器

机环境设计的，其中每一个“刀片”实际上就是一块系统母板，类似于一个个独立的服务器。在这种模式下，每一块母板运行自己的系统，服务于指定的不同用户群，相互之间没有关联。可以使用系统软件将这些母板集合成一个服务器集群。在集群模式下，所有的母板可以连接起来提供高速的网络环境，可以共享资源，从而为相同的用户群服务。

当前市场上的刀片式服务器有两大类：一类主要为电信行业设计，接口标准和尺寸规格符合 PICMG（PCI Industrial Computer Manufacturer's Group）1. x 或 2. x，未来还将推出符合 PICMG 3. x 的产品，采用相同标准的不同厂商的刀片和机柜在理论上可以互相兼容；另一类为通用计算设计，接口可能采用了上述标准或厂商标准，但尺寸规格是厂商自定的，注重性能价格比，目前属于这一类的产品居多。

刀片式服务器目前最适合群集计算、提供互联网服务。这类服务器主要应用在大型企业中，中小企业很难用到。

5. 按服务器应用功能划分

按服务器应用功能划分为文件服务器、DHCP 服务器、DNS 服务器、域控制服务器、Web 服务器、FTP 服务器、邮件服务器等。

（1）文件服务器（File Server）。文件服务器用来根据客户端的要求保存、查找和更新数据。

（2）DHCP 服务器（DHCP Server）。自动为客户机分配 IP 地址、网关和 DNS，免去管理员为每台计算机手动设置 IP 的工作。

（3）DNS 服务器（DNS Server）。DNS 服务器的作用是把域名解析为对应的 IP 地址。

（4）域控制服务器（Domain Server）。域控制服务器提供认证服务，实现对网络资源（包括用户和计算机）的管理、维护并实施安全策略，提供一个可靠的网络环境。域控制服务器具有以下功能：用户认证、资源访问认证、安全控制。

（5）Web 服务器（Web Server）。Web 服务器用来提供 Web 页面浏览。

（6）FTP 服务器（FTP Server）。FTP 服务器依照 FTP 协议提供服务，供用户下载（Download）和上传（Upload）文件。

（7）邮件服务器（E - mail Server）。邮件服务器负责电子邮件的收发管理。

三、服务器的品牌

目前市场上有很多品牌的服务器，著名的国外品牌有 IBM、HP（惠普）、Dell（戴尔）等，国内品牌有联想、浪潮、曙光、华为等。

对于有较小应用需求的用户（如网吧、小型公司）来说，可以用一台高性能的组装机作为服务器。

四、服务器的选购

在服务器市场上，每一个品牌都拥有非常丰富的产品系列，使得购买者的决策过程更加复杂。如何在千差万别的产品中做出正确、合理的选择，是购买者需要认真思考的问题。

选购服务器应当考虑的因素：

1. 性能要稳定

性能稳定是选购服务器首先要考虑的最重要的因素，因为性能不稳定的服务器，即使配置再高、技术再先进，也不能保证局域网能正常工作。如果企业在服务器中存放了许多重要的数据，一旦服务器性能不稳定，就有可能出现服务器中的数据信息随时丢失或者整个系统瘫痪的危险，严重的话，可能会给企业造成难以估计的损失。

对许多人来说，“稳定”似乎是个十分抽象的名词，似乎每一家服务器厂商都在强调自己的产品十分稳定。其实，“稳定”并非完全没有脉络可寻，也并非越贵的产品越稳定。判断产品性能是否稳定可参考以下因素：

（1）整体组装品质。通常规模较大的厂家所组装的产品，有规范的制造流程和严格的产品质量检测，因此，打开机箱若发现存在布线凌乱、机箱用料单薄、组件吻合度不佳或CPU、内存及硬盘无原厂保固贴纸等问题，就绝对不该将之列入考虑范围。

（2）良好的散热设计。服务器大多需要长时间运作，因此良好的散热性能是十分重要的。散热性能可以由厂商数据、散热风力强度或实际测试得知，散热良好的服务器往往有着较佳的稳定性能。

（3）承诺售后服务内容。对自己所出品的产品有信心的厂家，通常会提供较好的服务内容。

（4）整体口碑。通常服务器产品口碑十分重要，选择有人推荐的品牌或市场上较老的品牌也是一种办法。但是，一些新的品牌或产品也十分优良，这些就要靠一些专家的推荐或试用测试来确定产品好坏。

（5）权威性评比推荐。一些权威性的杂志常常会有一些测评，不失为一种参考依据，但最主要的还是要看一些实际运行性能测试，并多比较相关报道，才容易获得客观的意见。

（6）实际测试。如果可能的话，最好能先购买少量产品进行测试，安装欲使用的软件，并且长时间运行，使用专用的测试软件，测试其性能是否稳定。

2. 升级维护成本低

许多品牌服务器可能在购买时总价并不高，但却有着十分可观的升级维护成本。比方说一些国外品牌的服务器，往往为了提高市场占有率，将最初成本压得很低，但一些日后升级的配件，如CPU、内存、硬盘、磁盘阵列卡等十分昂贵。另外，在其原厂保修期到期后，其续约的维护成本也十分昂贵，造成类似“买车容易养车难”的窘境。因此，升级维护成本也是选购服务器时要着重考虑的一个因素。

3. 厂家研发制造实力

现在许多厂家都推出PC服务器产品，有些价格也十分便宜，但使用者真正要考虑的应该是厂家本身的实力如何、厂商本身是否有经验丰富的研发团队。一般来说，国际品牌往往较具实力，研发经验也较丰富。然而，近年来由于竞争激烈，PC服务器价格下降不少，因此大多数外商品牌的PC服务器都是由其他厂商代工。考察这些品牌的服务器时，就应该排除对品牌的迷信，了解其代工厂商的实力及研发能力。

4. 解决问题的能力

虽然许多外商在研发技术方面不差，但往往因为研发部门大都在海外，当客户发生问题时，需由当地销售网点反映至国外总部，这样一来，其反馈速度必然受到影响。而国内厂商的研发机构层次相对而言没有如此复杂，是可以优先考虑的对象。

综上所述，选购一台好的PC服务器，最重要的是符合用户的需要、稳定度和售后服务的保障。架构一个仿真环境，实地加以测试运作是最保险的方式。消费者应该站在较为理智的立场，根据各项要点加以评估，千万不要出于对品牌盲目的迷信，而采购了一台价格十分昂贵、品质却没有比一般品牌高出多少的服务器。

任务实施

一、查询近期中国服务器市场分析报告

1. 启动 IE，输入“http://zdc. zol. com. cn”，打开“ZDC 互联网消费调研中心”主页。

2. 选择“网络”菜单下的“服务器”选项。选择近期报告，例如“2013 年 3 月中国服务器市场分析报告”。

2013 年 3 月中国服务器市场在售产品数量达到 1 078 款，较上月增加了 42 款，主要为主流厂商新品上市。从产品关注格局（见图 1—1—5）来看，本月产品关注榜冠军位易主，IBM 产品取代戴尔，将冠军收入囊中。从主流参数来看，机架式服务器产品关注度较上月出现小幅下滑。

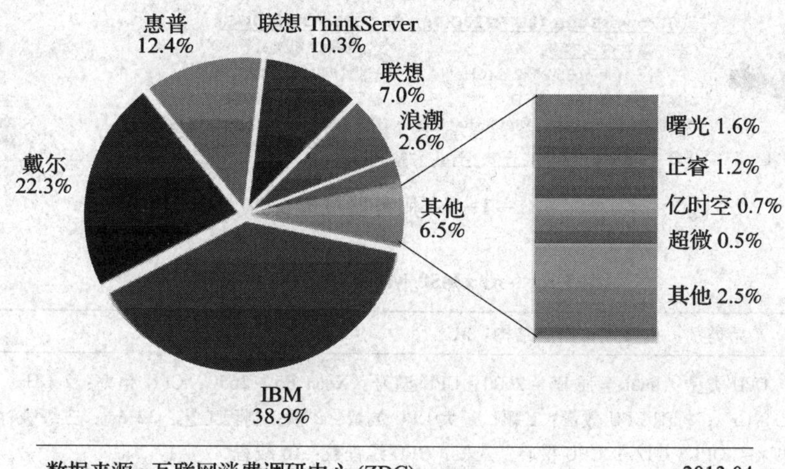

图 1—1—5　2013 年 3 月中国服务器市场品牌关注比例分布

二、查询服务器报价和技术参数

1. 启动 IE，输入“http://detail. zol. com. cn/server”，打开 ZOL 中关村在线服务器频道。

2. 设置查询条件并进行查询（见图 1—1—6）。

3. 查询服务器报价（见图 1—1—7）。

4. 查询服务器参数（见表 1—1—1）。

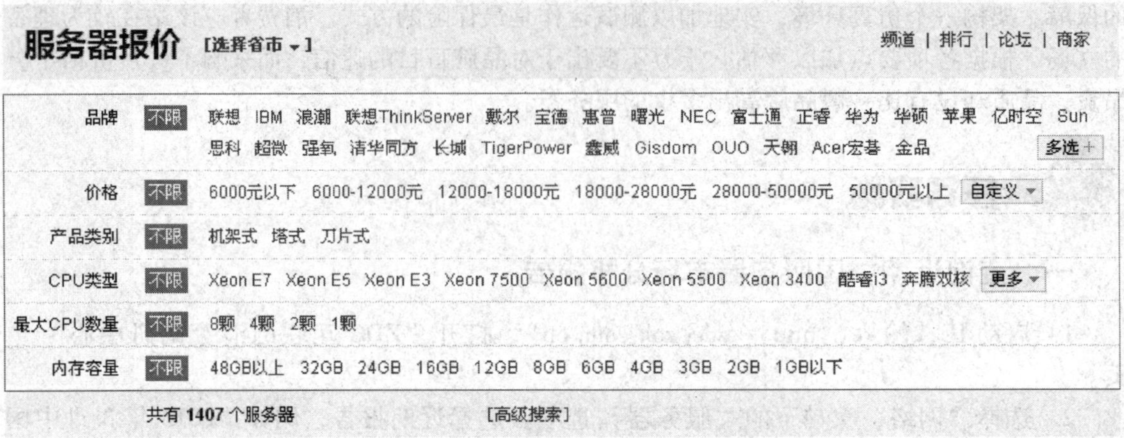

服务器报价 [选择省市▾]　　　　频道 | 排行 | 论坛 | 商家

品牌	不限	联想 IBM 浪潮 联想ThinkServer 戴尔 宝德 惠普 曙光 NEC 富士通 正睿 华为 华硕 苹果 亿时空 Sun 思科 超微 强氧 清华同方 长城 TigerPower 鑫威 Gisdom OUO 天朝 Acer宏碁 金品 多选+
价格	不限	6000元以下 6000-12000元 12000-18000元 18000-28000元 28000-50000元 50000元以上 自定义▾
产品类别	不限	机架式 塔式 刀片式
CPU类型	不限	Xeon E7 Xeon E5 Xeon E3 Xeon 7500 Xeon 5600 Xeon 5500 Xeon 3400 酷睿i3 奔腾双核 更多▾
最大CPU数量	不限	8颗 4颗 2颗 1颗
内存容量	不限	48GB以上 32GB 24GB 16GB 12GB 8GB 6GB 4GB 3GB 2GB 1GB以下

共有 **1407** 个服务器　　　[高级搜索]

图 1—1—6　设置查询条件并进行查询

IBM System x3650 M4(7915I51)

所属：IBM x3650 M4系列　　产品类别：机架式

CPU型号：Xeon E5-2650 2GHz　　标配CPU数量：1颗

内存容量：8GB ECC DDR3　　内部硬盘架数：最大支持8块2.5英寸或

网络控制器：7×USB端口（2个前置　　产品结构：2U　更多参数>>

¥2.45万　2013-05-04　301家商家报价　查询底价

加入对比+　评分：★★★★★ 4.5　点评(2)　评测(2)　帖子(24)

戴尔PowerEdge 12G R720(Xeon E5-2609/2GB/300GB)

所属：戴尔 R720系列　　产品类别：机架式

CPU型号：Xeon E5-2609 2.4GHz　　标配CPU数量：1颗

内存容量：2GB ECC DDR3　　标配硬盘容量：300GB

内部硬盘架数：最大支持8块3.5英寸硬盘　　网络控制器：Intel四端口　更多参数>>

¥1.3万　2013-05-04　305家商家报价　查询底价

加入对比+　评分：★★★★ 4.3　点评(3)　评测(7)　帖子(25)

图 1—1—7　服务器报价查询

表 1—1—1　　IBM System x3650 M4（7915I51）参数

基本参数	产品类别：机架式；产品结构：2U
处理器	CPU 类型：Intel 至强 E5－2600；CPU 型号：Xeon E5－2650；CPU 频率：2 GHz；智能加速主频：2.8 GHz；标配 CPU 数量：1 颗；最大 CPU 数量：2 颗；制程工艺：32 nm；三级缓存：20 MB；总线规格：QPI 8 GT/s；CPU 核心：八核；CPU 线程数：16 线程
主板	扩展槽：2×PCI－E 3.0，1×PCI－X（可选）
内存	内存类型：ECC DDR3；内存容量：8 GB；内存插槽数量：24；最大内存容量：768 GB
存储	硬盘接口类型：SATA/SAS；最大硬盘容量：9 TB；内部硬盘架数：最大支持 8 块 2.5 inch 或 3 块 3.5 inch 硬盘；RAID 模式：M5110E RAID 0，1；光驱：DVD（可选）
网络	网络控制器：7×USB 端口（2 个前置，4 个后置，1 个内置） 2×VGA 端口（1 个前置，1 个后置）
管理及其他	系统管理：带可选 FoD 远程在线支持的 IBM IMM2，预测性故障分析，诊断 LED，光通路诊断面板，自动服务器重启，IBM Systems Director 和 Active Energy Manager；系统支持：Windows Server、Red Hat Enterprise Linux、SUSE Linux Enterprise Server、VMware vSphere
电源性能	电源功率：750 W

三、下载服务器用户手册

1. 启动 IE，输入“http://www.inspur.com”，打开 inspur 浪潮主页。

2. 单击“支持下载”菜单。

3. 在“相关支持栏目”（见图 1—1—8）中单击产品资料中心下的“用户手册/技术白皮书、产品资料”。

4. 选择服务器用户手册（见图 1—1—9）下的产品型号，如“浪潮英信服务器 NF5288 用户手册 V1.0”。

相关支持栏目

- **驱动下载**
  硬件产品驱动
- **软件演示、补丁及其他**
  软件产品演示、随机软件、补丁下载、工具下载
- **常见问题**
  硬件产品、软件产品的常见问题及解决方案
- **产品资料中心**
  用户手册/技术白皮书、产品资料

图 1—1—8　相关支持栏目

服务器用户手册：

- 浪潮英信服务器NF5288用户手册V1.0
- 浪潮英信服务器SA5224H用户手册V1.0
- 浪潮英信服务器NX5760M3用户手册V1.0
- 浪潮英信服务器NX581G2用户手册V1.0
- 浪潮英信服务器NX8840用户手册V1.0
- 浪潮英信服务器NP5580M3用户手册V1.0
- 浪潮英信服务器NF5270M3用户手册V1.0
- 浪潮英信服务器NF2160用户手册V1.0
- 浪潮英信服务器NF5245M3用户手册V2.0
- 浪潮英信服务器NF5240M3用户手册V2.0
- 浪潮英信服务器NP1166用户手册V1.0
- 浪潮英信服务器SA5248用户手册V1.0

图 1—1—9　服务器用户手册

5. 单击“浪潮英信服务器 NF5288 用户手册 V1.0.pdf”，下载并保存。

6. 使用 pdf 阅读器打开浪潮英信服务器 NF5288 用户手册 V1.0.pdf，查看产品概况。

课后练习

1. 填空题

（1）按应用层次划分为________级服务器、__________级服务器、________级服务器和________级服务器四类。

（2）按服务器处理器架构（CPU 所采用的指令系统）划分为__________架构服务器、________架构服务器和________架构服务器三种。

（3）按服务器用途划分为________服务器和________服务器两类。

（4）按服务器机箱结构划分为________服务器、________服务器、________服务器和________服务器四类。

（5）1U = ________ inch = ________ cm，2U = ________ inch = ________ cm。

2. 名词解释

（1）服务器

（2）CISC 架构服务器

（3）RISC 架构服务器

（4）VLIW 架构服务器

（5）U

3. 判断题

（1）任何一台普通 PC 机都可以作为服务器使用。 （ ）

（2）服务器在处理能力、稳定性、可靠性、安全性、可扩展性、可管理性等方面与 PC 机存在很大的区别。 （ ）

（3）服务器与 PC 机最大的差异体现在多用户多任务环境下的可靠性上。 （ ）

4. 问答题

（1）按服务器应用功能划分，可将服务器分为哪几类？

（2）如何选购服务器？

任务 2 Windows Server 2003 操作系统的安装

学习目标

1. 能根据实际需要合理选择操作系统。
2. 能正确安装 Windows Server 2003 操作系统。

任务描述

计算机硬件建立了计算机应用的物质基础，而软件则提供了发挥硬件功能的方法和手段。硬件是计算机的“躯体”，软件是计算机的“灵魂”。当购买服务器后，要想发挥服务器的作用，必须安装网络操作系统。

本任务在真实的计算机上使用 CD – ROM 完成 Windows Server 2003 的全新安装。

相关知识

一、Windows Server 2003 操作系统概述

操作系统（Operating System，OS）是管理计算机硬件资源，控制其他程序运行并为用户提供交互操作界面的系统软件的集合。网络操作系统（Network Operating System，NOS）是在网络环境下用户与网络资源之间的接口，用以实现对网络的管理和控制。典型的网络操作系统有 Windows Server、Netware、UNIX 和 Linux。

Windows Server 2003 操作系统是微软公司 2003 年推出的一款企业级服务器操作系统，是目前微软所有操作系统中最稳定、安全和功能最为强大的操作系统。Windows Server 2003 内置了基本网络协议，包括网络负载平衡、Microsoft 网络的文件打印与共享、Internet 协议（TCP/IP）和 Microsoft 网络的客户端等几种网络管理中常用的协议，非常适合搭建中小型网络应用服务平台。

1. Windows Server 2003 操作系统版本

Windows Server 2003 操作系统有四个 32 位版本的操作系统和两个 64 位版本的操作

系统。

（1）四个 32 位版本的操作系统

1）Windows Server 2003 Web 版。Windows Server 2003 Web 版用于构建和存放 Web 应用程序、网页和 XML Web Services。它主要使用 IIS 6.0 Web 服务器并提供快速开发和部署使用 ASP. NET 技术的 XML Web Services 和应用程序。支持双处理器，最低支持 256 MB 的内存，最高支持 2 GB 的内存。

2）Windows Server 2003 标准版。Windows Server 2003 标准版（Windows Server 2003 Standard Edition）的销售目标是中小型企业，支持文档和打印机共享，提供安全的 Internet 连接，允许集中的应用程序部署。支持 4 个处理器，最低支持 256 MB 的内存，最高支持 4 GB 的内存。

3）Windows Server 2003 企业版。Windows Server 2003 企业版（Windows Server 2003 Enterprise Edition）与 Windows Server 2003 标准版的主要区别在于：Windows Server 2003 企业版支持高性能服务器，并且可以群集服务器，以便处理更大的负荷。通过这些功能实现了可靠性，有助于确保系统即使出现问题仍可使用。在一个系统或分区中最多支持 8 个处理器，8 节点群集，最高支持 32 GB 的内存（安全模式下为 4 GB）。

4）Windows Server 2003 数据中心版。Windows Server 2003 数据中心版（Windows Server 2003 Datacenter Edition）针对要求最高级别的可伸缩性、可用性和可靠性的大型企业或国家机构等而设计。它是最强大的服务器操作系统，分为 32 位版与 64 位版。32 位版支持 32 个处理器，支持 8 点群集；最低支持 128 MB 的内存，最高支持 512 GB 的内存。

（2）两个 64 位版本的操作系统。两个 64 位版本的操作系统分别是 Windows Server 2003 企业版 64 位版和 Windows Server 2003 数据中心版 64 位版。这两个 64 位版本的操作系统均支持 Itanium（安腾）和 Itanium 2 两种处理器，支持 64 个处理器和 8 点群集；最低支持 1 GB 的内存，最高支持 512 GB 的内存。

Itanium（安腾）为 Intel 64 位处理器。Intel 安腾处理器构建在 IA－64（Intel Architecture 64）上，专门用于高端企业级 64－bit 计算环境中。Intel 安腾 2 处理器专为要求苛刻的企业和技术应用而设计。基于 Intel 安腾 2 处理器的平台可以实现较低的成本，并提供业界领先的性能。

2. 不同版本的 Windows Server 2003 的系统需求

不同版本的 Windows Server 2003 对计算机硬件的要求以及提供的网络功能也是有所不同的，表 1—2—1 列出了不同版本的系统需求。

表 1—2—1　　Windows Server 2003 各版本对硬件的要求

要求	标准版	企业版	数据中心版	Web 版
最低 CPU 速度	133 MHz	X86：133 MHz Itanium：733 MHz	X86：133 MHz Itanium：733 MHz	133 MHz
推荐 CPU 速度	550 MHz	733 MHz	733 MHz	550 MHz
最小 RAM	128 MB	128 MB	512 MB	128 MB

续表

要求	标准版	企业版	数据中心版	Web 版
推荐最小 RAM	256 MB	256 MB	1 GB	256 MB
最大 RAM	4 GB	X86：32 GB Itanium：64 GB	X86：64 GB Itanium：128 GB	2 GB
多处理器支持	1 或 2	多达 8 个	要求最少 8 个，最多 32 个	1 或 2
安装所需磁盘	1.5 GB	X86：1.5 GB Itanium：2.0 GB	X86：1.5 GB Itanium：2.0 GB	1.5 GB
群集节点数	无	最多 8 个	最多 8 个	无

上表中列出的只是满足安装操作系统时的硬件要求，在实际工作中需要根据要运行的应用来确定服务器的硬件配置，否则即使 Windows Server 2003 能够安装上，也可能负载不了所要运行的应用。

二、安装前的准备

为了确保顺利安装 Windows Server 2003，开始安装之前除了准备 Windows Server 2003 的系统安装光盘以外，还必须做好如下准备工作。

1. 查看硬件和软件的兼容性

Windows Server 2003 支持大多数最新硬件设备，安装过程中会自动检测硬件的兼容性，并报告潜在冲突。启动安装程序时执行的第一个过程是检查计算机硬件和软件的兼容性。安装程序在继续执行前将显示一个报告，使用该报告以及 Relnotes. htm（位于安装光盘的 Docs 文件夹）中的信息来确定在升级前是否需要更新硬件、驱动程序或软件。

2. 检查系统日志错误

如果计算机中以前安装有 Windows 2000/XP，建议使用“事件查看器”查看系统日志，寻找可能在升级期间引发问题的最新错误或重复发生的错误。

3. 备份文件

如果从其他操作系统升级到 Windows Server 2003，建议在升级前备份当前的文件，包括含有配置信息（如系统状态、系统分区和启动分区）的所有内容，以及所有的用户和相关数据。建议将文件备份到各种不同的媒体，例如备份到移动硬盘或网络上其他计算机的硬盘，而尽量不要保存在本地计算机的其他非系统分区。

4. 对硬盘重新分区和格式化

虽然 Windows Server 2003 在安装过程中可以进行分区和格式化，但是，如果在安装之前就完成这项工作，那么在执行新的安装时，磁盘的效率有可能得到提高（与不执行重新格式化相比）。另外，重新分区和格式化时，还可以根据自己的需要调整磁盘分区或数量，以便更好地满足要求。

三、选择安装方式

Windows Server 2003 可以选择不同的安装方式，主要是根据安装程序所在的位置、原有的操作系统等进行选择。

1. 全新安装

如果在新购置的服务器上安装 Windows Server 2003 操作系统，或者需要把原有的操作系统删除，而选择从 CD－ROM 启动进行全新安装，这种方式是最常见的安装方式。

2. 升级安装

如果原有的计算机已经安装 Windows Server 2003 以前版本的 Windows 操作系统（如 Windows Server 2000 等），可以在不破坏以前的各种设置和已经安装各种应用程序的前提下对系统进行升级。这样可以大大减少重新配置系统的工作量，同时可保证系统过渡的连续性。

3. 无人值守安装

安装 Windows Server 2003 的过程中，通常要回答 Windows Server 2003 的各种信息，如计算机名、文件系统分区类型等，管理员不得不在计算机前等待。无人值守安装是事先配置一个应答文件，在文件中保存了安装过程中需要输入的信息，让安装程序从应答文件中读取所需信息，这样管理员就无须在计算机前等待输入各种信息。

四、Windows Server 2003 的安装步骤

1. 开机后，按 Del 键进入 BIOS 程序，设置第一启动设备为 CD－ROM，按 F10 键保存设置后退出，然后将 Windows Server 2003 的安装光盘放入光驱并重新启动。

2. 开始检测计算机硬件，加载必要的驱动之后，进入确认安装界面。

3. Windows Server 2003 支持大多数最新硬件设备，并且安装过程中会自动检测硬件的兼容性，并报告潜在冲突。有关 Windows Server 2003 支持的硬件兼容列表可以查看安装光盘 Support 文件夹中的 Hcl. txt 文件，或在微软公司的网站查询。如果有不在列表中的硬件设备，可以从相应的硬件厂商网站获取驱动程序。

4. 接着出现许可协议，按 F8 键同意许可协议后才可以进行下一步操作。

5. 使用 Windows Server 2003 内置的分区功能对硬盘进行分区，可以选择删除现有分区、创建分区等操作，最后在选定的分区上安装操作系统。

6. 系统一般安装到 C 盘，提示使用 NTFS 格式或者 FAT 32 格式来格式化硬盘，将来要使用活动目录，这里必须使用 NTFS 格式化所有硬盘。

7. Windows 安装程序开始复制安装必需的文件，初始化 Windows 的配置，然后提示重新启动，进入图形安装界面。

8. 经过一段时间的等待后，提示设置“区域和语言选项”，如果想更改区域设置，单击“自定义”按钮。单击“下一步”按钮，输入单位信息。

9. 输入产品序列号，再继续单击“下一步”按钮。

10. 选择授权模式为“每服务器”模式，单击“下一步”按钮。

11. 输入主机名和管理员密码，设置日期和时间，然后单击“下一步”按钮进行网络设置，一般选择“典型设置”项，再单击“下一步”按钮，选择是域还是工作组，一般先选择工作组中的成员。

12. 接着计算机开始复制必要的网络组件，复制完成后依次开始安装开始菜单程序项、注册组件、保存设置等，接着重新启动计算机，安装完成。

任务实施

在真实的计算机（物理机）中使用 CD－ROM 进行全新安装，并记录安装过程中出现的问题以及解决方案。

提 示

若学校条件不具备可使用 VM 虚拟机进行安装，操作方法详见项目二。

安装过程中出现的问题	解决方案

课后练习

1. 填空题

（1）四个主流的 32 位操作系统分别是 Windows Server 2003 ________、________、________和________。

（2）两个 64 位版本的操作系统是 Windows Server 2003 ________和 Windows Server 2003 ________。

（3）安装方式有________、________和________三种。Windows Server 2003 的磁盘分区包括________、________、________三种文件系统格式。

（4）客户端授权模式有________和________两种模式。

2. 名词解释

（1）OS

（2）NOS

（3）Windows Server 2003

3. 选择题

（1）安装 Windows Server 2003 时应该选择的文件系统是（　　）。

A. FAT16　　B. FAT32　　C. NTFS　　D. EXT2

（2）台式计算机进入 BIOS 时用得最多的是（　　）键。

A. F1　　B. F2　　C. F10　　D. Del

（3）笔记本计算机进入 BIOS 时用得最多的是（　　）键。

A. F1　　B. F2　　C. F10　　D. Del

4. 问答题

（1）Windows Server 2003 操作系统有四个主流的 32 位版本的操作系统和两个 64 位版本的操作系统，分别是哪些？

（2）简述用 CD－ROM 全新安装 Windows Server 2003 的安装步骤。

任务 3　Windows Server 2003 的基本操作

学习目标

1. 能启动和登录 Windows Server 2003 操作系统。
2. 能使用控制面板完成计算机更名、计算机联网的相关设置。
3. 能正确使用微软控制台 MMC，会在 MMC 中添加计算机用户和组。
4. 能使用批处理快速设置 IP 地址和子网掩码。

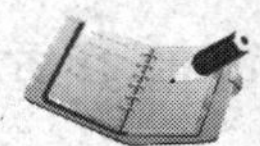

任务描述

Windows Server 2003 的主要功能是在 Internet/Intranet 上构建各种网络服务，因此，该操作系统除了具备 Windows 操作系统基本功能之外，还提供了多种工具和方式，辅助用户更好地完成网络服务配置等操作。

本任务将完成用户登录方式、桌面图标、计算机名、网络配置等基本设置，并利用 MMC 添加计算机用户和组。此外，还将利用批处理命令完成 IP 地址设置以及创建“点”文件夹来保护私密文件。

相关知识

一、控制面板

控制面板（control panel）是 Windows Server 2003 图形用户界面的一部分，可通过开始菜单访问，也可以通过运行“control”命令直接访问。

Windows Server 2003 控制面板中包含 Internet 选项、系统、显示、电源选项、用户和密码、文件夹选项、任务计划、添加/删除程序等内容。

通过控制面板用户可以查看并操作基本的系统设置，比如添加硬件、添加/删除软件、控制用户账户、更改辅助功能选项等。

二、微软控制台 MMC

1. MMC 概念

MMC（Microsoft Management Console，微软管理控制台）集成了用来管理网络、计算机、服务及其他系统组件的管理工具。

MMC 本身并不执行管理功能，只是集成管理工具。MMC 是管理“工具”的“管理工具”，其功能是管理那些具有特定管理功能的管理工具。

MMC 可以管理好系统需要的各种不同的管理工具，允许用户创建、保存并打开管理工具，使用这些管理工具可以用来管理硬件、软件和 Windows 系统的网络组件等。

2. MMC 模式

控制台有作者模式和用户模式两种。

（1）作者模式。如果控制台为作者模式，用户既可以往控制台中添加、删除管理单元，也可以在控制台中创建新的窗口、改变视图等。

（2）用户模式。在用户模式下，有三种访问权限。

1）完全访问。用户不能添加、删除管理单元或者控制台的属性，但是可以访问所有的窗口管理命令，以及所有提供的控制台树的全部权限。

2）受限访问，多窗口。仅允许用户访问在保存控制台时可见的控制台树的区域，可以创建新的窗口，但是不能关闭已有的窗口。

3）受限访问，单窗口。仅允许用户访问在保存控制台时可见的控制台树的区域，可以创建新的窗口，但是阻止用户打开新的窗口。

使用 MMC 有两种常规方法：在用户模式中，用已有的 MMC 控制台管理系统；在作者模式中，创建新的控制台或修改已有的 MMC 控制台。

3. MMC 窗口

Windows Server 2003 的 MMC 控制台窗口由两个窗格组成，左窗格称为控制台目录树，右窗格则称为结果窗格。控制台目录树显示给定控制台中可用的项目，结果窗格则包含有关这些项目功能的信息。

4. 添加 MMC 控制台插件

插件是 MMC 控制台的基本组件，这些插件可由微软或第三方软件供应商提供。MMC 为插件提供通用的宿主环境，插件提供实际的管理行为，MMC 环境为插件提供了无缝集成。

MMC 支持两种类型的插件：独立插件和扩展插件。独立插件具有基本管理功能，在添加独立插件时，不需要首先添加其他项目就可将其添加到控制台目录树中。扩展插件是在独立插件基础上所做的进一步扩展。扩展插件不能单独进行添加，需要添加到已存在于控制台目录树中的独立插件中。

当在运行 Windows 的计算机上安装与插件相关联的组件时，插件对于所有在该计算机上创建控制台的用户来说，都是可用的（除非受到用户策略的限制）。

用户可将一个或多个控制台项目添加到控制台中，可将多个插件添加到同一控制台以管理不同的计算机。一般来说，用户只能添加安装在本地计算机上的插件。但是，在 Windows Server 2003 中，如果计算机是域的一部分，则可以使用 MMC 下载任何非本地计算机安装却能够在活动目录的目录服务中找到的有效插件。

任务实施

一、Windows Server 2003 基本设置

1. 启动与登录

在 Windows Server 2003 安装完成，系统启动后，将弹出欢迎使用 Windows 的界面。按【Ctrl + Alt + Del】组合键后将会出现登录界面。在该界面中输入“用户名”和“密码”，单击“确定”按钮，系统进入启动后的桌面界面。

（1）单击“开始→运行”，在打开的“运行”对话框中键入“control userpasswords2”，单击“确定”按钮（见图 1—3—1）。

图 1—3—1　运行 control userpasswords2

（2）在“用户账户”对话框（见图 1—3—2）中清除“要使用本机，用户必须输入用户名和密码”复选项的选中状态，然后单击“确定”按钮，将会打开“自动登录”设置对话框。取消必须输入用户名和密码，如图 1—3—3 所示。

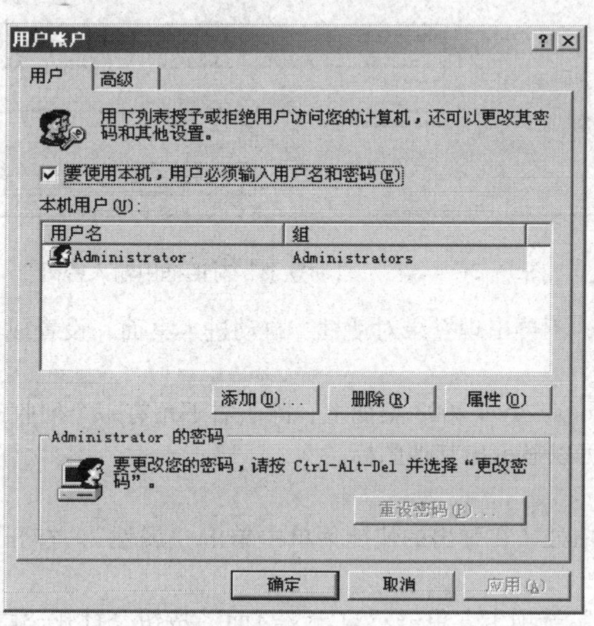

图 1—3—2　“用户账户”对话框

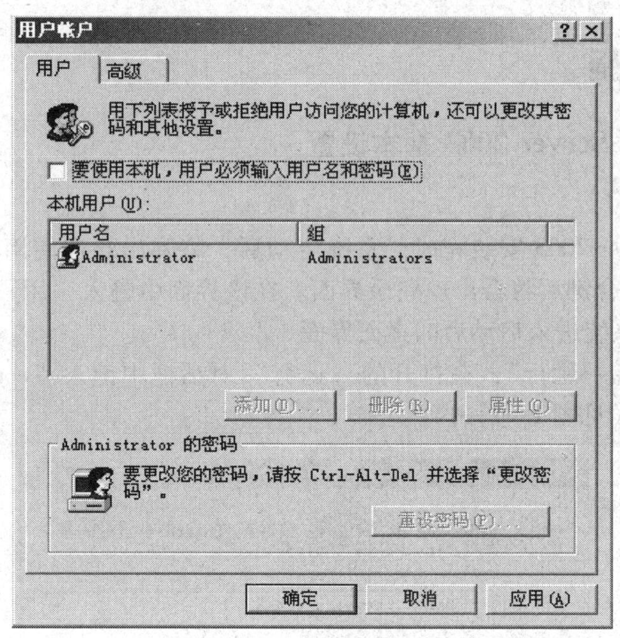

图 1—3—3　取消必须输入用户名和密码

（3）在“自动登录”对话框（见图 1—3—4）中输入安装系统时设置的密码并确认密码。

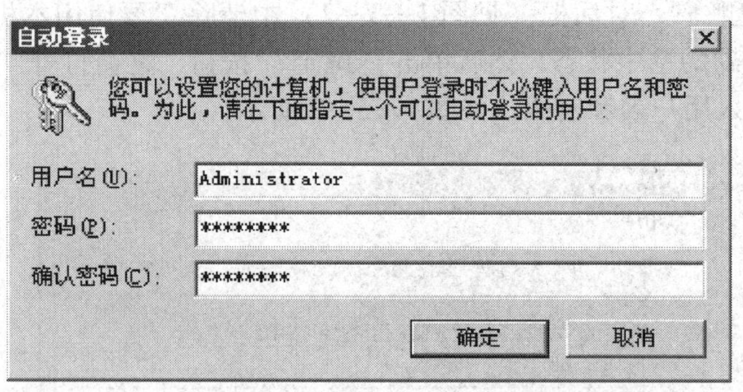

图 1—3—4　在“自动登录”对话框中输入密码

（4）重启计算机，不再出现登录对话框，自动进入桌面，设置成功。

2．桌面设置

刚安装好的 Windows Server 2003 桌面上，除了右下角有一个回收站外，其他什么图标也没有，通过桌面设置可以显示出其他图标。

操作步骤如下：

（1）右击桌面空白处，在弹出的快捷菜单中单击“属性”，打开“显示 属性”对话框（见图 1—3—5）。

（2）选择“桌面”选项卡，单击“自定义桌面”按钮，打开“桌面项目”对话框（见图 1—3—6）。

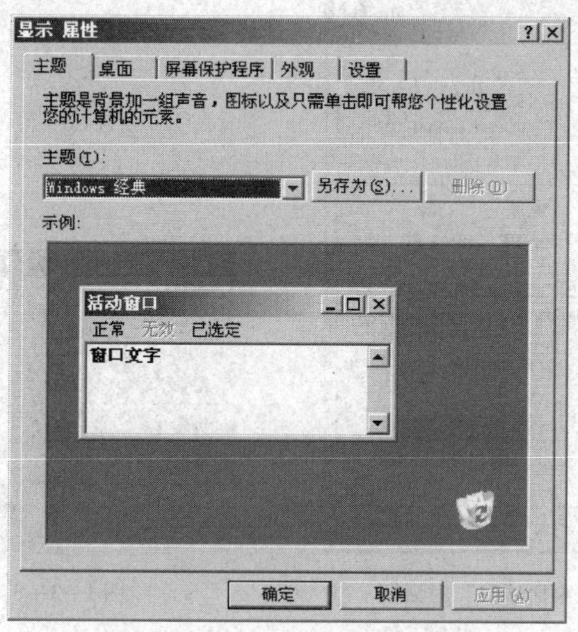

图1—3—5 “显示 属性”对话框

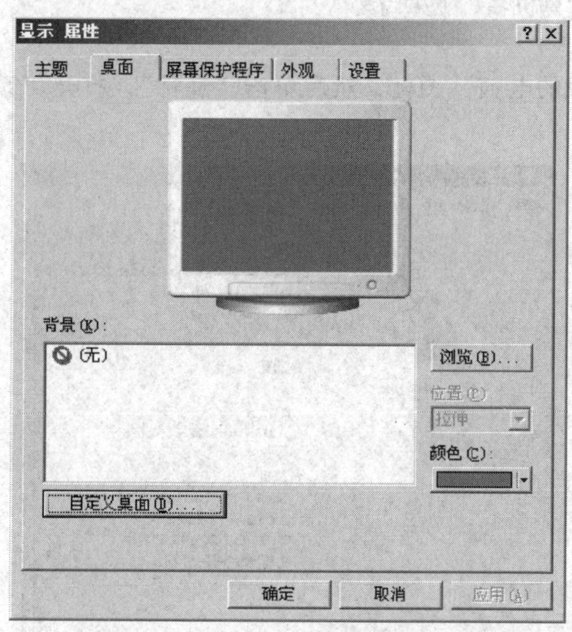

图1—3—6 单击“自定义桌面”按钮

(3) 在“常规”选项卡中，选中要在桌面显示的图标，例如“我的电脑”“网上邻居”等（见图1—3—7），设置好后单击“确定”按钮。

(4) 在桌面空白处右击，在弹出的快捷菜单中单击“排列图标”选项，将图标排列整齐（见图1—3—8）。

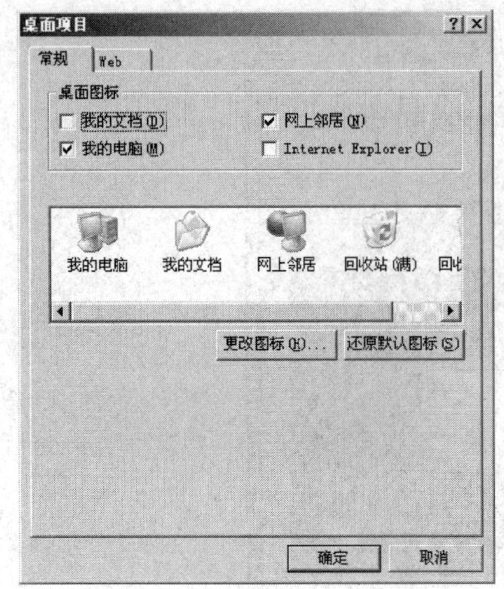

图 1—3—7　“桌面项目”对话框

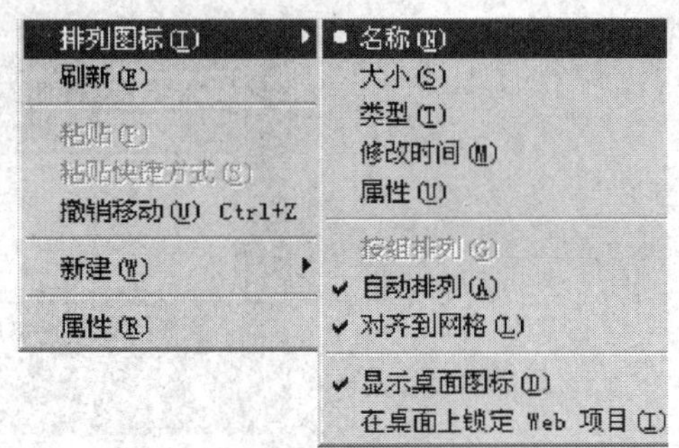

图 1—3—8　排列图标

3. 更改计算机名

基于 Windows Server 2003 的计算机更改计算机名或添加计算机描述，需要使用“系统属性”对话框中的“计算机名”选项卡。

操作步骤如下：

（1）右键单击“我的电脑”图标，然后单击“属性”，打开“系统属性”对话框（见图 1—3—9）。

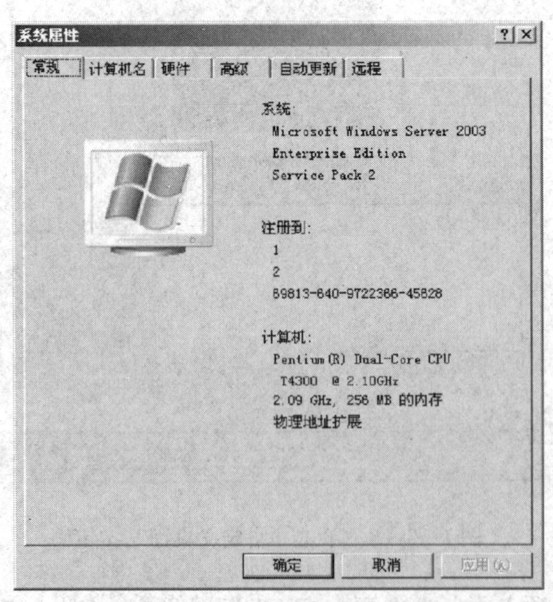

图 1—3—9　“系统属性”对话框

（2）在“计算机名”选项卡的“计算机描述”框中键入计算机描述（第一台服务器），如图 1—3—10 所示，然后单击“应用”按钮以添加计算机描述。

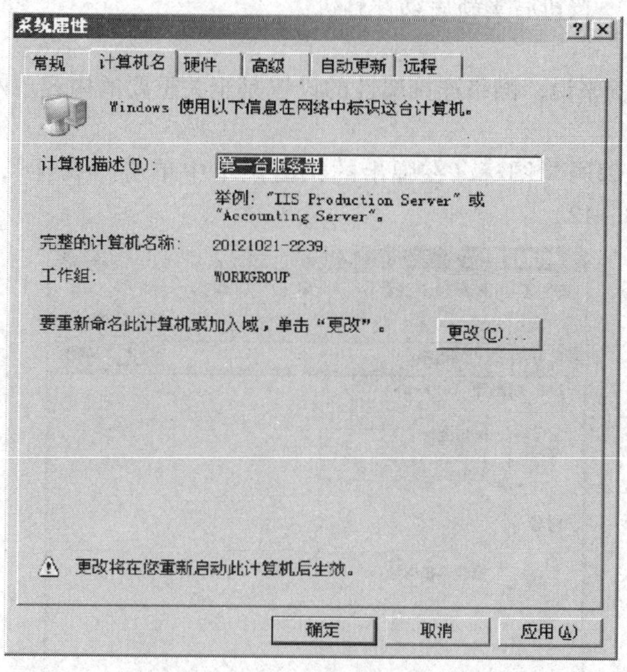

图 1—3—10　更改计算机描述

提示

更改计算机描述并没有更改计算机名，单击“更改”按钮才能设置新的计算机名。

(3) 单击“更改”按钮，在打开的“计算机名称更改”对话框中键入新的计算机名 SRV1 (见图 1—3—11)。

(4) 在“工作组”中键入工作组名称 WORKGROUP (见图 1—3—11)。

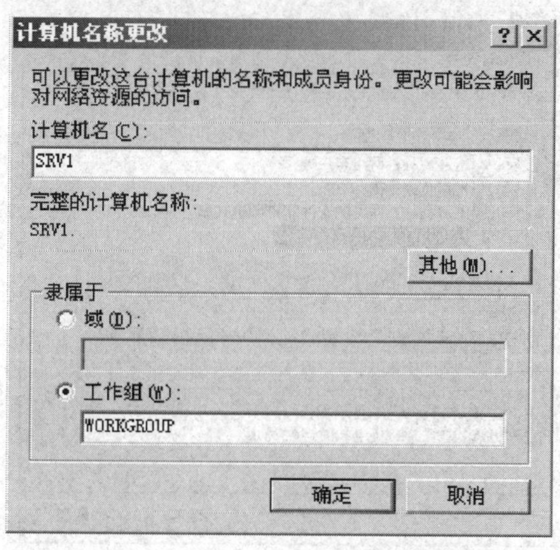

图 1—3—11　更改计算机名称和工作组

（5）单击“确定”按钮后重新启动计算机。

4. 网络设置

对于网络操作系统来说，网络连接属性的设置是至关重要的内容。网络属性配置方法与操作步骤如下：

（1）右击“网上邻居”图标，在弹出的快捷菜单中单击“属性”，打开“网络连接”设置窗口（见图1—3—12）。

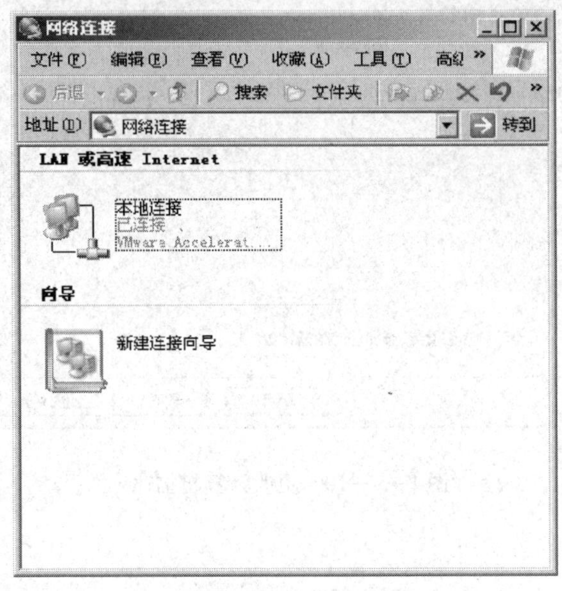

图1—3—12　“网络连接”设置窗口

（2）右击“本地连接”，在弹出的快捷菜单中单击“属性”，打开“本地连接 属性”对话框（见图1—3—13）。

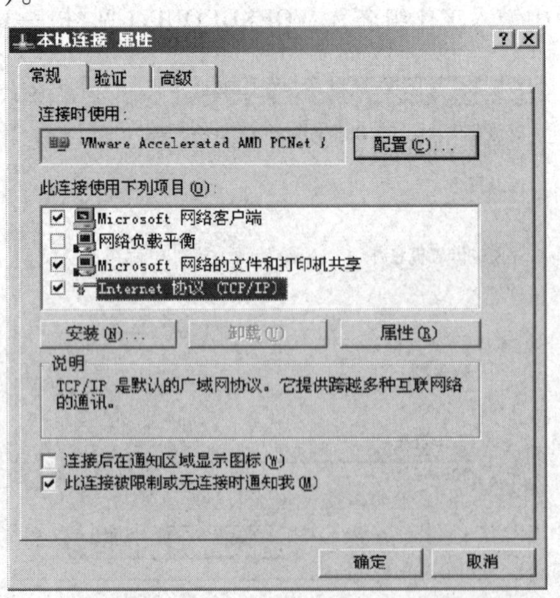

图1—3—13　“本地连接 属性”对话框

(3) 双击“Internet 协议（TCP/IP)”，打开“Internet 协议（TCP/IP）属性”对话框。

1）选择“自动获得 IP 地址”和“自动获得 DNS 服务器地址”，动态获取 DHCP 服务器提供的 IP 地址（见图 1—3—14)。

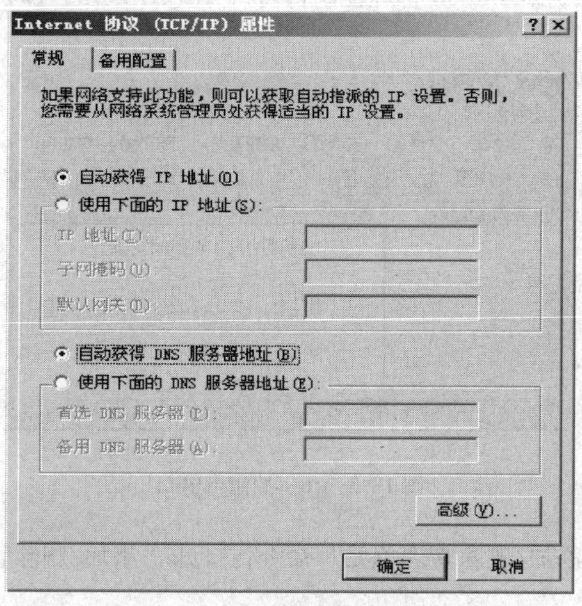

图 1—3—14　自动获得 IP 地址

2）选择“使用下面的 IP 地址”和“使用下面的 DNS 服务器地址”，设置静态 IP 地址（见图 1—3—15)。

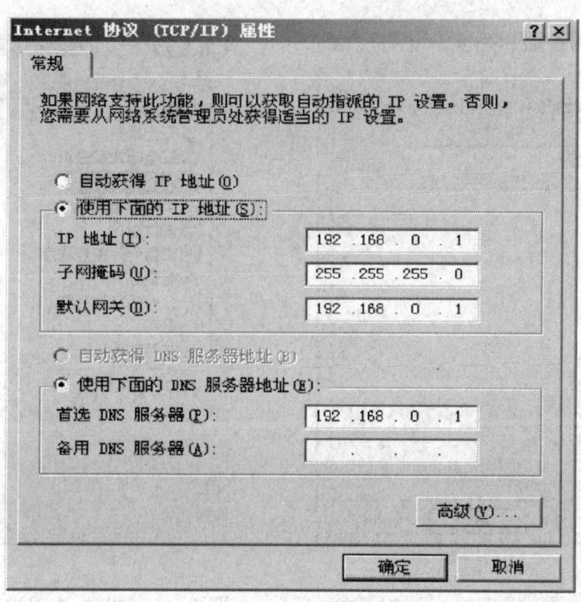

图 1—3—15　设置 IP 地址

二、在 MMC 中添加计算机用户和组

1. 选择“开始→运行”命令，在弹出的“运行”对话框中输入“MMC”命令，然后单击“确定”按钮，打开 Microsoft 管理控制台窗口（见图 1—3—16）。

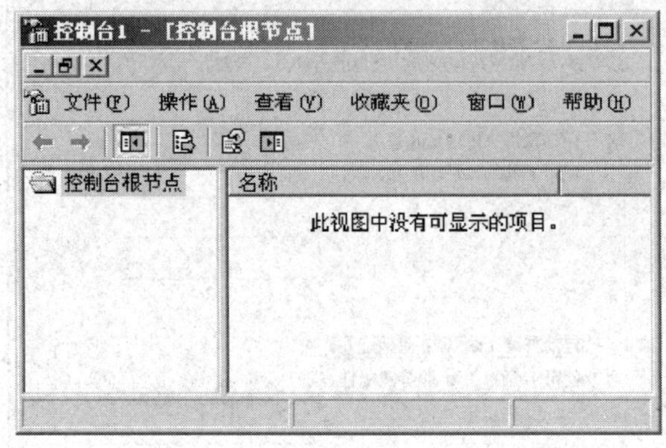

图 1—3—16 控制台窗口

2. 选择“文件→添加/删除管理单元”命令，打开“添加/删除管理单元”对话框（见图 1—3—17）。

3. 在“添加/删除管理单元”对话框的“独立”选项卡中，单击“添加”按钮。

4. 弹出“添加独立管理单元”对话框（见图 1—3—18），在“可用的独立管理单元”列表框中选择“本地用户和组”选项，单击“添加”按钮，添加后的控制台窗口如图 1—3—19 所示。

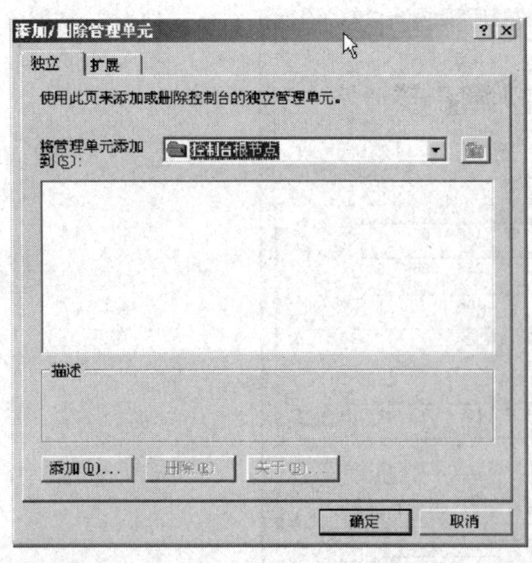

图 1—3—17 “添加/删除管理单元”对话框

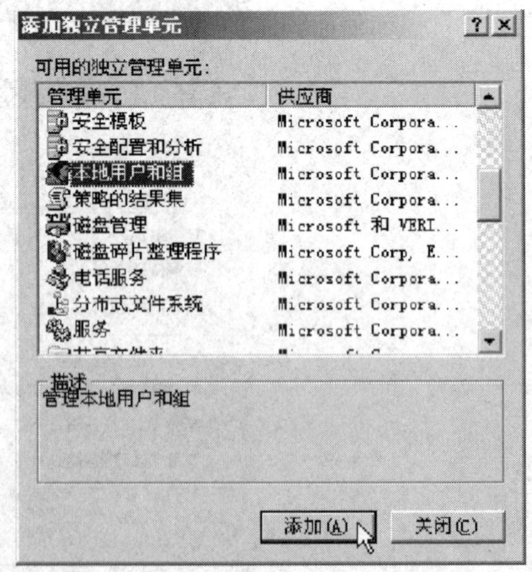

图 1—3—18 “添加独立管理单元”对话框

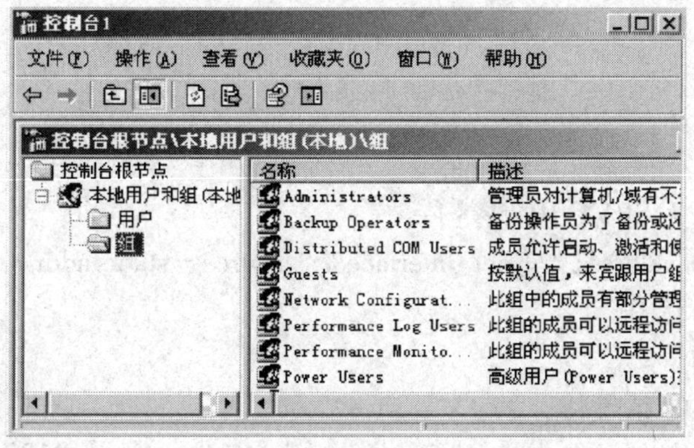

图 1—3—19 添加本地用户和组的控制台窗口

三、使用批处理快速设置 IP 地址

当更换计算机的网络环境时，有可能需要设置计算机的 IP 地址，如果每次都通过网络连接→属性→IP 地址来设置，操作麻烦。使用批处理可以快速设置计算机的 IP 地址。

1. 新建文本文件，修改后缀名为“. BAT”，输入下列代码，保存为 SRV1. BAT。

```
@echo off
mode con cols =40 lines =14
rem 设置公用变量
set net_interface ="本地连接"
:CHOICE
color a
cls
echo.
echo.                  快速设置 IP 地址
echo.
echo  ****************************************
echo  *                                      *
echo  *  1.设置 SRV1的 IP 地址为 192.168.1.1  *
echo  *                                      *
echo  *  2.设置 SRV1的 IP 地址为自动获取       *
echo  *                                      *
echo  ****************************************
echo.
set/p choice =          输入的选择(1 或 2):
IF NOT "%choice%" =="" SET choice =%choice:~0,1%
if /i "%choice%" =="1" goto SRV1_IP
if /i "%choice%" =="2" goto DHCP
GOTO CHOICE
```

```
pause
:SRV1_IP
cls
echo.
echo 正在设置 IP 为 SRV1_IP,请等待...
netsh interfaceIPset address "%net_interface%" source = static addr = 192.168.1.1
mask = 255.255.255.0
echo 设置 IP 成功。
echo 正在设置网关,请等待...
netsh interfaceIPset address name = "%net_interface%" gateway = 192.168.1.1
gwmetric = 1
echo 设置网关成功。
echo 正在设置 DNS 中,请等待...
netsh interfaceIPset dns "%net_interface%" static 192.168.1.1
rem netsh interfaceIPadd dns "%net_interface%" 备用 DNS 地址 index = 2
pause | echo 设置成功,按任意键退出。
exit
:DHCP
cls
echo.
echo 正在设置 IP 为自动获取,请等待...
netsh interfaceIPset address name = "%net_interface%" source = dhcp
echo 正在设置 DNS 中,请等待...
netsh interfaceIPset dns "%net_interface%" source = dhcp
pause | echo 设置成功,按任意键退出。
exit
```

2. 双击 SRV1. BAT，输入 1 自动将 IP 地址设置为 192. 168. 1. 1，输入 2 则自动获取 IP 地址，如图 1—3—20 和图 1—3—21 所示。

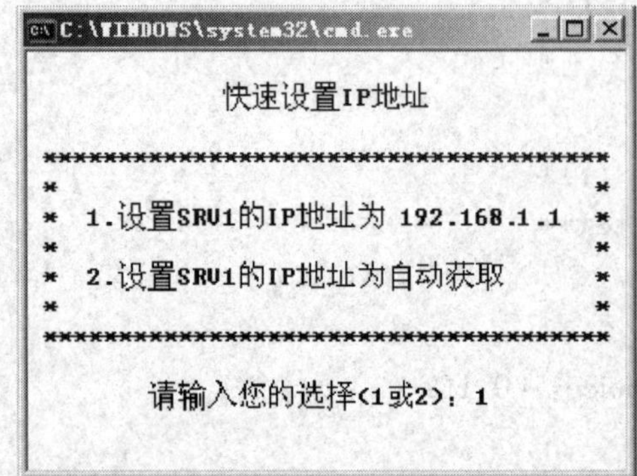

图 1—3—20　快速设置 IP 地址

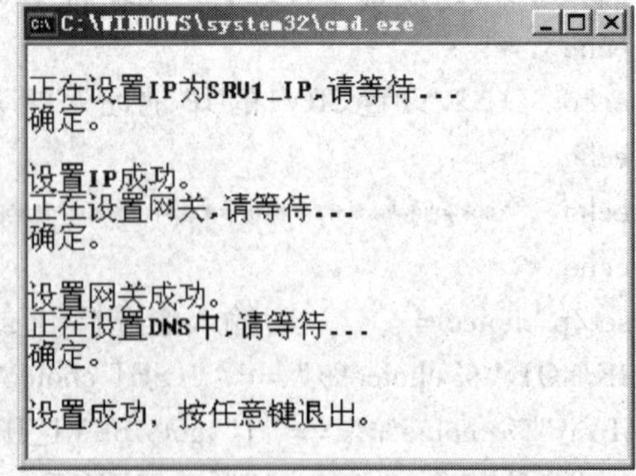

图 1—3—21　IP 地址设置成功

3. 打开“Internet 协议（TCP/IP）属性”对话框，观察设置的结果（见图 1—3—22、图 1—3—23）。

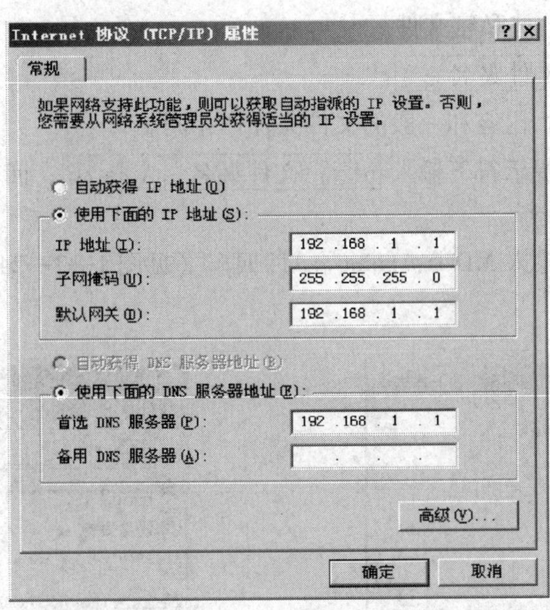

图 1—3—22　指定 IP 地址

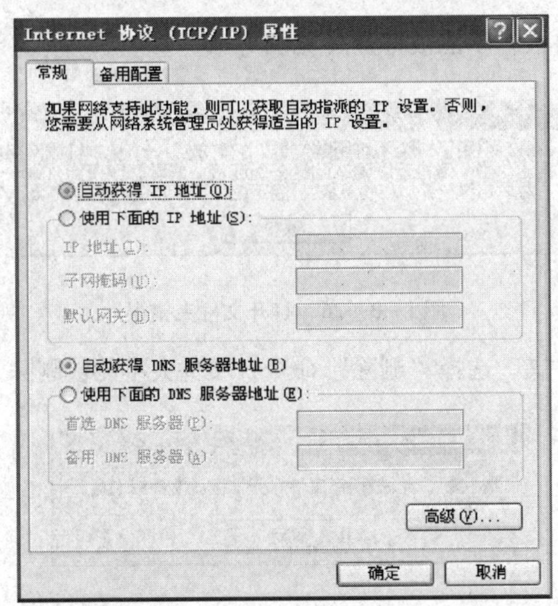

图 1—3—23　自动获取 IP 地址

四、创建带“点”文件夹，保护私密文件

1. 操作要求

（1）建立：用命令的方式建立“点文件夹”，其命令形式为 md x:\文件夹名..\。

其中，x 是盘符，文件夹后“..\”不能省略（注意：建立好的文件夹显示的“.”比真实的文件夹名少一个“.”）。点文件夹的主要特点是“无法用普通的方法打开和删除”，利用这个特性可以保存一些私密文件。

（2）打开 start x：\文件夹名..\。

（3）添加内容：添加内容和一般的文件夹操作相同。

（4）删除：在命令提示符下输入 rd x：\文件夹名..\ /s /q，回车后即可删除。

2. 操作步骤

（1）在命令窗口中输入 MD D：\point..\后回车（见图 1—3—24），打开 D 盘观察结果（见图 1—3—25）。

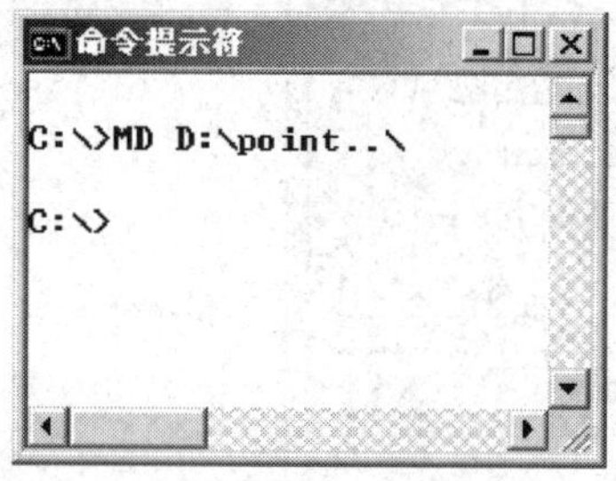

图 1—3—24　建立点目录

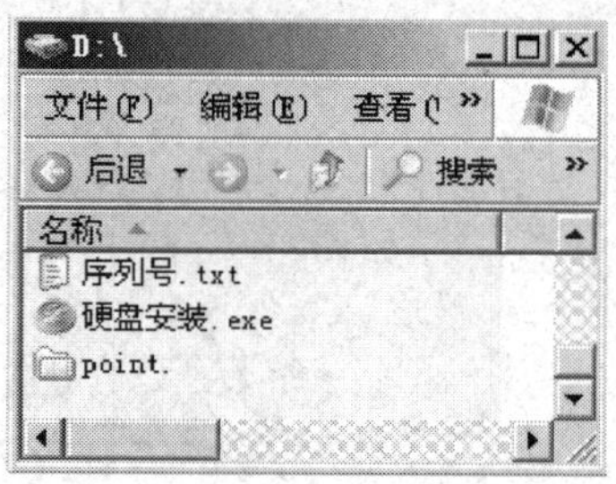

图 1—3—25　point. 建立成功

（2）双击 point.文件夹，不能被打开（见图 1—3—26）。

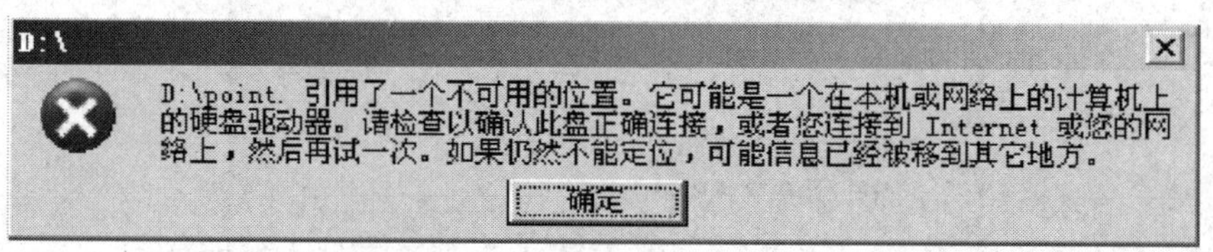

图 1—3—26　打开文件夹错误

（3）右击 point.文件夹，选择“删除”命令，文件夹不能被删除（见图 1—3—27）。

图 1—3—27　删除文件夹错误

（4）在命令窗口中输入 start D：\point..\后回车（见图 1—3—28、图 1—3—29）。

（5）右击窗口空白处，选择“新建→文件夹”，右击窗口空白处，选择“新建→文本文件”，新建文件夹和新建文本文件均成功。

（6）在命令窗口中输入 RD D：\point..\ /s/q 后回车，打开 D 盘观察删除结果（见图 1—3—30、图 1—3—31）。

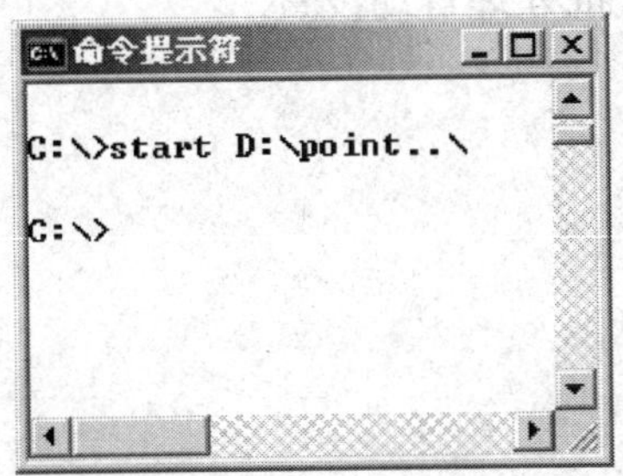

图 1—3—28　使用命令打开点目录

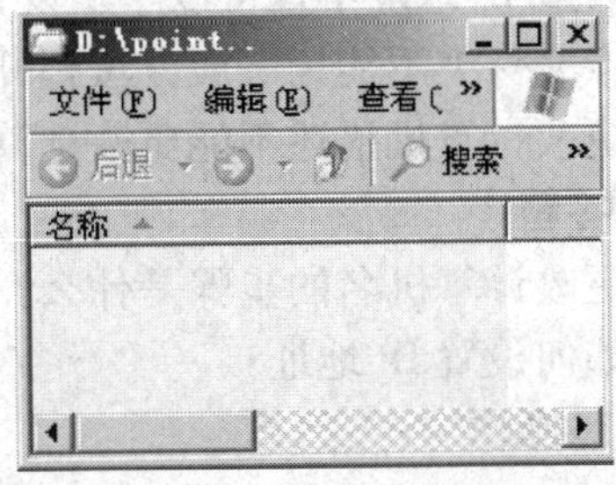

图 1—3—29　point. 打开成功

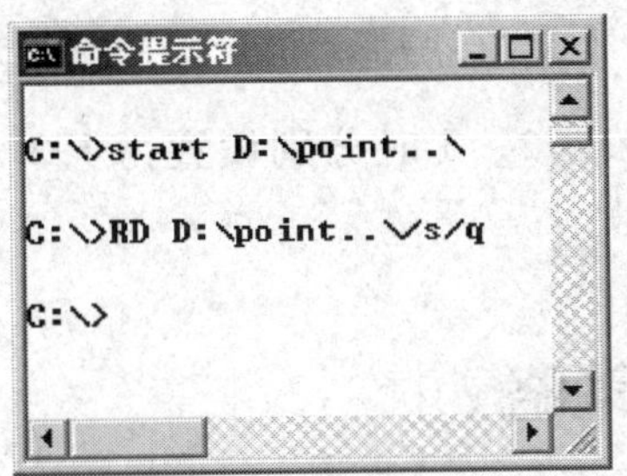

图 1—3—30　使用命令删除点目录

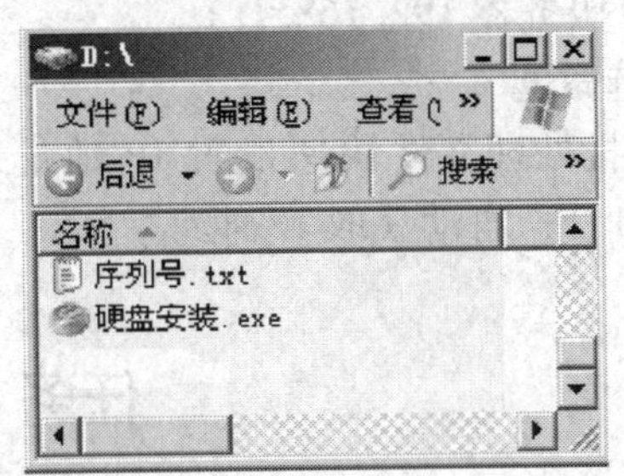

图 1—3—31　点目录删除成功

课后练习

1. 填空题

（1）MMC 的中文含义是________________。

（2）MMC 本身并不执行________功能，只是集成管理工具。MMC 是管理“________”的管理工具。

（3）控制台有两种模式：________________和________________。

（4）使用 MMC 有两种常规方法：在________________中，用已有的 MMC 控制台管理系统；或在________________中，创建新的控制台或修改已有的 MMC 控制台。

（5）MMC 控制台窗口由两个窗格组成，左窗格称为________________，右窗格则称为______________。

（6）控制台目录树显示给定控制台中可用的________，结果窗格则包含有关这些项目________的信息。

（7）建立点文件夹的命令是________________________________，打开点文件夹的命令是________________________________，删除点文件夹的命令是________________________________。

2. 判断题

（1）MMC 本身并不执行管理功能，只是集成管理工具。（　　）

（2）MMC 是管理“工具”的管理工具，其功能是管理那些具有特定管理功能的管理工具。（　　）

(3) 设置 IP 地址不仅可以手工设置，也可以通过批处理自动设置。 (　　)

(4) 点文件夹不能用一般方法打开和删除。 (　　)

(5) 更改计算机描述不能更改计算机名。 (　　)

3. 问答题

(1) 更改计算机名的步骤是什么？

(2) 如何设置 IP 地址？

4. 实践操作

(1) 在 MMC 中添加“计算机管理”单元。

(2) 将 IP 地址设置为 192. 168. 1. 1，子网掩码 255. 255. 255. 0，默认网关 192. 168. 1. 1，首选 DNS 服务器 192. 168. 1. 1。

5. 选做题

使用批处理文件快速设置 IP 地址，当用户输入 1、2、3 时分别设置为 192. 168. 0. 1、192. 168. 1. 1、自动获取 IP 地址。

任务 4　本地组策略

学习目标

1. 掌握本地组策略的使用方法，能以命令行启动组策略编辑器。
2. 能将本地组策略作为独立的 MMC 管理单元打开。
3. 能使用组策略阻止访问命令提示符、隐藏指定的驱动器和禁用注册表编辑器。

任务描述

组策略（group policy）是管理员为用户和计算机定义并控制程序、网络资源及操作系统行为的主要工具。利用组策略可以修改 Windows 的桌面、开始菜单、登录方式、组件、网络及 IE 浏览器等许多设置。组策略介于控制面板和注册表之间，涉及的内容比控制面板中的多，安全性和控制面板一样非常高，而条理性、可操作性则比注册表强。

组策略有本地组策略和域组策略两种，本任务主要介绍 Windows Server 2003 本地组策略的应用，包括用组策略实现阻止访问命令提示符、隐藏指定的驱动器、禁用注册表编辑器等功能。

相关知识

一、本地组策略编辑器的命令行启动

选择“开始→运行”命令，在“运行”对话框中输入“gpedit. msc”命令，然后单击“确定”按钮，启动 Windows Server 2003 的本地“组策略编辑器”（见图 1—4—1）。

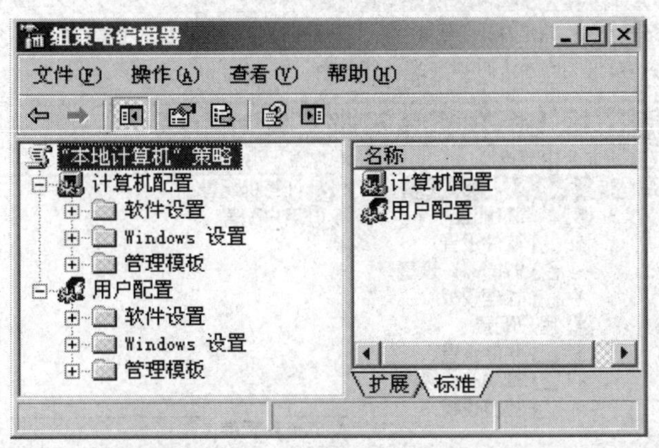

图 1—4—1 “组策略编辑器”窗口

二、将本地组策略作为独立的 MMC 管理单元打开

若要在 MMC 控制台中通过选择组策略编辑器（GPE）插件来打开本地组策略编辑器，方法如下：

1. 选择“开始→运行”命令，在弹出的对话框中输入“MMC”命令，然后单击“确定”按钮，打开 Microsoft 管理控制台窗口。

2. 选择“文件→添加/删除管理单元”命令。

3. 在“添加/删除管理单元”对话框的“独立”选项卡中，单击“添加”按钮。

4. 弹出“添加独立管理单元”对话框，在“可用的独立管理单元”列表框中选择“组策略对象编辑器”选项，单击“添加”按钮（见图 1—4—2）。

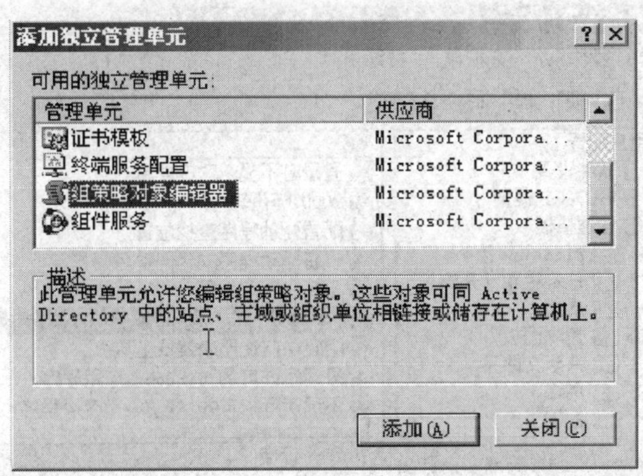

图 1—4—2 添加组策略对象编辑器

由于是将组策略应用到本地计算机中，故在“组策略对象”对话框中选中“本地计算机”，单击“完成”按钮。打开控制台，已添加“本地计算机”策略（见图 1—4—3）。

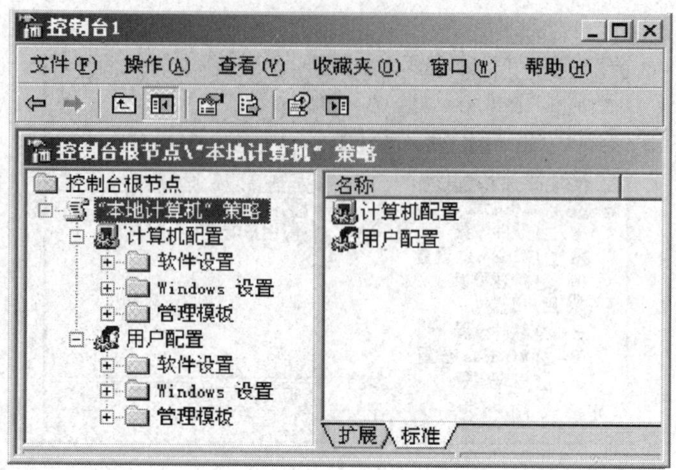

图 1—4—3　控制台中的“本地计算机”策略

任务实施

一、阻止访问命令提示符

命令提示符下有许多危险的操作（Format. com，磁盘格式化命令），要阻止非法用户使用命令提示符窗口（Cmd. exe），远离各种不可预料的风险，具体步骤如下：

1. 单击“开始→运行”，在打开的对话框中输入 gpedit. msc，打开“组策略编辑器”窗口。在左侧目录树中依次展开“用户配置→管理模板→系统”，在右侧窗格中双击“阻止访问命令提示符”（见图 1—4—4）。

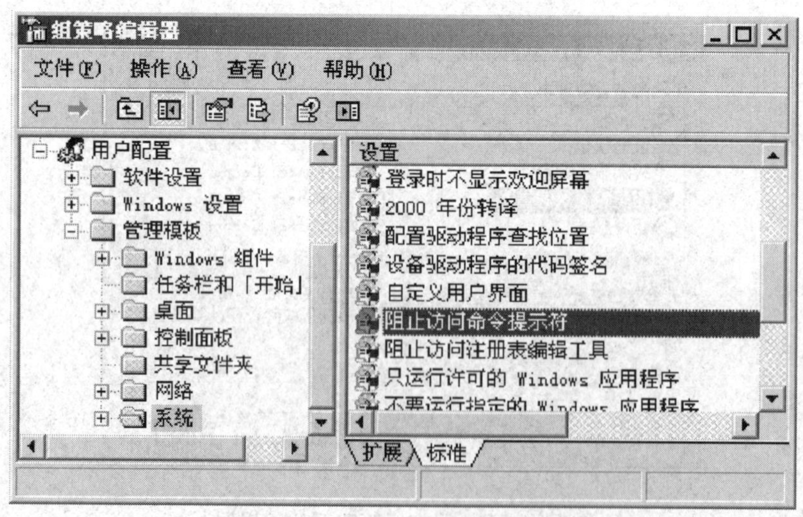

图 1—4—4　阻止访问命令提示符

2. 在打开的“阻止访问命令提示符 属性”对话框中勾选“已启用”，单击“确定”按钮（见图 1—4—5）。

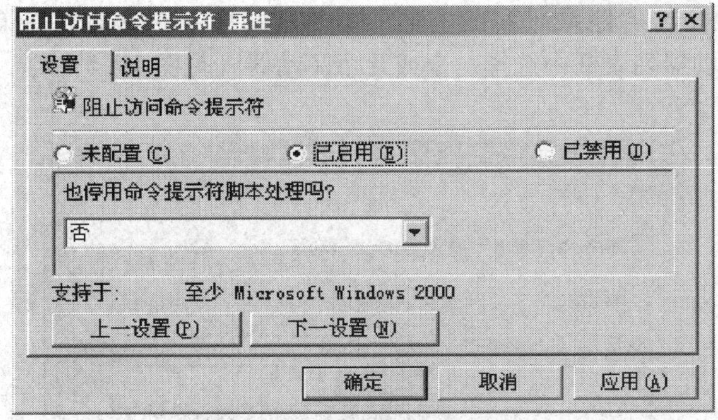

图 1—4—5　启用组策略

3. 单击“开始→运行”，在打开的对话框中输入 CMD 后按回车键，将显示命令提示符停用的内容（见图 1—4—6）。

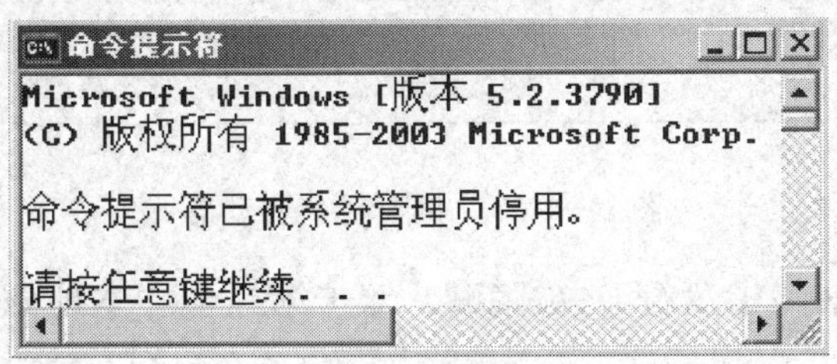

图 1—4—6　命令窗口被停用

二、隐藏指定的驱动器

一般用户会习惯在“我的电脑”或“Windows 资源管理器”窗口中访问磁盘驱动器，为保证服务器数据安全，可以通过编辑组策略隐藏指定的驱动器。操作步骤如下：

1. 单击“开始→运行”，输入 gpedit. msc，打开“组策略编辑器”窗口。

2. 依次展开“用户配置→管理模板→Windows 组件”目录，并选中“Windows 资源管理器”选项（见图 1—4—7）。

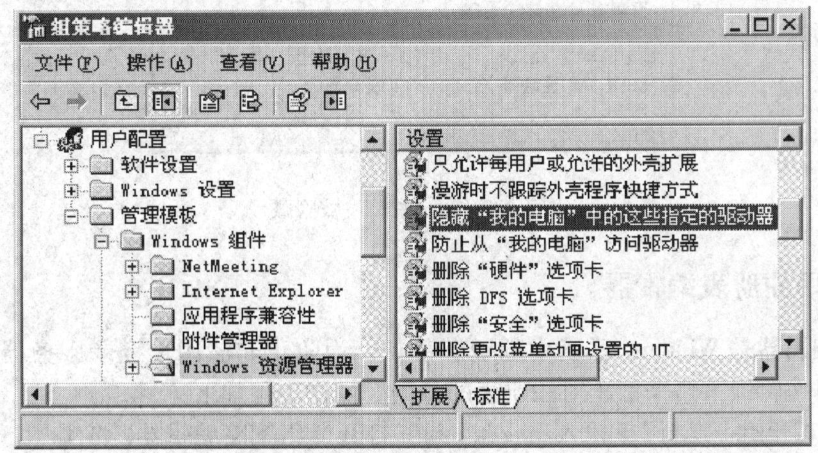

图 1—4—7　隐藏“我的电脑”中的指定驱动器

3. 在右侧窗格中将“隐藏‘我的电脑’中的这些指定的驱动器”策略设置为“已启用”状态，并在驱动器列表框中选择一个或几个驱动器（见图1—4—8）。

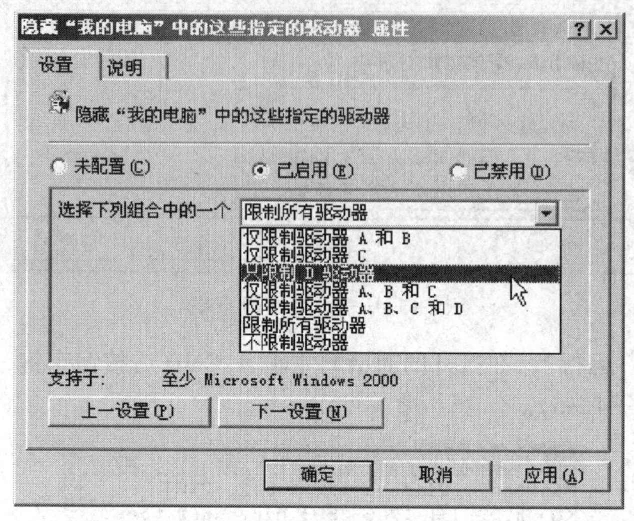

图1—4—8 只限制D驱动器

4. 验证。“我的电脑”中盘符D:被隐藏，双击第二个“本地磁盘”不能打开D盘（见图1—4—9）。

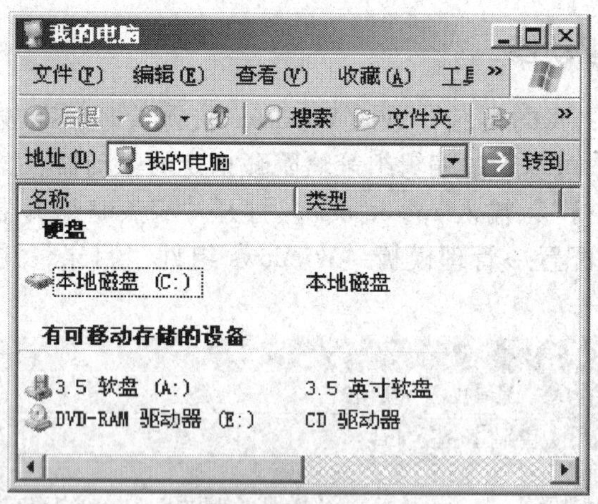

图1—4—9 盘符D:被隐藏

三、禁用注册表编辑器

注册表编辑器是Windows系统中的敏感部位，为防止非法用户登录服务器后修改注册表，可以通过编辑组策略来禁止对注册表的访问。操作步骤如下：

1. 单击“开始→运行”，输入gpedit.msc，打开“组策略编辑器”窗口。

2. 依次展开“用户配置→管理模板”目录，并选中“系统”选项（见图1—4—10）。

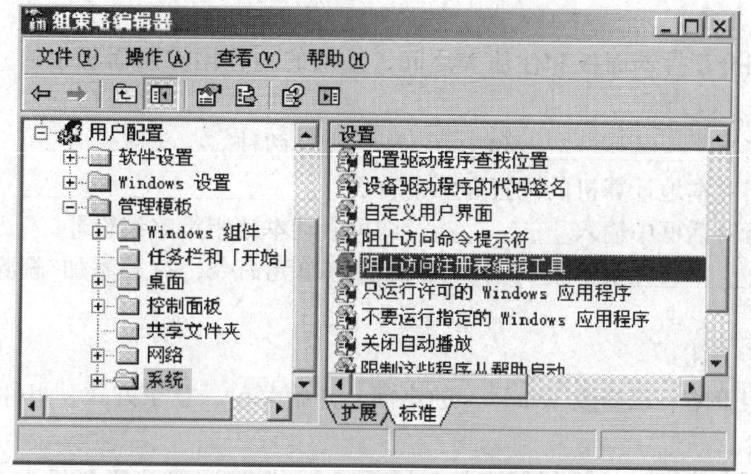

图 1—4—10　阻止访问注册表编辑工具

3．在右侧窗格中将“阻止访问注册表编辑工具”策略设置为“已启用”状态（见图1—4—11）。

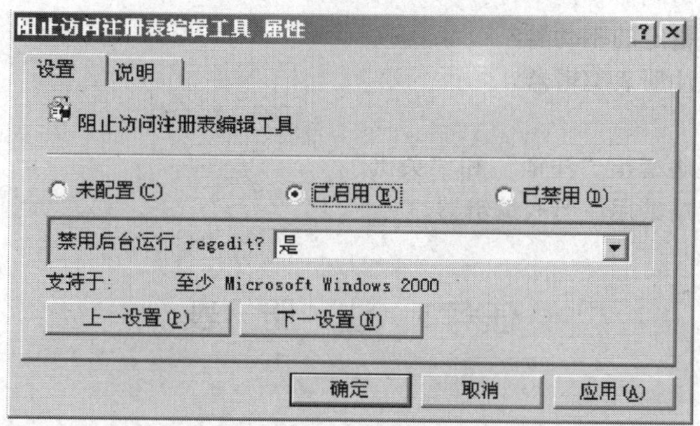

图 1—4—11　启用阻止访问注册表编辑工具策略

4．当用户使用 regedit 命令试图打开“注册表编辑器”时，系统会禁止用户的操作并弹出提示消息（见图 1—4—12）。

图 1—4—12　注册表编辑工具被禁用

课后练习

1．填空题

（1）＿＿＿＿＿＿＿＿＿是管理员为用户和计算机定义并控制程序、网络资源及操作系统行为的主要工具。

（2）组策略介于控制面板和注册表之间，涉及的内容比控制面板中的______，可操作性则比注册表______。

（3）组策略有______________和______________两种。

（4）组策略对本地计算机的配置有两个方面：______________和______________。

（5）在运行对话框中输入____________即可启动本地组策略编辑器。

（6）选择__________菜单下的添加/删除管理单元命令，打开添加/删除管理单元对话框。

2．判断题

（1）利用组策略可以修改 Windows 的桌面、开始菜单、登录方式、组件、网络及 IE 浏览器等许多设置。（　　）

（2）有两种方法可以访问组策略：一是通过 gpedit. msc 命令直接进入组策略窗口；二是打开控制台，将组策略添加进去。（　　）

3．问答题

（1）如何阻止访问命令提示符？

（2）如何隐藏指定的驱动器？

（3）如何禁用注册表编辑器？

4．实践操作

（1）使用组策略禁止“注销”和“关机”。

（2）使用组策略禁用注册表编辑器。

任务5　注　册　表

学习目标

1．了解注册表产生的背景，注册表的概念、内容、作用和结构。

2．熟悉注册表的“键值数据项”类型和“数据”类型，掌握注册表的管理和维护。

3．熟悉 Windows Server 2003 安全设置。

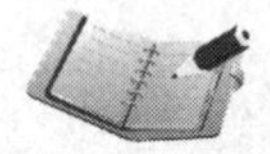

任务描述

Windows 操作系统具有众多优点的同时，也有十分明显的缺点——稳定性和安全性欠佳。使用 Windows 操作系统并不绝对安全，利用注册表可提高系统的安全性，创建出一个相对安全的操作环境，这个“相对安全”的操作环境可以在一定程度上防止非法用户随意操纵用户的计算机。

本任务就是通过注册表对 Windows Server 2003 进行安全设置，从而提高系统的安全性。

相关知识

一、注册表概述

20 世纪 90 年代，计算机技术得到了飞速发展，为了能更好地满足用户的需求，软件和硬件的开放性越来越强，大家能够按照自己的意志随意定制系统。早期的图形操作系统如 Win 3. x，对软、硬件工作环境的配置是通过对扩展名为 . ini 文件的修改来完成的，但 . ini 文件管理起来很不方便，因为每种设备或应用程序都由自己的 . ini 文件来描述、定义相关配置，且其文件长度不能超过 64 KB，原因是数量太多不便于管理。为了解决上述问题，在 Windows 95 及其后继版本中，采用“注册表”来统一进行管理。

1. 注册表的概念

注册表（registry）是 Windows 操作系统中的一个树状分层数据库，其中存放着各种参数，直接控制着 Windows 的启动、硬件驱动程序的装载以及一些 Windows 应用程序的运行，从而在整个系统中起着核心作用。

注册表对于 Windows 系统的控制作用如同大脑神经支配一个人的作用，注册表正是用它复杂而有序的各种子键和键值项参数全面而深入地控制着系统各个“神经末梢”。如果注册表出现问题，轻者无法运行某个软件或者无法启动计算机，重者就会使 Windows 系统崩溃。注册表对于 Windows 系统非常重要，只有全面了解注册表才能让系统发挥最大效益。

2. 注册表的优势

（1）修改某些设置后不用重新启动成为可能。

（2）注册表强大的备份功能和容错能力使得系统恢复变得异常简单。

（3）注册表中登录的硬件部分数据可以支持高版本 Windows 的即插即用特性。

（4）使得远程管理得以实现。

（5）简化了对计算机或网络的管理。

3. 注册表的内容

（1）软、硬件有关配置和状态信息。注册表中保存有应用程序的初始条件、首选项等信息。

（2）整个计算机系统的设置和各种许可，文件扩展名与应用程序的关联关系，硬件部件的描述、状态和属性等。

（3）性能记录和其他底层的系统状态信息。

4. 注册表的作用

（1）负责系统同软件、硬件、用户之间的沟通。在 Windows Server 2003 中运行一个应用程序的时候，系统会从注册表中取得相关信息，如数据文件的类型、保存文件的位置、菜单的样式、工具栏的内容、相应软件的安装日期、用户名、版本号、序列号等。用户可以定制应用软件的菜单、工具栏和外观，相关信息即存储在注册表中。利用注册表的这些特性，许多软件的试用版都可限制用户的使用次数或时间。

（2）自动记录用户操作的结果。当用户改变了窗口的位置、大小和状态后，下一次打开同一窗口时，窗口会保持同样的位置和大小。这是因为在关闭窗口时，窗口的位置、状态

（最大化）、大小等信息也同时被保存在注册表中。在下一次打开窗口时，系统会从注册表中取得相应参数，然后按照这些参数配置打开的窗口。同样，桌面的图标、任务栏的大小和位置也由注册表控制，当改变它们的大小和位置时，注册表会记录下它们在关机之前的位置。在下一次启动时，再从注册表中取得相应数据，并按照注册表中的信息显示这些对象。

二、注册表相关术语

1. HKEY

根键或主键，它的图标与资源管理器中文件夹的图标相像。Windows Server 2003 将注册表分为五个部分，并称之为 HKEY_name。

> 在 Windows 系统中，所有关键字都是以“HKEY”作为前缀开头的。实际上，“关键字”是个句柄。这种约定使得系统及应用程序的开发人员可以在使用注册表中的 API 函数时把它用于应用程序的开发中。为此，Windows 提供了若干 API 函数，以便在开发 for Windows 应用程序时添加、修改、查询和删除注册表的登录项。

2. key（键）

它包含了附加的文件夹和一个或多个值。

3. subkey（子键）

在某一个键（父键）下面出现的键（子键）。

4. branch（分支）

代表一个特定的子键及其所包含的一切。一个分支可以从每个注册表的顶端开始，但通常用以说明一个键和其所有内容。

5. value entry（值项）

带有一个名称和一个值的有序值。每个键都可包含任何数量的值项。每个值项均由三部分组成：名称、数据类型、数据。

（1）名称。不包括反斜杠的字符、数字、代表符、空格的任意组合。同一键中不可有相同的名称。

（2）数据类型。包括字符串、二进制数、双字三种。

6. 字符串（REG_SZ）

一串 ASCII 码字符，如“Hello World”是一串文字或词组。在注册表中，字符串值一般用来表示文件的描述、硬件的标识等。通常它由字母和数字组成。注册表总是在引号内显示字符串。

7. 二进制数（REG_BINARY）

如 AF03D9AF5BC 是没有长度限制的二进制数值，在注册表编辑器中，二进制数值以十六进制数的方式显示出来。

8. 双字（REG_DWORD）

Double Word，双字节值。由 1～8 个十六进制数据组成，如 DA23DF61，可用十六进制数或十进制数的方式来编辑。

9. 数据

值项的具体值，可以占用到 64 KB。

10. Default（缺省值）

每一个键至少包括一个值项，称为缺省值（Default），它总是一个字符串值。

三、注册表子树及功能

计算机配置和缺省用户设置的注册表数据在 Windows Server 2003 中被保存在 System. dat 和 User. dat 两个文件中。它们是二进制文件，不能用文本编辑器查看。它们存在于 Windows 目录下，具有隐含、系统、只读属性。System. dat 包含了计算机特定的配置数据，User. dat 包含了用户特定的数据。User. dat 文件在以某个用户名登录时，位于 C:\Windows\profiles\用户名目录下，系统同时在 C:\Windows 目录下保留了一个缺省的 User. dat 文件，以备新用户使用。

注册表内部组织结构是一个类似于目录管理的树状分层的结构。Windows Server 2003 的注册表共有五个子树（见表 1—5—1），分别存放着不同的设置，也对应着不同的功能。

表 1—5—1　　注册表子树及其功能

文件夹/预定义项	描述
HKEY_CURRENT_USER	包含当前登录用户的配置信息、用户文件夹、屏幕颜色和控制面板设置。该信息被称为用户配置文件
HKEY_USERS	包含计算机上所有用户的配置文件的根目录。HKEY_CURRENT_USER 是 HKEY_USERS 的子项
HKEY_LOCAL_MACHINE	包含针对该计算机的配置信息
HKEY_CLASSES_ROOT	是 HKEY_LOCAL_MACHINE\Software 的子项。此处存储的信息可以确保使用 Windows 资源管理器打开文件时，将打开正确的程序
HKEY_CURRENT_CONFIG	包含本地计算机在系统启动时所用的硬件配置文件信息

四、注册表“键值数据项”类型

在注册表中，“键值数据项”可分为以下三种类型：

1. 二进制（BINARY）

在注册表中，二进制数没有长度限制，以十六进制数的方式显示，双击键值名，出现“编辑二进制数值”对话框，可以在二进制数和十六进制数之间进行切换。

2. DWORD 值（DWORD）

DWORD 值是一个 32 位（4 个字节，即双字）长度的数值，以十六进制数的方式显示。在编辑 DWORD 数值时，可以选择用二进制数、十进制数或是十六进制数的方式进行输入。

3. 字符串值（SZ）

字符串值是一串 ASCII 码字符，通常由字母和数字组成，如“Hello World”，字符串值总是显示在引号内。字符串值一般用来表示文件的描述、硬件的标识等。

五、注册表“数据”类型

注册表中使用的数据类型有六类，其格式和类型见表 1—5—2。

表 1—5—2　　　　　　　　　　　　**数据类型**

数据类型	描述
REG_BINARY	未处理的二进制数据。多数硬件组件信息都以二进制数据存储，而以十六进制数的格式显示在注册表编辑器中
REG_DWORD	由 4 个字节长的数表示。许多设备驱动程序和服务参数就是这种类型。在注册表编辑器中以二进制数、十六进制数或十进制数的格式显示
REG_EXPAND_SZ	长度可变的数据串。该数据类型包含程序或服务使用该数据时确定的变量
REG_MULTI_SZ	多重字符串。包含了格式可被用户读取的列表或多值的值通常为该类型。各项用空格、逗号或其他标记分开
REG_SZ	固定长度的文本串
REG_FULL_RESOURCE_DESCRIPTOR	设计用来存储硬件元件或驱动程序的资源列表的一列嵌套数组

六、注册表的管理和维护

选择“开始→运行”命令，在“运行”对话框中输入 regedit，单击“确定”按钮即可启动注册表编辑器（见图 1—5—1）。使用注册表编辑器，可以实现对注册表的维护。

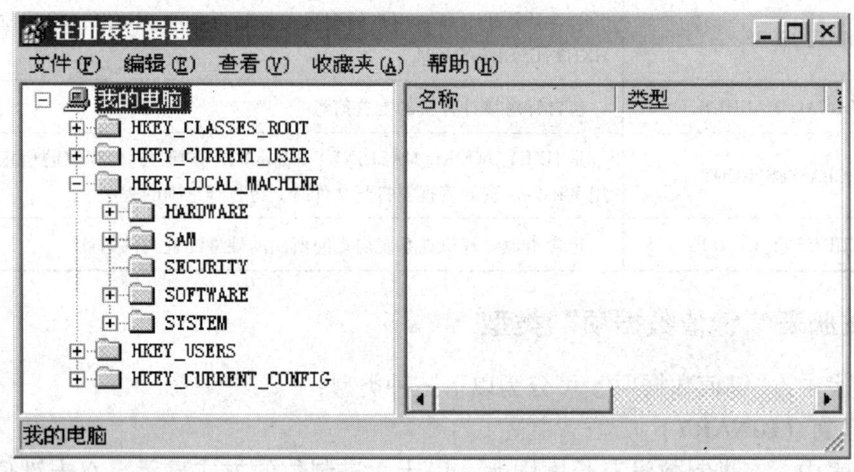

图 1—5—1　注册表编辑器

1. 导出注册表文件

打开“注册表编辑器”，选择“文件→导出”命令。根据需要选择导出整个注册表或者导出所选分支，即当前某个子目录树或者子项。选择导出路径，输入存储注册表文件的名称，单击“保存”按钮，完成操作。

2. 导入注册表文件

当注册表出现错误或者需要还原导出的注册表配置信息时，通过注册表编辑器的导入功能可以很快地恢复注册表配置信息。

打开“注册表编辑器”，选择“文件→导入”命令。选择已经导出的注册表文件，单击“打开”按钮，对现有的注册表信息进行还原。

3. 查找字符串、值或注册表项

注册表编辑器提供类似于我们常用的文本编辑软件中的查找功能，可以快速找到要操作的对象。

在注册表编辑器中，选择“编辑”菜单中的“查找”命令，打开“查找”对话框。在“查找目标”文本框中，输入要查找的内容。选择查找范围，包括“项”“值”“数据”，根据需要选择“全字匹配”复选框，以匹配要搜索的类型，然后单击“查找下一个”按钮或按 F3 键即可开始查找。

4. 添加项和值

打开注册表编辑器，选择要添加子项或者值的项目，然后选择“编辑”菜单中的“新建”子菜单。如果要添加子项，选择“新建”菜单中的“项”命令，编辑器就会在所选择的项目下添加一个子项，默认名称为“新项#1”。

修改新项的名称，然后回车即可。

5. 维护注册表的安全性

（1）给注册表项指派权限

1）使用 regedit 打开“注册表编辑器”。

2）选择要指派权限的项，然后选择“编辑→权限”命令，打开所选项目的权限对话框，如图 1—5—2 所示。

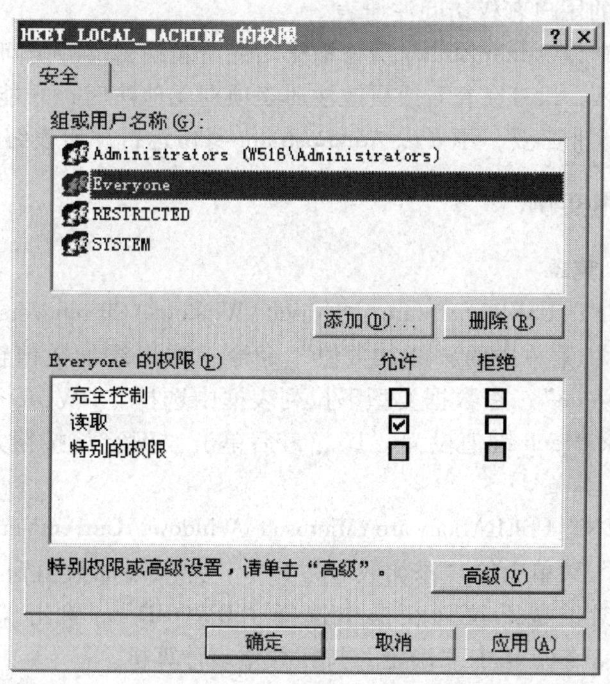

图 1—5—2　设置注册表的权限

3）根据需要为用户指派不同的权限。如果要授予用户读取该项内容的权限，不能更改文件的内容，则可选择要设置权限的用户，然后启用“读取”后面的“允许”复选框。单击“确定”按钮，保存设置。

（2）给注册表项指派特殊访问

1）打开注册表编辑器。

2）单击要指派特殊访问权限的项。

3）单击“编辑”菜单中的“权限”。

4）单击“高级”，再双击要为其指派特殊访问权限的用户或组。

5）在“权限”下，对每个要允许或拒绝的权限，选中“允许”或“拒绝”复选框。

此外，还可以通过向权限列表中添加/删除用户或组、审核注册表项的活动、取得注册表项的所有权等方法来维护注册表的安全性。

6. 正确使用注册表

在 Windows Server 2003 中，系统配置信息存储在注册表中。对注册表的错误编辑可能造成操作系统瘫痪。下面对安全使用注册表和注册表编辑器给出一些建议。

（1）在更改注册表之前，首先建立注册表备份副本。同时，为了排除故障，保留对注册表所做更改的列表。

（2）不要使用其他版本的 Windows 操作系统的注册表来替换 Windows Server 2003 的注册表。

（3）谨慎编辑注册表，编辑注册表不当可能会严重损坏系统。

（4）不要让注册表编辑器在无人参与的状态下运行。

（5）不要让过多的用户有权访问注册表。

（6）如果恶意用户以 Administrator 身份取得对注册表编辑器的访问权，可能会对操作系统和软件造成严重破坏。只有在查看或更改注册表项别无他法时，才能以 Administrator 身份运行注册表编辑器。除非必要，不要以 Administrator 身份运行注册表编辑器。

七、注册表使用实例

1. 隐藏“文档”菜单

在 HKEY_CURRENT_USER\Software\Microsoft\Windows\CurrentVersion\Policies\Explorer 分支下，选择“编辑”菜单中的“添加数值”命令，弹出添加数值窗口。在数值名称中输入“NoRecentDocsMenu”，在数据类型下拉列表框中选择“DWORD”，单击“确定”按钮。再将 NoRecentDocsMenu 键值设为“1”，最后单击“确定”按钮并重启计算机。

2. 隐藏“搜索”菜单

在 HKEY_CURRENT_USER\Software\Microsoft\Windows\CurrentVersion\Policies\Explorer 分支下，选择“编辑”菜单中的“添加数值”命令，弹出添加数值窗口。在数值名称中输入“NoFind”，在数据类型下拉列表框中选择“DWORD”，单击“确定”按钮。再将 NoFind 键值设为“1”，最后单击“确定”按钮并重启计算机。

3. 隐藏“运行”菜单

在 HKEY_CURRENT_USER\Software\Microsoft\Windows\CurrentVersion\Policies\Explorer 分支下，选择“编辑”菜单中的“添加数值”命令，弹出添加数值窗口。在数值名称中输入“NoRun”，在数据类型下拉列表框中选择“DWORD”，单击“确定”按钮。再将 NoRun 键值设为“1”，最后单击“确定”按钮并重启计算机。

4. 隐藏“注销”菜单

在 HKEY_CURRENT_USER\Software\Microsoft\Windows\CurrentVersion\Policies\Explorer分支下，选择“编辑”菜单中的“添加数值”命令，弹出添加数值窗口。在数值名称中输入“NoLogOff”，在数据类型下拉列表框中选择“DWORD”，单击“确定”按钮。再将NoLogOff键值设为“1”，最后单击“确定”按钮。选择开始菜单下的关机命令，单击关机后的下拉箭头（黑▼），查看“注销”菜单是否被隐藏。

5. 隐藏“设置”菜单

在 HKEY_CURRENT_USER\Software\Microsoft\Windows\CurrentVersion\Policies\Explorer分支下，选择“编辑”菜单中的“添加数值”命令，弹出添加数值窗口。在数值名称中输入“NoSetFolders”，在数据类型下拉列表框中选择“DWORD”，单击“确定”按钮。再将NoSetFolders键值设为“1”。按上述方法，再建DWORD值NoSetTaskbar，键值设为“1”，确定后重启计算机。

6. 隐藏“关闭系统”菜单

在 HKEY_CURRENT_USER\Software\Microsoft\Windows\CurrentVersion\Policies\Explorer分支下，选择“编辑”菜单中的“添加数值”命令，弹出添加数值窗口。在数值名称中输入“NoClose”，在数据类型下拉列表框中选择“DWORD”，单击“确定”按钮。再将NoClose键值设为“1”，最后单击“确定”按钮并重启计算机。

7. 自动清除“文档”菜单内容

在 HKEY_CURRENT_USER\Software\Microsoft\Windows\CurrentVersion\Policies\Explorer分支下，选择“编辑”菜单中的“添加数值”命令，弹出添加数值窗口。在数值名称中输入“ClearRecentDocsOnExit”，在数据类型下拉列表框中选择“DWORD”，单击“确定”按钮。再将ClearRecentDocsOnExit键值设为“1”，最后单击“确定”按钮并重启计算机。

8. 删除桌面上的“系统”图标

在 HKEY_LOCAL_MACHINE\Software\Microsoft\Windows\CurrentVersion\Explorer\Desktop\NameSpace分支下，存在多个子键，对应桌面上的“系统”图标。要删除不需要的图标，只需删除对应的键值。例如，删除键值{645FF040－5081－101B－9F08－00AA002F954E}可删除回收站。

9. 隐藏“网上邻居”图标

在 HKEY_CURRENT_USER\Software\Microsoft\Windows\CurrentVersion\Policies\Explorer分支下，选择“编辑”菜单中的“添加数值”命令，弹出添加数值窗口。在数值名称中输入“NoNetHood”，在数据类型下拉列表框中选择“DWORD”，单击“确定”按钮。再将NoNetHood键值设为“1”，最后单击“确定”按钮并重启计算机。

10. 隐藏指定的驱动器

在 HKEY_CURRENT_USER\Software\Microsoft\Windows\CurrentVersion\Policies\Explorer分支下，选择“编辑”菜单中的“新建”命令，选择“DWORD值”，重命名为“NoDrives”。双击NoDrives，在DWORD值编辑器对话框的“基数”分组框中选择“十进制”单选钮，在“数据”编辑框中输入你要隐藏的驱动器号并确定，重启计算机后相应的驱动器即被隐藏。

提 示

在这里使用2的N次方（$N=1$，2，3，…）来代表一个驱动器号，如A为1，B为2，C为4，D为8，E为16，F为32，G为64……如果你要隐藏A、B、C三个驱动器，输入7即可，因为7＝1＋2＋4。

任务实施

Windows Server 2003操作系统是一款主要面向服务器的操作系统，其稳定的性能受到越来越多用户的青睐。面对层出不穷的新病毒和黑客攻击，加强安全性依旧是当务之急。Windows Server 2003由于先天性的原因，存在不少安全隐患，如果不将这些隐患“堵住”，有可能给整个系统带来不必要的麻烦。通常，只需要某些细微的改动就能使系统安全提升一个台阶。

一、清空远程可访问的注册表路径

将远程可访问的注册表路径设置为空，可有效防止黑客利用扫描器通过远程注册表读取计算机的系统信息及其他信息。操作步骤：打开组策略编辑器，依次展开“计算机配置→Windows设置→安全设置→安全选项”，在右侧窗口中找到“网络访问：可远程访问的注册表路径和子路径”，将可远程访问的注册表路径和子路径内容全部删除（见图1—5—3）。

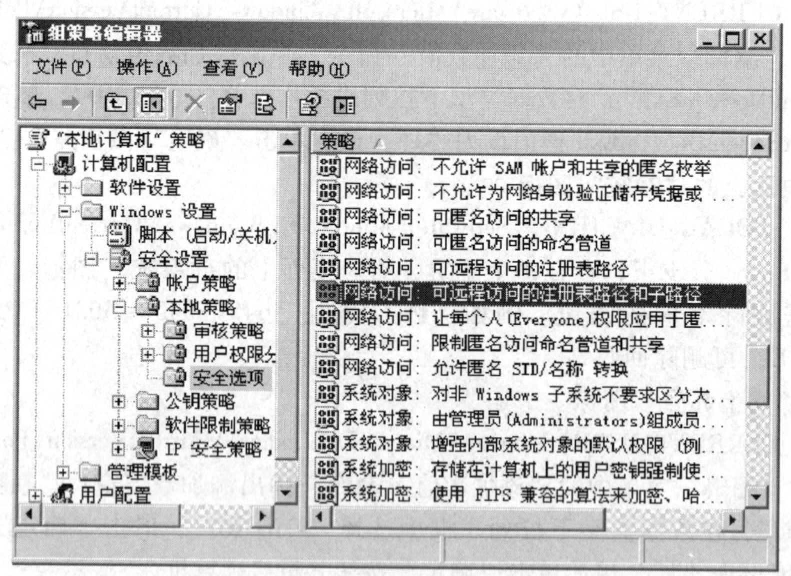

图1—5—3　删除“网络访问：可远程访问的注册表路径和子路径”

二、关闭默认共享，禁止IPC $空连接

在Windows Server 2003系统中，逻辑分区与Windows目录默认为共享，这是为方便管理员管理服务器而设，但却成为别有用心之徒可趁的安全漏洞。

IPC$（Internet Process Connection）是共享“命名管道”的资源，是为了让进程间通信

而开放的命名管道，可以通过验证用户名和密码获得相应的权限，在远程管理计算机和查看计算机的共享资源时使用。

利用 IPC$，连接者可以与目标主机建立一个空连接，即无须用户名和密码就能连接主机。虽然这样的连接没有任何操作权限，但利用这个空连接，连接者可以得到目标主机上的用户列表。利用获得的用户列表就可以猜密码，或者穷举密码，从而获得更高的权限。只要通过 IPC$ 获得足够的权限，就可以在主机上运行程序、创建用户，把主机上的 C、D、E 等逻辑分区共享给入侵者，主机上的所有资料，包括 QQ 密码、E－mail 账号密码，甚至存在计算机里的信用卡资料都会暴露在入侵者面前。

要防止入侵者使用 IPC$ 和默认共享入侵，需要禁用 IPC$ 空连接，避免入侵者取得用户列表，并取消默认共享。操作步骤如下：

1. 单击“开始→运行”，输入“gpedit. msc”后回车，打开“组策略编辑器”。依次展开“用户配置→Windows 设置→脚本（登录/注销）”，双击登录项，然后添加“delshare. bat”（见图 1—5—4），从而删除 Windows Server 2003 默认的共享。

```
ECHO OFF
NET SHARE C$ /DELETE
NET SHARE D$ /DELETE
NET SHARE E$ /DELETE
NET SHARE F$ /DELETE
NET SHARE G$ /DELETE
NET SHARE H$ /DELETE
NET SHARE ADMIN$ /DELETE
NET SHARE IPC$ /DELETE
ECHO ON
```

图 1—5—4　delshare. bat

2. 打开“注册表编辑器”，依次展开 HKEY_LOCAL_MACHINE\System\CurrentControlSet\Control\Lsa 分支，在右侧窗口中找到“restrictanonymous”子键，将其值改为“1”，即可禁用 IPC$ 空连接（见图 1—5—5）。

图 1—5—5　禁用 IPC$ 空连接

三、关机时清理虚拟内存页面交换文件

Windows Server 2003 操作系统即使在正常工作的情况下，也有可能会向黑客或者其他访问者泄露重要的机密信息。在 Windows Server 2003 页面交换文件中隐藏了不少重要隐私信息，这些信息都是在动态中产生的，不及时清除，就有可能成为黑客的入侵突破口，泄露用户重要的机密信息。按照下面的方法，让 Windows Server 2003 操作系统在关闭时，自动将系统工作时产生的页面交换文件全部删除掉。

操作步骤：选择“开始→运行”命令，打开“运行”对话框，并在其中输入 regedit 命令，打开注册表窗口。在该窗口的左边区域中，用鼠标依次单击 HKEY_LOCAL_MACHINE\System\CurrentControlSet\Control\SessionManager\Memory Management 键值，找到右边区域中的 ClearPageFileAtShutdown 键值，并用鼠标双击，在随后打开的数值设置窗口中，将该 DWORD 值重新修改为“1”（见图 1—5—6）。

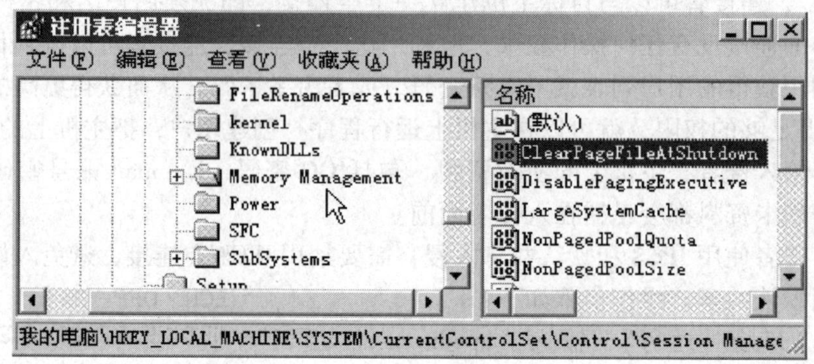

图 1—5—6　删除页面交换文件

课后练习

1. 填空题

（1）__________（registry）是 Windows 操作系统中的一个树状分层数据库。

（2）注册表中存放着各种参数，从而在整个系统中起着________作用。

（3）Windows Server 2003 将注册表分为__________“根键”。

（4）在运行命令对话框中输入________或________即可打开“注册表编辑器”窗口。

（5）在注册表编辑器中，按________键可以“查找下一个”。

2. 选择题

（1）导出的注册表文件，其文件扩展名是（　　）。

A. . TXT　　B. . BAT　　C. . REG　　D. . EXE

（2）下列选项中，不是值项中的要素的是（　　）。

A. 名称　　B. 数据类型　　C. 数据　　D. 根键

（3）隐藏“设置”菜单需使用（　　）。

A. NoFind　　B. NoRun　　C. NoLogOff　　D. NoSetFolders

（4）隐藏驱动器需使用（　　）。

A. NoNetHood　　B. NoClose　　C. NoDrives　　D. NoRun

3. 判断题

（1）可以用记事本打开、编辑扩展名为 . reg 的注册表文件。（　　）

（2）regedit 和 regedit 32 都能打开注册表编辑器。（　　）

（3）Regedit. exe 是 16 位应用程序，与早先的 16 位应用程序兼容，可运行在 DOS 环境下。（　　）

（4）注册表中每个值项均由三部分组成：名称、数据类型、数据。（　　）

（5）选择“注册表”菜单中的“导出注册表文件”命令，可以导出注册表。（　　）

（6）注册表在 Windows Server 2003 中起到中介的作用，负责系统同软件、硬件、用户之间的沟通。（　　）

（7）注册表不会自动记录用户操作的结果，需要人工参与才能记录操作的结果。（　　）

（8）如果注册表出现问题，轻者无法运行某个软件或者无法启动计算机，重者则会使 Windows 系统崩溃。（　　）

4. 问答题

（1）如何导出、导入注册表文件？

（2）如何实现自动登录？

5. 实践操作

（1）修改注册表，实现自动登录。

（2）隐藏“运行”命令。

（3）隐藏“注销”命令。

（4）隐藏 D 和 E 两个驱动器。

（5）显示所有的驱动器。

项目二　创建实验环境

项目目标

1．能利用 VMware Workstation 软件创建虚拟机、编辑虚拟机。

2．能使用 UltraISO 软件制作、编辑 ISO 镜像文件。

3．能使用 PQ、DM、DiskGenius 对硬盘进行分区。

4．能正确安装 Windows Server 2003 和 Windows XP，设置 IP 地址，组建局域网，构建简单实验环境。

任务1　VM 虚拟机

学习目标

1．了解主机、虚拟机等相关概念。

2．熟悉虚拟机文件夹规划。

3．掌握创建虚拟机和编辑虚拟机的方法。

任务描述

在计算机教学中，有些操作对计算机系统中的数据提出了破坏性的要求，例如硬盘分区和格式化。而构建网络实验室又需要购置大量昂贵的网络设备，极大地限制了学生的实践操作。采用 VM 虚拟机技术可突破因硬件设备不足或环境条件不许可造成的束缚，完成磁盘分区、格式化、安装操作系统、局域网的组建、DHCP、DNS、WEB、FTP 等各种网络服务器的配置实验。

本任务就是完成 VM 虚拟机软件的安装以及 SRV1 虚拟机的创建与编辑。

相关知识

一、VMware Workstation 简介

VMware Workstation 是一款功能强大的虚拟计算机软件，允许操作系统和应用程序在一台虚拟机内部运行。使用 VM 虚拟机可在一台机器上同时运行两个或更多的操作系统（DOS、Windows Server 2003、Windows XP、Linux 等）。与“多启动”系统相比，VMware 采

用了完全不同的概念。多启动系统在一个时刻只能运行一个系统，在系统切换时，需要重新启动机器。VMware 是真正“同时”运行，多个操作系统在主系统的平台上，就像标准 Windows 应用程序那样切换。而且每个操作系统都可以进行虚拟的分区、配置而不影响真实硬盘的数据。使用 VM 虚拟机可以通过网卡将几台虚拟机连接为一个局域网，在一台实体计算机上模拟出完整的网络环境，进行网络实验，非常适合学习和测试。

下面介绍一些相关基本概念：

（1）主机与主机操作系统。安装 VMware Workstation 软件的物理计算机（相对于虚拟机）称作“主机”，在主机上运行的操作系统称作“主机操作系统”。

（2）虚拟机与客户机操作系统。虚拟机是一个虚拟的 X86 PC 环境，在虚拟机上运行的操作系统称作“客户机操作系统”。

（3）内存。由虚拟机或主机操作系统使用的确保连续操作的随机访问内存（RAM）的数量。

提 示

只有高级用户可以更改分配给虚拟机的内存数量，因为这样做可能会在主机或者虚拟机上造成不利的影响。如果在主机上正在运行其他应用程序，选择保留太高数量的物理内存可能导致主机操作系统不稳定或者挂起；选择保留太低数量的物理内存可能导致虚拟机执行非常不流畅，并且也限制可以运行在主机上的虚拟机的数量。

（4）交换机。交换机是基于 MAC 地址识别，完成转发数据帧功能的一种网络连接设备。交换机作为汇聚中心，可将多台数据终端设备连接在一起，组建出的是一个交换式局域网。

组网时需要使用网卡、交换机等组网设备。在 VMware Workstation 中，这些设备在形式上都是虚拟的，但在功能上，它们跟真实的网络设备没有太大区别。在 VMware Workstation 安装后，交换机将根据组网的需要由 VMware Workstation 自动创建并自动使用，在 Windows 系列的主机上，最多可用 10 台虚拟的交换机（见图 2—1—1）。通过 VMware Workstation 创建的虚拟交换机，可以将一台或多台虚拟机连接到主机或其他虚拟机上。

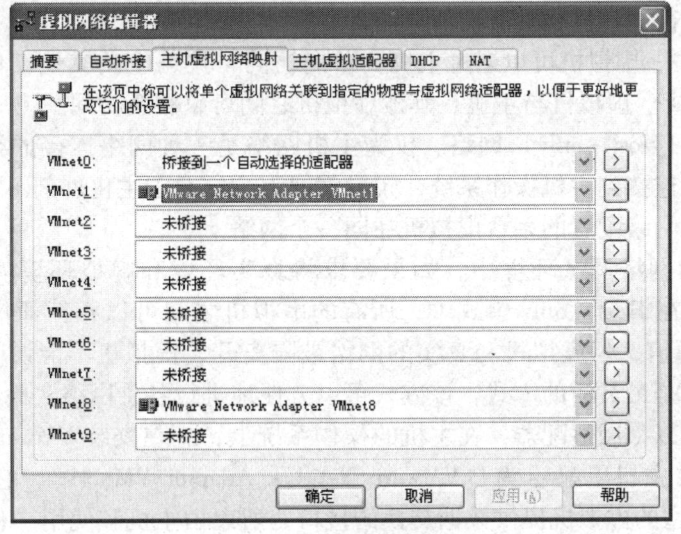

图 2—1—1　虚拟网络编辑器

（5）网络。通过虚拟网卡和虚拟交换机将虚拟机与主机或其他虚拟机连接起来的系统。

1）桥接（bridged）网络。桥接网络是网络连接的一种类型，其中虚拟机显示为和主机在同一个物理以太网上的一台额外的计算机。一台桥接的虚拟机可以使用它被桥接到的网络上的任何可用服务：打印机、文件服务器、网关以及其他服务。同样，当一台虚拟机被桥接后，配置使用桥接网络的任何物理主机或者其他虚拟机可以使用该虚拟机上的资源，如图2—1—2所示。

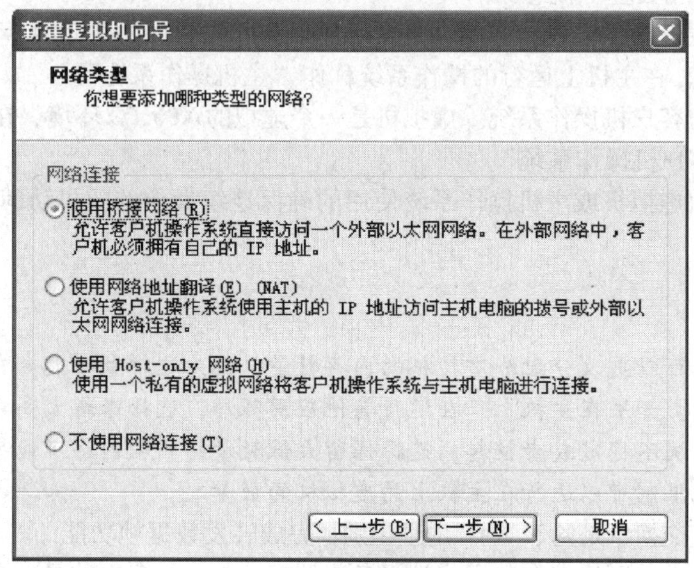

图2—1—2　网络类型

2）网络地址翻译/转换（NAT）。网络地址转换（Network Address Translation，NAT）属接入广域网（WAN）技术，是一种将私有（保留）地址转化为合法IP地址的转换技术。在实际应用中，NAT主要用于实现私有网络访问公共网络的功能。使用NAT的好处是：通过使用少量的公有IP地址代表较多的私有IP地址的方式，将有助于减缓可用IP地址空间的枯竭。不仅完美地解决了IP地址不足的问题，而且还能够有效地避免来自网络外部的攻击，隐藏并保护网络内部的计算机。

在NAT方式中，虚拟机可以通过主机“单向访问”网络上的其他工作站，其他工作站“不能访问”虚拟机。虚拟机与主机、其他虚拟机之间可以相互访问。

3）仅为主机（Host－only）网络。仅为主机网络是一种网络连接的类型，虚拟机通过一个虚拟私有网络连接到主机操作系统，正常情况下，它对于主机外部不可见。在同一台主机上使用仅为主机网络配置的多台虚拟机在同一个网络上。

在某些特殊的网络调试环境中，如果要求将真实环境和虚拟环境隔离开，就可采用Host－only模式。在Host－only模式中，所有的虚拟机之间可以相互通信，虚拟机和主机之间也可以相互通信，但虚拟机和真实的网络被隔离开，虚拟机不能访问互联网。

仅为主机网络是最灵活的方式，该方式可以方便地进行各种网络实验。仅主机适配器是一个标准的虚拟的以太网适配器，在主机的操作系统上，它在安装VMware Workstation时为主机自动安装并在主机上显示为“VMware Network Adapter VMnet1”，它只为主机和使用“仅主机”网络类型的虚拟机提供数据交换的接口，所以由主机和使用“仅主机”网络类型的虚拟机组建的网络是典型的私有内部局域网络。

提示

在 Host - only 模式下，虚拟机和主机之间可以相互通信。除非在主机上配置一台代理服务器，一台使用仅为主机网络的虚拟机不能访问远端网络。

4）不使用网络连接。虚拟机运行在一个隔离的环境中，不能与主机操作系统或者其他任何运行在主机上的虚拟机通信。如果出于测试或者安全目的希望完全隔离，可以选择不使用网络。

（6）ISO 文件。带有 . ISO 扩展名的文件为光盘镜像文件。

UltraISO 是一款功能强大而又使用方便的镜像文件处理工具，它可以在 CD - ROM 或硬盘上创建 ISO 镜像文件，或将其他格式的镜像文件转换为标准的 ISO 格式，还可以轻松实现镜像文件的添加、删除、重命名和提取文件等操作。

二、文件夹规划与 IP 地址规划

在 D 盘根目录下建立 VM 文件夹，用于存放虚拟机文件，目录结构如图 2—1—3 所示。

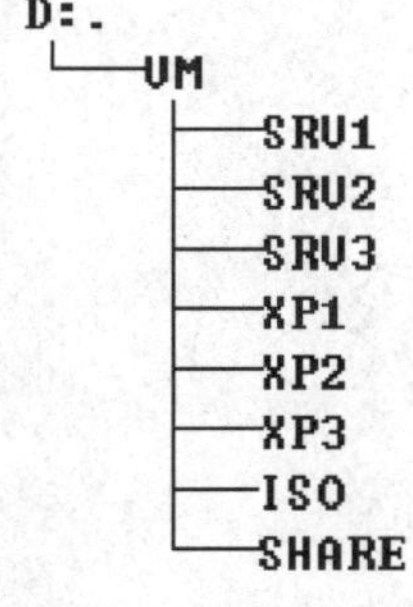

图 2—1—3　目录结构

在 VM 下建立 SRV1、SRV2、SRV3 文件夹，用于安装服务器操作系统。

在 VM 下建立 XP1、XP2、XP3 文件夹，用于安装客户端操作系统。

在 VM 下建立 ISO 文件夹，用于存放 ISO 光盘镜像文件。

在 VM 下建立 SHARE 文件夹，设置为共享文件夹。

服务器和客户机网络参数设置如下：

子网掩码：255. 255. 255. 0，默认网关：192. 168. 1. 1，首选 DNS 服务器：192. 168. 1. 1（见表 2—1—1）。

表 2—1—1　　**IP 地址规划**

服务器	服务器 IP 地址	客户机	客户机 IP 地址
SRV1	192. 168. 1. 1	XP1	192. 168. 1. 11
SRV2	192. 168. 1. 2	XP2	192. 168. 1. 12
SRV3	192. 168. 1. 3	XP3	192. 168. 1. 13

任务实施

一、安装 VM 虚拟机软件

启动安装程序，根据提示完成软件安装。

二、创建与编辑 SRV1 虚拟机

1. 启动 VM 虚拟机软件，单击“新建虚拟机”按钮（见图 2—1—4）。
2. 出现新建虚拟机向导后，单击“下一步”按钮（见图 2—1—5）。
3. 选择“典型”配置，单击“下一步”按钮（见图 2—1—6）。

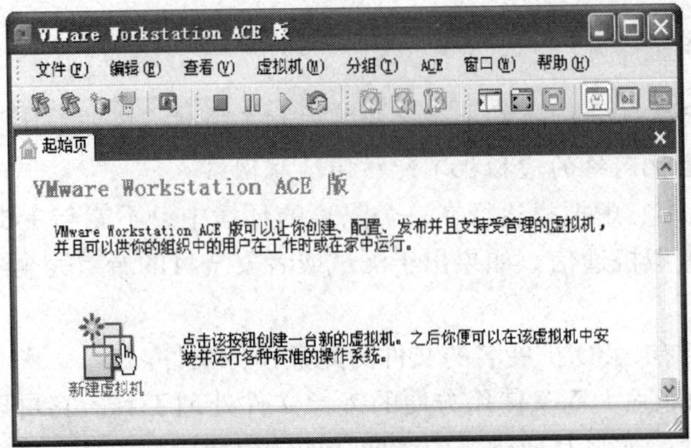

图 2—1—4 新建虚拟机

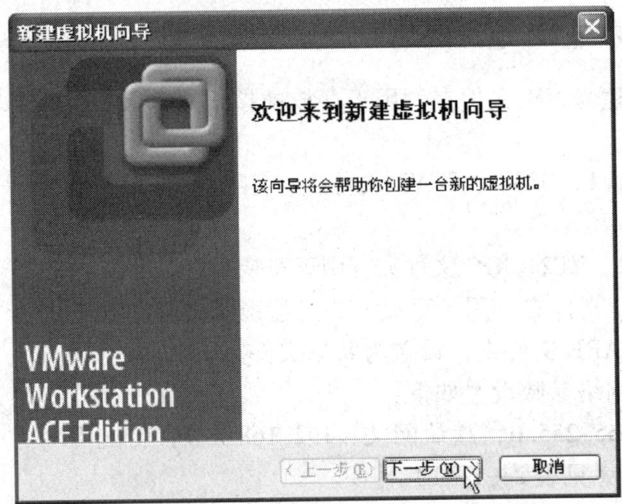

图 2—1—5 新建虚拟机向导

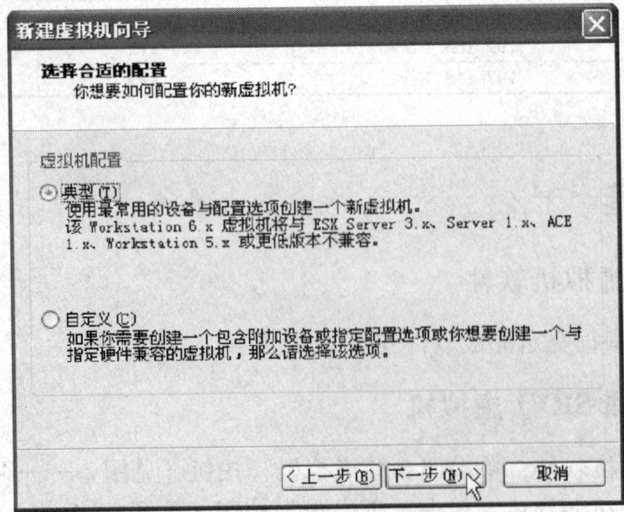

图 2—1—6 选择“典型”配置

4. 在“版本”下拉列表框中选择“Windows Server 2003 Enterprise Edition”（见图2—1—7），单击“下一步”按钮。

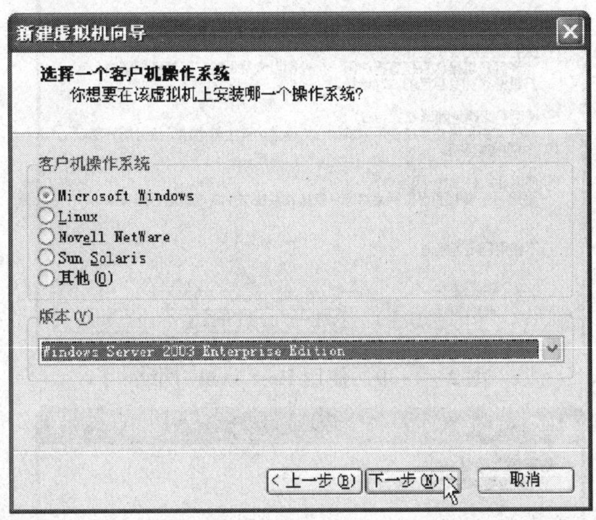

图2—1—7　客户机操作系统

5. 单击“浏览”按钮，选择存盘位置为D:\VM\SRV1（见图2—1—8），单击“下一步”按钮。

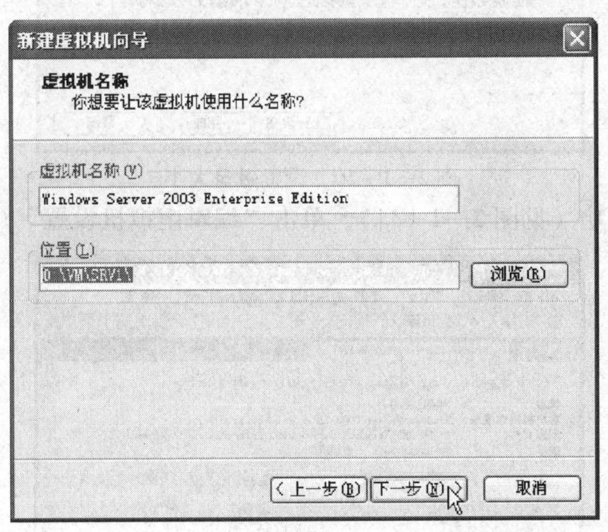

图2—1—8　设置虚拟机名称和选择存盘位置

6. 在“网络连接”中选择“使用Host-only网络”（见图2—1—9），单击“下一步”按钮。

7. 在“指定磁盘容量”中将硬盘大小设置为20 GB（见图2—1—10），单击“完成”按钮。

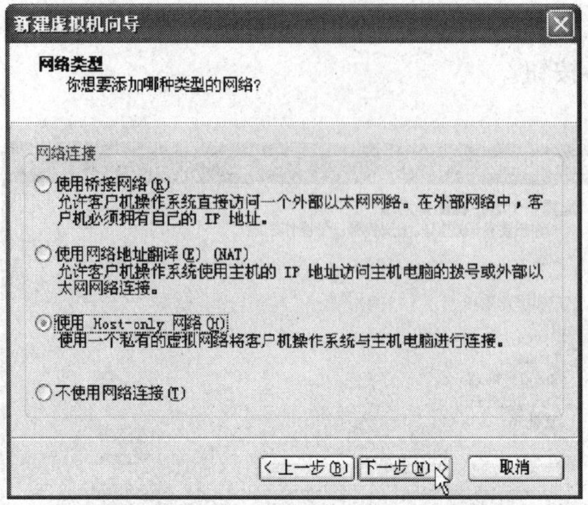

图 2—1—9　使用 Host - only 网络

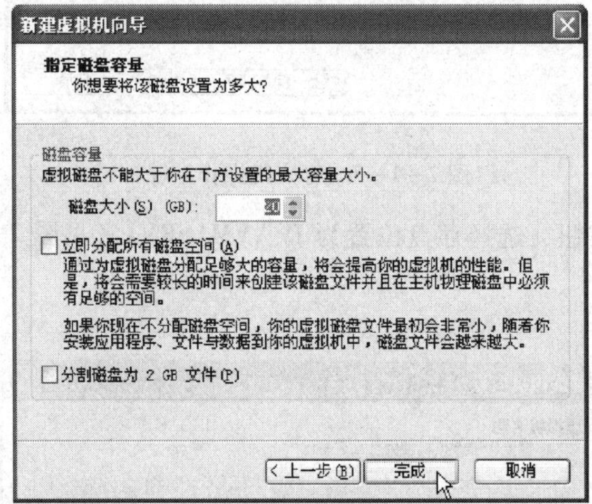

图 2—1—10　设置磁盘大小

8. 虚拟机创建成功（见图 2—1—11），单击“编辑虚拟机设置”（见图 2—1—12）。

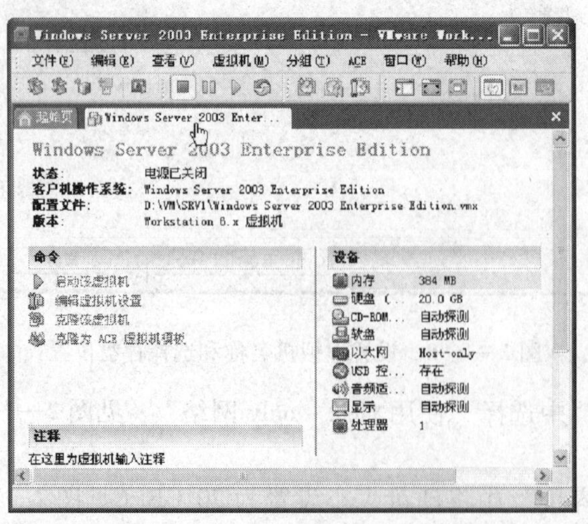

图 2—1—11　成功创建虚拟机

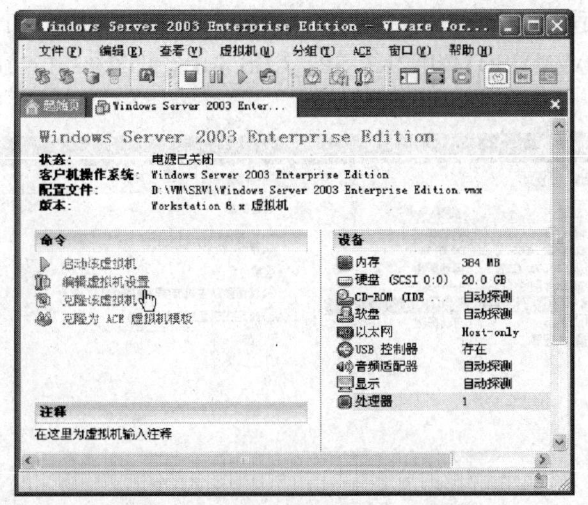

图 2—1—12　编辑虚拟机设置

9. 在“虚拟机设置”对话框中，选择设备下的“软盘”，单击“移除”按钮（见图 2—1—13）；选择“USB 控制器”，单击“移除”按钮（见图 2—1—14）。

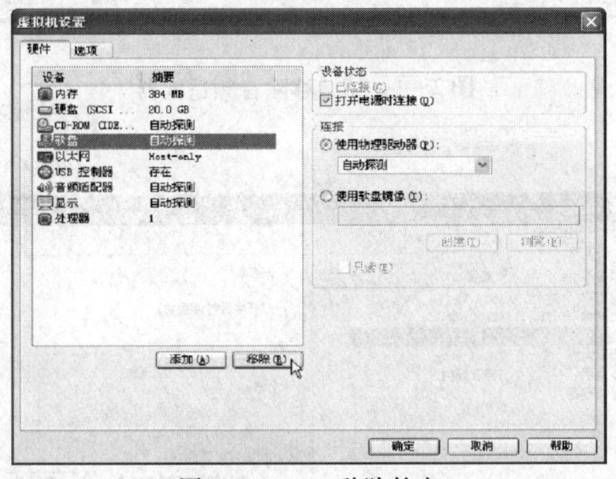

图 2—1—13　移除软盘

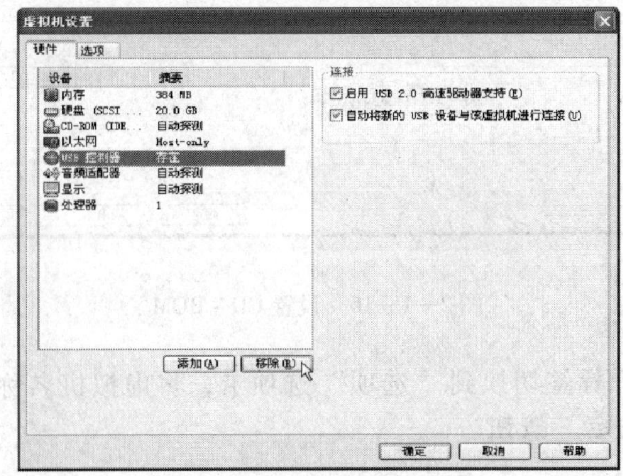

图 2—1—14　移除 USB 控制器

10. 选择“音频适配器”，单击“移除”按钮（见图2—1—15），选择CD－ROM，设置ISO镜像文件为D:\VM\ISO\WIN2K3_SP2_CHS. iso（见图2—1—16）。

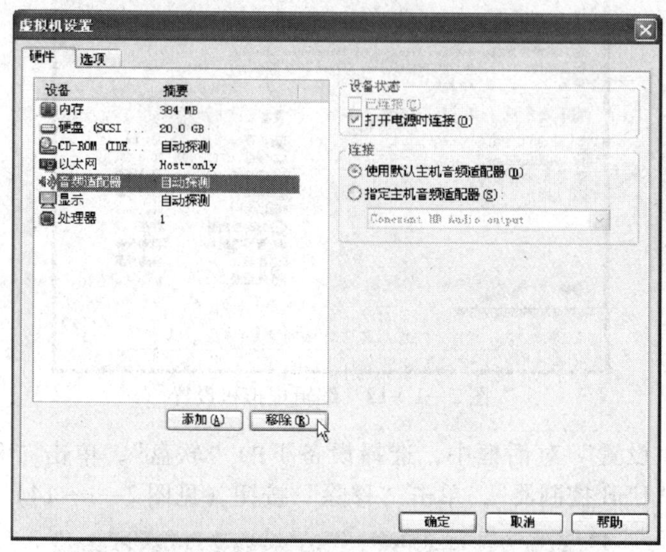

图2—1—15　移除音频适配器

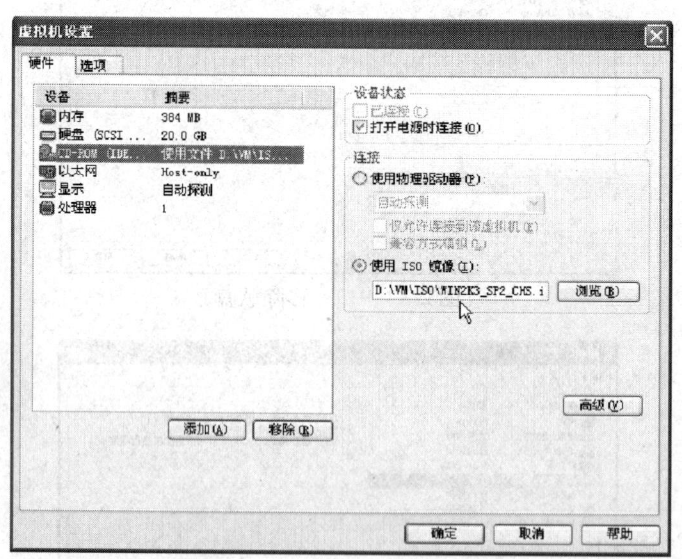

图2—1—16　设置CD－ROM

11. 单击“选项”标签切换到“选项”选项卡，将虚拟机名称更改为SRV1（见图2—1—17），单击“确定”按钮。

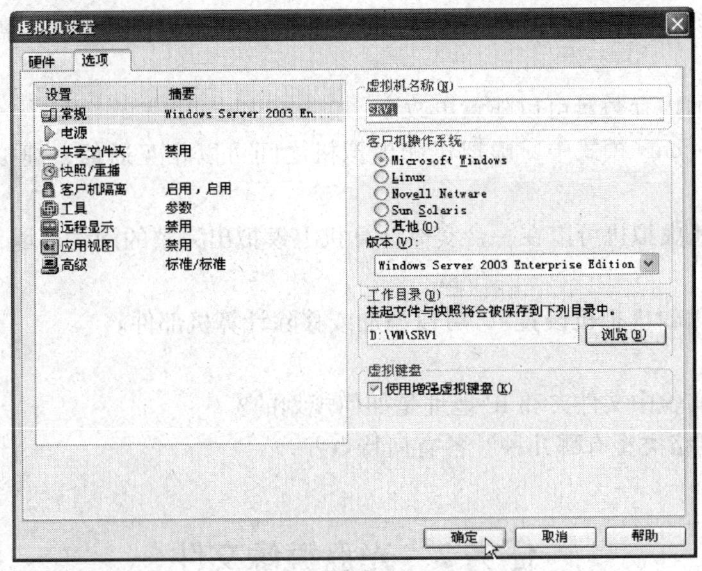

图2—1—17　更改虚拟机名称

课后练习

1. 填空题

（1）安装 VMware Workstation 软件的物理计算机称作________，在主机上运行的操作系统称作____________________。

（2）虚拟机是一个虚拟的____________环境，在虚拟机上运行的操作系统称作____________________。

（3）在 Windows 系列的主机上，最多可用________台虚拟的交换机。

（4）使用 VM 虚拟机可在一台机器上同时运行____________的操作系统。

（5）在 NAT 方式中，虚拟机可以通过主机____________网络上的其他工作站，其他工作站____________虚拟机。

（6）出于测试或者安全目的，希望完全隔离虚拟机，可以选择________________。

2. 选择题

（1）在主机网络连接窗口中出现 VMware Network Adapter VMnet1，说明用户选择了（　　）。

A. 桥接　　B. NAT　　C. Host - only　　D. 无网络

（2）为了节省资源，新建虚拟机时可以移除一些部件，下列部件中不能被移除的是（　　）。

A. 软盘　　B. USB 控制器　　C. CPU　　D. 音频适配器

3. 判断题

（1）NAT 主要用于实现公共网络访问私有网络的功能。（　　）

（2）一台桥接的虚拟机可以使用它被桥接到的网络上的任何可用服务：打印机、文件

服务器、网关以及其他服务。（　　）

（3）VMware 与“多启动”系统采用了完全相同的概念，切换系统时需要重新启动计算机。（　　）

（4）虚拟机的内存数量可以随意更改。（　　）

（5）在 Host - only 模式中，虚拟机和虚拟机之间可以相互通信，虚拟机和主机之间不可以相互通信。（　　）

（6）使用 VM 虚拟机可以在一台实体计算机上模拟出完整的网络环境，进行网络实验。（　　）

（7）单击“编辑虚拟机设置”，可以添加或移除计算机部件。（　　）

4. 问答题

（1）本项目实验中文件夹和 IP 地址是如何规划的？

（2）VM 的网络类型有哪几种？各有何特点？

任务 2　光盘镜像文件

学习目标

1. 熟悉常用光盘镜像文件格式。
2. 熟练掌握使用 UltraISO 软件制作、编辑、转换光盘镜像文件。

任务描述

镜像文件是将特定的一系列文件按照一定的格式制作成单一的文件，以方便用户下载和使用。ISO 文件是光盘镜像文件，是光盘的“提取物”。它的特点是可以被特定的软件识别并可直接刻录到光盘上。使用 UltraISO 软件可将光盘或硬盘上的文件制成 ISO 文件。

本任务是要下载某个 ISO 镜像文件并在 VM 虚拟机中加载；安装 UltraISO 软件后，从 ISO 镜像文件中提取文件并制作带启动功能的软件光盘。

相关知识

一、常用镜像文件

镜像文件是一个独立的文件，由多个文件通过镜像文件制作工具制作而成。常见的镜像文件格式有 ISO、IMG、IMA 等。

1. ISO 镜像文件

ISO 镜像文件是一种“光盘”文件信息的完整复制文件。使用 UltraISO 可以制作 ISO 光盘镜像文件，用硬盘来虚拟光盘不仅速度快，还能延长光驱使用寿命。

2. IMG、IMA 镜像文件

IMG 和 IMA 是“软盘”镜像文件，使用 WinImage 可以把整个软盘的文件（包括引导信息）镜像成一个 IMG 或 IMA 文件，IMG 和 IMA 镜像文件一般都是可引导文件。

WinImage 软件可以实现 IMG 到 IMA 格式的转换，有些文件也可以直接把 . ima 文件重命名为 . img 文件使用。

IMG 和 IMA 镜像文件可以从网上下载，制作带启动功能的 ISO 镜像文件时，需要使用 IMG 和 IMA 镜像文件。使用 UltraISO 可直接编辑 IMG 和 IMA 镜像文件。

二、UltraISO 软件

UltraISO 是一款功能强大、使用方便的光盘镜像文件制作/编辑/转换工具，它可以图形化地在光盘、硬盘中制作和编辑 ISO 文件。具体功能如下：

1. 在 CD－ROM 中制作光盘的镜像文件。
2. 将硬盘、光盘、网络磁盘文件制作成各种镜像文件。
3. 制作可启动的 ISO 文件。
4. 从 ISO 文件中提取文件或文件夹。
5. 编辑各种镜像文件（Nero Burning ROM、Clone CD 制作的光盘镜像文件）。

任务实施

一、准备 ISO 镜像文件

准备一些 ISO 镜像文件，例如“指法练习 . iso”（见图 2—2—1）。

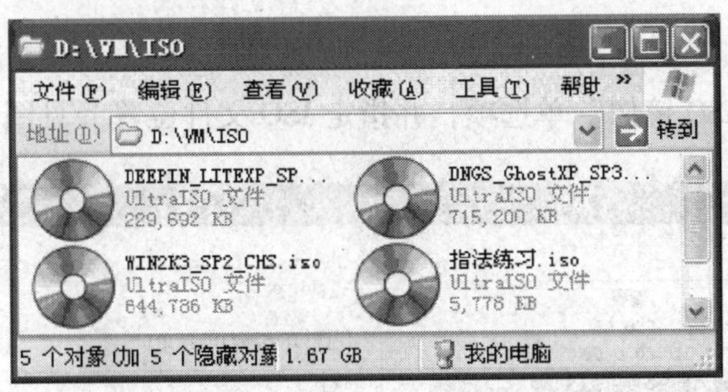

图 2—2—1　准备 ISO 文件

二、在 VM 虚拟机中加载镜像文件

在虚拟机中加载镜像文件可以有两种方式：一是在启动虚拟机之前加载，二是在启动之后利用“设置”菜单命令加载。

1. 启动虚拟机前加载 ISO 镜像文件

（1）启动虚拟机前，单击“编辑虚拟机设置”（见图 2—2—2），打开“虚拟机设置”对话框。CD－ROM 默认设置为“使用物理驱动器”（见图 2—2—3）。

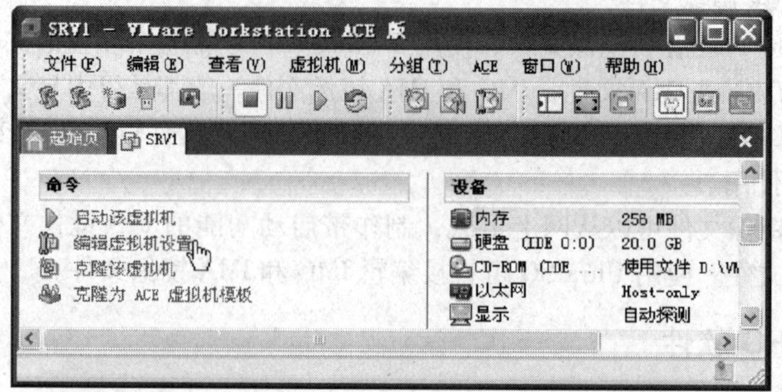

图 2—2—2　启动 SRV1 前

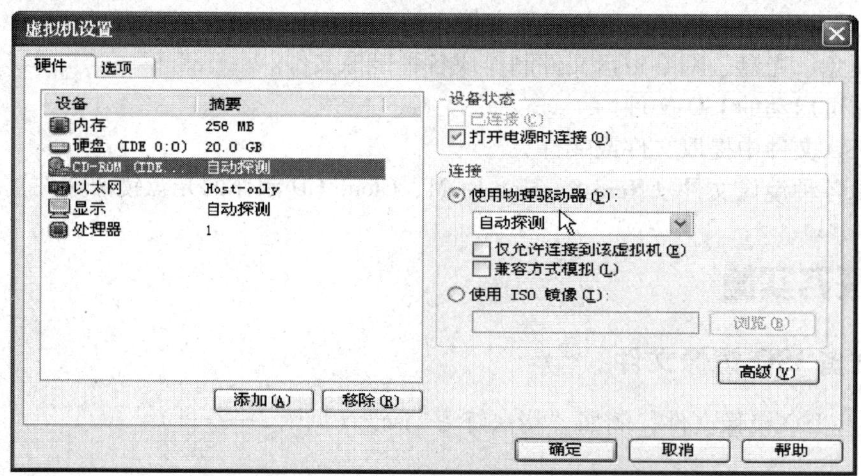

图 2—2—3　CD－ROM 默认设置

（2）选择“使用 ISO 镜像”单选项，并指定 ISO 文件位置（见图 2—2—4）。

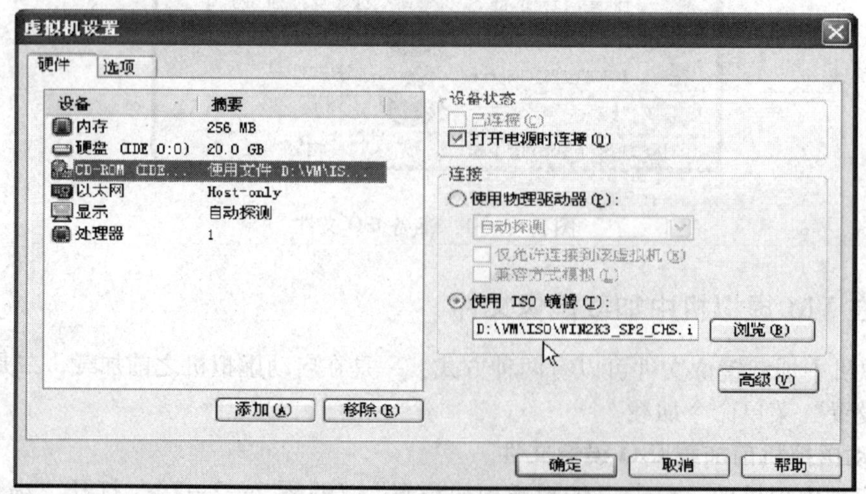

图 2—2—4　指定使用的 ISO 文件

2. 启动虚拟机后加载 ISO 镜像文件

（1）启动虚拟机后，单击“虚拟机→设置”命令（见图 2—2—5）。

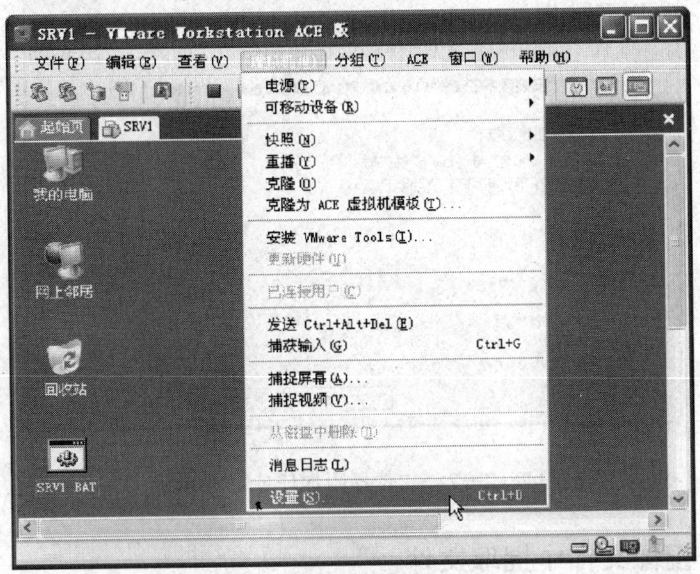

图 2—2—5　选择“设置”菜单命令

（2）在打开的“虚拟机设置”对话框中选择“CD－ROM”选项（见图 2—2—6）。

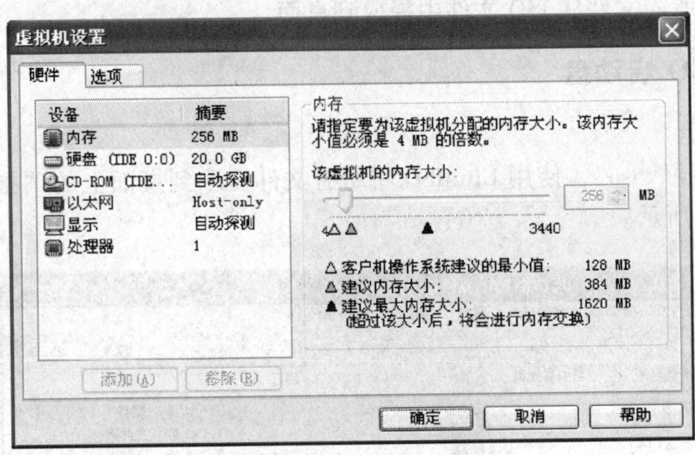

图 2—2—6　虚拟机设置

（3）选择“使用 ISO 镜像”单选项，并指定 ISO 文件位置。

三、安装 UltraISO 软件

启动 UltraISO 软件安装程序，根据安装向导提示，完成软件安装。在安装过程中，出现“选择附加任务”时，选择“建立 UltraISO 与 . iso 文件关联”和“安装虚拟 ISO 驱动器（ISODrive）”两项（见图 2—2—7）。其中，选择“安装虚拟 ISO 驱动器（ISODrive）”选项，将安装虚拟 ISO 驱动器，在其中可以加载 ISO 文件，加载后不需要将 ISO 文件解压缩，即可使用其中的文件。

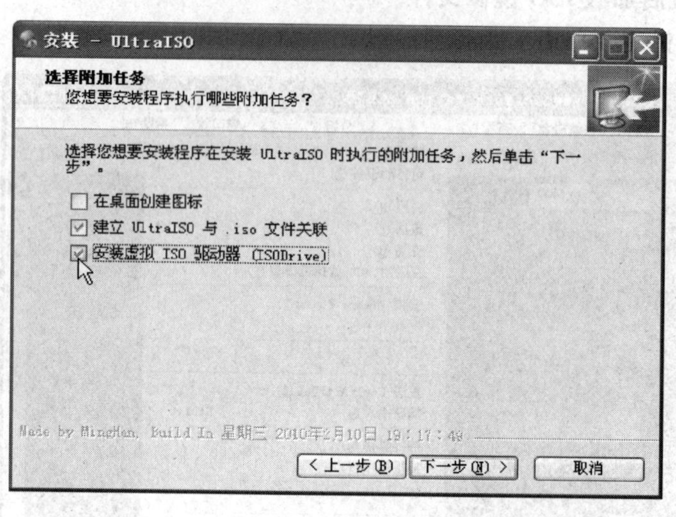

图 2—2—7　“选择附加任务”的设置

四、从 ISO 镜像文件中提取文件

1. 双击前面下载的 ISO 文件，系统自动用 UltraISO 打开文件。

2. 在需要提取的文件上右击，在弹出的菜单中选择“提取到...”，选择桌面，单击“确定”按钮，将所需文件从 ISO 文件中提取到桌面。

五、制作 ISO 启动盘

1. 制作启动盘

双击“指法练习 . iso”，使用 UltraISO 将所有文件提取到桌面上的“指法练习”文件夹中，如图 2—2—8 所示。

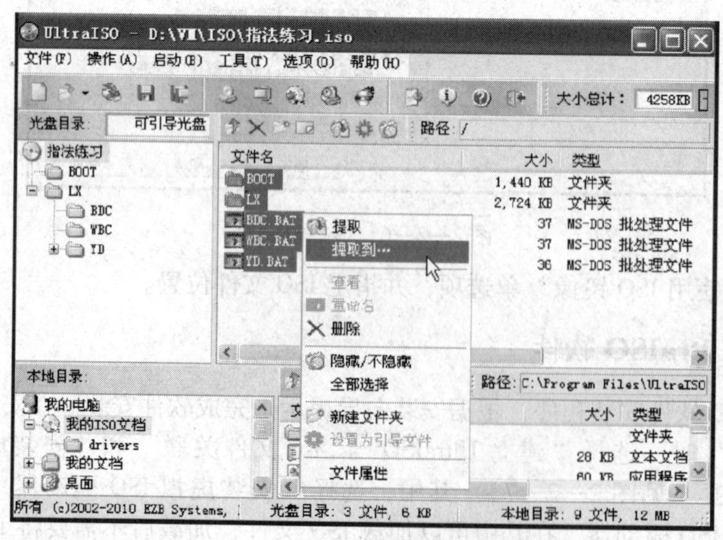

图 2—2—8　提取指法练习镜像文件中的文件

单击 UltraISO 程序工具栏上的“新建”按钮，新建一个空 ISO 文件（见图 2—2—9）。

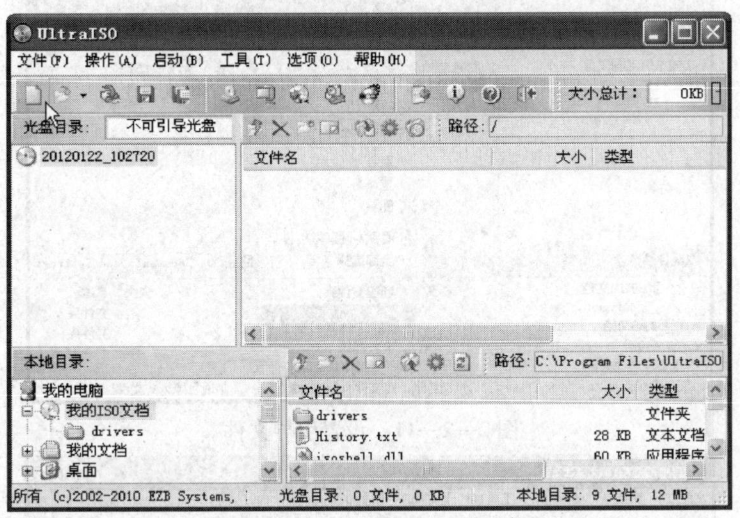

图 2—2—9　新建空 ISO 文件

将光盘重命名为“指法练习测试盘”，将桌面上“指法练习”文件夹下的所有文件选中，然后拖放到上边空白窗口中，此时光盘为“不可引导光盘”（见图 2—2—10）。

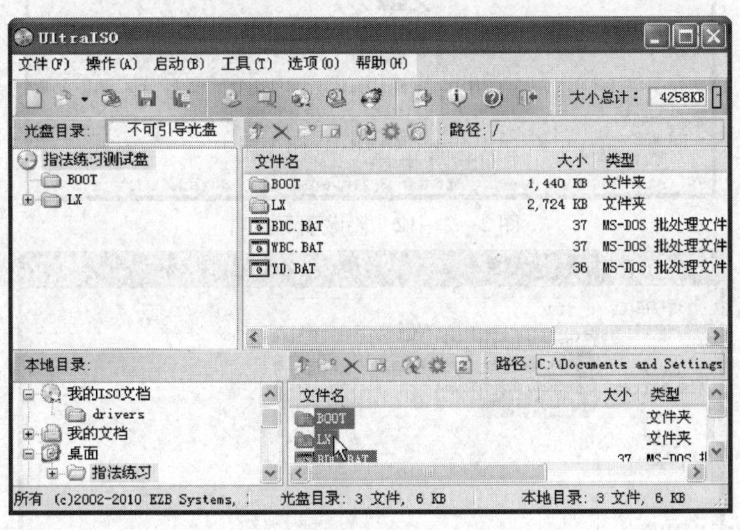

图 2—2—10　重命名并添加文件

在左侧窗格中单击 BOOT 文件夹，在右侧窗格中右击 DOS. IMG 文件，在弹出的菜单中选择“设置为引导文件”，此时光盘目录处显示为“可引导光盘”（见图 2—2—11）。

在右侧窗格中右击 BOOT 文件夹，在弹出的菜单中选择“隐藏/不隐藏”命令，隐藏引导文件（见图 2—2—12）。

选择“文件→另存为”命令，将文件保存在 D:\VM\ISO 下（见图 2—2—13）。

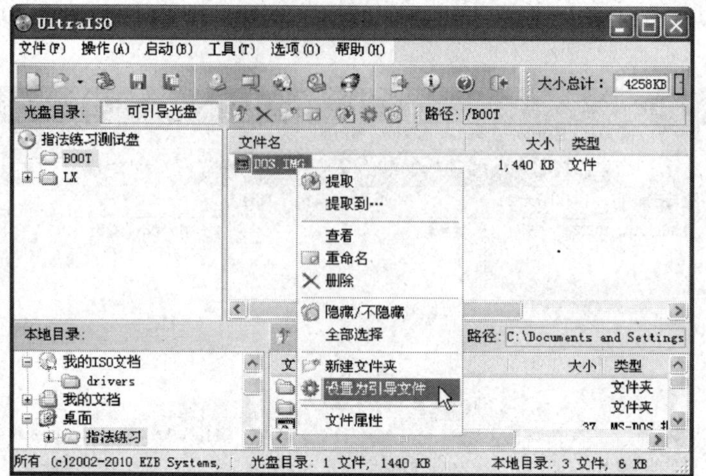

图 2—2—11　设置引导文件

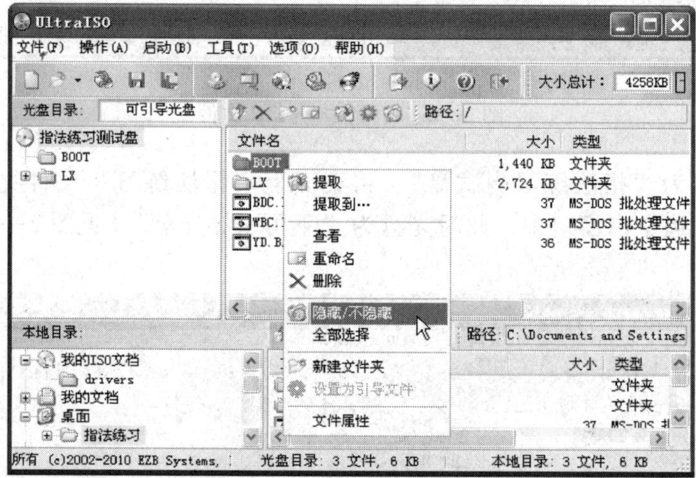

图 2—2—12　隐藏引导文件

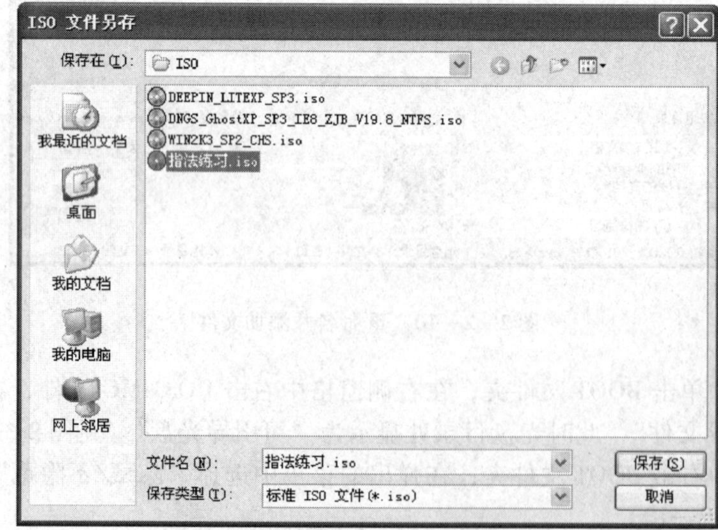

图 2—2—13　保存指法练习 . iso

2. 测试启动盘

（1）启动VM6，单击“新建虚拟机”（见图2—2—14），将向导中“选择合适的配置”设置为“典型”（见图2—2—15）。

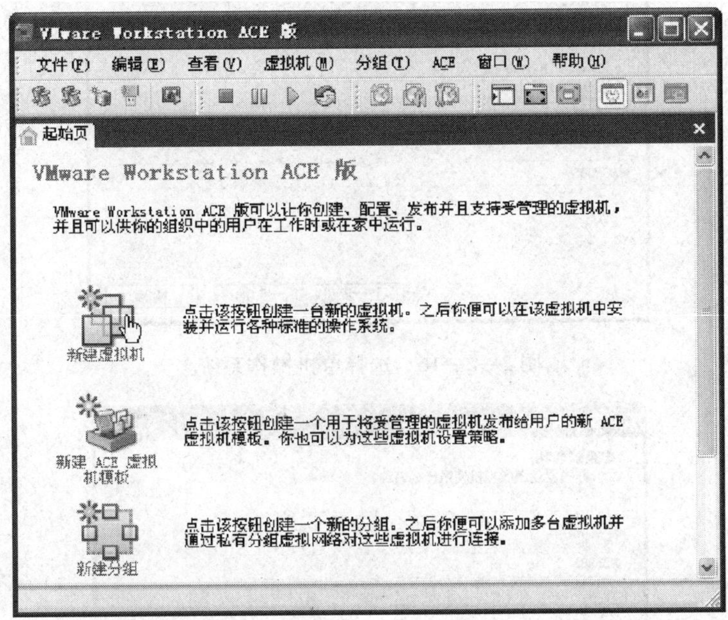

图2—2—14　新建虚拟机

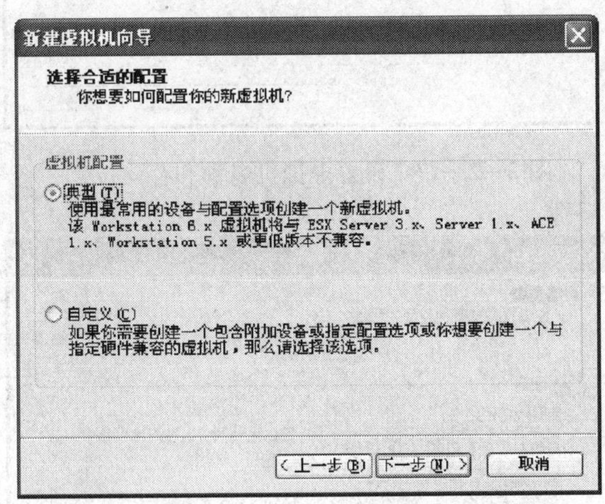

图2—2—15　虚拟机配置

（2）客户机操作系统选择“其他”（见图2—2—16）。

（3）虚拟机名称设置为MS－DOS，位置默认，无须改动。默认位置为C：\Documents and Settings\Administrator\My Documents\My Virtual Machines（见图2—2—17）。

（4）网络类型选择“不使用网络连接”（见图2—2—18）。

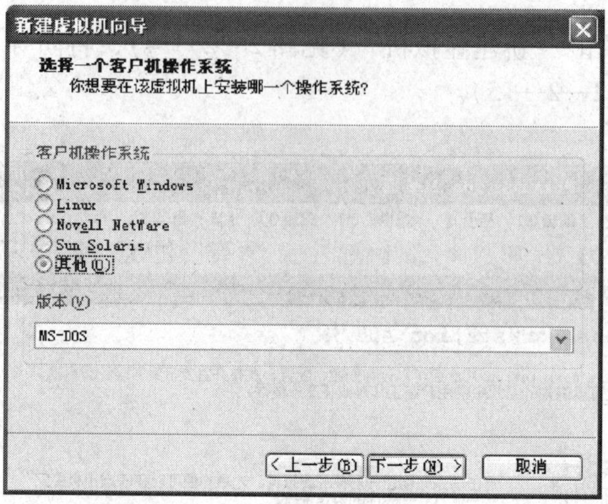

新建虚拟机向导

选择一个客户机操作系统
你想要在该虚拟机上安装哪一个操作系统?

客户机操作系统
Microsoft Windows
Linux
Novell NetWare
Sun Solaris
其他(O)

版本(V)
MS-DOS

<上一步(B) 下一步(N)> 取消

图 2—2—16　选择单机操作系统

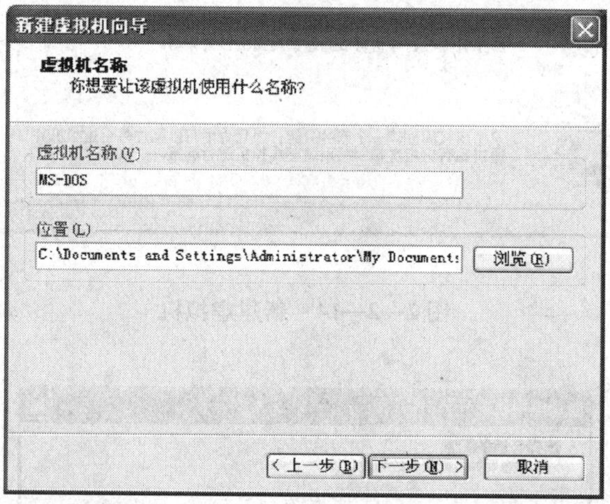

新建虚拟机向导

虚拟机名称
你想要让该虚拟机使用什么名称?

虚拟机名称(V)
MS-DOS

位置(L)
C:\Documents and Settings\Administrator\My Documents
浏览(R)

<上一步(B) 下一步(N)> 取消

图 2—2—17　设置虚拟机名称和存储位置

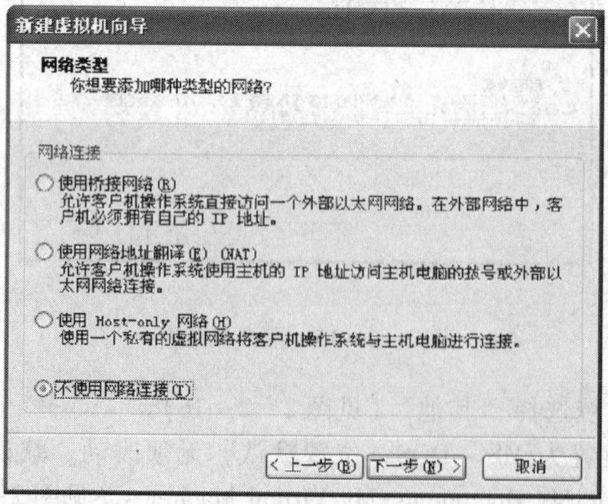

新建虚拟机向导

网络类型
你想要添加哪种类型的网络?

网络连接
使用桥接网络(R)
允许客户机操作系统直接访问一个外部以太网网络。在外部网络中，客户机必须拥有自己的 IP 地址。
使用网络地址翻译(E)(NAT)
允许客户机操作系统使用主机的 IP 地址访问主机电脑的拨号或外部以太网网络连接。
使用 Host-only 网络(H)
使用一个私有的虚拟网络将客户机操作系统与主机电脑进行连接。
不使用网络连接(T)

<上一步(B) 下一步(N)> 取消

图 2—2—18　设置网络类型

（5）磁盘大小使用默认值 8 GB（见图 2—2—19）。

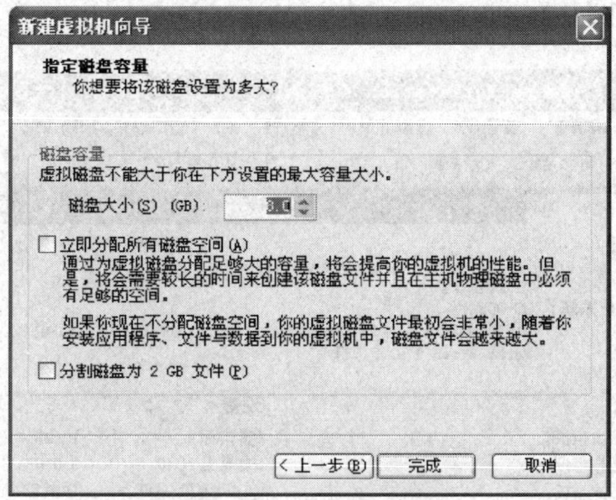

图 2—2—19　设置磁盘大小

（6）移除“软盘”和“音频适配器”（见图 2—2—20）。设置 CD－ROM，使用 ISO 镜像文件 D:\VM\ISO\指法练习 . iso（见图 2—2—21）。

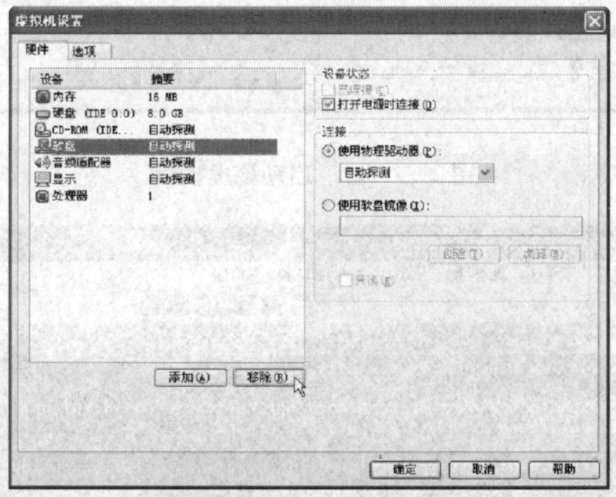

图 2—2—20　移除设备

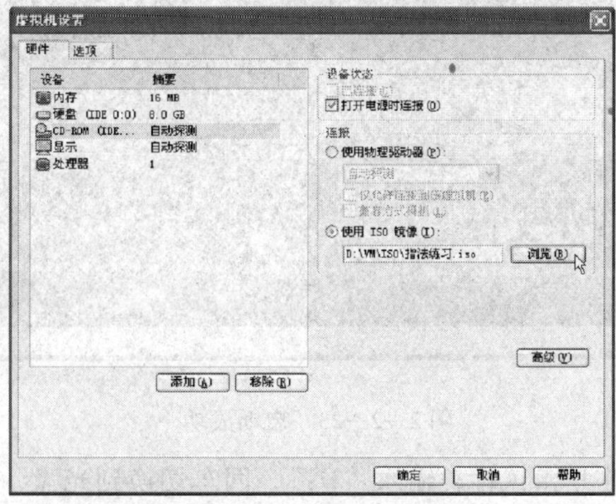

图 2—2—21　设置 CD－ROM

（7）单击“启动该虚拟机”（见图 2—2—22），出现盘符“A:\ >”表明启动成功，此时光盘盘符为 D:（见图 2—2—23）。

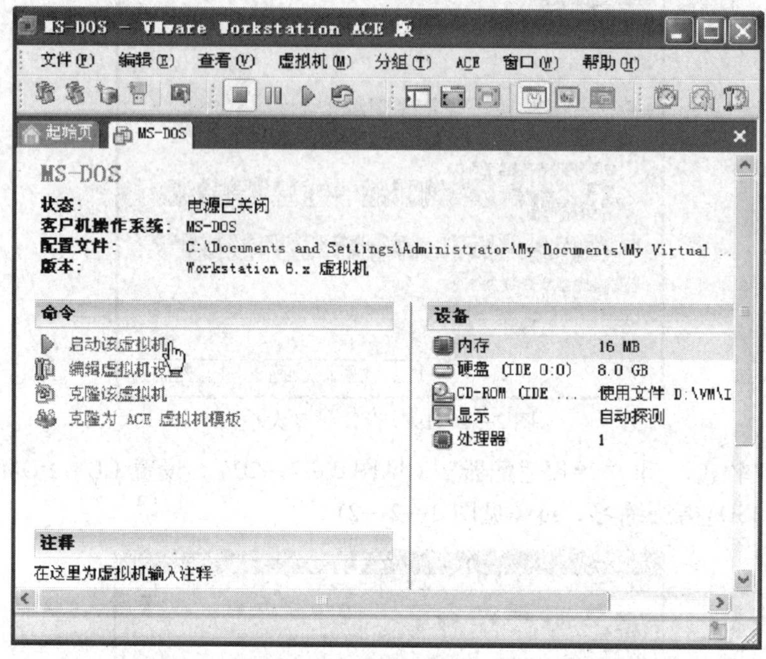

图 2—2—22　启动该虚拟机

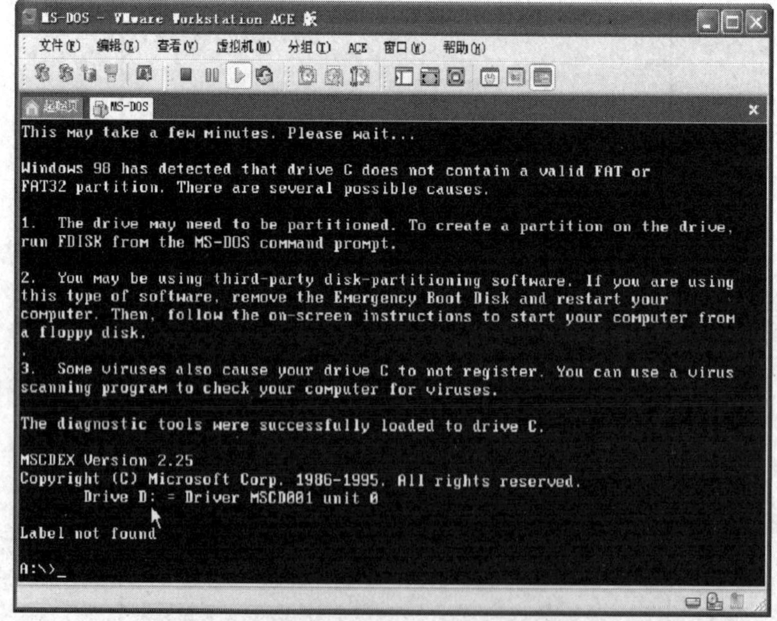

图 2—2—23　启动成功

（8）在虚拟机窗口中单击鼠标，输入“D:”，回车切换到光盘，再输入“DIR *. BAT”后回车，显示如图 2—2—24 所示。

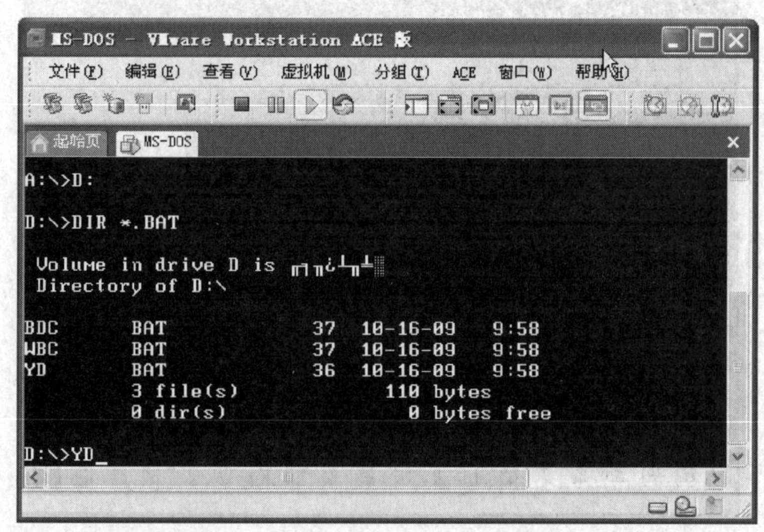

图 2—2—24 切换盘符并查看 D 盘下的 BAT 文件

提 示

DOS 窗口中不支持鼠标操作，用方向键选择，用回车键确认，用 Esc 键退出。

（9）输入“YD”回车后出现英打主界面（见图 2—2—25），片刻后出现英打练习菜单（见图 2—2—26）。

图 2—2—25 英打练习界面

测试结果：启动盘制作成功。

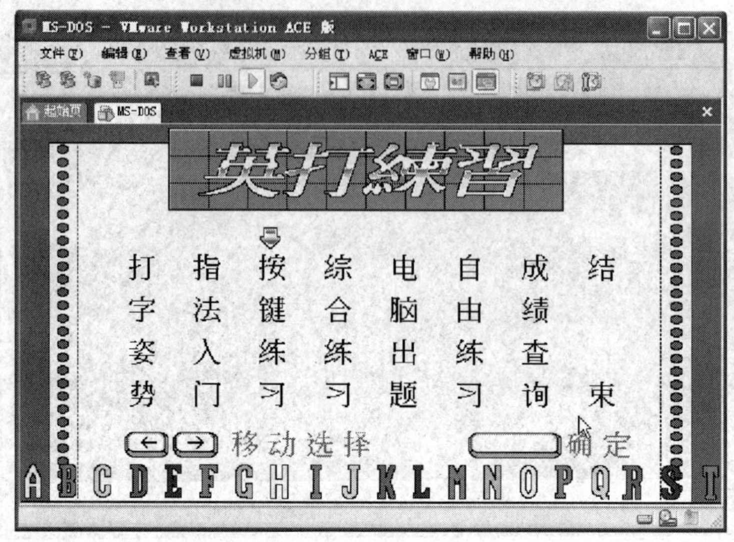

图 2—2—26　英打练习菜单

课后练习

1. 填空题

（1）____________是一个独立的文件，由多个文件通过镜像文件制作工具制作而成。

（2）UltraISO 是一款功能强大、使用方便的光盘镜像文件________/________/________工具。

（3）ISO 镜像文件是一种________文件信息的完整复制文件。

（4）IMG 和________是“软盘”镜像文件。

（5）制作启动盘时，需要把 IMG 文件____________________。

2. 选择题

（1）标准光盘镜像文件格式是（　　）。

A. ISO　　B. NRG　　C. IMG　　D. IMA

（2）软盘镜像文件格式是（　　）。

A. ISO　　B. NRG　　C. IMG　　D. IMAGE

3. 判断题

（1）使用 WinImage 可以把整个软盘的文件（包括引导信息）镜像成一个 IMG 或 IMA 文件。（　　）

（2）使用 UltraISO 只能编辑 ISO 光盘镜像文件，不能编辑 IMG 和 IMA 软盘镜像文件。（　　）

（3）WinImage 软件可以实现 IMG 到 IMA 格式的转换。（　　）

（4）软盘镜像文件 . ima 和 . img 内部结构不同，把 . ima 更改成 . img 后文件就不能使用。（　　）

（5）DM957. ima 更改成 DM10. img 后在虚拟机里测试成功，文件可以正常使用。（　　）

（6）用 UltraISO 制作光盘镜像文件时可隐藏文件，这些被隐藏的文件在 Windows（显示全部文件）和 DOS（DIR/AH）中均不可见。（　　）

4. 问答题

（1）UltraISO 软件有何功能？利用 UltraISO 软件如何编辑 ISO 文件？

（2）在 VM6 中如何加载 ISO 光盘镜像文件？

5. 实践操作

用 UltraISO 软件制作一张启动光盘，在 VM6 虚拟机中测试能否启动成功。

任务3　硬 盘 分 区

学习目标

1. 了解硬盘分区的基础知识。
2. 掌握硬盘分区工具的使用。

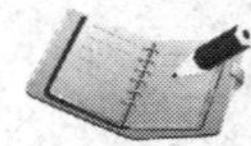

任务描述

随着硬盘制造技术的不断发展，硬盘的容量也越来越大。大容量硬盘作为一个分区来使用，不利于计算机性能的发挥和文件的管理。在安装操作系统和软件之前，需要对硬盘进行分区操作，硬盘分区是否合理直接影响到以后工作的便利性和数据的安全性。

本任务是利用 PQ、DM、DiskGenius 分区工具对硬盘进行分区。

相关知识

一、硬盘分区基础知识

1. 硬盘分区形式

硬盘分区形式有三种：主分区、扩展分区和逻辑分区。

（1）主分区

1）激活的主分区是硬盘的启动分区，是硬盘的第一个分区，盘符是 C:。

2）一个硬盘主分区至少有 1 个，最多 4 个。

3）其他主分区也可成为“引导分区”，会被操作系统和主板认定为这个硬盘的第一个分区。所以，C 盘永远排在所有磁盘分区第一的位置上。

（2）扩展分区

1）分出主分区后，其余部分“全部”划分成“一个”扩展分区。

2）扩展分区可以没有，最多 1 个，且主分区 + 扩展分区总共不能超过 4 个。即可以划分4个主分区（无扩展分区）或者划分3个主分区和1个扩展分区（有扩展分区时，最多只能划分3个主分区），在扩展分区内可以划分出若干逻辑分区。

硬盘的容量＝主分区的容量＋扩展分区的容量

（3）逻辑分区

1）扩展分区是不能直接用的，它是以逻辑分区的方式来使用的。

2）扩展分区可分成若干逻辑分区。它们的关系是包含的关系，所有的逻辑分区都是扩展分区的一部分。

扩展分区的容量＝各个逻辑分区的容量之和

2. 主引导记录

主引导记录（Main Boot Record，MBR）是位于磁盘最前面的一段引导（loader）代码。它负责磁盘操作系统（DOS）对磁盘进行读写时分区合法性的判别、分区引导信息的定位，它由磁盘操作系统（DOS）在对硬盘进行初始化时产生。

通常将包含MBR引导代码的扇区称为主引导扇区（见图2—3—1）。它由三个部分组成：主引导记录MBR、硬盘分区表DPT和硬盘有效标志。第一部分在总共512个字节的主引导扇区里，MBR占446个字节。第二部分是Partition Table区（分区表），即DPT，占64个字节，硬盘中分区有多少以及每一分区的大小都记在其中。第三部分是硬盘有效标志，占2个字节，固定为55 AA。

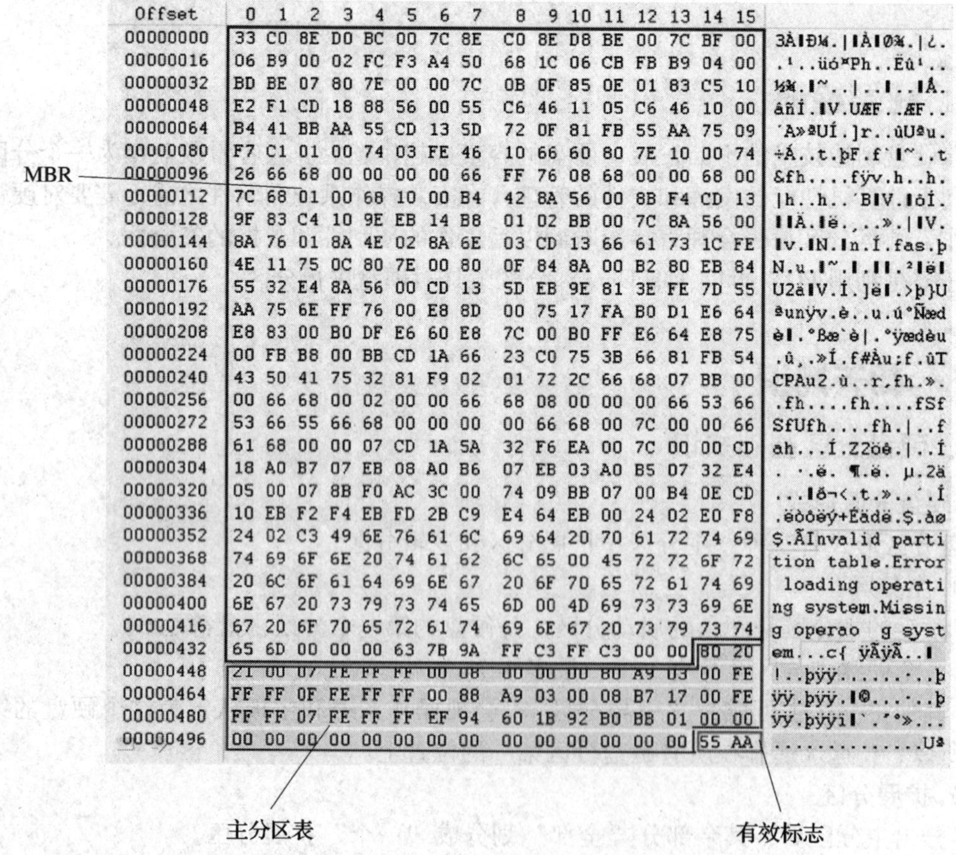

图2—3—1　主引导扇区

MBR（主引导记录）的分区表（主分区表）只能存放4个分区，如果要分更多分区的话，就要一个扩展分区表（EBR），扩展分区表放在一个系统ID为0x05的主分区上，这个主分区就是扩展分区，扩展分区可以分若干分区，每个分区都是一个逻辑分区。

3. 硬盘分区格式

硬盘分区格式有三种：FAT16、FAT32和NTFS。

（1）FAT16。FAT16是MS-DOS和最早期的Win 95操作系统中最常见的磁盘分区格式。它采用16位的文件分配表，能支持最大为2 GB的分区，是目前应用最为广泛和获得操作系统支持最多的一种磁盘分区格式。

FAT16最大的一个缺点是磁盘利用效率低。因为在DOS和Windows系统中，磁盘文件的分配是以簇为单位的，一个簇只分配给一个文件使用，不管这个文件占用整个簇容量的多少。这样，即使一个文件很小的话，它也要占用一个簇，剩余空间便全部闲置在那里，造成了磁盘空间的浪费。由于分区表容量的限制，FAT16支持的分区越大，磁盘上每个簇的容量也越大，造成的浪费也越大。所以，为了解决这个问题，微软公司在Win 97中推出了一种全新的磁盘分区格式FAT32。

（2）FAT32。FAT32采用32位的文件分配表，突破了FAT16对每一个分区的容量只有2 GB的限制，大大方便了对磁盘的管理。而且，FAT32具有一个最大的优点：在一个不超过8 GB的分区中，FAT32分区格式的每个簇容量都固定为4 KB，与FAT16相比，可以大大减少磁盘的浪费，提高磁盘利用率。虽然FAT32在安全性和稳定性上比不过NTFS格式，但它还有个优点，那就是兼容性好，几乎所有的操作系统都识别该格式。

FAT32分区格式也有缺点，首先是采用FAT32格式分区的磁盘，由于文件分配表的扩大，运行速度比采用FAT16格式分区的磁盘要慢。另外，由于DOS不支持这种分区格式，所以采用这种分区格式后，就无法再使用DOS系统。

（3）NTFS。NTFS分区格式是跟随Windows NT系统产生的，它的优点是安全性和稳定性极其出色，在使用中不易产生文件碎片，硬盘的空间利用率高。它能对用户的操作进行记录，通过对用户权限进行非常严格的限制，使每个用户只能按照系统赋予的权限进行操作，充分保护了网络系统与数据的安全。除Windows NT外，Win 2003和Win XP也都支持这种硬盘分区格式。但因为DOS和Win 98是在NTFS格式之前推出的，所以并不能识别NTFS格式。

二、硬盘分区工具

1. PQ

PowerQuest Partition Magic（PQ，分区魔术师）是一款优秀硬盘分区管理软件。该软件支持大容量硬盘，可以非常方便地实现分区的拆分、删除、修改。PQ的最大优点是可以在“不损失硬盘中已有数据”的前提下对硬盘大小进行重新调整，是目前在这方面表现最为出色的工具。

PQ后被Symantec收购，改名为Norton Partition Magic（PM），人们还是习惯叫它原来的名字PQ或PQ Magic。

2. DM

DM是由ONTRACK公司开发的一款老牌硬盘管理工具，在实际使用中主要用于硬盘的初始化，如低级格式化、分区等。由于功能强劲、安装速度极快，受到用户的喜爱。但因为各种品牌的硬盘都有其特殊的内部格式，针对不同硬盘开发的 DM 软件并不能通用，这给用户的使用带来了不便。DM 万用版彻底解除了这种限制，可以使用 IBM 的万用分区软件 DM 对任何厂家的硬盘进行快速分区。

DM 提供简易和高级两种安装模式，以满足不同用户的各种要求。其简易模式适合初级用户使用，DM 会根据用户硬盘的容量预设分区方案，自动进行分区操作。高级模式主要针对高级用户而设计，可以由用户自己设定分区的个数及每个分区的参数。

DM 支持硬盘的低格，DM 提供的低级格式化程序比许多 BIOS 附带的 Low Level Format 程序先进得多，甚至可以让某些磁道出了问题的硬盘起死回生。

3. DiskGenius

DiskGenius 早期叫 DiskMan 或 DiskGen，是一款硬盘分区软件。DiskMan 是在 DOS 基础上开发的，Windows 版本的 DiskGenius 软件，除继承并增强了 DOS 版的大部分功能外，还增加了许多新的功能，如已删除文件恢复、分区复制、分区备份、硬盘复制等功能。另外，还增加了对 VMware 虚拟硬盘的支持。

DiskGenius 软件的主要功能及特点如下：

（1）支持基本的分区建立、删除、隐藏等操作，可指定详细的分区参数。

（2）支持传统的 MBR 分区表格式及较新的 GUID 分区表格式。支持 FAT12、FAT16、FAT32、NTFS 文件系统；可以快速格式化 FAT12、FAT16、FAT32、NTFS 分区。格式化时可设定簇大小，支持 NTFS 文件系统的压缩属性；支持 FAT12、FAT16、FAT32、NTFS 分区的已删除文件恢复、分区误格式化后的文件恢复，成功率较高。

（3）支持 IDE、SCSI、SATA 等各种类型的硬盘，支持 U 盘、USB 硬盘、存储卡，支持 VMware、VirtualBox、Virtual PC 的虚拟硬盘文件（“.vmdk. vdi. vhd” 文件）。打开虚拟硬盘文件后，即可像操作普通硬盘一样操作虚拟硬盘。

（4）可浏览包括隐藏分区在内的任意分区内的任意文件，包括通过正常方法不能访问的文件。可通过直接读写磁盘扇区的方式读写文件、强制删除文件。

（5）增强的已丢失分区恢复（重建分区表）功能。在恢复过程中，可即时显示搜索到的分区参数及分区内的文件。搜索完成后，可在不保存分区表的情况下恢复分区内的文件。

（6）提供分区表的备份与恢复功能。

（7）DiskGenius 的特色在于分区表的重建、误删除文件的恢复、分区误格式化后文件的恢复。

4. Disktool 分区助手

Disktool 分区助手中文版是一款免费、专业级的磁盘分区管理软件，为用户提供简单、易用的分区管理操作。作为传统分区软件分区魔术师的替代者，在操作系统兼容性方面，分区助手打破了兼容性差的缺点，完美兼容现有的全部 Windows 操作系统，包括 Windows XP/2000/2003/Win PE、Windows 7/Vista、Windows 2008/2011/2012 和最新的 Windows 8。

在分区管理方面，分区助手从磁盘分区、调整分区大小、克隆与迁移三大方面出发，为用户提供无损数据的分区管理操作。在它的帮助下，你可以无损数据地执行调整分区大小、扩大分区、缩小分区、移动分区位置、复制分区、复制磁盘、合并分区、切割分区、划分自由空间等操作，是一个不可多得的分区工具。不论是普通用户还是高级服务器用户，分区助手都能为其提供功能稳定的磁盘分区管理服务。

分区助手拥有专业版、绿色版、服务器版和 Win PE 版四个版本。个人计算机用户使用专业版、绿色版，Win 2003、Win 2008、Win 2012 等服务器系统的用户，需要使用服务器版。

提 示

调整分区时，一般只需针对分区大小进行调整即可，如果硬盘里没有重要数据，可以不用备份数据，分区时文件不会损坏。如果硬盘里保存有重要数据，需要先备份再分区，因为数据无价，分区不能保证百分之百不出问题。

任务实施

一、PQ 分区

操作要求：将 SRV1 的 20 GB 磁盘平分为两个分区。

1. 启动虚拟机（见图 2—3—2），同时在虚拟机窗口迅速单击鼠标，按 F2 键（不同机器有差异，具体要看屏幕最下方的英文提示）进入 BIOS 设置。若没有进入设置界面，按【Ctrl + Shift + Insert】组合键（注意：是 Insert 键，不是 Delete 键）重启虚拟机，直到成功进入 BIOS 为止（见图 2—3—3）。

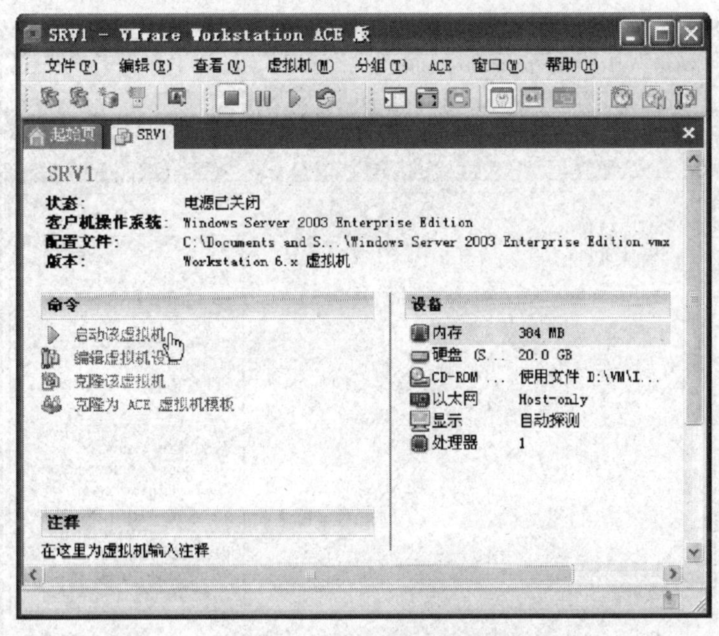

图 2—3—2　启动虚拟机

2. 连续按右移键，选择 Boot 菜单（见图 2—3—4）。选中 CD - ROM，按住【Shift】键的同时，连续按【 + 】键，使 CD - ROM 移至最上方，按 F10 键存盘退出（见图 2—3—5）。

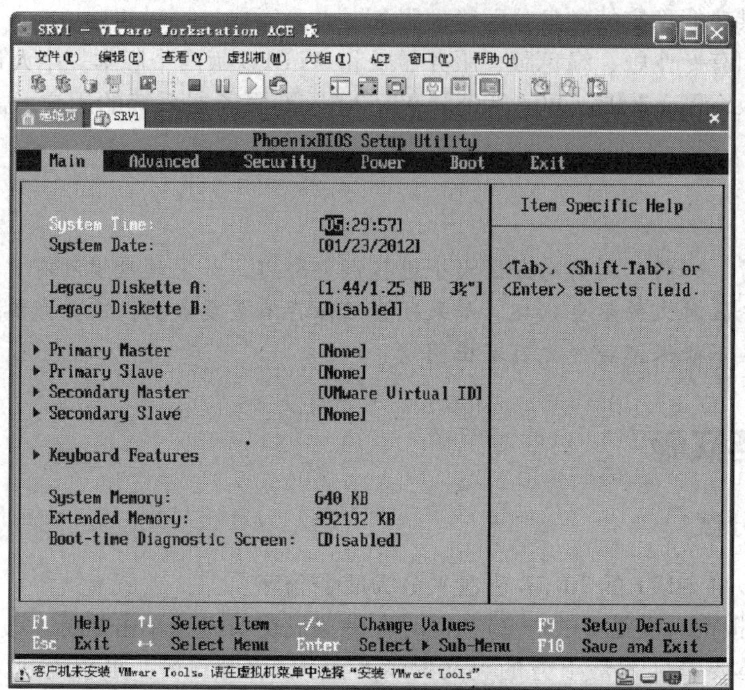

图 2—3—3　进入 BIOS 设置

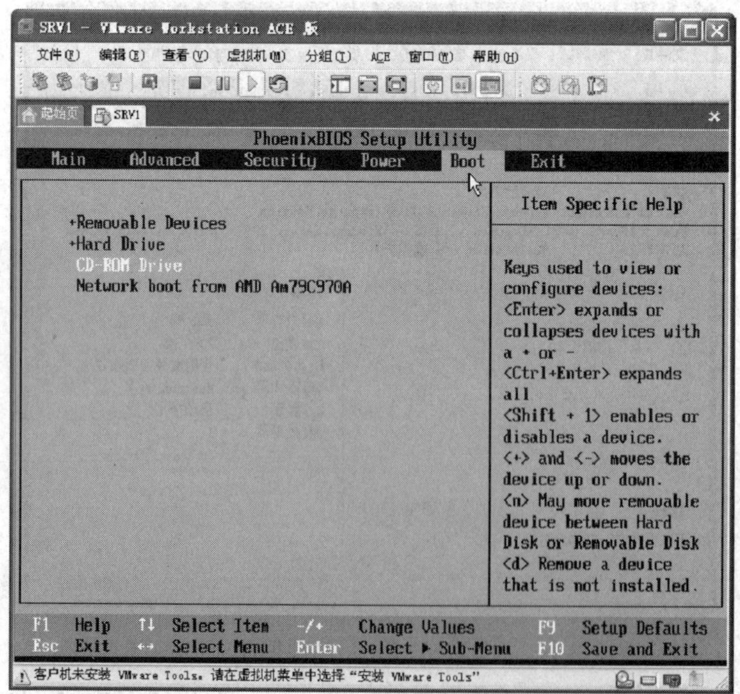

图 2—3—4　Boot 菜单

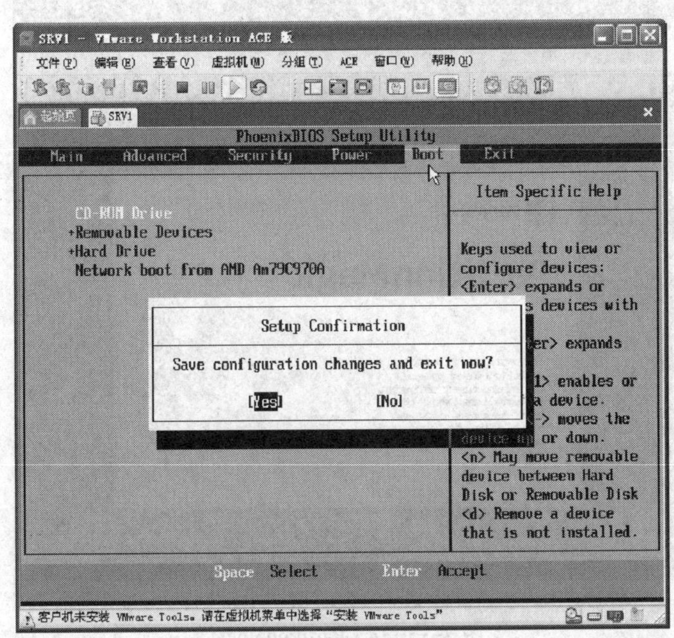

图 2—3—5 设置光盘启动

3. 虚拟机从光盘启动，出现图 2—3—6 所示画面，在虚拟机窗口上单击，按键盘上的数字【2】，启动 PartitionMagic 分区软件（见图 2—3—7）。

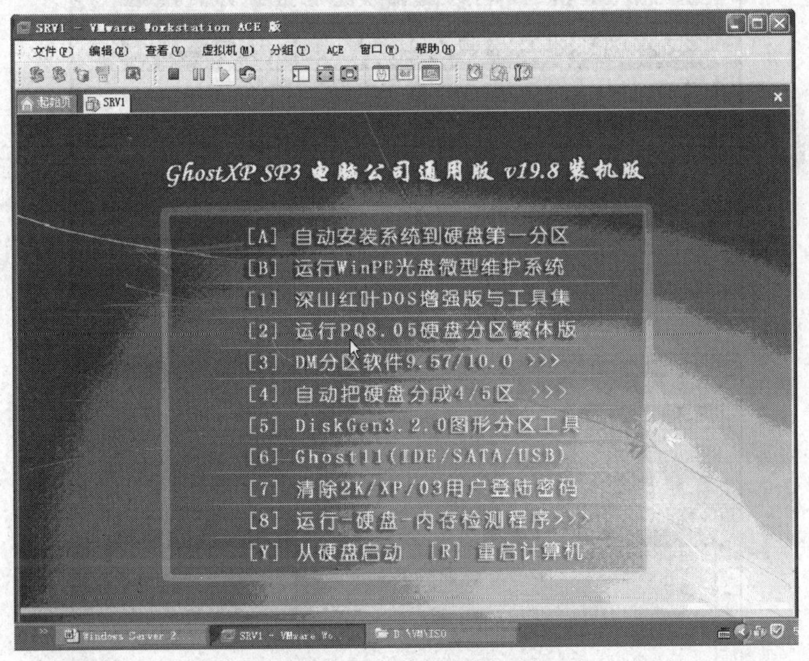

图 2—3—6 光盘主菜单

4. 单击图中的“灰条”，选择“未分配”空间（见图 2—3—8）。选择“作业→建立”命令（见图 2—3—9）。

图 2—3—7　PartitionMagic

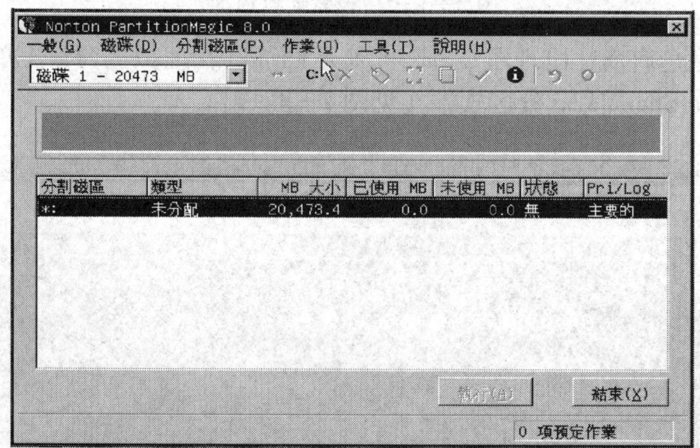

图 2—3—8　选择未分配空间

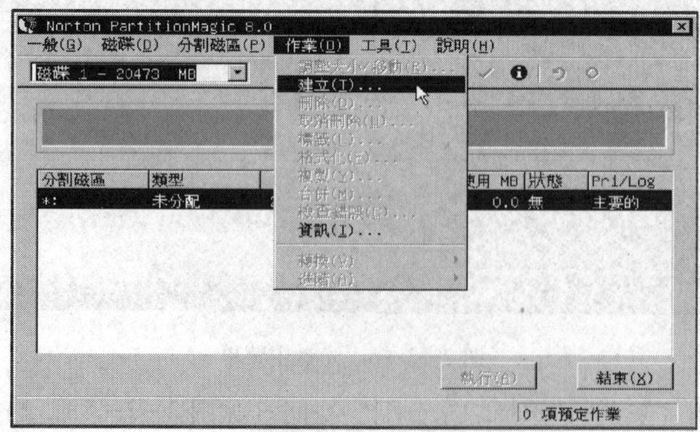

图 2—3—9　建立分区

5．在“建立为”下拉列表中选择“主要分割磁区”，选择分区类型为 NTFS。

6．在“标签”（卷标，即分区名称）文本框中输入 SRV1；分区大小设置为磁盘总容量的一半，即 10 236 MB（见图 2—3—10）。在“建立分割磁区”对话框中单击“确定”按钮，完成主分区设置（见图 2—3—11）。

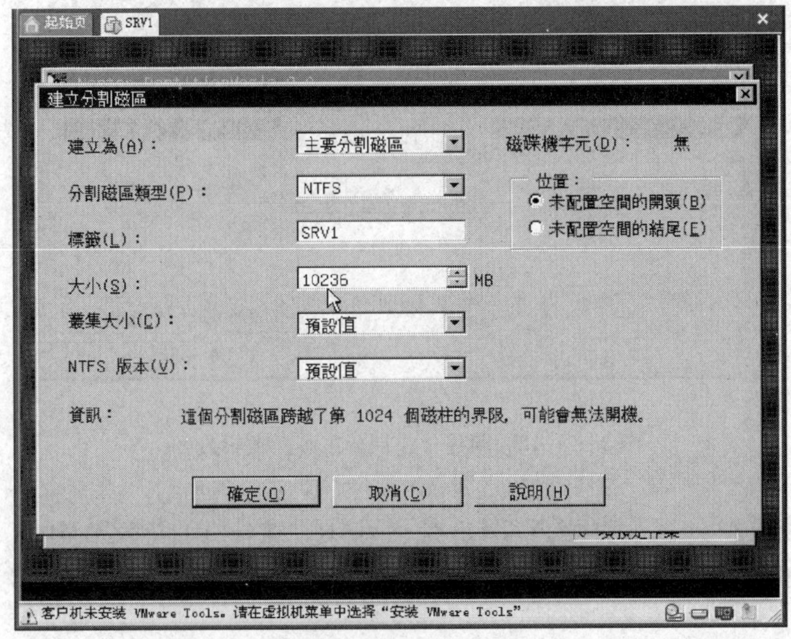

图 2—3—10　设置“建立分割磁区”对话框选项

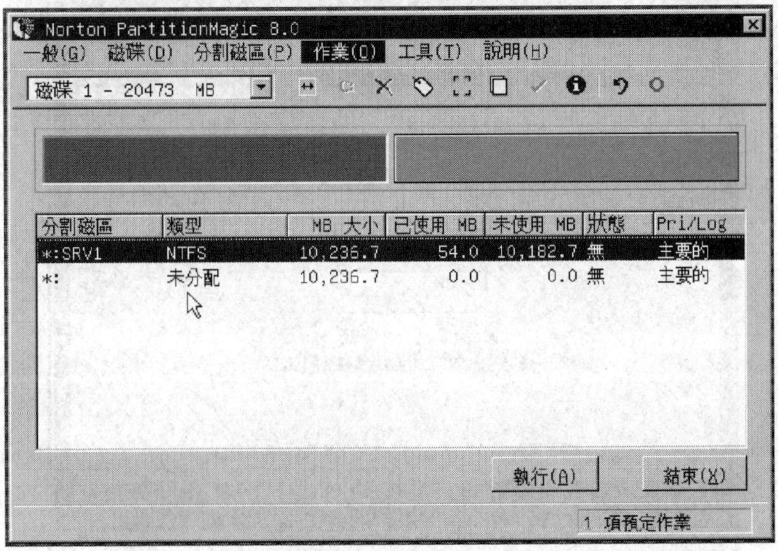

图 2—3—11　建立主分区

7. 单击“未分配”空间，选择“作业→建立”命令（见图2—3—12）。

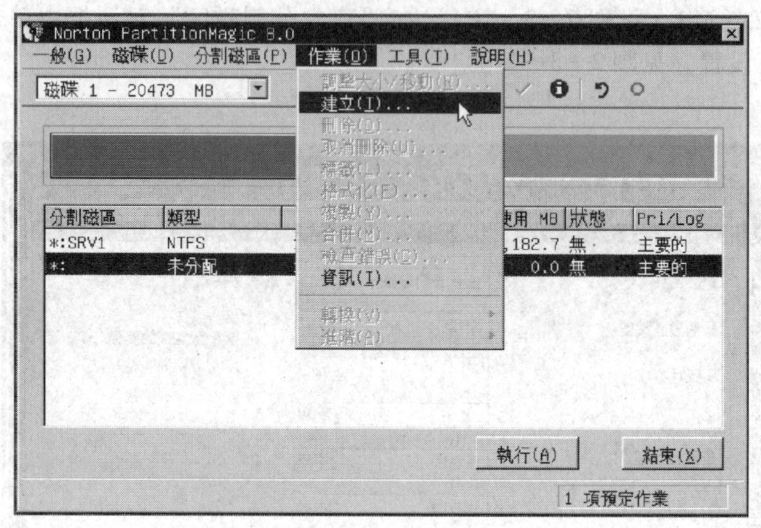

图2—3—12 新建（扩展分区和）逻辑分区

8. 设置为逻辑分区、类型 NTFS、卷标 BAK、大小 10 236. 7 MB（见图 2—3—13），单击“确定”按钮回到分区软件界面，单击“执行”按钮执行分区任务（见图 2—3—14）。

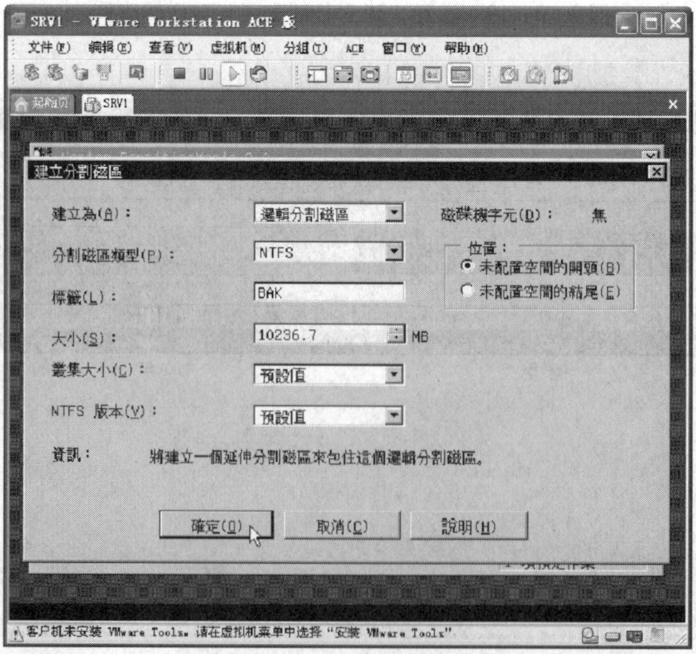

图2—3—13 设置逻辑分区

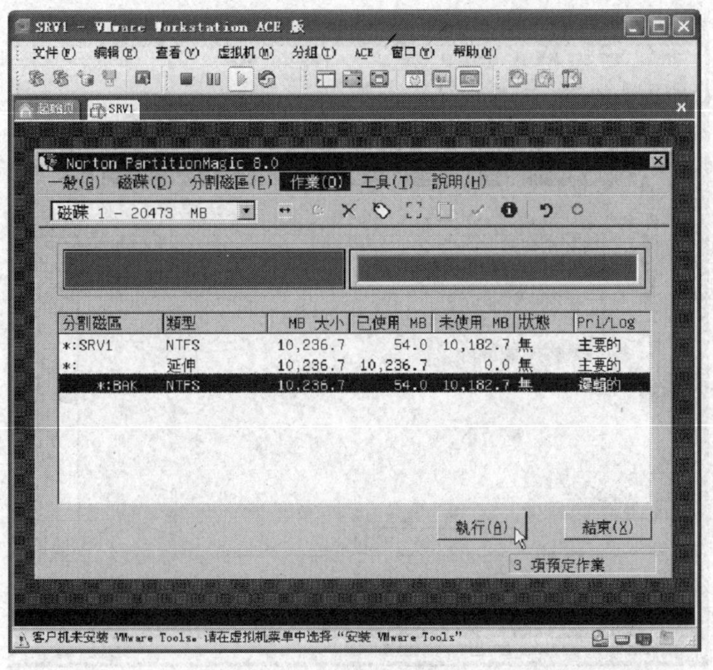

图 2—3—14　准备执行分区

9. 在弹出的“执行变更”对话框中单击“是”按钮（见图 2—3—15），开始分区。成功建立分区，单击“确定”按钮（见图 2—3—16）。

图 2—3—15　执行分区

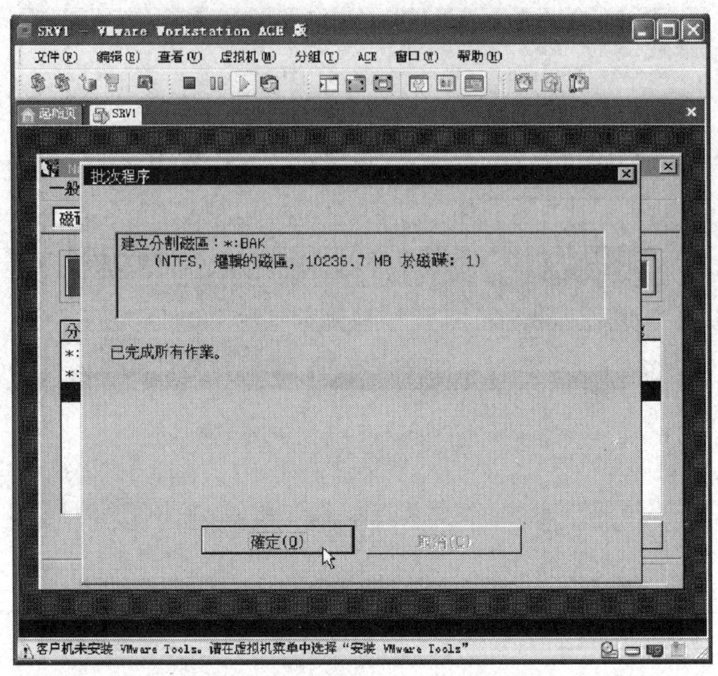

图 2—3—16　分区完成

10. 分区完成后，自动返回到光盘主菜单，选择 B 启动 Win PE（见图 2—3—17）。进入桌面后，双击“我的电脑”，验证分区是否正确（见图 2—3—18）。

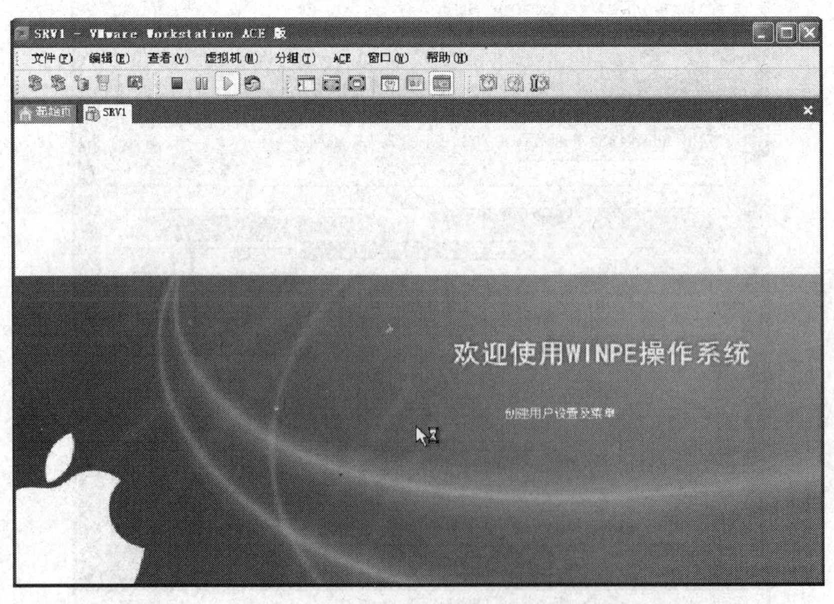

图 2—3—17　启动 PE

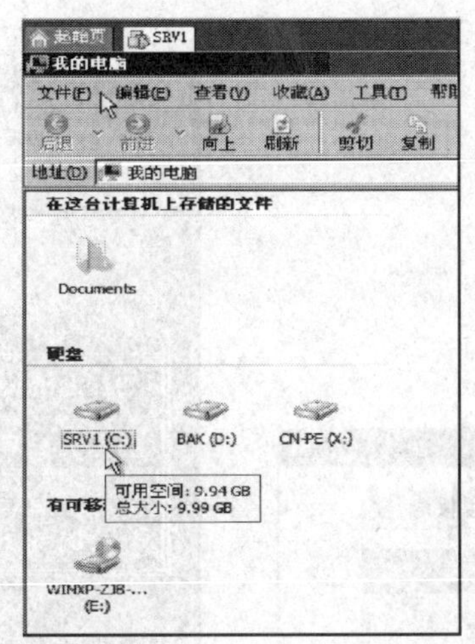

图 2—3—18　验证分区

二、DM 分区

操作要求：将 XP1 的磁盘平分为两个分区。

1. 在 XP1 中设置启动光盘为 Tools. iso，出现图 2—3—19 所示界面后按键盘上的数字【3】，运行 DM 软件。在图 2—3—20 中选择“[B] DM10.0 硬盘分区万用版”（已修改为 DM9. 57)，启动 DM。

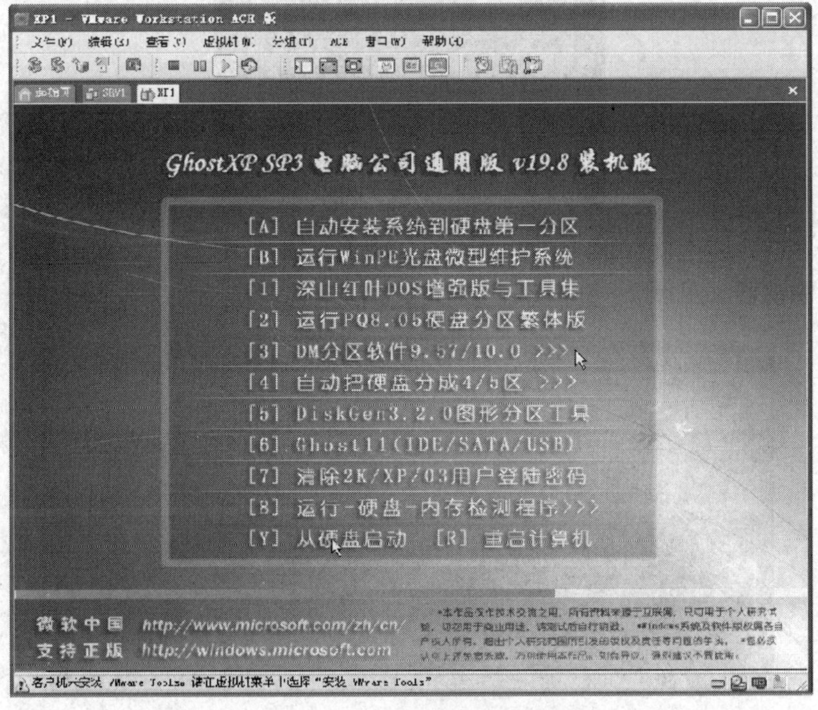

图 2—3—19　启动光盘主目录

2. 按回车键跳过欢迎界面，在主菜单中选择“（A）dvanced 高级选项”（见图 2—3—21），选择高级安装方式（见图 2—3—22）。

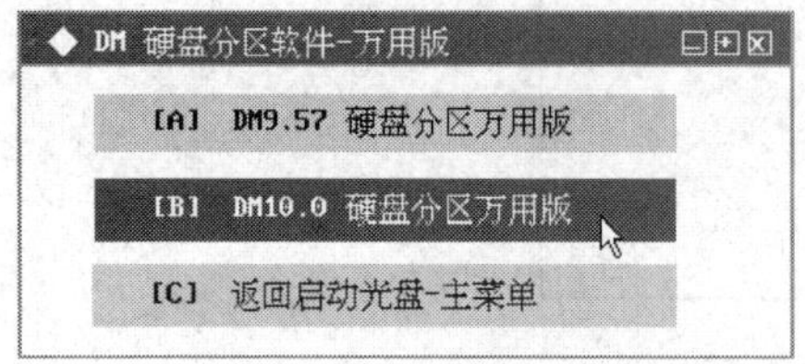

图 2—3—20　DM 万用版

图 2—3—21　选择安装方式

图 2—3—22　选择高级选项

3. 选择驱动器（见图 2—3—23），选择分区格式 FAT32（见图 2—3—24）。

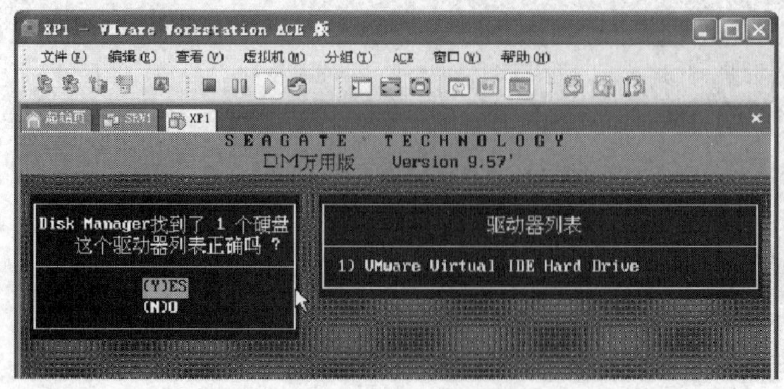

图 2—3—23　选择驱动器

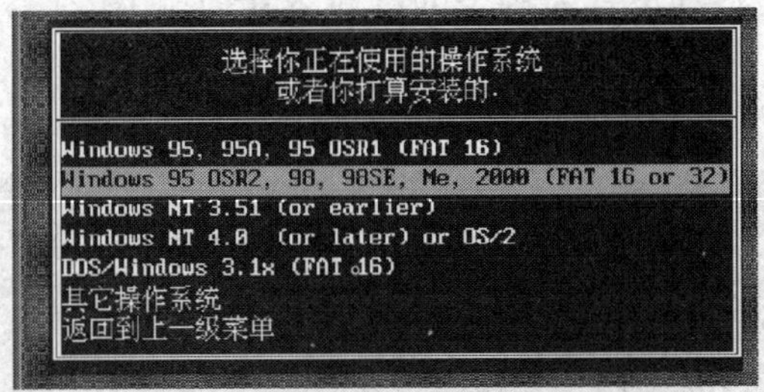

图 2—3—24　选择分区格式

4. 选择 YES 确认分区格式为 32 - Bit FAT（FAT32），如图 2—3—25 所示。显示硬盘总容量（见图 2—3—26）。

图 2—3—25　确认分区格式

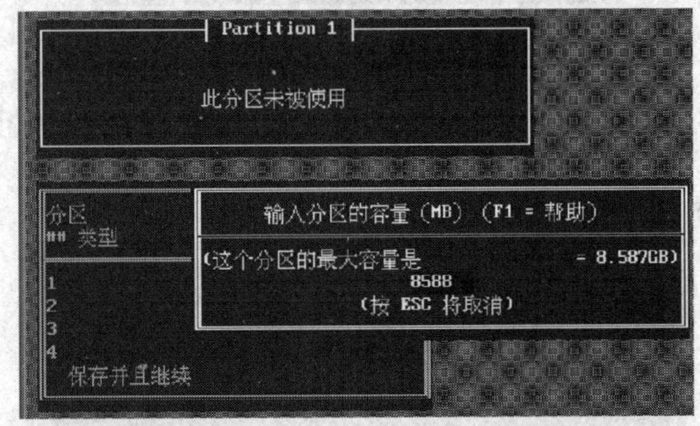

图 2—3—26　显示硬盘容量

5. 选择“（C）由你自己决定”，可自定义分区容量，如图 2—3—27 所示。定义第一个分区的容量为 4 294 MB（见图 2—3—28）。

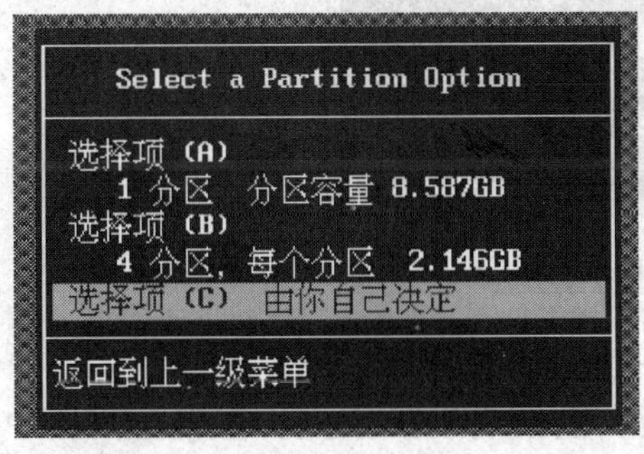

图 2—3—27　自己决定分区容量

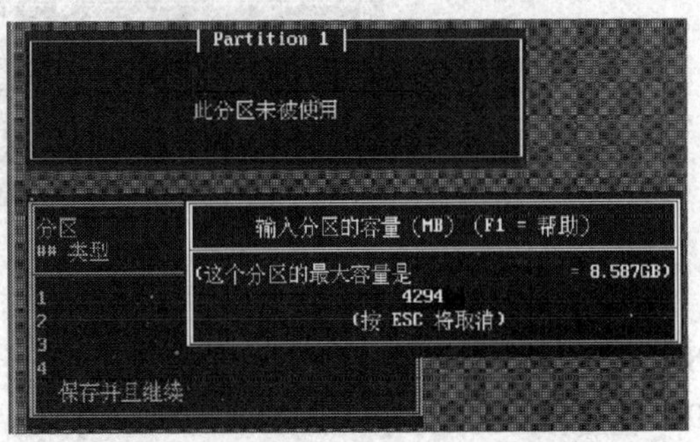

图 2—3—28　定义第一个分区的容量

6. 第二个分区的容量自动设置为剩余的硬盘容量（见图 2—3—29），选择“保存并且继续”（见图 2—3—30）。

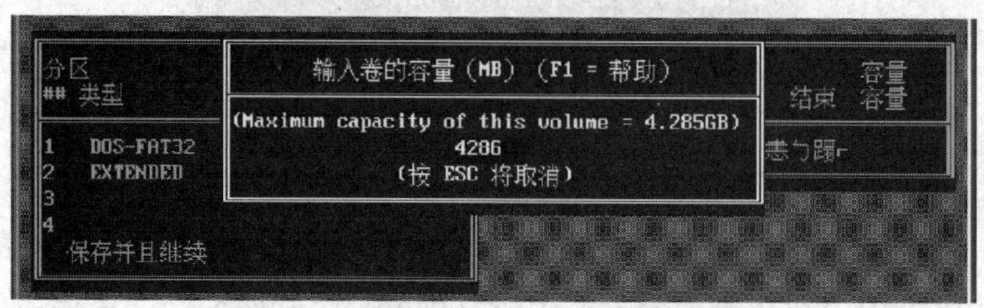

图 2—3—29　定义第二个分区的容量

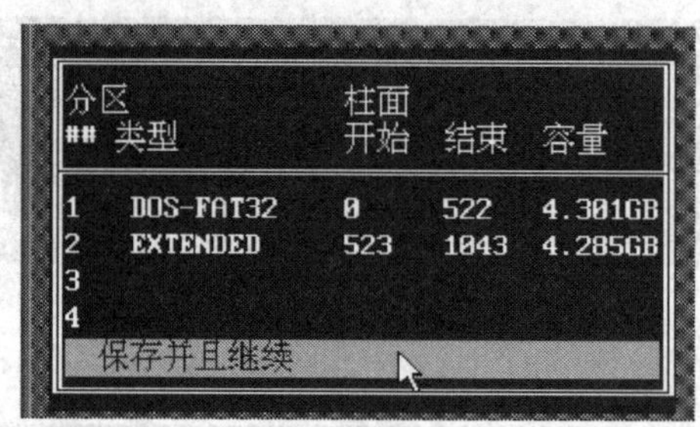

图 2—3—30　保存设置

7. 选择“快速格式化”（见图 2—3—31），使用默认的簇大小进行格式化（见图 2—3—32）。

图 2—3—31　快速格式化

图 2—3—32　选择簇大小

8. 确定创建分区（见图 2—3—33），开始创建分区（见图 2—3—34）。

9. 在虚拟机中按【Ctrl + Alt + Insert】组合键，重新启动虚拟机。在启动画面中选择［B］进入 PE，在“我的电脑”中验证分区的正确性（见图 2—3—35）。

图 2—3—33　确定创建分区

图 2—3—34　创建分区

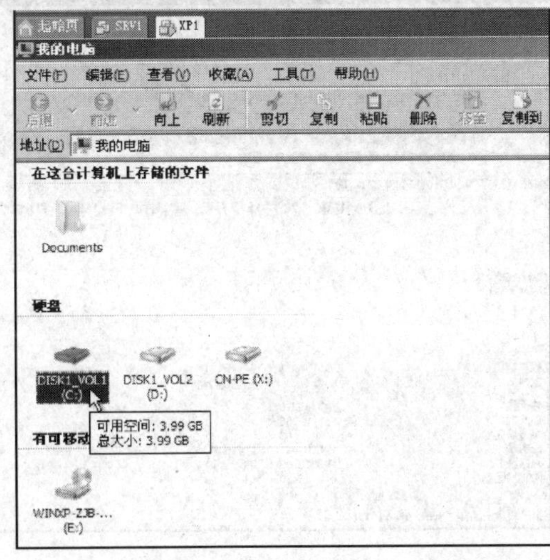

图 2—3—35　进入 PE 验证分区正确性

三、DiskGenius 分区

操作要求：新建一个硬盘容量为 500 GB 的虚拟机 DISK500，模拟 500 GB 硬盘的分区。

1. 新建虚拟机 DISK500，硬盘大小为 500 GB。
2. 加载光盘镜像文件 Tools. iso，在 BIOS 中设置光驱为第一引导设备。
3. 启动虚拟机，在光盘主目录中选择［5］，启动 DiskGenius（见图 2—3—36）。

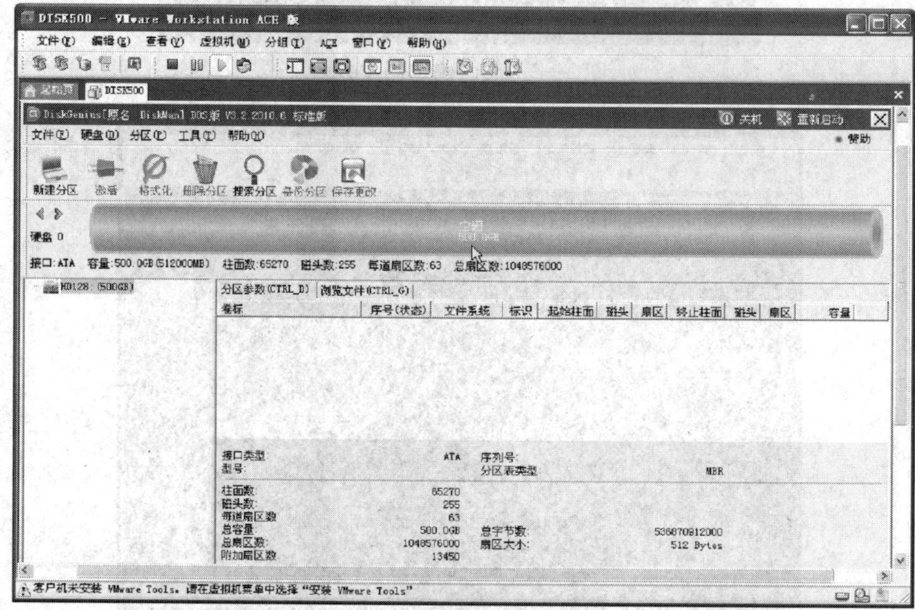

图 2—3—36　启动 DiskGenius

4. 选择“硬盘→快速分区”选项（见图 2—3—37）。

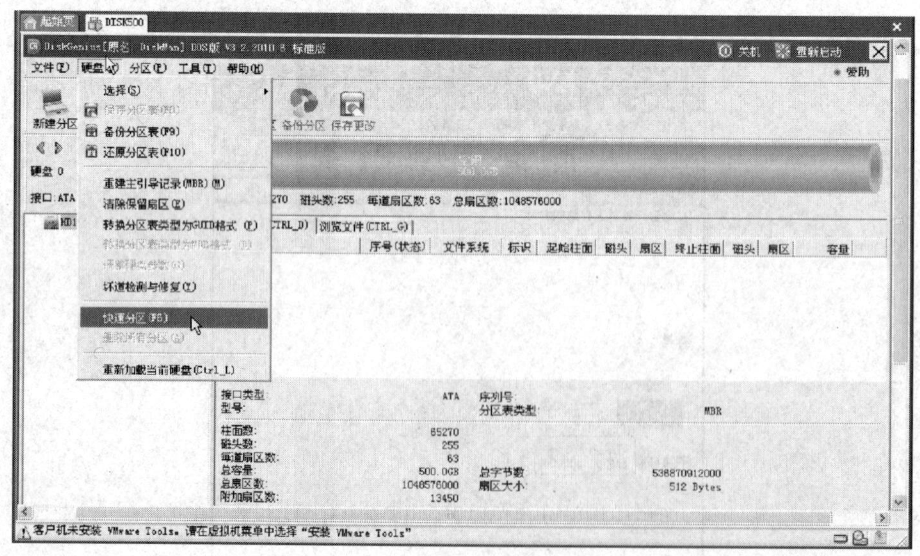

图 2—3—37　快速分区

5. 在弹出的“快速分区”对话框中选择分区数目为6，单击“确定”按钮（见图2—3—38）。

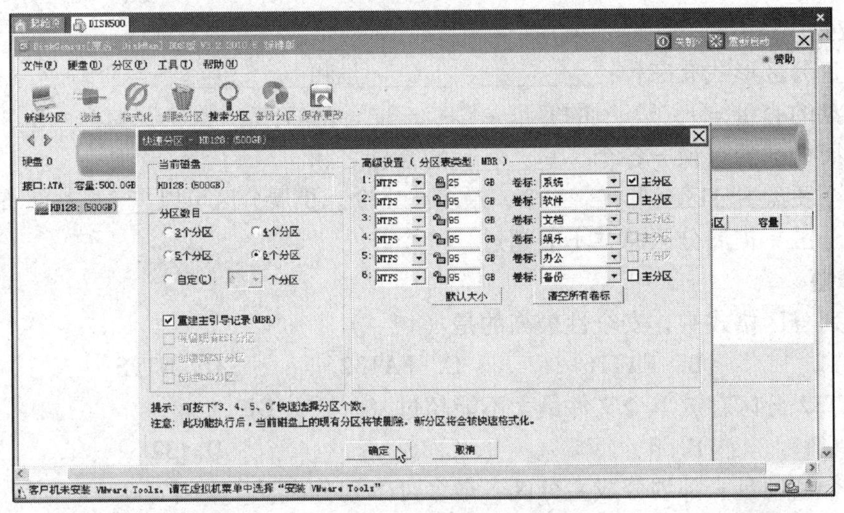

图2—3—38　设置分区数目

6. 稍停片刻，完成分区和格式化操作（见图2—3—39）。

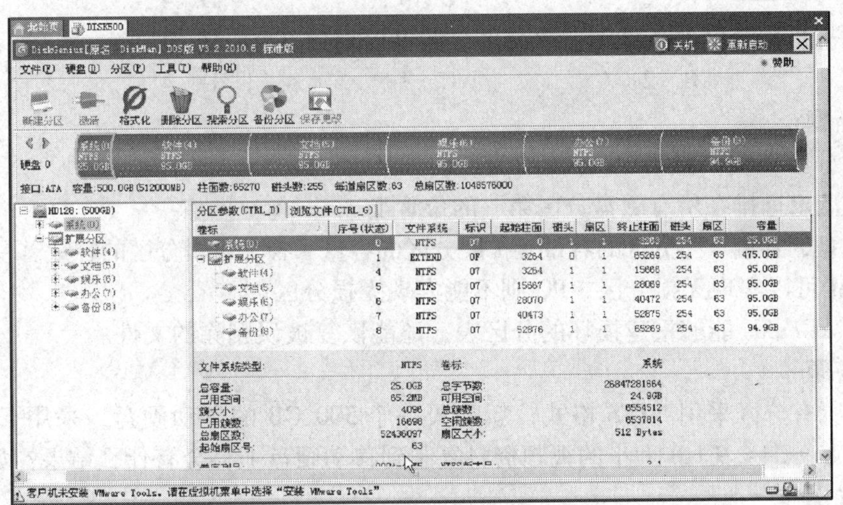

图2—3—39　快速分区成功

提示

FAT32分区不能保存超过4 GB的单个文件，要保存这样的文件必须采用NTFS分区。使用Windows自带的CONVERT可以方便地将FAT卷转换成NTFS。语句格式：

CONVERT volume/FS:NTFS

其中，volumc指定驱动器号（后面跟一个冒号），/FS:NTFS指定要被转换成NTFS的卷。

举例，将C盘转换成NTFS格式：

CONVERT C:/FS:NTFS

课后练习

1. 填空题

（1）硬盘分区形式有三种：________、________和________。

（2）硬盘的容量 = ________的容量 + __________的容量。

（3）扩展分区的容量 = 各个__________的容量之和。

（4）一个硬盘主分区至少有____个，最多____个。扩展分区可以________，最多____个。

（5）主分区 + 扩展分区总共不能超过____个。

2. 选择题

（1）下列分区格式中，安全性最高的是（　　）。

A. FAT12　　B. FAT16　　C. FAT32　　D. NTFS

（2）FAT32 分区存放单个文件最大不能超过（　　）GB。

A. 2　　B. 4　　C. 8　　D. 32

（3）一个新硬盘全部划分成主分区，最多可以划分（　　）个。

A. 1　　B. 2　　C. 3　　D. 4

（4）一个新硬盘计划划分扩展分区，最多可以划分（　　）个。

A. 1　　B. 2　　C. 3　　D. 4

（5）在有扩展分区的条件下，主分区最多可以划分（　　）个。

A. 1　　B. 2　　C. 3　　D. 4

3. 判断题

（1）主分区必须"激活"，才能成为启动分区。（　　）

（2）C 盘永远排在所有磁盘分区第一的位置上。（　　）

（3）硬盘的容量 = 主分区的容量 + 扩展分区的容量 + 各个逻辑分区的容量。（　　）

（4）DM 可以实现无损分区，PQ 则不能实现无损分区。（　　）

（5）DiskGenius 能够重建损坏的分区表，还能恢复被误删除的文件。（　　）

4. 问答题

计算机所有分区采用 NTFS 格式，新购买一个 500 GB 的移动硬盘，采用 FAT32 分区，现将计算机上一个 4.9 GB 大小的视频资料复制到移动硬盘上，会有什么结果？如何解决？

5. 实践操作

（1）新建 SRV1 虚拟机，硬盘大小 20 GB，使用 PQ 平分成两个 NTFS 分区。

（2）新建 XP1 虚拟机，硬盘大小 8 GB，使用 DM 或 DiskGenius 平分成两个 FAT32 分区。

任务 4　安装服务器和客户机

学习目标

1. 了解服务器、客户机、网络设置及网络测试的相关概念与方法。

2. 掌握TCP/IP属性设置与网络测试。

任务描述

在计算机教学中，构建网络实验室需要购置大量昂贵的网络设备，采用VM虚拟机技术可突破因硬件设备不足或环境条件不许可所造成的束缚，完成磁盘分区、格式化、系统安装、局域网组建等各种网络服务器的配置实验。

本任务就是要完成服务器SRV1的安装、克隆SRV2以及客户机的安装。

相关知识

一、基本概念

1. 服务器和客户机

服务器是网络上为客户端计算机（客户机）提供各种服务的高性能的计算机。客户机是连接服务器并能访问服务器上共享资源的计算机。

2. 网络设置相关概念

（1）IP地址。给每个连接在Internet上的主机分配的一个32 bit地址，由网络地址和主机地址两部分组成。网络地址的位数直接决定了可以分配的网络数，主机地址的位数则决定了网络中最大的主机数。IP地址分为A、B、C、D、E五类，常用的是B和C两类。实验中采用的IP地址是C类地址192. 168. 1. X（X的取值范围是1～254）。

（2）子网掩码。将某个IP地址划分成网络地址和主机地址两部分的32 bit数字。子网掩码的设定必须遵循一定的规则：与IP地址的长度相同，也是32位；左边是网络位，用二进制数字“1”表示；右边是主机位，用二进制数字“0”表示。例如，IP地址为“192. 168. 1. 1”的子网掩码为“255. 255. 255. 0”。

（3）默认网关。网关实际上是一个网络通向其他网络的IP地址，默认网关是一个用于TCP/IP协议的配置项，是一个可直接到达IP路由器的IP地址。配置默认网关可以在IP路由表中创建一个默认路径。一台主机可以有多个网关。默认网关的意思是一台主机如果找不到可用的网关，就把数据包发给默认指定的网关，由这个网关来处理数据包。现在主机使用的网关，一般指的是默认网关。一台计算机的默认网关必须正确地指定，否则一台计算机就会将数据包发给不是网关的计算机，从而无法与其他网络的计算机通信。

（4）DNS。DNS是Domain Name System的缩写，即域名系统，是由解析器以及域名服务器组成。域名服务器是指保存有该网络中所有主机的域名和对应的IP地址，并具有将域名转换为IP地址功能的服务器。由于IP地址信息不好记忆，所以网络中出现了域名，在访问时只需输入这个好记忆的域名，DNS服务器会自动将相应的域名解析成IP地址。

二、TCP/IP属性设置与网络测试

1. TCP/IP属性设置

TCP/IP是Transmission Control Protocol/Internet Protocol的缩写，即传输控制协议/网际协

议。TCP/IP 属性设置包括：IP 地址设置、子网掩码设置、默认网关设置及 DNS 设置。

在“本地连接 属性”对话框中双击“Internet 协议（TCP/IP）”选项，打开“Internet 协议（TCP/IP）属性”对话框。单击“使用下面的 IP 地址”单选框，然后在“IP 地址”编辑框中键入一组 IP 地址（192.168.1.1）。然后在“子网掩码”编辑框中键入子网掩码（255.255.255.0）。“默认网关”和 DNS 服务器地址则根据实际需要设置相应的地址。

2. 网络测试

（1）查看网络参数：ipconfig/all（见图 2—4—1）。

```
C:\>IPCONFIG/ALL

Ethernet adapter 本地连接:

   Connection-specific DNS Suffix  . :
   Description . . . . . . . . . . . : AMD Ethernet Adapter
   Physical Address. . . . . . . . . : 00-0C-29-54-24-CF
   DHCP Enabled. . . . . . . . . . . : No
   IP Address. . . . . . . . . . . . : 192.168.1.1
   Subnet Mask . . . . . . . . . . . : 255.255.255.0
   Default Gateway . . . . . . . . . : 192.168.1.1
   DNS Servers . . . . . . . . . . . : 192.168.1.1
```

图 2—4—1　使用 ipconfig/all 查看网络参数

（2）测试网络通畅性：ping 目标地址（见图 2—4—2）。

```
C:\>PING 192.168.1.1

Pinging 192.168.1.1 with 32 bytes of data:

Reply from 192.168.1.1: bytes=32 time=1ms TTL=128
Reply from 192.168.1.1: bytes=32 time<1ms TTL=128
Reply from 192.168.1.1: bytes=32 time<1ms TTL=128
Reply from 192.168.1.1: bytes=32 time<1ms TTL=128

Ping statistics for 192.168.1.1:
    Packets: Sent = 4, Received = 4, Lost = 0 (0% loss),
Approximate round trip times in milli-seconds:
    Minimum = 0ms, Maximum = 1ms, Average = 0ms
```

图 2—4—2　使用 ping 命令测试网络通畅性

ping 命令是用来检查要到达的目标 IP 地址并记录结果，显示目标是否响应以及接收答复所需的时间。如果在传递到目标过程中有错误，ping 命令将显示错误消息。

任务实施

一、服务器 SRV1 的安装

1. 安装操作系统 Windows Server 2003 企业版

（1）打开 SRV1，加载 Windows Server 2003 的光盘镜像文件，启动后进入 BIOS 设置，

设置第一启动设备为 CD - ROM，按 F10 键保存设置后，重启计算机。

（2）开始检测计算机硬件，加载必要的驱动之后，进入确认安装界面。按 F8 键同意许可协议（见图 2—4—3），按回车键确认安装（见图 2—4—4）。

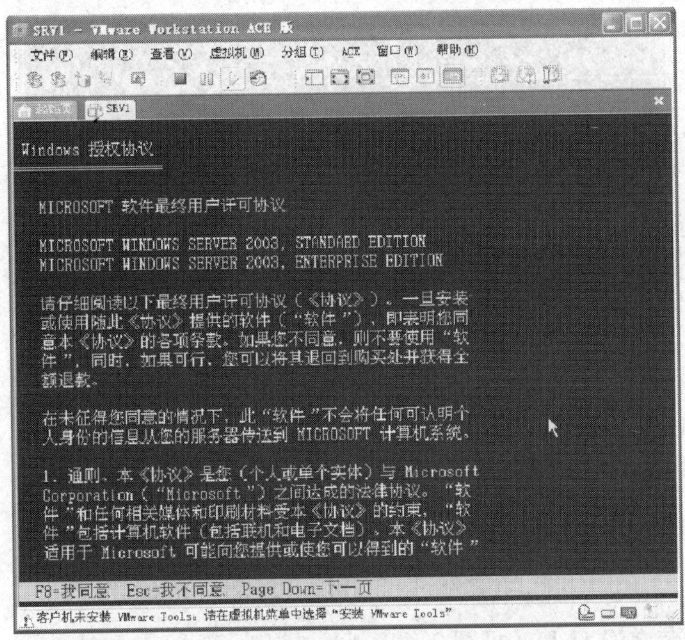

图 2—4—3 授权协议

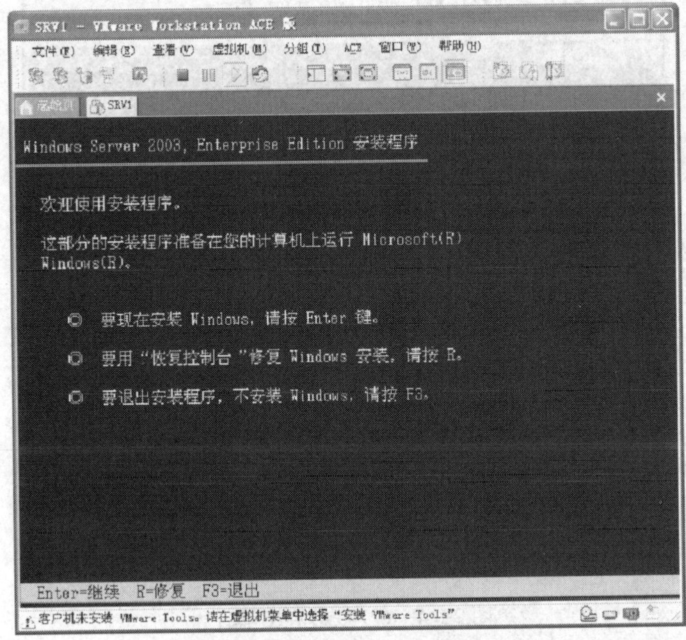

图 2—4—4 确认安装

（3）选择C：分区1（SRV1）[NTFS]，保持现有文件系统（无变化），按回车键继续（见图2—4—5）。

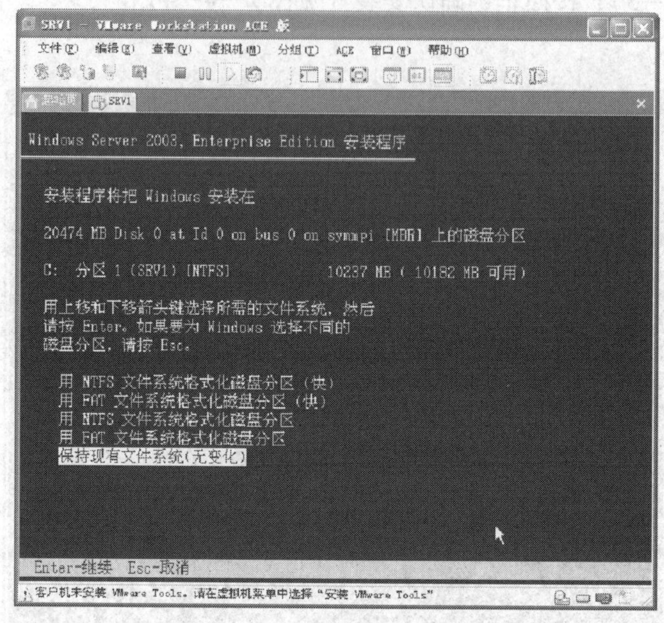

图2—4—5　安装第一分区

（4）将系统安装在C盘上（见图2—4—6）。

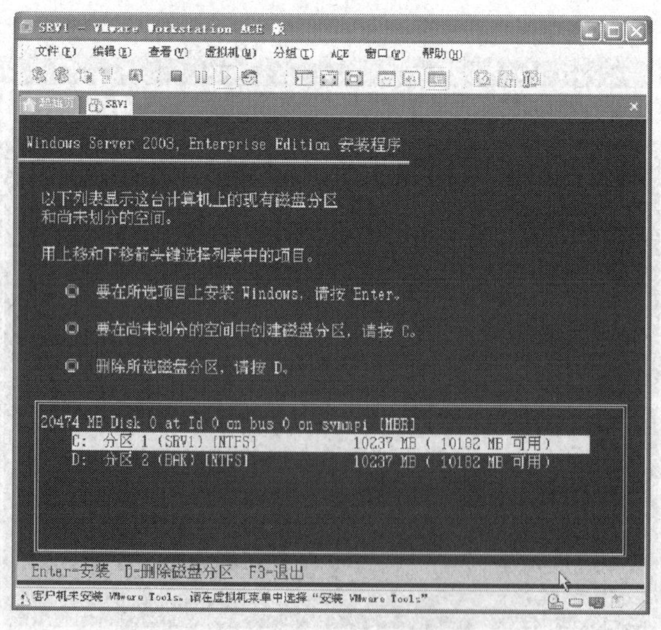

图2—4—6　安装在C盘上

（5）复制完文件（见图2—4—7），重新启动计算机（见图2—4—8）。

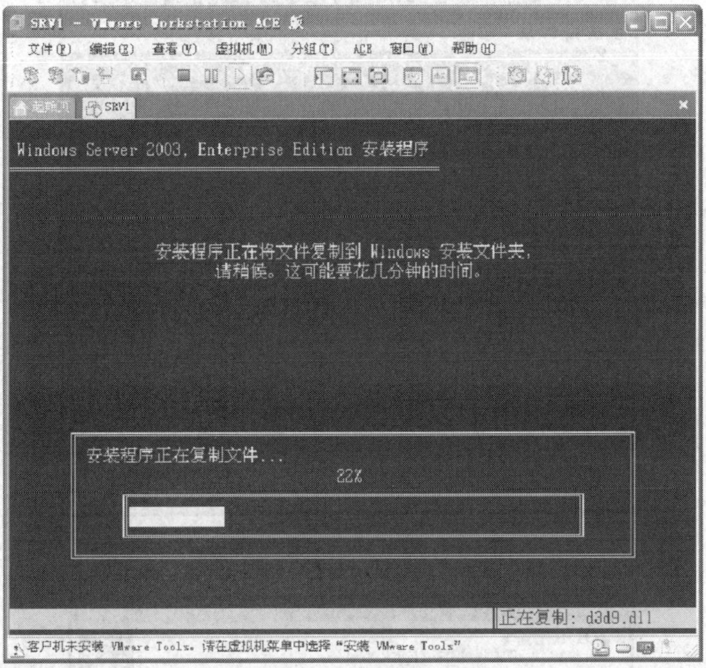

图 2—4—7　复制文件

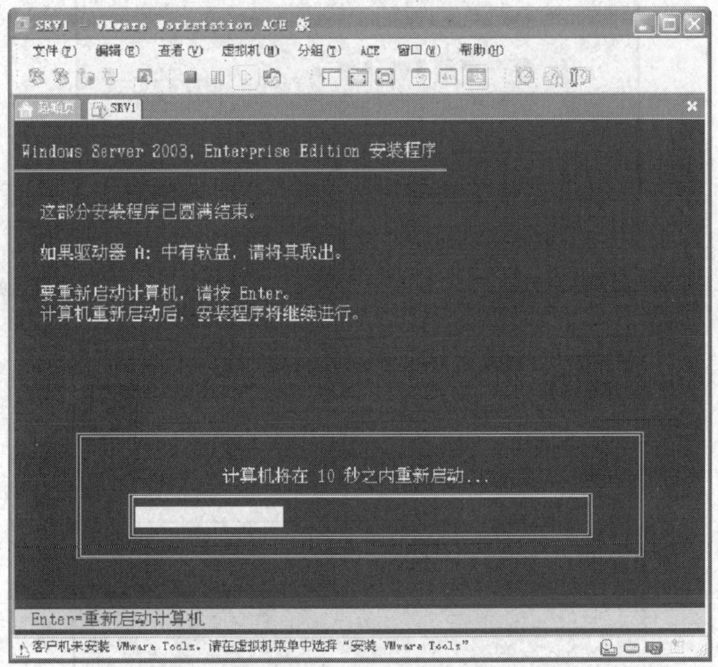

图 2—4—8　重启计算机

（6）重启后开始安装 Windows（见图 2—4—9），区域和语言默认不变（见图 2—4—10）。

（7）输入姓名 admin、单位 xxvtc（见图 2—4—11），输入密钥（见图 2—4—12）。

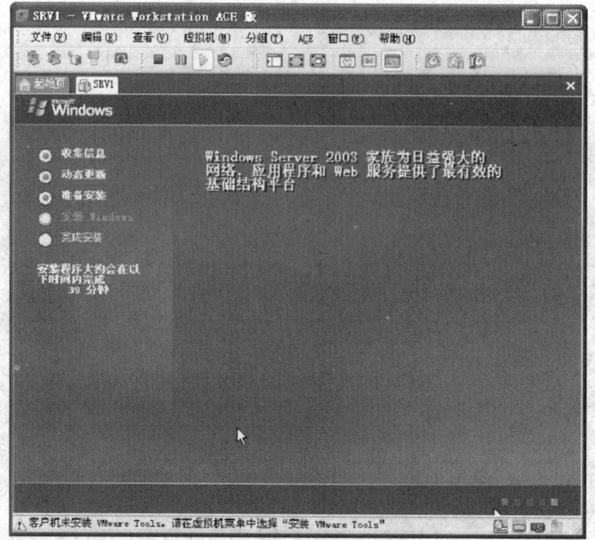

图 2—4—9　开始安装 Windows

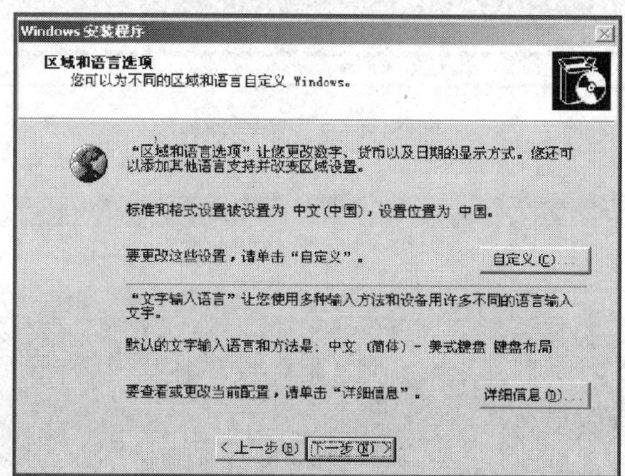

图 2—4—10　区域和语言设置

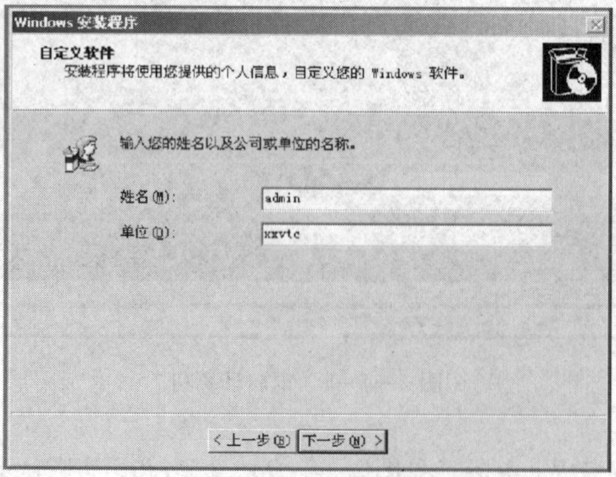

Windows 安装程序

自定义软件

安装程序将使用您提供的个人信息，自定义您的 Windows 软件。

输入您的姓名以及公司或单位的名称。

姓名(M): admin

单位(O): xxvtc

< 上一步(B)　下一步(N) >

图 2—4—11　输入姓名和单位

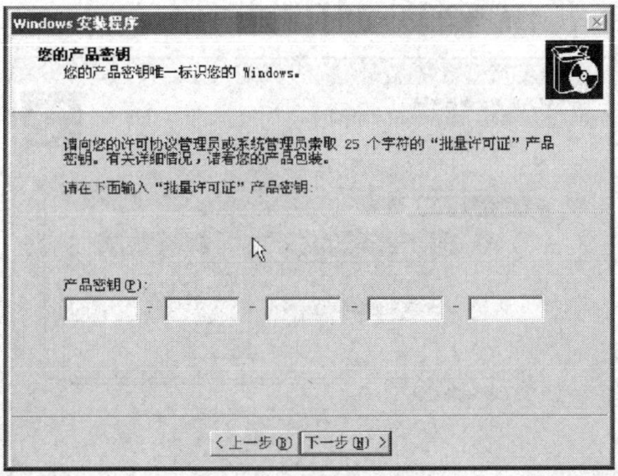

Windows 安装程序
您的产品密钥
您的产品密钥唯一标识您的 Windows。
请向您的许可协议管理员或系统管理员索取 25 个字符的“批量许可证”产品密钥。有关详细情况，请看您的产品包装。
请在下面输入“批量许可证”产品密钥:
产品密钥(P):
< 上一步(B)
下一步(N) >

图 2—4—12　输入产品密钥

（8）选择授权模式（见图 2—4—13），密码为空，单击“下一步”按钮（见图 2—4—14）。

Windows 安装程序
授权模式
Windows Server 2003 支持两种授权模式。
请选择希望使用的授权模式。
每服务器。同时连接数(V):
5
每个连接必须有自己的“客户端访问许可证”。
每设备或每用户(S)。
每个设备或每个用户必须有自己的“客户端访问许可证”。
为了避免侵犯许可协议，请使用授权（在“管理工具”中）来记录已购买的“客户端访问许可证”的数量。
< 上一步(B)
下一步(N) >

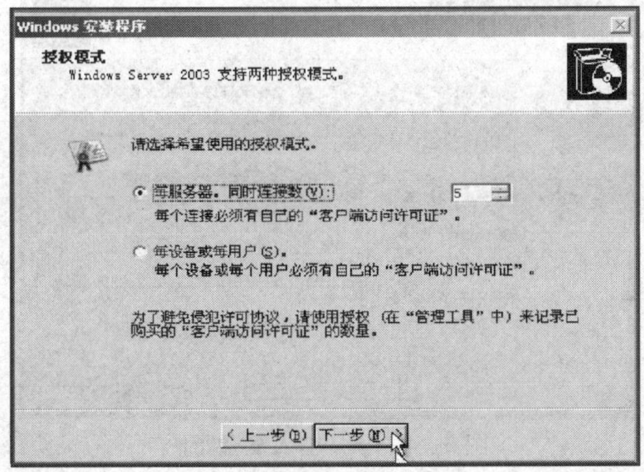

图 2—4—13　授权模式

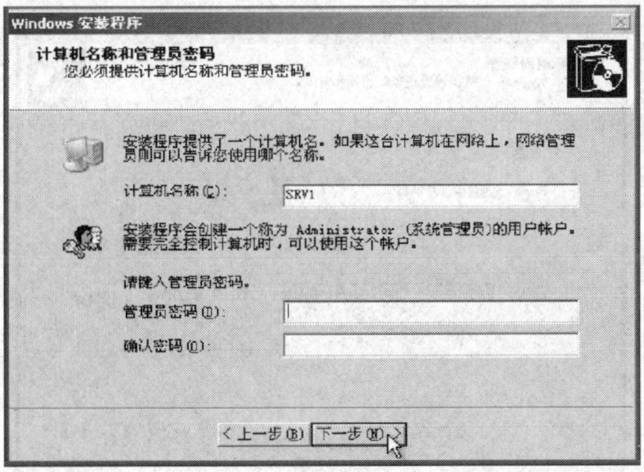

Windows 安装程序
计算机名称和管理员密码
您必须提供计算机名称和管理员密码。
安装程序提供了一个计算机名。如果这台计算机在网络上，网络管理员则可以告诉您使用哪个名称。
计算机名称(C):
SRV1
安装程序会创建一个称为 Administrator（系统管理员）的用户帐户。需要完全控制计算机时，可以使用这个帐户。
请键入管理员密码。
管理员密码(D):
确认密码(O):
< 上一步(B)
下一步(N) >

图 2—4—14　密码为空

（9）无密码时弹出警告对话框（见图 2—4—15），输入密码“P@ ssW0rd”，该密码包括大小写、特殊字符和数字（见图 2—4—16）。

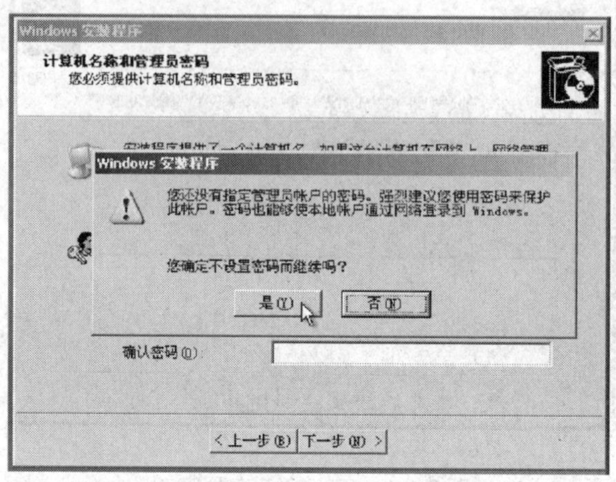

图 2—4—15　无密码时弹出警告对话框

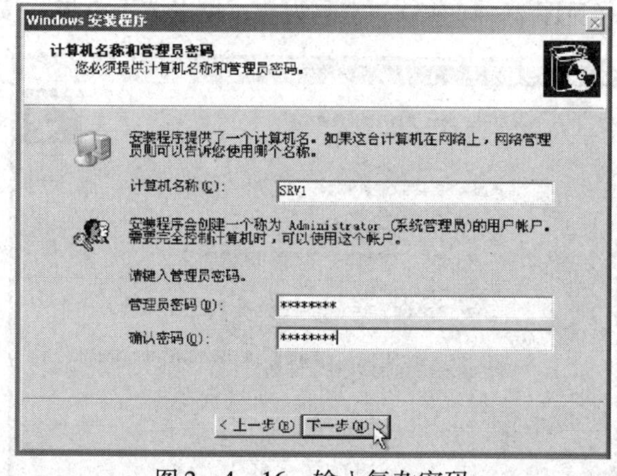

图 2—4—16　输入复杂密码

（10）日期和时间设置保持默认值（见图 2—4—17），网络设置选择“典型设置”（见图 2—4—18）。

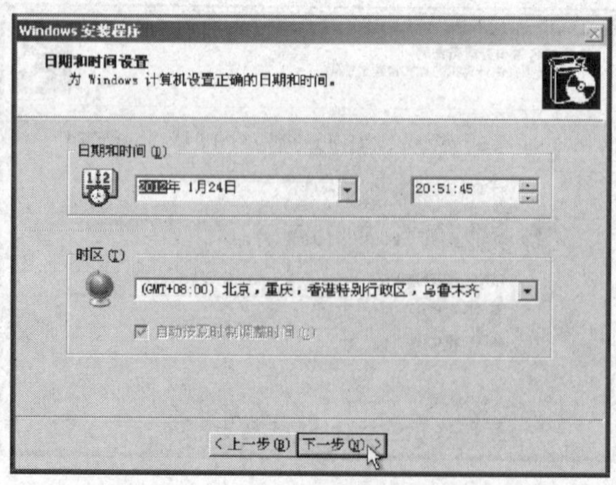

图 2—4—17　日期和时间设置

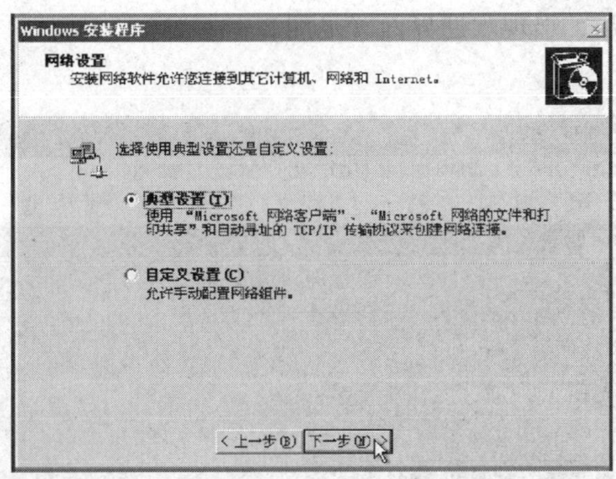

图 2—4—18　网络设置

（11）设置工作组 WORKGROUP（见图 2—4—19）后，继续安装（见图 2—4—20）。

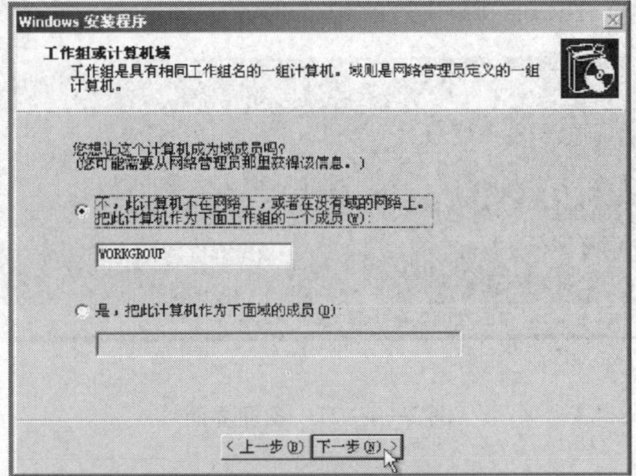

图 2—4—19　工作组设置

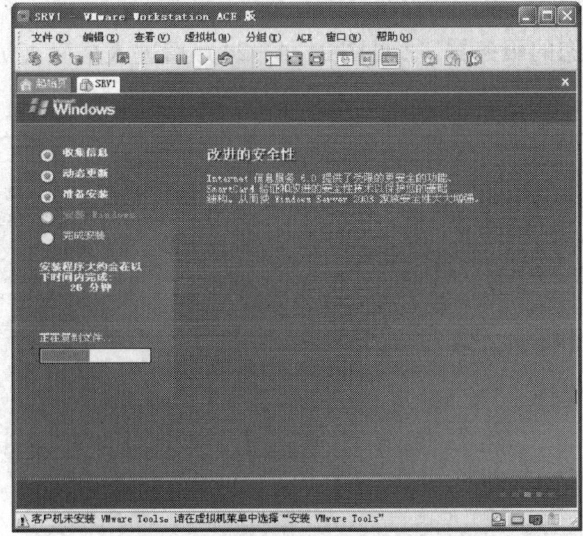

图 2—4—20　复制文件

（12）重启计算机后，出现欢迎界面（见图 2—4—21）。

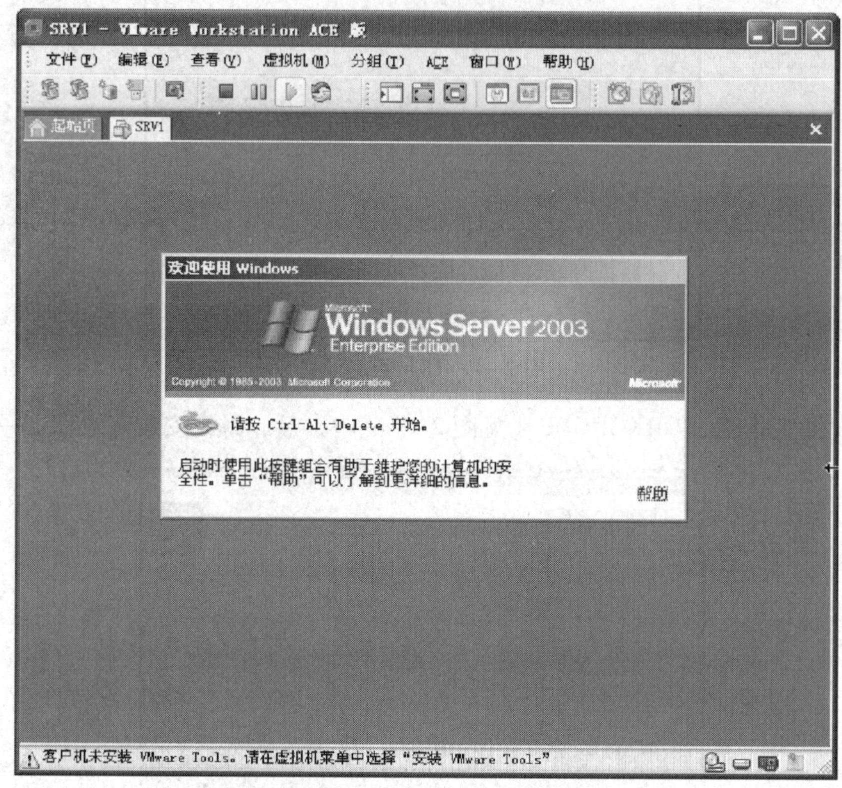

图 2—4—21　欢迎界面

（13）输入密码“P@ ssW0rd”（见图 2—4—22），进入系统，显示安装安全更新（见图 2—4—23）。

（14）关闭“管理您的服务器”（见图 2—4—24）后进入桌面（见图 2—4—25）。

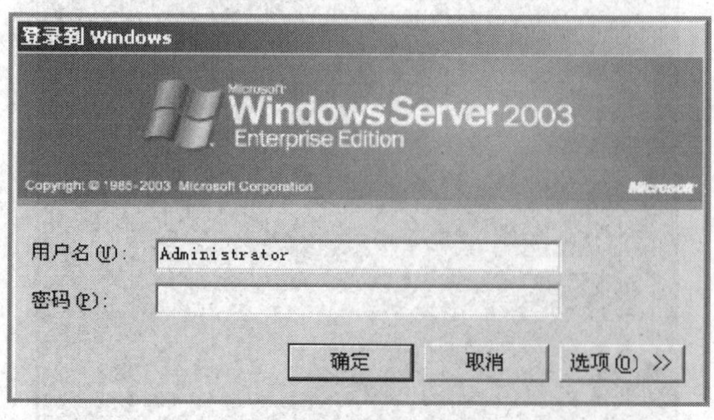

图 2—4—22　登录到 Windows

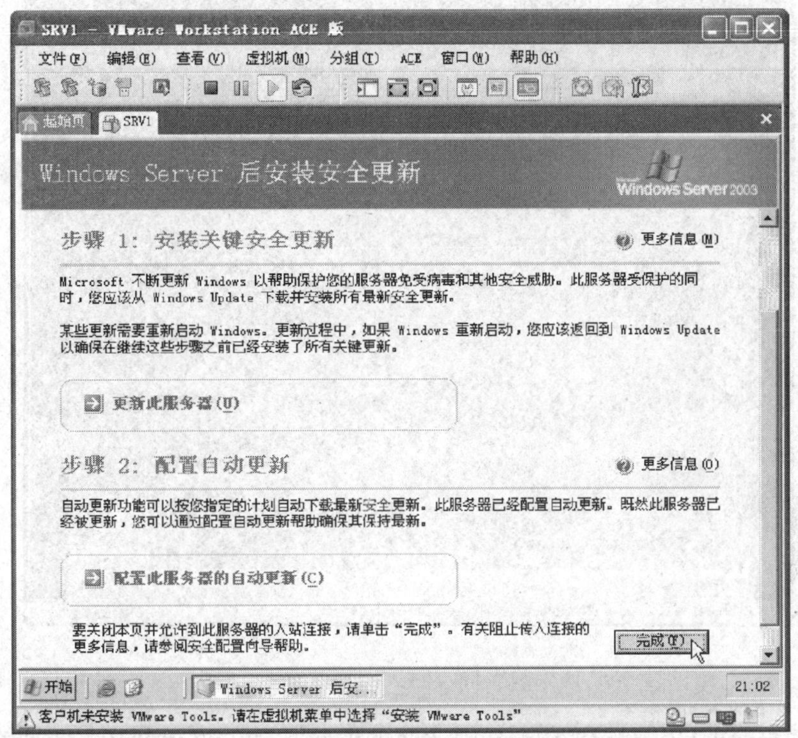

图 2—4—23　安装安全更新

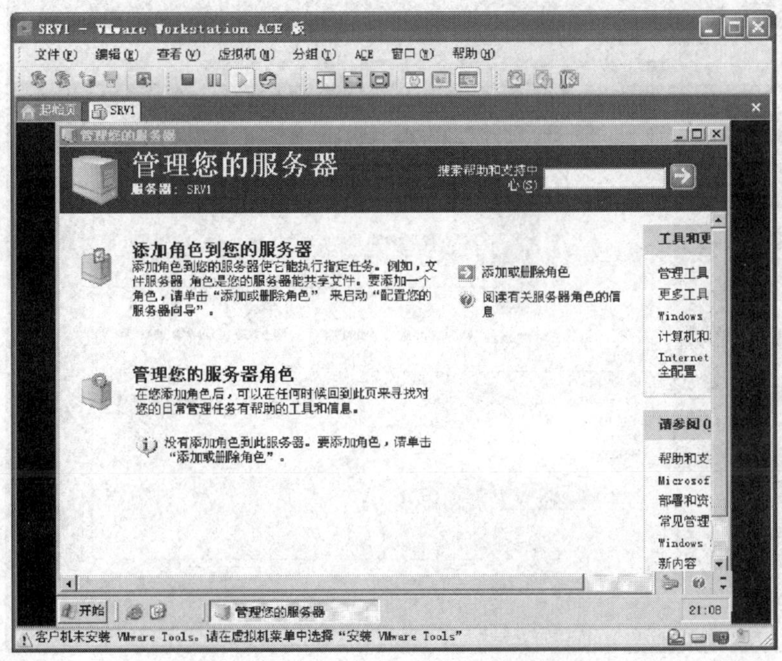

图 2—4—24　“管理您的服务器”窗口

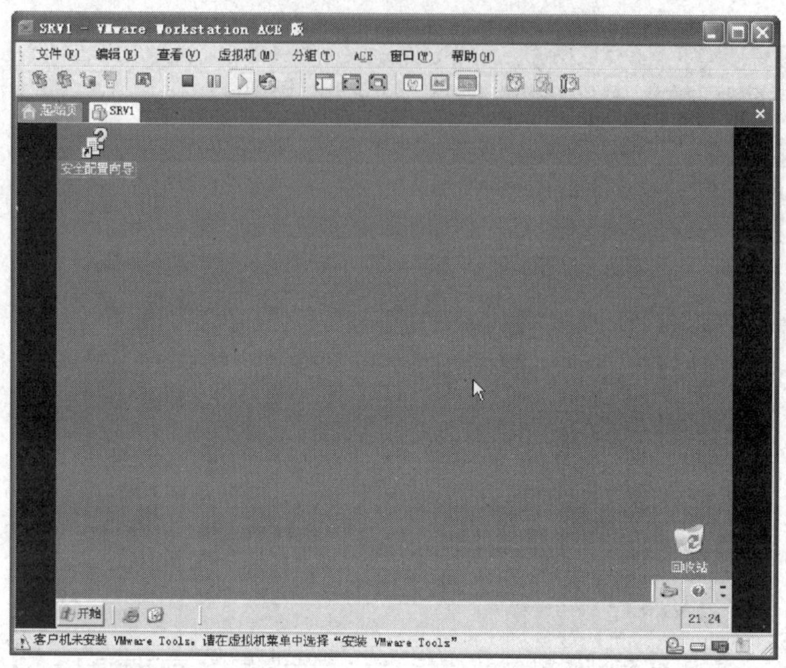

图 2—4—25　进入桌面

（15）在“桌面项目”对话框中，选中“我的电脑”和“网上邻居”（见图 2—4—26），进入桌面后重新排列图标（见图 2—4—27）。

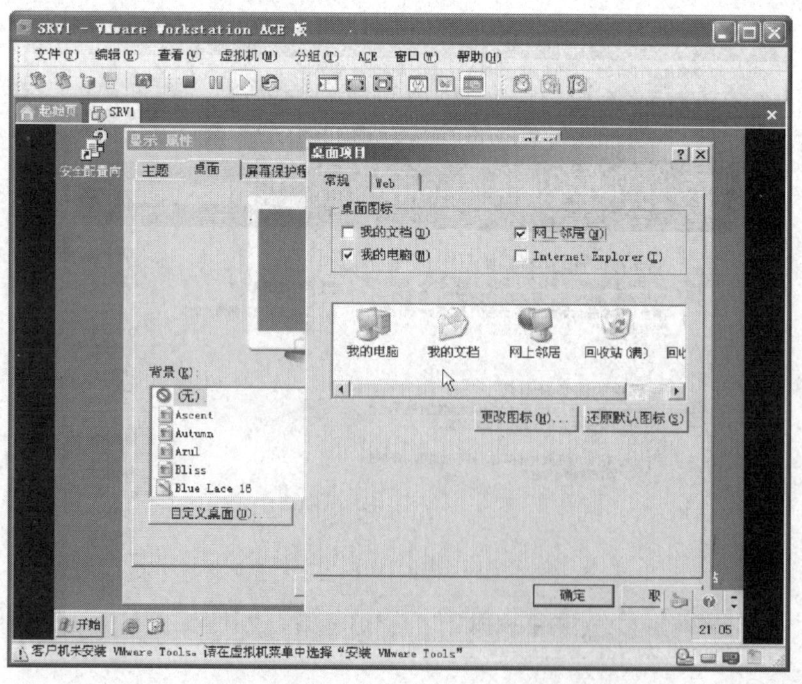

图 2—4—26　“桌面项目”对话框

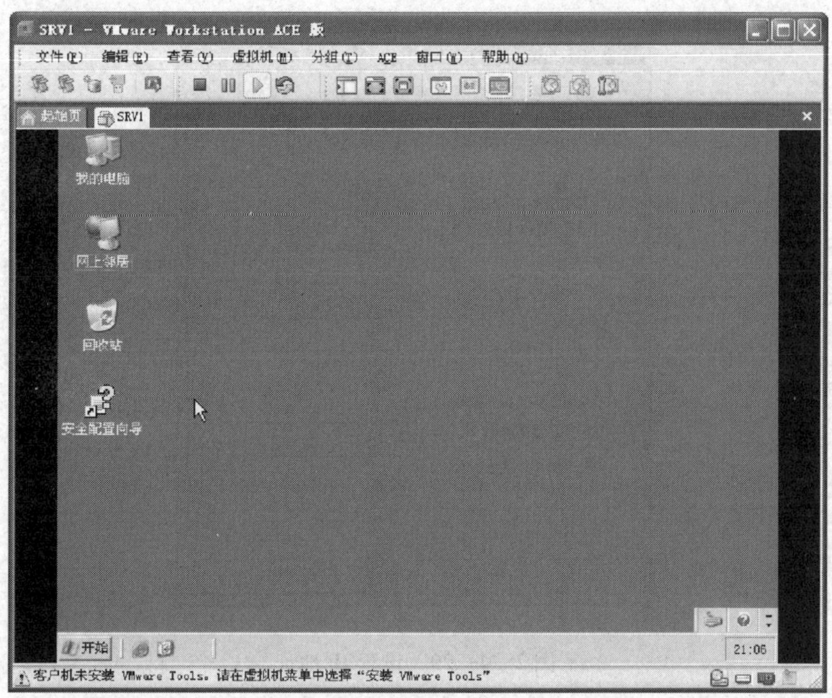

图 2—4—27　重新排列图标

（16）在“本地连接 属性”对话框中，双击“Internet 协议（TCP/IP）”（见图 2—4—28），设置 IP 地址（见图 2—4—29）。

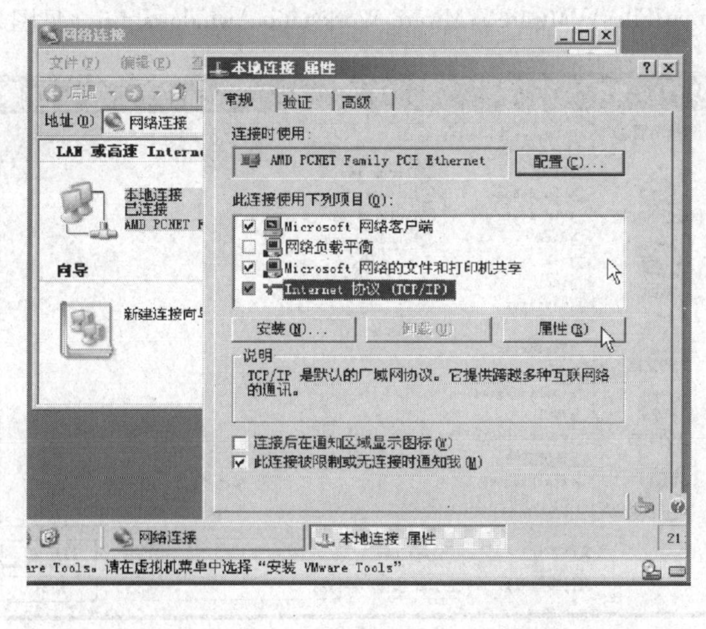

图 2—4—28　“本地连接 属性”对话框

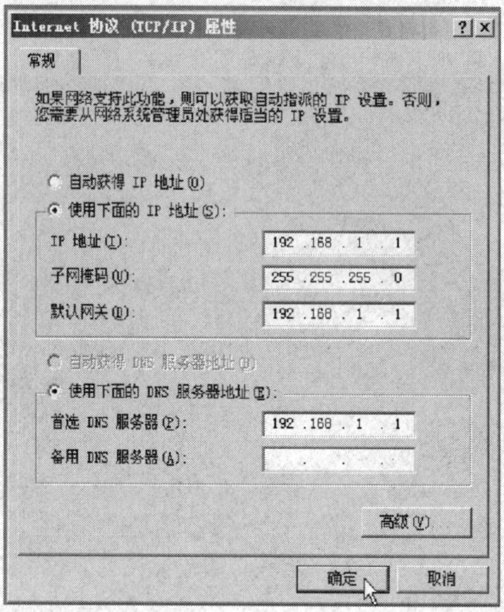

图 2—4—29　设置 IP 地址

2. 安装 VMTools

VMTools 是 VMware 的一组工具，主要用于虚拟机显示优化与调整，实现虚拟机与主机的交互，如允许共享文件夹、直接从主机向虚拟机拖放文件、鼠标无缝切换、显示分辨率调整等。

（1）关闭 SRV1，单击“编辑虚拟机设置”，设置“使用 ISO 镜像”，单击“浏览”按钮，选择 C：\Program Files\VMware\VMware Workstation\windows. iso（见图 2—4—30）。

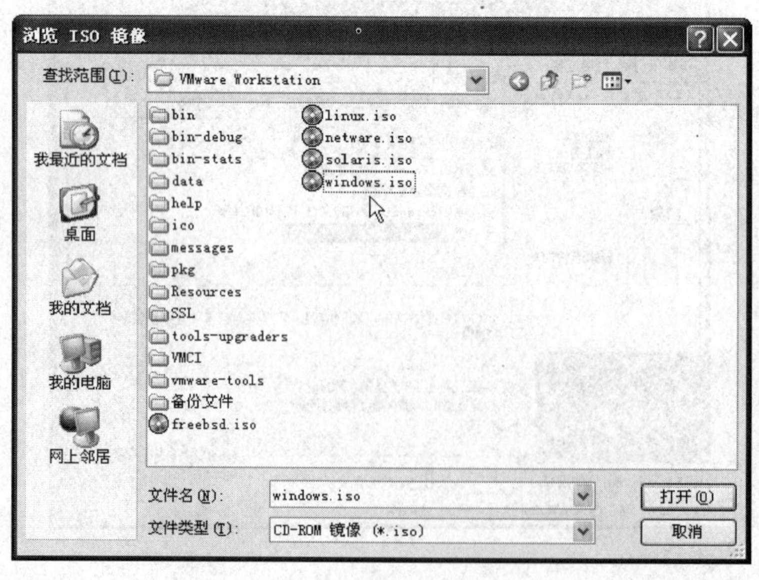

图 2—4—30　选择 VMTools 光盘镜像文件

（2）启动SRV1，在“我的电脑”中双击VMware Tools光盘图标（见图2—4—31）。

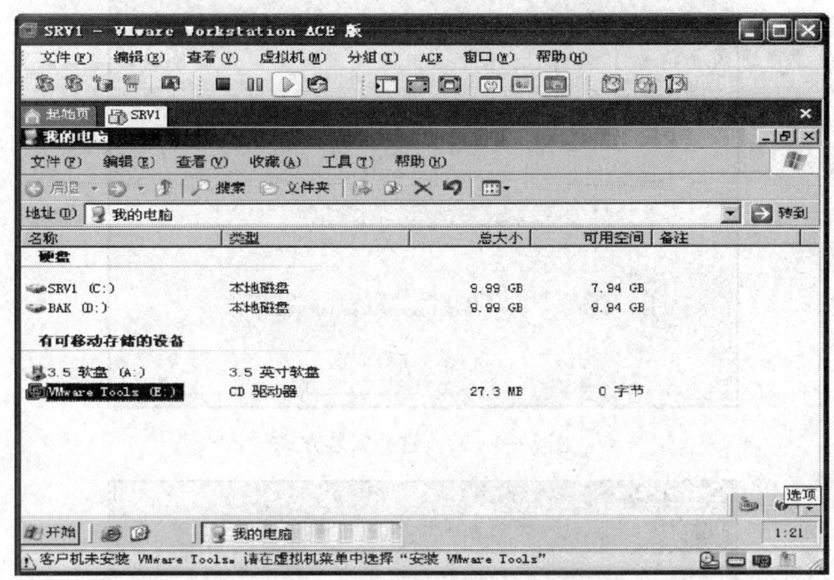

图2—4—31 运行VMTools

（3）启动安装向导，出现欢迎界面后，单击“Next”按钮（见图2—4—32）。

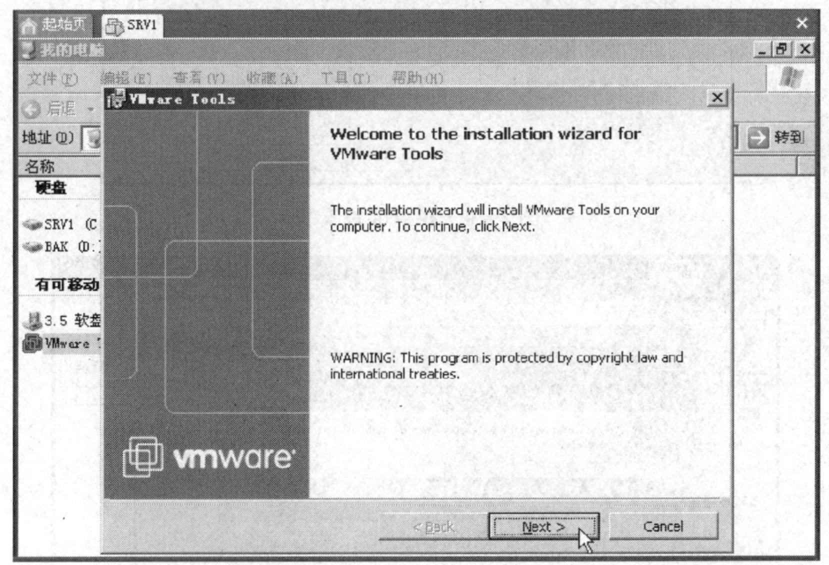

图2—4—32 欢迎界面

（4）在Setup Type中选择Typical（典型）安装方式（见图2—4—33），单击“Next”按钮。在随后弹出的对话框中单击“Install”按钮，开始安装（见图2—4—34）。

（5）软件开始安装，在图2—4—35所示对话框中单击“是”按钮启用硬件加速。

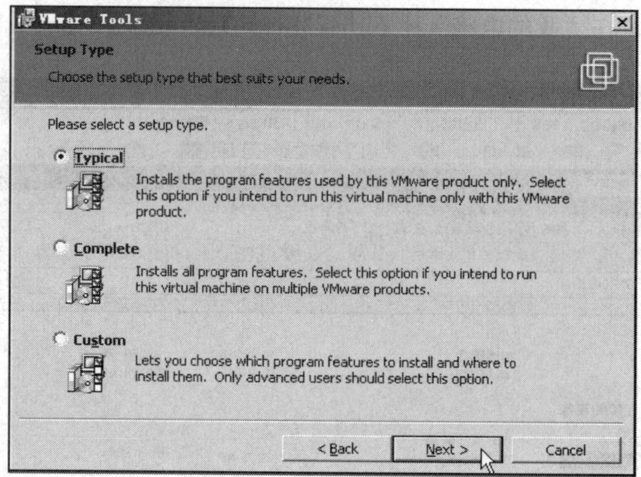

图 2—4—33　选择安装方式

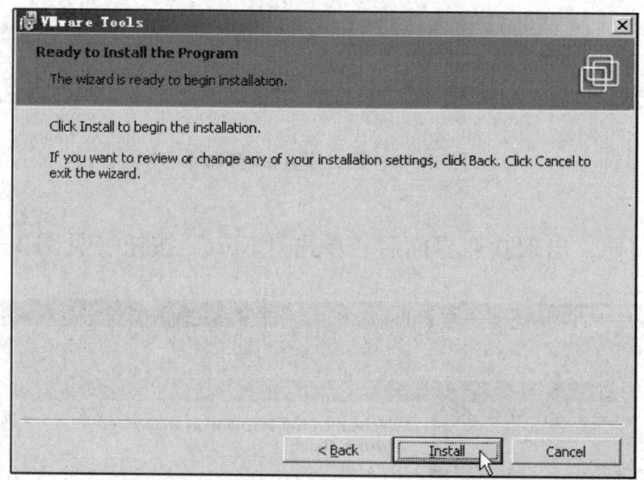

图 2—4—34　准备安装

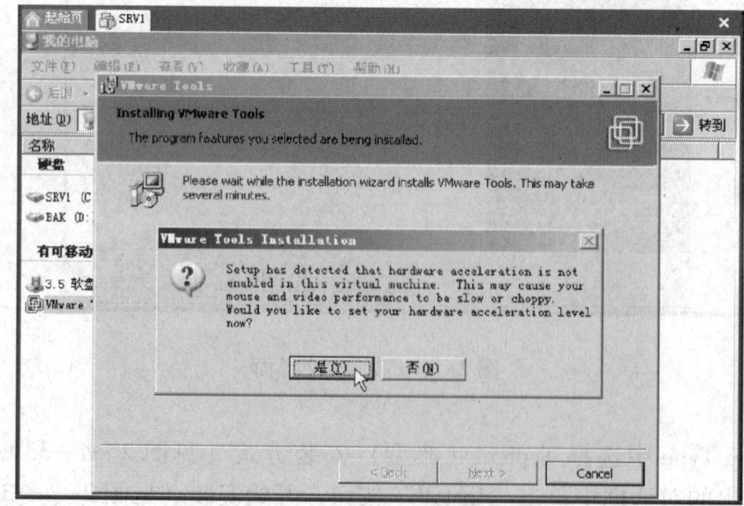

图 2—4—35　启用硬件加速

（6）在“显示 属性”对话框中，默认屏幕分辨率为640×480像素（见图2—4—36），安装VMTools后支持更高的分辨率（见图2—4—37）。

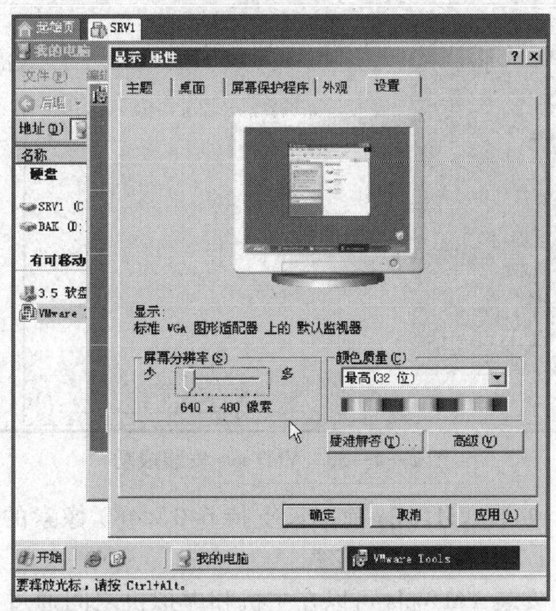

图2—4—36 “显示 属性”对话框

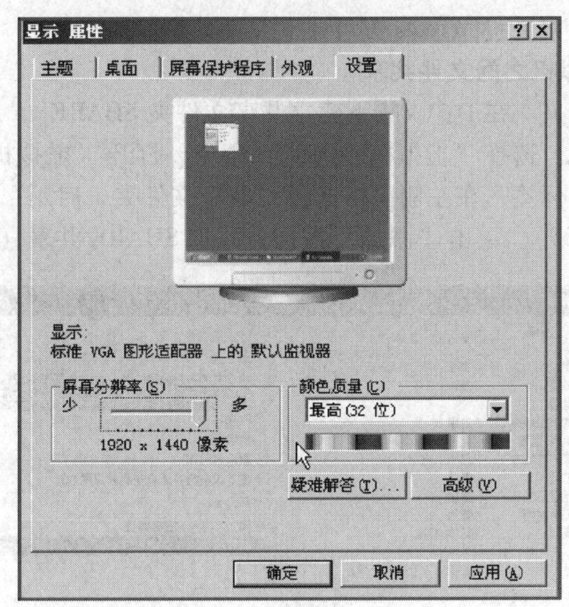

图2—4—37 支持分辨率更高

（7）设置屏幕分辨率为800×600像素，完成VMTools安装（见图2—4—38）。

（8）测试VMTools

1）实现鼠标无缝切换。安装VMTools前，需要按【Ctrl + Alt】组合键，才能把鼠标从虚拟机窗口移到主机窗口。在虚拟机窗口中单击鼠标，才能把鼠标移到虚拟机窗口。安装VMTools后，可以实现主机和虚拟机窗口之间鼠标的无缝切换。

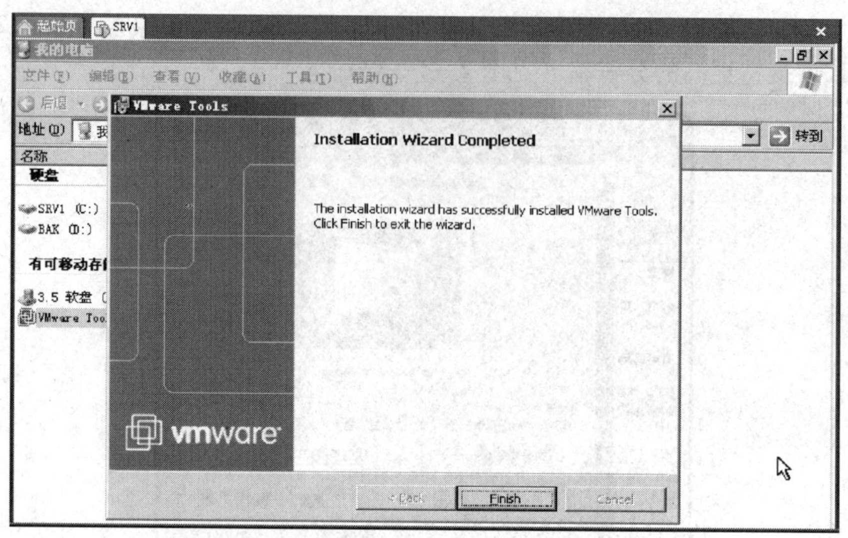

图 2—4—38 VMTools 安装成功

2）支持高分辨率。安装 VMTools 前，只支持 640 × 480 像素的分辨率。安装 VMTools 后，能支持高达 2 360 × 1 770 像素的分辨率。

3）支持文件拖放。安装 VMTools 可以在主机和虚拟机之间通过拖动操作复制文件，这是共享文件最简单的方式。

4）实现文件共享。安装 VMTools 方可建立文件共享。

3. 建立主机和虚拟机之间文件共享

（1）建立共享文件夹。在 D:\VM 下建立共享文件夹 SHARE。

（2）建立文件共享。选择“虚拟机→选项”命令，打开“虚拟机设置”对话框。在该对话框中选择“选项”标签，在左侧窗格选择“共享文件夹 启用”，在右侧窗格选中“总是启用”（见图 2—4—39）。单击“添加”按钮，添加 SHARE 共享（见图 2—4—40）。

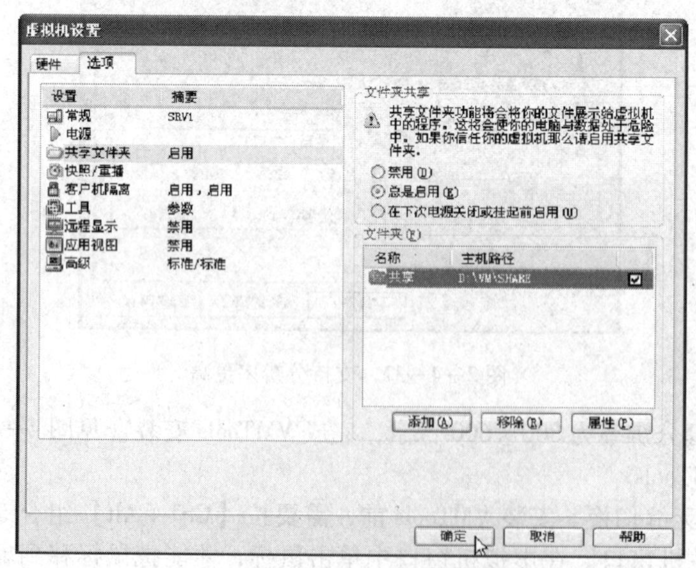

图 2—4—39 启用共享

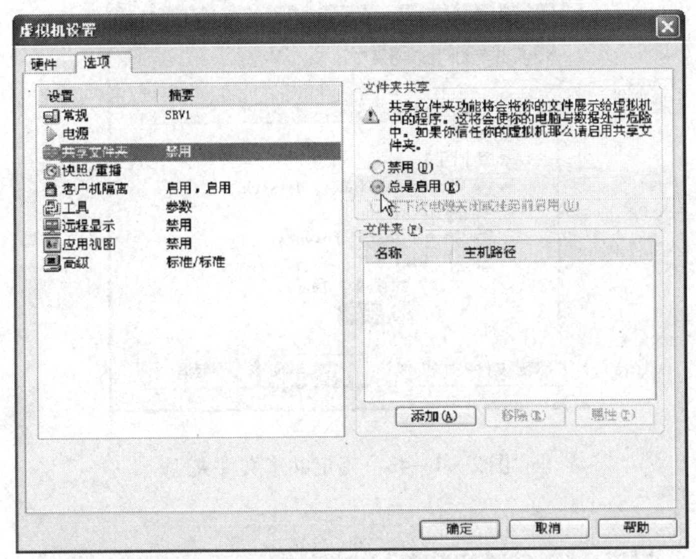

图 2—4—40　添加共享文件夹

(3) 映射网络驱动器。右击“我的电脑”图标，选择“映射网络驱动器”(见图2—4—41)，在弹出的对话框中单击“浏览”按钮(见图2—4—42)，选择 Shared Folders 下的“共享”(见图2—4—43)，单击“确定”按钮，回到“映射网络驱动器”对话框。单击“完成”按钮，完成共享设置(见图2—4—44)。

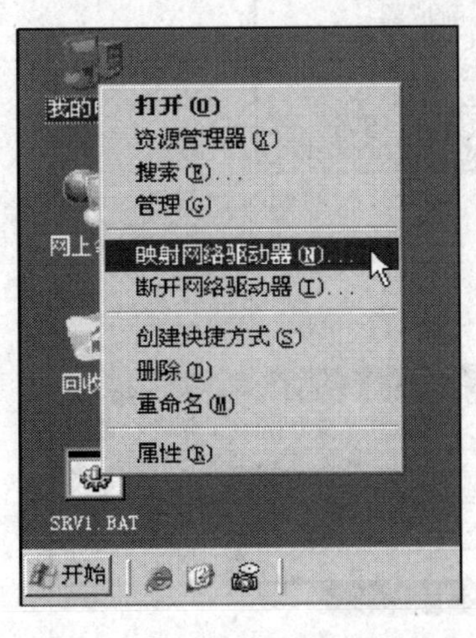

图 2—4—41　映射网络驱动器

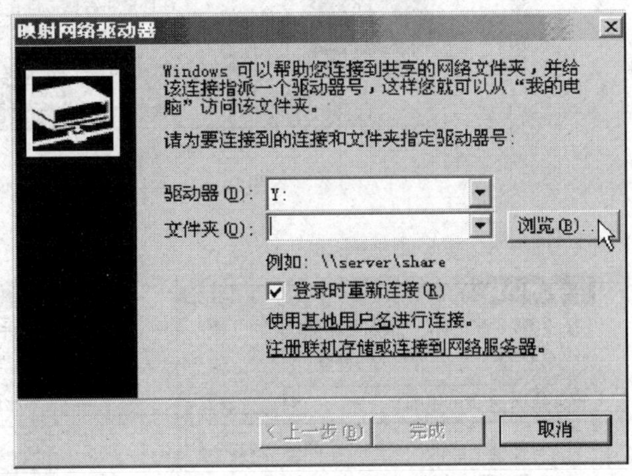

图 2—4—42　浏览文件夹

(4) 测试共享。在“我的电脑”中双击“host′上的 Shared... 网络驱动器”(见图2—4—45)，打开 Z:驱动器，新建一个文本文档，在主机中验证，文件创建成功(见图2—4—46)。

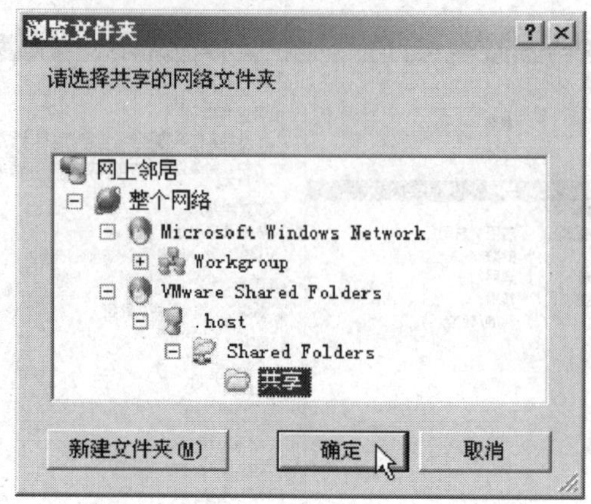

图 2—4—43　确定共享文件夹

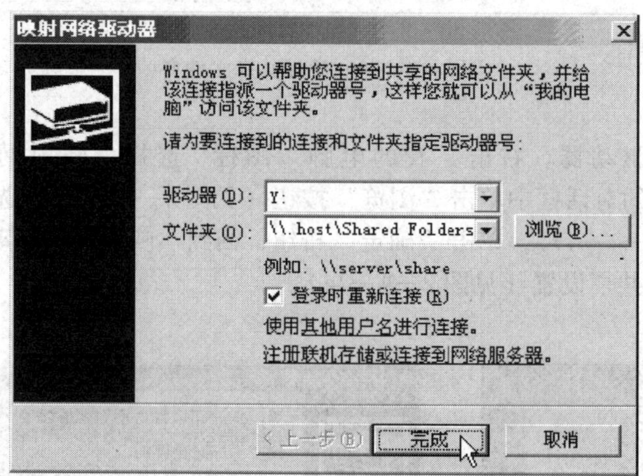

图 2—4—44　完成共享设置

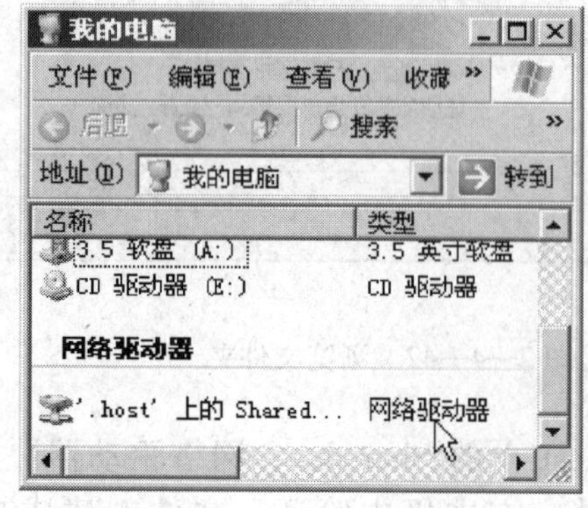

图 2—4—45　打开网络驱动器

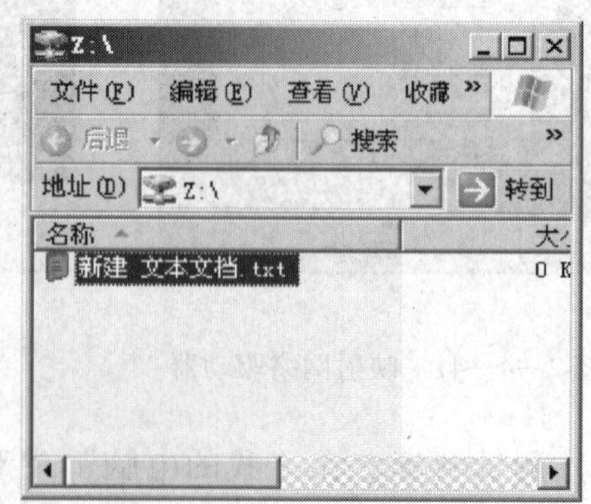

图 2—4—46　新建测试文本

二、克隆 SRV2

1. 打开 SRV1. vmx（见图 2—4—47），选择“虚拟机→克隆”命令（见图 2—4—48）。

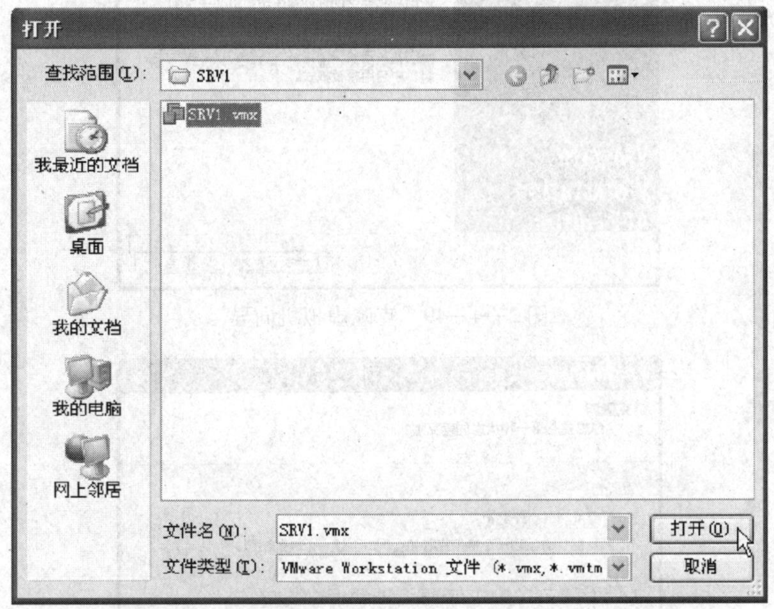

图 2—4—47　打开 SRV1. vmx

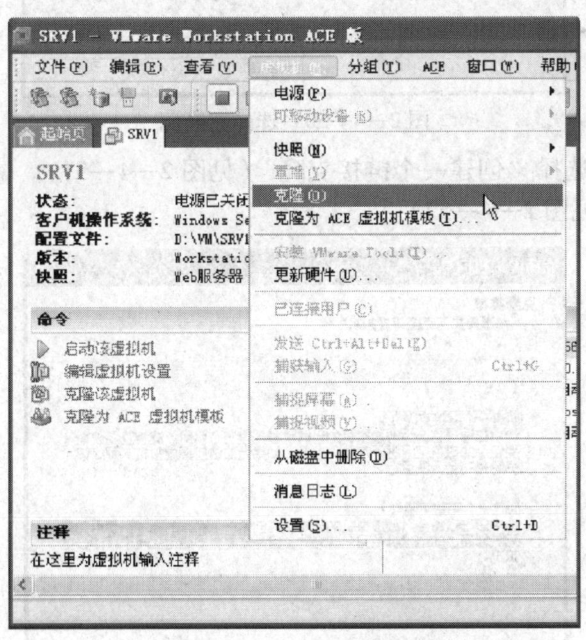

图 2—4—48　克隆虚拟机

2. 启动克隆虚拟机向导（见图 2—4—49），选择“克隆源”（见图 2—4—50）。

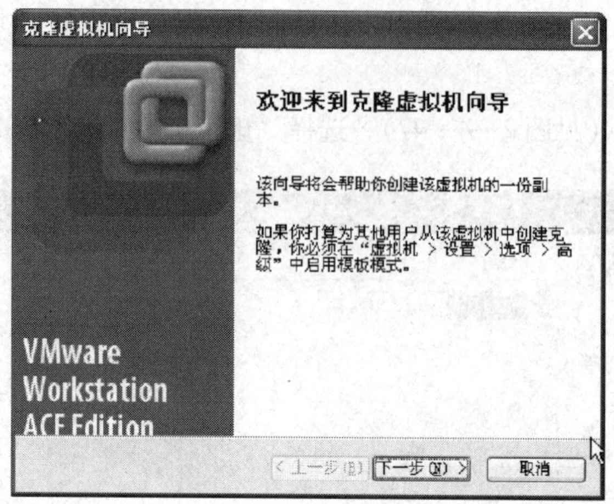

图 2—4—49　克隆虚拟机向导

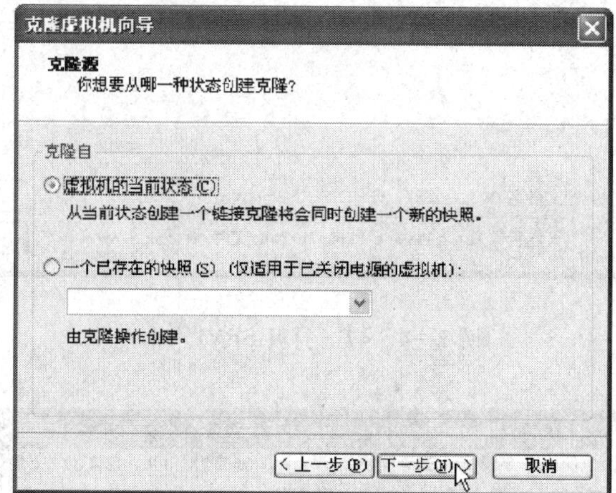

图 2—4—50　选择克隆源

3. 在克隆方式中选择“创建一个链接克隆”（见图 2—4—51）。输入虚拟机名称 SRV2，位置 D:\VM\SRV2（见图 2—4—52）。

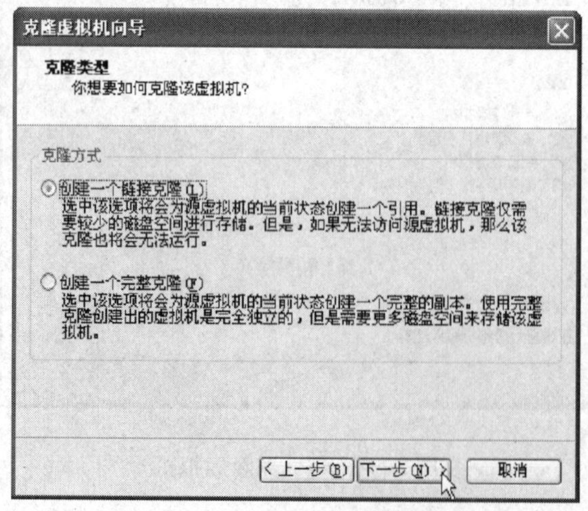

图 2—4—51　创建一个链接克隆

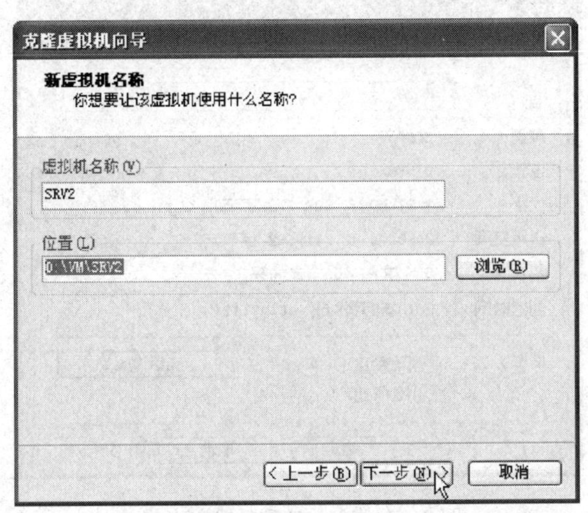

图 2—4—52　虚拟机名称和位置

4. SRV2 克隆完成（见图 2—4—53）。右击 SRV2，在弹出的快捷菜单中选择“属性”，查看文件夹大小（见图 2—4—54）。

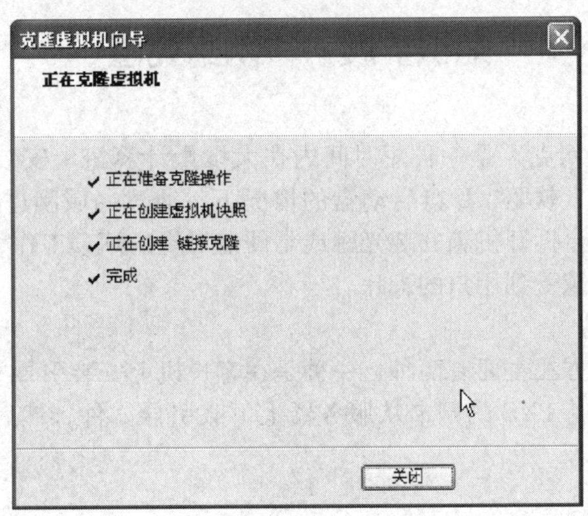

图 2—4—53　克隆完成

三、客户机的安装

建立一个最小的局域网需要两台计算机：一台服务器和一台客户机。利用 VM6 进行网络实验时，可以用相同的操作系统。SRV1 充当服务器，SRV2 充当客户机（SRV1 和 SRV2 都是 Windows Server 2003 操作系统）。为了实验清楚起见，服务器和客户机也可以采用不同的操作系统。服务器（SRV1、SRV2 和 SRV3）使用 Windows Server 2003 操作系统，客户机（XP1、XP2 和 XP3）使用 Windows XP 操作系统。先做好以下准备，然后进行安装。

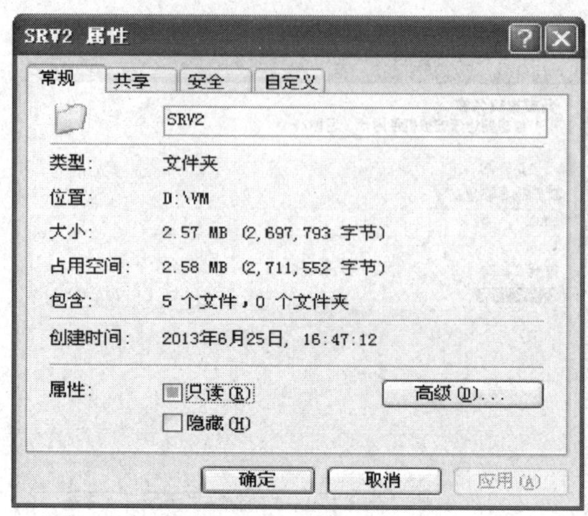

图 2—4—54　查看文件夹大小

1. 建立目录结构。
2. 创建 XP1、XP2、XP3 三台虚拟机，硬盘大小 8 GB，平均分成两个区。
3. 把 XP. GHO 复制到服务器 SRV1 上，使用网络克隆一次性安装 XP1、XP2 和 XP3。

知识扩展——网络克隆

网络克隆（简称为网克）是一种短时间内在大批量计算机上安装操作系统的一种先进方法，可以在没有光驱、软驱、U 盘启动盘的情况下，通过局域网进行大规模的系统安装。网克摆脱了以前那种逐台拆开机箱安装光驱或是硬盘对拷的烦琐工作，这种快速、大批量安装操作系统的方法越来越受到用户的青睐。

1. 网克的实现方法

目前，网克的实现方法主要有两种：一种是在客户机上安装引导文件，这种方法灵活性不好；另一种是使用支持 PXE 的网卡从服务器上下载引导文件，然后装入客户机中，这种方法灵活性好，值得推荐。

2. 网克的好处

（1）省去了打开机箱的麻烦。

（2）无须光盘、软盘、U 盘等引导盘做引导。

（3）比传统的光盘安装速度要快几倍。

（4）可以进行大批量（比如一次安装 50 台）的系统安装。

3. 网克的步骤

利用传统方法安装好一台样机，装入所需软件和驱动，优化系统后用 GHOST 软件建立 C 盘（或全盘）镜像文件。

设置服务器网卡为 IP：10. 1. 1. 1，子网掩码：255. 0. 0. 0。

打开 Tftpd32 服务器及 GHOST 服务端程序，载入已经制作好的全盘镜像或分区镜像文件（.gho 格式），设置完成后开始接收客户端。

在客户端 BIOS 中开启网卡 PXE 并调整启动顺序为网卡优先，然后根据“网克”程序提供的界面，按提示操作完成“网克”。

4. 网络克隆实践操作

操作：使用 MaxDOS_PXE 软件，在 VM6 中完成 XP1、XP2 和 XP3 三台客户机的安装。

（1）服务器端设置

1）设置服务器网络参数。设置 SRV1 的 IP 地址为 10.1.1.1，子网掩码为 255.0.0.0（见图 2—4—55）。

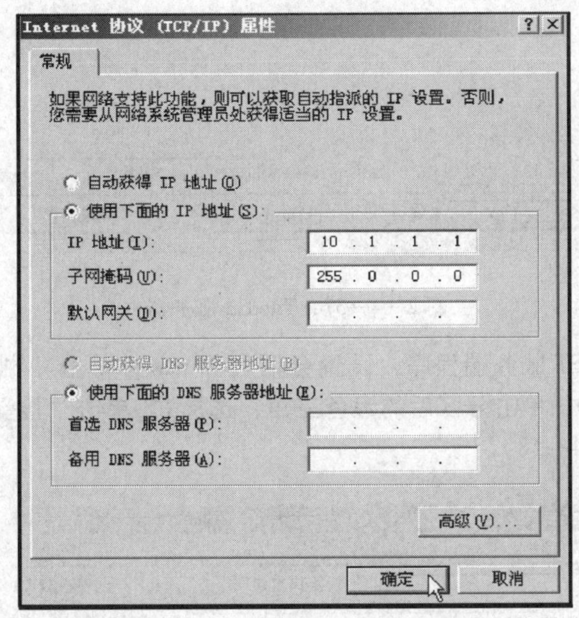

图 2—4—55　设置服务器网络参数

2）安装网克软件 MaxDOS_PXE。双击“MaxDOS_PXE.exe”，打开欢迎界面，单击“接受”按钮，接受许可协议（见图 2—4—56）。

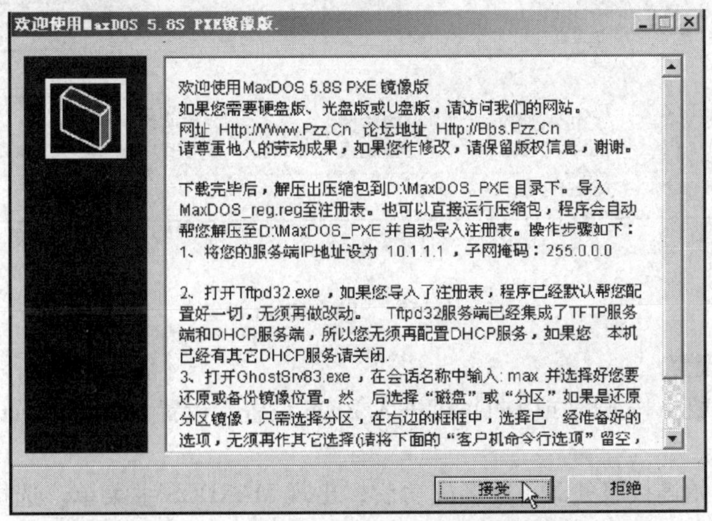

图 2—4—56　MaxDOS 5.8S PXE 镜像版

3）自动打开 Tftpd32 服务器，该服务器自动被配置好，无须手动配置（见图 2—4—57）。

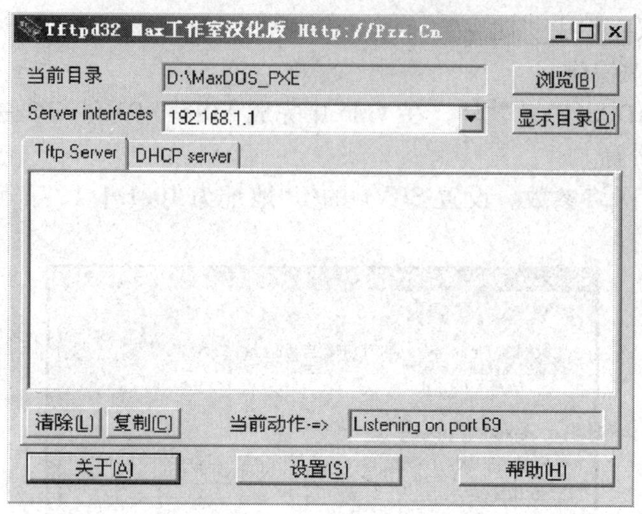

图 2—4—57　Tftpd32 服务器

4）同时打开 GHOST 服务端程序，设置会话名称 max，单击“浏览”按钮，选择映像文件 D:\GHO\PE. GHO，单击分区后的黑色三角，选择 1。单击“接受客户端”按钮，等待客户机连接（见图 2—4—58）。

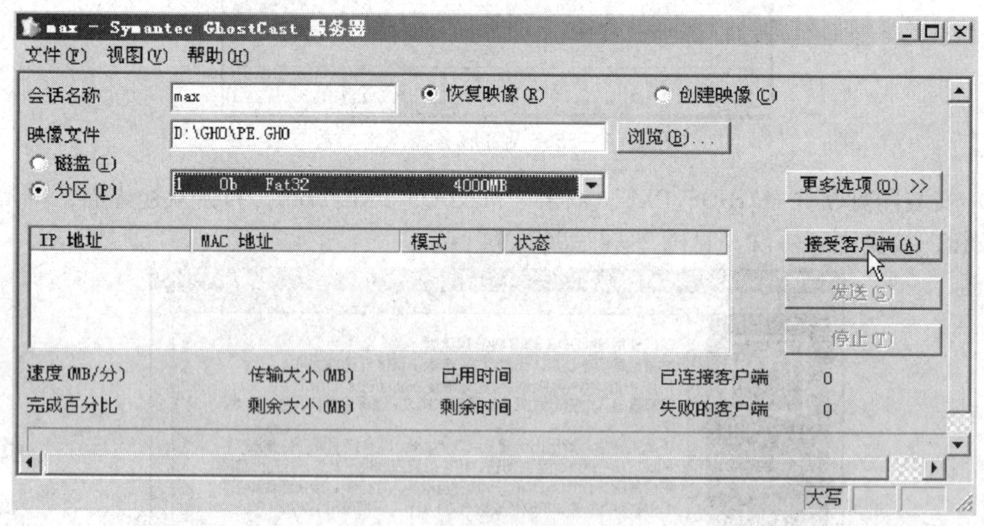

图 2—4—58　SRV1 Ghost 设置

（2）客户端设置

1）启动客户机，按 F2（或 Del）键进入 BIOS 设置，设置 Network boot 为第一启动设备（见图 2—4—59）。

2）重启后开始连接服务器，连接成功后，出现 MAXDOS 主菜单。选择“B. MAXDOS 网刻菜单”，按回车键继续（见图 2—4—60）。

图 2—4—59　设置网卡启动

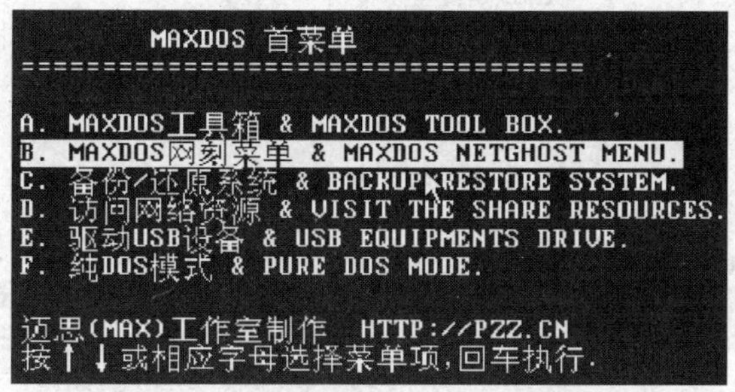

图 2—4—60　网克主菜单

3）选择“A. NDIS2 网卡驱动”，自动加载网卡驱动（见图 2—4—61）。

图 2—4—61　加载网卡驱动

4）选择“2. 单分区网络克隆”（见图 2—4—62）。

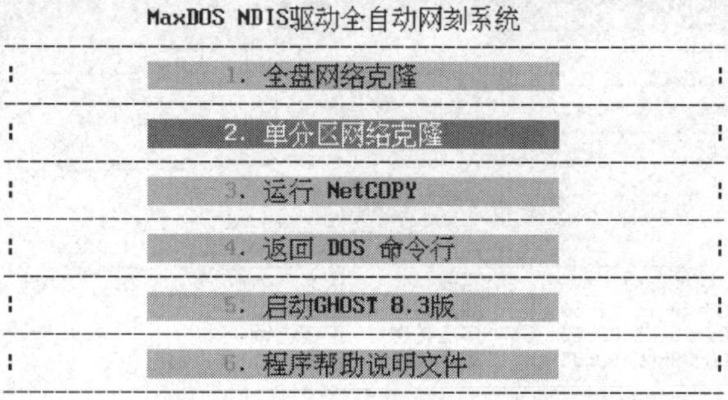

MaxDOS NDIS驱动全自动网刻系统

1. 全盘网络克隆
2. 单分区网络克隆
3. 运行 NetCOPY
4. 返回 DOS 命令行
5. 启动GHOST 8.3版
6. 程序帮助说明文件

图 2—4—62　单分区网络克隆

5）输入要网克的分区 C 盘，按回车键，开始连接服务器（图 2—4—63）。

6）按照上述步骤，设置 XP2 和 XP3。

（3）开始网克。当三台客户机全部与服务器连接后，单击“发送”按钮（见图 2—4—64），开始网克（见图 2—4—65）。

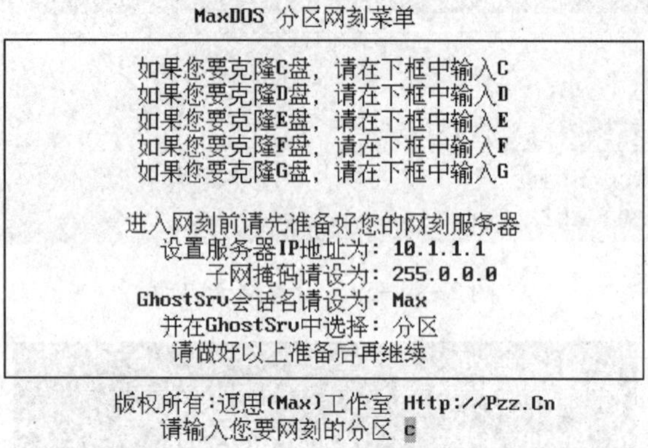

MaxDOS 分区网刻菜单
如果您要克隆C盘，请在下框中输入C
如果您要克隆D盘，请在下框中输入D
如果您要克隆E盘，请在下框中输入E
如果您要克隆F盘，请在下框中输入F
如果您要克隆G盘，请在下框中输入G
进入网刻前请先准备好您的网刻服务器
设置服务器IP地址为：10.1.1.1
子网掩码请设为：255.0.0.0
GhostSrv会话名请设为：Max
并在GhostSrv中选择：分区
请做好以上准备后再继续
版权所有:迈思(Max)工作室 Http://Pzz.Cn
请输入您要网刻的分区 c

图 2—4—63　确定网克分区

max - Symantec GhostCast 服务器
文件(F) 视图(V) 帮助(H)
会话名称 max 恢复映像(R) 创建映像(C)
映像文件 D:\GHO\PE.GHO 浏览(B)...
磁盘(I)
分区(P) 1 0b Fat32 4000MB
更多选项(O) >>
IP 地址 MAC 地址 模式 状态
10.9.195.235 00-0C-29-18-1B-88 多点传送 正在等候
10.54.81.223 00-0C-29-F6-CD-69 多点传送 正在等候
10.160.228.129 00-0C-29-AC-80-3E 多点传送 正在等候
接受客户端(A)
发送(S)
停止(T)
速度(MB/分) 传输大小(MB) 已用时间 已连接客户端 3
完成百分比 剩余大小(MB) 剩余时间 失败的客户端 0
正在等候客户端 - 按“发送”开始...

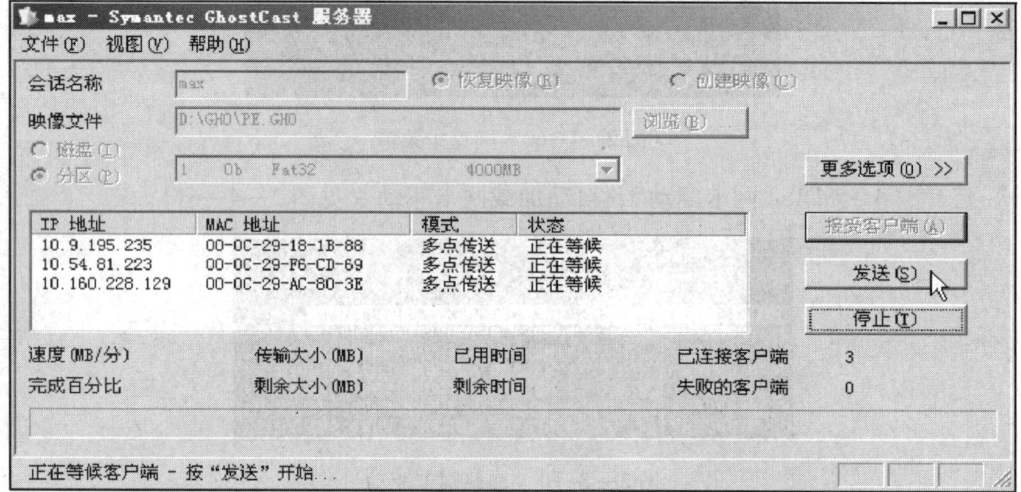

图 2—4—64　单击“发送”按钮

max - Symantec GhostCast 服务器
文件(F) 视图(V) 帮助(H)
会话名称 max 恢复映像(R) 创建映像(C)
映像文件 D:\GHO\PE.GHO 浏览(B)...
磁盘(I)
分区(P) 1 0b Fat32 4000MB
更多选项(O) >>
IP 地址 MAC 地址 模式 状态
10.9.195.235 00-0C-29-18-1B-88 多点传送 正在进行
10.54.81.223 00-0C-29-F6-CD-69 多点传送 正在进行
10.160.228.129 00-0C-29-AC-80-3E 多点传送 正在进行
接受客户端(A)
发送(S)
停止(T)
速度(MB/分) 17 传输大小(MB) 10 已用时间 00:35 已连接客户端 3
完成百分比 30 剩余大小(MB) 25 剩余时间 01:21 失败的客户端 0
GhostCast 正在进行...

图 2—4—65　开始网克

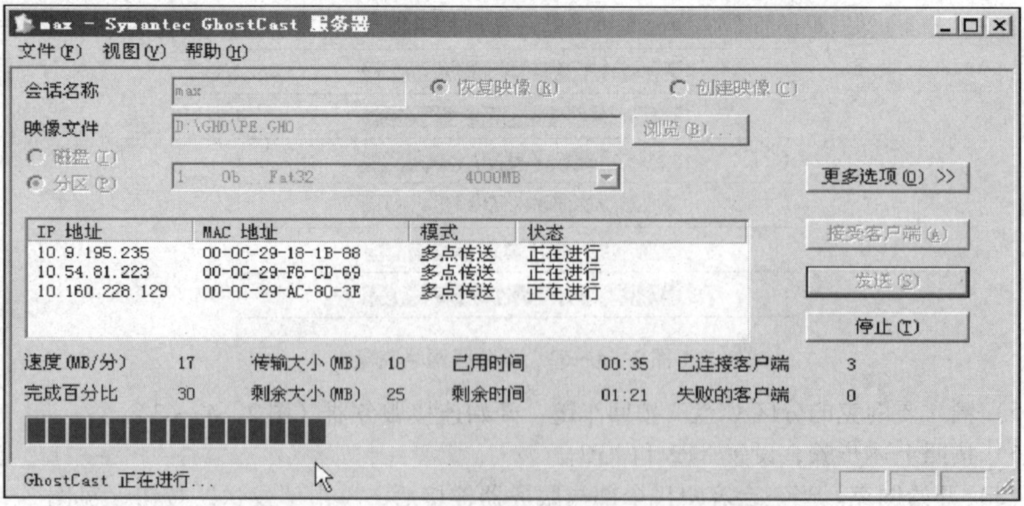

课后练习

1. 填空题

（1）______________是网络上为客户端计算机提供各种服务的高性能的计算机。______________是连接服务器并能访问服务器上共享资源的计算机。

（2）IP 地址是给每个连接在 Internet 上的主机分配的一个______________ bit 地址，由______________和______________两部分组成。

（3）子网掩码中______________对应网络位，______________对应主机位。

（4）网关实际上是一个网络通向其他网络的________________。

（5）IP 地址不好记忆，于是便出现了域名，在访问 Internet 时，只需输入域名，______________服务器会自动将______________解析成对应的______________。

（6）使用________________可以查看主机的物理地址，使用________________命令可以检查网络的通畅性。

2. 选择题

（1）子网掩码是 255. 255. 255. 0，在这个子网中最多能容纳（　　）台主机。

A. 127　　B. 128　　C. 254　　D. 255

（2）传输控制协议的英文名称是（　　）。

A. TCP　　B. IP　　C. ISO　　D. OSI

（3）网际协议的英文名称是（　　）。

A. TCP　　B. IP　　C. ISO　　D. OSI

（4）域名系统的英文名称是（　　）。

A. DNS　　B. FTP　　C. WEB　　D. DHCP

3. 判断题

（1）Windows Server 2003 支持两种不同的授权模式，即每服务器和每客户。（　　）

（2）选择每服务器（Per Server）模式，并设置"同时连接数"，则 Windows Server 2003 服务器可以限制并发连接数，也就是同时连接到该服务器的客户机数量，默认为 5 个用户。（　　）

（3）若选择每客户（Per Seat）模式，每个访问 Windows Server 2003 的客户机都需要有各自的 CAL（Client Access License，客户访问许可证）。利用 CAL，客户计算机可以访问网络上的任何 Windows Server 2003 服务器。（　　）

（4）如果网络内安装有多台服务器，则通常采用每客户许可证模式。（　　）

4. 问答题

（1）每服务器和每客户两种授权模式有何不同？

（2）如何设置计算机的网络参数？

5. 实践操作

建立三台虚拟机 SRV1、SRV2、SRV3，每台虚拟机的硬盘均为 20 GB，平均分成两个分区。按传统方法全新安装 SRV1，在 SRV1 中创建 SRV2 和 SRV3 两个链接克隆。

任务5　创建实验环境

学习目标

1. 了解安全标识符 SID 的概念，掌握 WHOAMI 命令的用法，会查看安全标识符 SID。
2. 掌握虚拟机快照的使用。
3. 熟练掌握网络参数的设置及网络通畅性测试。

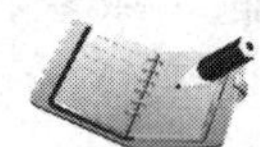

任务描述

通过前面的操作建立了 SRV1、SRV2、SRV3 三台服务器和 XP1、XP2、XP3 三台客户机。本任务将设置每台机器的网络参数，更改 SID，建立起虚拟实验环境，完成网络实验。

相关知识

一、安全标识符 SID

1. SID 的概念

SID（Security Identifiers）也就是安全标识符，是标识用户、组和计算机账户的唯一号码。

在第一次创建账户时，将给每一个账户分配一个唯一的 SID。Windows Server 2003 中的内部进程将引用账户的 SID 而不是账户的用户名或组名。如果创建账户，再删除账户，然后使用相同的用户名创建另一个账户，则新账户将不具有授权给前一个账户的权利或权限，原因是该账户具有不同的 SID 号。

2. SID 重复产生的问题

安装 Windows Server 2003/XP 系统时，会产生一个唯一的 SID。当使用克隆虚拟机或网克时，会产生不同机器使用一个 SID 的问题，这将产生很严重的安全问题。

例如，某人在自己的 NTFS 分区建立了共享，并且设置了权限，只有自己可以访问，但实际上另外一台具有相同 SID 号码的机器也可以访问这个共享。因为“如果存在两个同样 SID 的用户，这两个账户将被鉴别为同一个账户”。

在内部网络上计算机 SID 相同会造成许多冲突，甚至造成客户机无法加入到域。

3. SID 重复的解决方法

查看、更改 SID 的工具有三个：whoami. exe、sysprep. exe 和重新生成新的 SID 安全标识符。Windows XP 和 Windows Server 2003 中使用 whoami/user 查看 SID。Windows Server 2003 下使用 sysprep 修改 SID，Windows XP 下使用重新生成新的 SID 安全标识符修改 SID。

4. WHOAMI 命令

（1）功能。用来获取本地系统上当前用户（访问令牌）的名称和组信息，以及相应的安全标识符（SID）、特权和登录标识符（logon ID）。

（2）语法。

WHOAMI[/USER]|[/GROUPS]|[/ALL]

（3）参数列表

1）/USER：显示当前用户的信息以及安全标识符（SID）。

2）/GROUPS：显示当前用户的组成员信息、账户类型、安全标识符（SID）和属性。

3）/ALL：显示当前用户名、属于的组以及安全标识符和当前用户访问令牌的特权。

（4）示例。WHOAMI/USER、WHOAMI/GROUPS、WHOAMI/ALL。

二、虚拟机快照

VMware“快照”是虚拟机磁盘文件（VMDK）在某个点即时的副本。系统崩溃或系统异常，可以通过使用恢复到快照来保持磁盘文件系统和系统存储。使用快照远比使用 Ghost 克隆要方便得多。

提 示

建立快照会使 VM 占用的空间大小急剧增加，有时是实际增加空间的好几倍。

任务实施

一、设置网络参数

1. 分别打开 SRV1、SRV2、SRV3、XP1、XP2 和 XP3。

提 示

使用虚拟机非常占用资源，建议一次打开的虚拟机最多不要超过四台。

2. 右击“网上邻居”图标，在弹出的快捷菜单中选择“属性”，打开“网络连接”窗口（见图 2—5—1）。

图 2—5—1 “网络连接”窗口

3. 右击“本地连接”，在弹出的快捷菜单中选择“属性”，打开“本地连接 属性”对话框（见图 2—5—2）。

4. 选择“Internet 协议（TCP/IP）”文字部分（不能单击文字前的对钩），单击“属性”按钮，打开“Internet 协议（TCP/IP）属性”对话框。单击“使用下面的 IP 地址”单选框，按表 2—1—1 中的地址进行设置（SRV1 的设置如图 2—5—3 所示）。

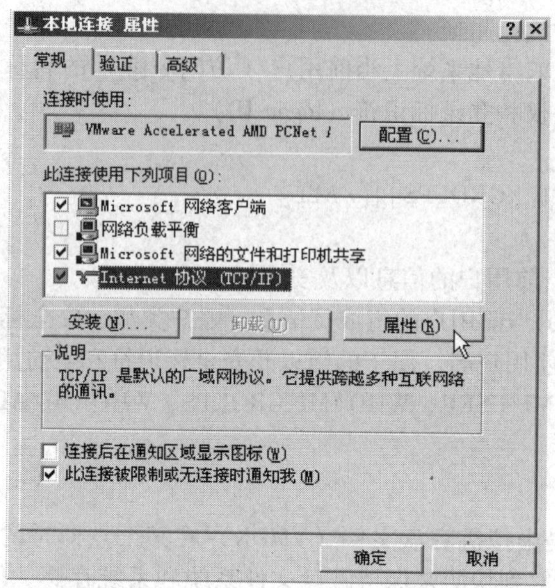

图 2—5—2　“本地连接 属性”对话框

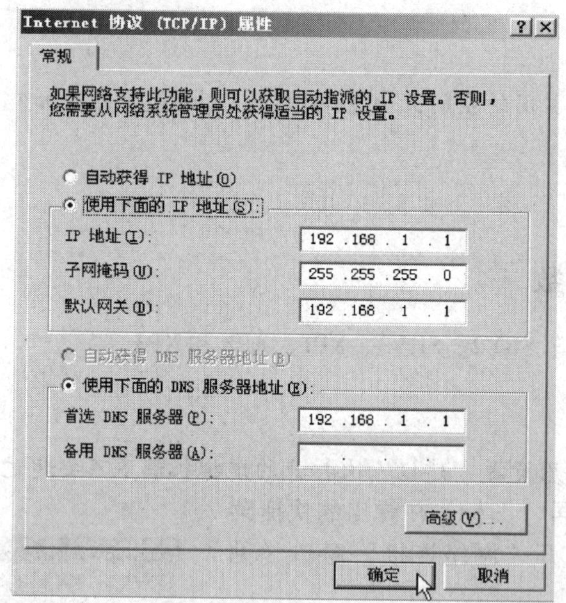

图 2—5—3　设置 IP 地址和子网掩码

二、使用 ping 命令测试网络的通畅性

1. 打开 SRV1、XP1、XP2 和 XP3。

2. 在 SRV1 中分别使用 ping 192. 168. 1. 11、ping 192. 168. 1. 12、ping 192. 168. 1. 13 测试网络。

3. 在 XP1 中分别使用 ping 192. 168. 1. 11、ping 192. 168. 1. 12、ping 192. 168. 1. 13 测试网络。

4. 关闭 XP2 和 XP3，打开 SRV2 和 SRV3。

5. 在 XP1 中分别使用 ping 192. 168. 1. 2、ping 192. 168. 1. 3 测试网络。

6. 在 SRV2 中分别使用 ping 192. 168. 1. 1、ping 192. 168. 1. 3、ping 192. 168. 1. 11 测试网络。

7. 在 SRV3 中分别使用 ping 192. 168. 1. 1、ping 192. 168. 1. 2、ping 192. 168. 1. 11 测试网络。

8. 测试有失败（见图 2—5—4）和成功（见图 2—5—5）两种可能。

命令提示符
C:\>PING 192.168.1.1
Pinging 192.168.1.1 with 32 bytes of data:
Destination host unreachable.
Destination host unreachable.
Destination host unreachable.
Destination host unreachable.
Ping statistics for 192.168.1.1:
Packets: Sent = 4, Received = 0, Lost = 4 (100% loss),

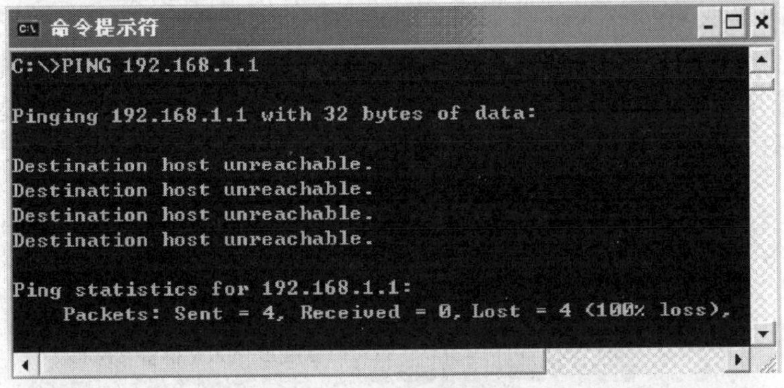

图 2—5—4　测试失败

命令提示符
C:\>PING 192.168.1.1
Pinging 192.168.1.1 with 32 bytes of data:
Reply from 192.168.1.1: bytes=32 time<1ms TTL=128
Reply from 192.168.1.1: bytes=32 time<1ms TTL=128
Reply from 192.168.1.1: bytes=32 time<1ms TTL=128
Reply from 192.168.1.1: bytes=32 time<1ms TTL=128
Ping statistics for 192.168.1.1:
Packets: Sent = 4, Received = 4, Lost = 0 (0% loss),
Approximate round trip times in milli-seconds:
Minimum = 0ms, Maximum = 0ms, Average = 0ms

图 2—5—5　测试成功

三、修改服务器 SRV2 的 SID

1. 查看安全标识符 SID

在“运行”对话框中输入 WHOAMI/USER，查看 SRV1 的用户名和安全标识符 SID（见图 2—5—6）。

命令提示符
C:\>WHOAMI/USER
用户信息
用户名
SID
srv1\administrator
S-1-5-21-3638605499-3345946708-1202663784-500

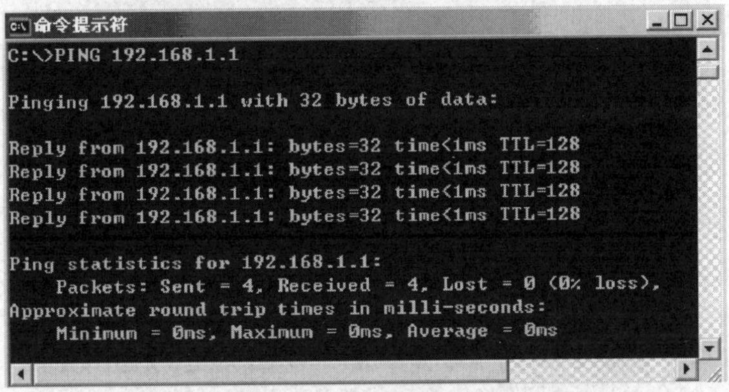

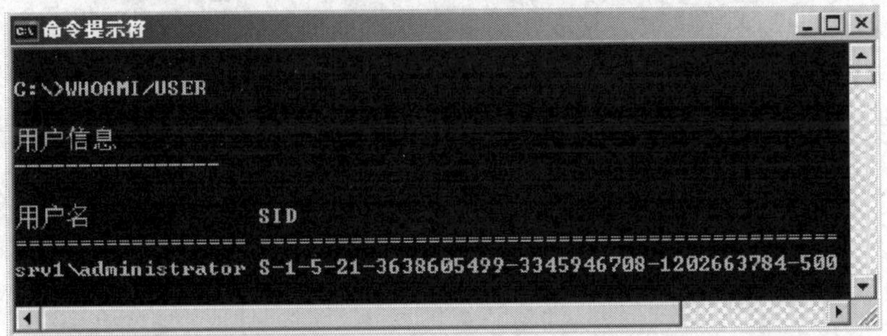

图 2—5—6　查看 SRV1 的 SID

由于使用虚拟机克隆技术，查看 SRV2 和 SRV3 的 SID 会与 SRV1 的 SID 完全相同。

2. 修改安全标识符 SID

（1）使用 UltraISO 在 Windows Server 2003 安装光盘下的“X:\SUPPORT\TOOLS”文件夹中，从压缩包 DEPLOY. CAB 内提取 sysprep. exe 和 setupcl. exe 两个文件（见图 2—5—7）。

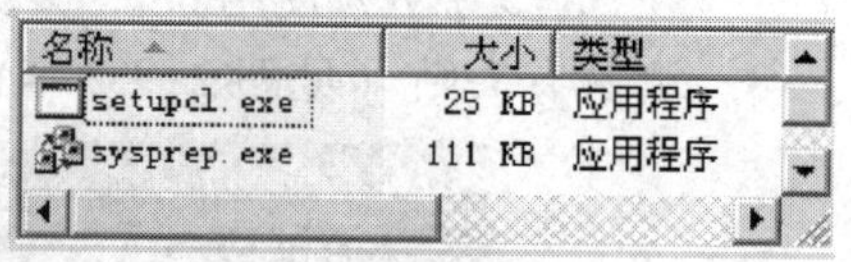

图 2—5—7　提取文件

（2）双击 sysprep. exe，运行系统准备工具（Sysprep）（见图 2—5—8）。

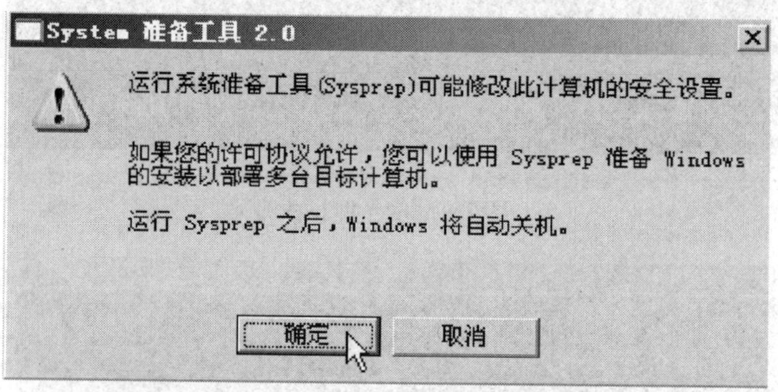

图 2—5—8　运行系统准备工具（Sysprep）

（3）关机模式设置为“重新启动”，单击“重新封装”按钮（见图 2—5—9）。

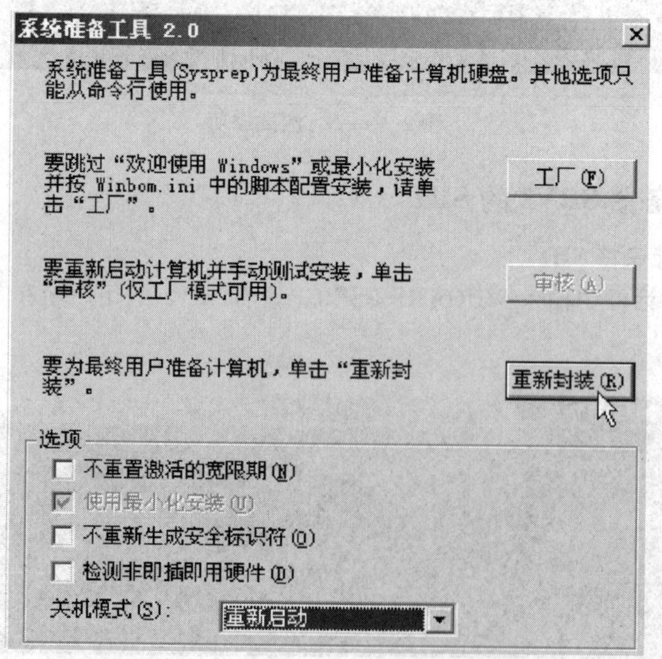

图 2—5—9　重新封装

(4）重新启动计算机后生成新的 SID（见图 2—5—10)。

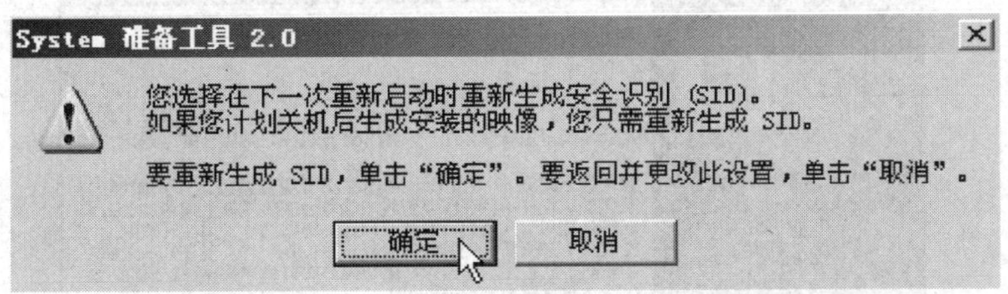

图 2—5—10　重启计算机后生成新的 SID

(5）重启计算机后按提示进行操作（多步操作较烦琐，需要产品序列号)，完成重新封装。

查看 SRV2 的 SID（见图 2—5—11)，与 SRV1 的 SID（见图 2—5—6）已不相同。

图 2—5—11　SRV2 生成新的 SID

四、修改客户机 XP2 的 SID

1. 准备好 whoami. exe 和重新生成新的 SID 安全标识符两个工具。

2. 分别在 XP1/XP2/XP3 的命令提示符窗口中输入 WHOAMI/USER，查看 XP1/XP2/XP3 的 SID。由于采用网克技术，三个 SID 均相同。XP1 的 SID 如图 2—5—12 所示。

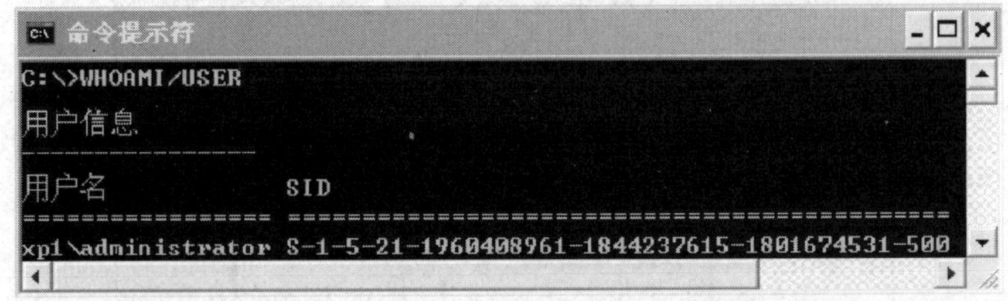

图 2—5—12　查看 XP1 的 SID

3. 在 XP2 上运行“重新生成新的 SID 安全标识符”工具（见图 2—5—13)。

4. 选择“随机生成 SID”，单击“Next”按钮（见图 2—5—14)，开始生成新的 SID（见图 2—5—15)。

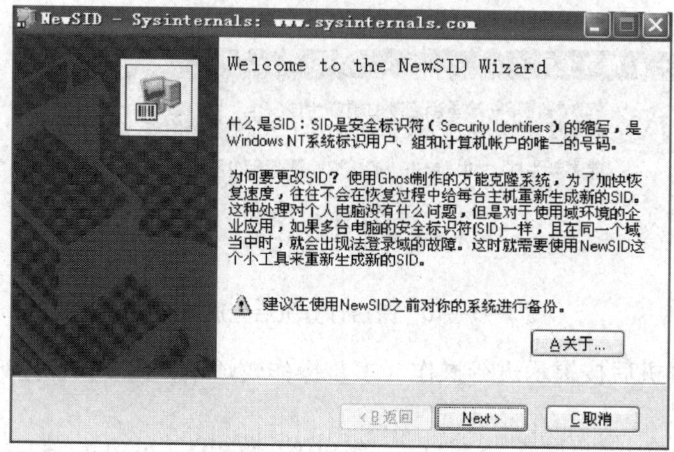

图 2—5—13　安装软件

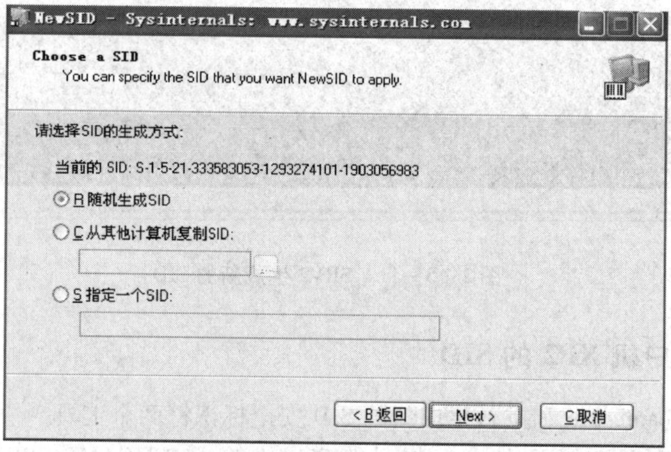

NewSID - Sysinternals: www.sysinternals.com
Choose a SID
You can specify the SID that you want NewSID to apply.
请选择SID的生成方式:
当前的 SID: S-1-5-21-333583053-1293274101-1903056983
R 随机生成SID
C 从其他计算机复制SID:
S 指定一个SID:
< B返回　Next >　C取消

图 2—5—14　选择生成方式

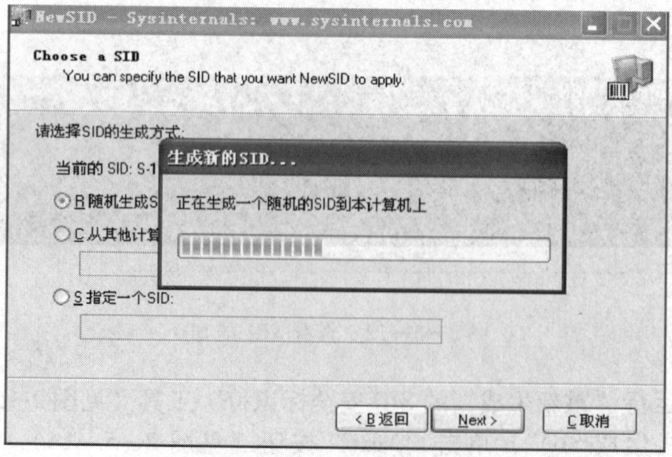

NewSID - Sysinternals: www.sysinternals.com
Choose a SID
You can specify the SID that you want NewSID to apply.
请选择SID的生成方式:
当前的 SID: S-1
R 随机生成S
C 从其他计算
S 指定一个SID:
生成新的SID...
正在生成一个随机的SID到本计算机上
< B返回　Next >　C取消

图 2—5—15　生成新的 SID

5. 重新修改计算机名（见图 2—5—16），单击“Next”按钮，开始应用 SID，重启计算机后生成新的 SID（见图 2—5—17）。

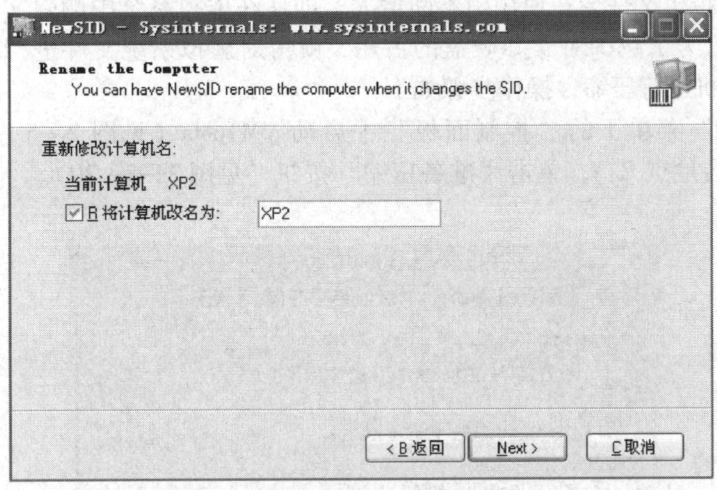

图 2—5—16 修改计算机名

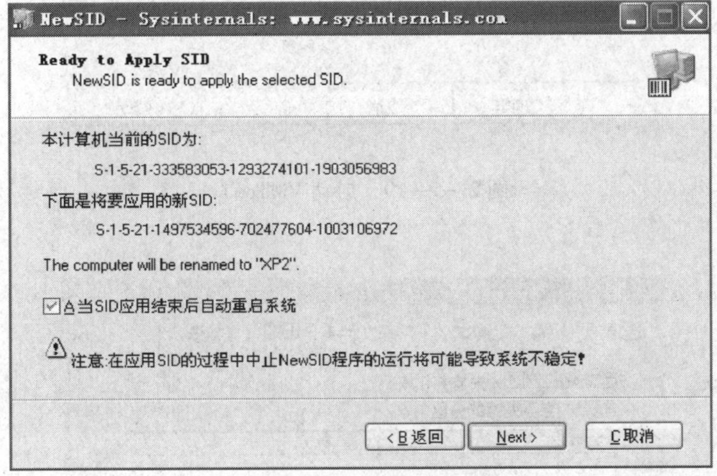

图 2—5—17 生成新的 SID

使用 WHOAMI/USER 查看 XP2 的 SID（见图 2—5—18），与 XP1 的 SID（见图 2—5—12）已不相同。

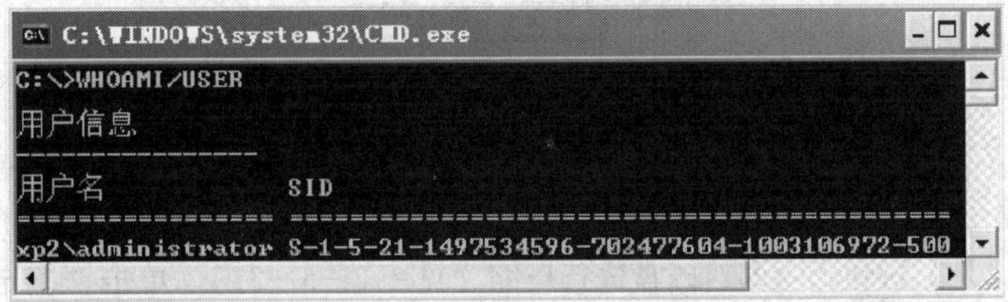

图 2—5—18 生成新的 SID

五、虚拟机减肥

VMware 的虚拟机文件会在使用中不断增大，即使在虚拟系统中删除文件也仍然占用物理机的实际硬盘。为了减少对实际硬盘的占用，就得对虚拟系统文件进行减肥。使用 VM-Tools 可以对虚拟机进行压缩，操作步骤如下：

1. 在“开始”菜单下的“控制面板”中启动 VMTools（见图 2—5—19），单击“压缩”标签选择安装地点 C:\，单击“准备压缩”按钮（见图 2—5—20）。

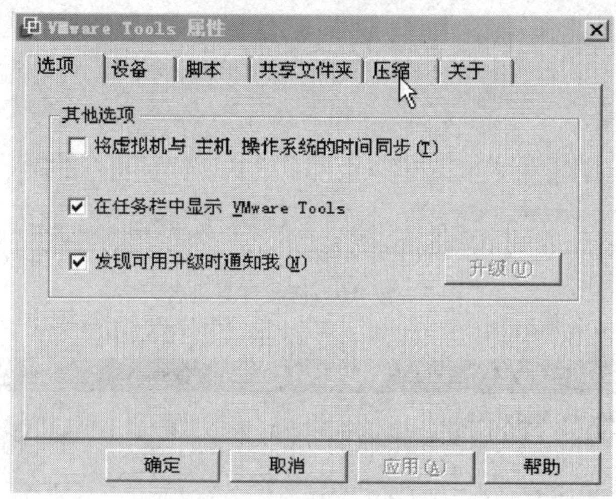

图 2—5—19　启动 VMTools

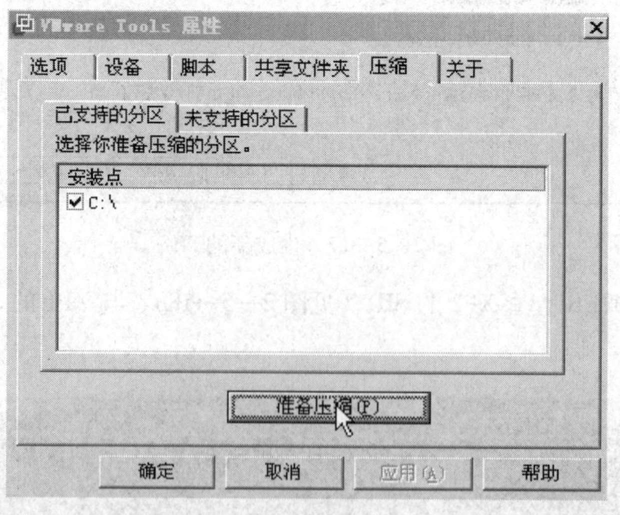

图 2—5—20　准备压缩

2. 单击“是”按钮，立即对磁盘进行压缩（见图 2—5—21）。单击“确定”按钮，完成对磁盘的压缩（见图 2—5—22）。

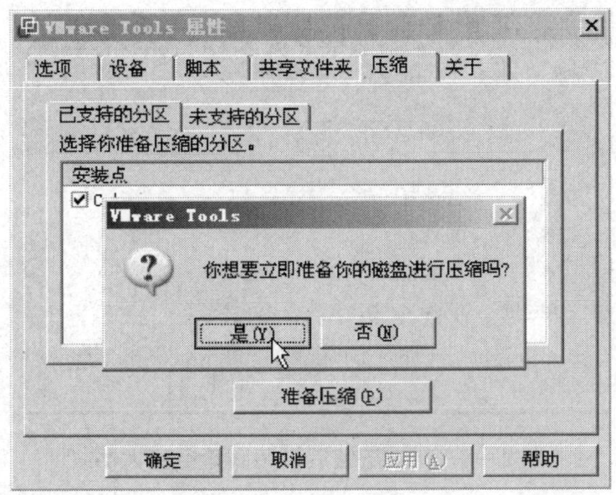

图 2—5—21　立即压缩

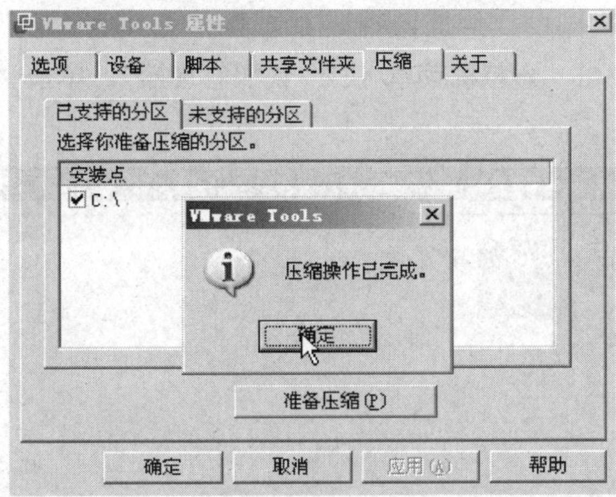

图 2—5—22　压缩完成

压缩前占用磁盘空间大小为 2.53 GB（见图 2—5—23），压缩后占用磁盘空间大小为 1.59 GB（见图 2—5—24）。

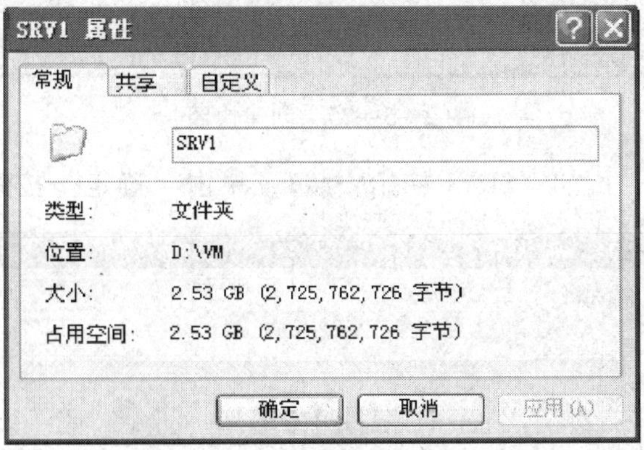

图 2—5—23　压缩前占用磁盘空间大小

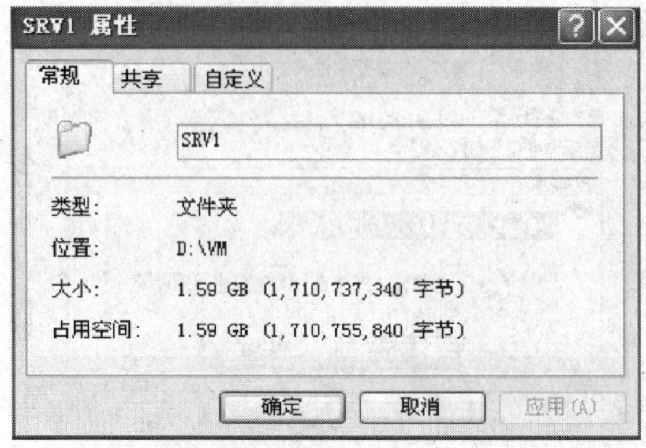

图 2—5—24　压缩后占用磁盘空间大小

六、建立虚拟机快照

1. 建立快照

（1）打开 SRV1，单击“虚拟机菜单/快照/快照管理器”，单击“创建快照”按钮（见图 2—5—25）。

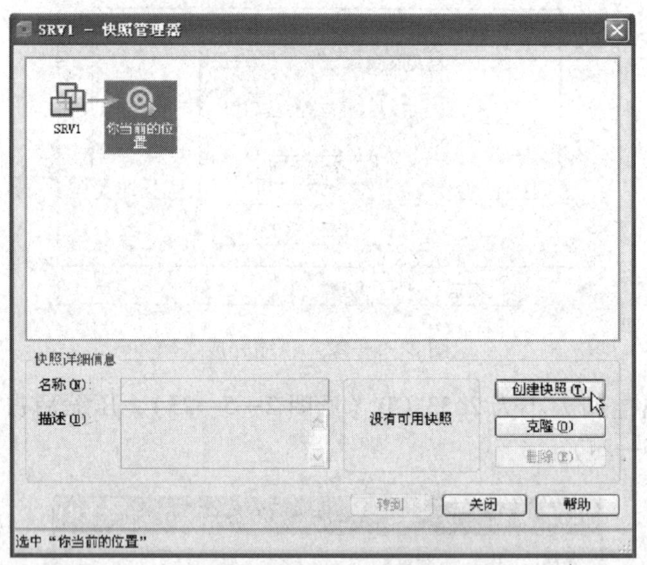

图 2—5—25　创建快照

（2）输入快照名称，比如“SRV1 初始安装”，单击“确定”按钮（见图 2—5—26）。

图 2—5—26　确定快照名称

2. 删除快照

在快照管理器中选择需要删除的快照，单击“删除”按钮，删除快照（见图 2—5—27）。

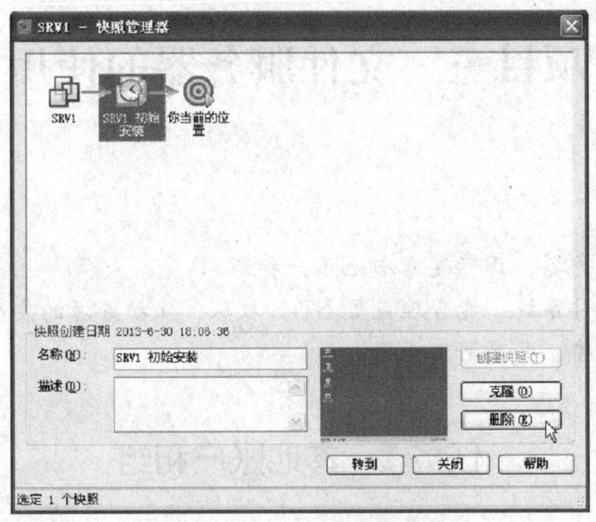

图 2—5—27 删除快照

课后练习

1. 填空题

（1）SID 也就是____________，是标识用户、组和计算机账户的唯一号码。

（2）使用______________可以显示当前用户的信息以及安全标识符。

（3）Windows Server 2003 中使用__________可以重新封装系统，生成新的 SID。

（4）VMware __________是虚拟机磁盘文件（VMDK）在某个点即时的副本。

（5）使用“虚拟机菜单/快照”下的____________，可以创建快照或删除快照。

2. 判断题

（1）创建账户，再删除账户，然后使用相同的用户名创建另一个账户，则新账户将具有授权给前一个账户的权利或权限。（ ）

（2）如果存在两个同样 SID 的用户，这两个账户将被鉴别为同一个账户。（ ）

（3）在内部网络上计算机 SID 相同会造成许多冲突，甚至造成客户机无法加入到域。（ ）

（4）系统崩溃或系统异常，可以通过使用恢复到快照来保持磁盘文件系统和系统存储。（ ）

（5）使用 ping 192.168.1.x 可以在不同的虚拟机上测试网络的通畅性。（ ）

3. 问答题

（1）如何设置 SRV1 和 XP1 的网络参数？如何测试网络的通畅性？

（2）如何创建快照？如何给虚拟机减肥？

4. 实践操作

更改 SRV1/SRV2/SRV3/XP1/XP2/XP3 六台虚拟机的 SID，设置网络参数，使用 ping 命令测试网络的通畅性。

项目三　文件服务器的使用

项目目标

1. 能建立文件服务器，正确建立本地账户和组。
2. 能正确选择文件系统，能合理设置 NTFS 权限，保护资源的安全性。
3. 能建立文件共享，共享网上资源。

任务1　本地账户和组

学习目标

1. 了解账户的概念、命名规则及类型，了解组的概念及类型。
2. 熟练掌握本地账户和本地用户组的创建和管理。

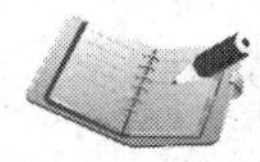

任务描述

账户和密码是保护用户计算机和网络安全的钥匙，计算机和网络系统通过账户把使用者区别和隔离开来。为了方便对用户的管理，引入了用户组的概念。管理员可以创建新的用户组，将用户账户加入到某个组中，就可以继承该组的权限。

本任务在用户和组的基本概念之上，完成本地账户和组的创建。

相关知识

一、账户相关知识

1. 账户的概念

账户是 Windows Server 2003 网络上的个人的唯一标识。一个账户包括账户名、密码、权限等信息，这些信息存储在计算机中，系统通过账户来确认用户的身份，并赋予用户对资源的访问权限。

每一个账号在创建时都会自动生成一个 SID（安全标识符），当用户访问系统资源时，系统根据其账户的 SID，检查用户有无访问权限，然后让用户在访问权限范围内进行访问。

Windows 不是根据用户名识别用户，而是根据 SID 识别用户，如果 SID 不一样，就算用户名等其他设置一模一样，Windows 也会认为是不一样的两个账号。当删除了一个账号后，即使再次建立一个一模一样的账号，其 SID 和原来的那个也是不一样的，那么它的 NTFS 权限就必须重新设置。

2. 账户的命名规则

账户包括用户名和密码，作为管理员，需要给计算机或网络的使用者建立用户账户。普通用户的用户名应该简单好记、有一定的规律，以方便管理。用户名和密码的设置都有一定的规则。

（1）账户名的命名规则

1）一个系统中，账户名必须唯一，账户名由字符和数字组成，且不区分大小写字母。

2）账户名最多可有 20 个字符，超过 20 个字符，只识别前 20 个字符。

3）账户名中不能使用的保留字符有 "/\[]:;|=,+*?<>。

4）账户名不能与计算机名或组名相同。用户名不能只由句点（.）和空格组成。

（2）密码的命名规则。为了系统的安全，每个账户都应该有密码。

1）密码长度应该在 8~128 位之间。

2）建议使用大小写字母、数字和其他合法字符的组合。

3）密码尽量不要有规律，如不要使用名字、生日、电话号码等。

3. 账户的类型

Windows Server 2003 有两种工作模式，即工作组模式和域模式。针对这两种工作模式，也有两种用户身份，即本地账户和域账户。本项目只介绍本地账户管理，域账户管理将在项目五介绍。

本地账户都是在 Windows Server 2003 独立服务器、域中的成员服务器以及 Windows XP 客户端上建立。本地账户只能在本地计算机上登录，在本地计算机上进行身份认证，只能按权限访问本地计算机的资源。本地账户又可分为以下两类：

（1）系统内置账户。Windows Server 2003 安装完成后，系统会自动创建一些内置账户。不管是工作组模式还是域模式，都有内置账户。经常使用的内置账户有 Administrator 账户和 Guest 账户。

1）Administrator（系统管理员）账户。Administrator 账户具有对计算机的完全控制权限，并可以根据需要向用户分配用户权利和访问控制权限。Administrator 账户是计算机管理员组的成员。永远不可以从管理员组中删除 Administrator 账户，但可以重命名或禁用该账户。重命名或禁用此账户将使恶意用户尝试并访问该账户变得更为困难。强烈建议将此账户设置为使用强密码。

> 即使已禁用 Administrator 账户，仍然可以在安全模式下使用该账户访问计算机。

2）Guest（来宾）账户。Guest（来宾）账户为临时访问计算机的用户提供，由在这台计算机上没有实际账户的人使用。该账户自动生成，可以更改名字，但不能被删除。

使用 Guest 账户访问计算机不需要密码，只有很少的权限，可以像任何用户账户一样设置 Guest 账户的权限。默认情况下，Guest 账户是默认的 Guest 组的成员，该组允许用户登录计算机，其他权利及任何权限都必须由管理员组的成员授予 Guests 组。默认情况下将禁用 Guest 账户，并且建议保持其禁用状态。

（2）用户建立的账户。由具有管理员权限的用户建立的可以登录本地计算机的账户。通常所说的账户管理主要是对这部分账户的管理。

二、本地账户的管理

1. 创建/删除账户

（1）创建账户。开始菜单→管理工具→计算机管理→本地用户和组→创建账户。

（2）删除账户。在账户上右击鼠标，在弹出的快捷菜单中选择“删除”，然后单击“是（Y）”即可。

提示

账户删除后，不能再恢复。

2. 更改账户名和密码

提示

只有管理员才有权限更改其他用户的用户名和密码。

（1）更改账户名。在账户上右击鼠标，在弹出的快捷菜单中选择“重命名”，然后输入新的用户名即可。

（2）更改密码。在需要更改密码的账户上右击鼠标，在弹出的快捷菜单中选择“设置密码”，然后输入新的密码即可。

提示

用上述方法更改用户密码后，可能会造成不可逆的信息丢失，用户将无法访问自己以前受保护的数据，如用户加密文件、用户存储在本机上的Internet连接密码等。

如果用户在知道自己密码的情况下想更改原密码，应该是在登录后按【Ctrl + Alt + Del】组合键，在出现的对话框中选择“更改密码”。

3. 禁用与激活账户

右击账户，在弹出的快捷菜单中选择“属性”，在打开的对话框中选中“账户已停用”。

三、组的管理

1. 组的概念

组是系统中同类对象的集合，比如有工作组、用户组、计算机组等。当要给一批用户分配同一权限时，就可以将这些用户都归到一个组中，只要给这个组分配此权限，组内的用户就都会拥有此权限。组的引入方便了管理权限相同的一些用户账户，通过设置某个组对资源的权限，组中的用户都会自动拥有该权限。

Windows Server 2003也使用安全标识符SID来标识用户组。权限的设置和检查都是利用SID来进行。

2. 组的类型

在工作组网络模式下，计算机上的用户组分为系统内置组和用户自定义组两种类型。

（1）系统内置组。系统内置组是安装操作系统时，系统自动建立的用户组，默认本地组有16种。

1）Administrators组。该组的成员具有对服务器的完全控制权限，并且可以根据需要向用户指派用户权利和访问控制权限。

默认的用户权利：从网络访问此计算机、调整某个进程的内存配额、允许本地登录、允许通过终端服务登录、备份文件和目录、忽略遍历检查、更改系统时间、创建页面文件、调试程序、从远程系统强制关机、提高调度优先级、加载和卸载设备驱动程序、管理审核和安全日志、修改固件环境变量、执行卷维护任务、调整单一进程、调整系统性能、恢复文件和目录、关闭系统、取得文件或其他对象的所有权。

出于安全考虑，服务器管理员平时不建议使用“Administrator”账户登录；而应该新建一个用户账户，并且把该账户加入到“Administrators”组中，使该账户具有管理员组的权限，平时使用新建的账户管理服务器。

2）Backup Operators组。该组的成员可以备份和还原服务器上的文件，而不管保护这些文件的权限如何。这是因为执行备份任务的权利要高于所有文件权限。他们不能更改安全设置。

默认的用户权利：从网络访问此计算机、允许本地登录、备份文件和目录、忽略遍历检查、还原文件和目录、关闭系统。

3）DHCP Administrators组（与DHCP服务器一起安装）。该组成员具有对“动态主机配置协议（DHCP）服务器”的管理访问权限。该组提供了一种方式，仅授予对DHCP服务器的有限管理访问权，而不提供对服务器的完全访问权。该组成员可以使用DHCP控制台或Netsh命令在服务器上管理DHCP，但不能在服务器上执行其他管理任务。该组没有默认的用户权利。

4）DHCP Users组（与DHCP服务器一起安装）。该组成员具有对DHCP服务器的只读访问权。该权限允许成员查看存储在特定DHCP服务器上的信息和属性。当支持人员需要获得DHCP状态报告时，这种信息对他们很有用。该组没有默认的用户权利。

5）Guests组。该组成员拥有一个在登录时创建的临时配置文件，在注销时，该配置文件将被删除。来宾账户（默认情况下已禁用）也是该组的默认成员。该组没有默认的用户权利。

6）HelpServicesGroup组。该组允许管理员对所有支持应用程序的权利设置成公用的。默认情况下，该组的唯一成员是与Microsoft支持应用程序相关的账户，例如远程协助。不要在该组中添加用户。该组没有默认的用户权利。

7）Network Configuration Operators组。该组成员可以更改TCP/IP设置并更新和发布TCP/IP地址。该组中没有默认的成员。该组没有默认的用户权利。

8）Performance Monitor Users组。该组成员可以从本地服务器和远程客户端监视性能计数器，而不用成为Administrators或Performance Log Users组的成员。该组没有默认的用户权利。

9）Performance Log Users组。该组成员可以从本地服务器和远程客户端管理性能计数器、日志和警报，而不用成为Administrators组的成员。该组没有默认的用户权利。

10）Power Users组。该组成员可以创建用户账户，修改并删除所创建的账户。他们可以创建本地组，然后在已创建的本地组中添加或删除用户。此外，还可以在Power Users组、

Users 组和 Guests 组中添加或删除用户。成员可以创建共享资源并管理所创建的共享资源。他们不能取得文件的所有权、备份或还原目录、加载或卸载设备驱动程序，或者管理安全性以及审核日志。

默认的用户权利：从网络访问此计算机、允许本地登录、忽略遍历检查、更改系统时间、调整单一进程、关闭系统。

提示

Power Users 组的成员拥有的权限比 Users 组的成员拥有的多，但比 Administrators 组的成员拥有的少。Power Users 可以执行除了为 Administrators 组保留的任务外的其他任何操作系统任务。分配给 Power Users 组的默认权限允许 Power Users 组的成员修改整个计算机的设置。

11）Print Operators 组。该组成员可以管理打印机和打印队列。该组没有默认的用户权利。

12）Remote Desktop Users 组。该组成员可以远程登录服务器。

默认的用户权利：允许通过终端服务登录。

13）Replicator 组。该组支持复制功能。Replicator 组的唯一成员应该是域用户账户，用于登录域控制器的“复制程序”服务。不能将实际用户的用户账户添加到该组中。该组没有默认的用户权利。

14）Terminal Server Users 组。该组包含当前登录到使用终端服务器的系统的所有用户。与 Windows NT 4.0 一起运行的任何程序都将为 Terminal Server Users 组的成员而运行。指派给该组的默认权限使其成员可以运行大多数较旧版本的程序。该组没有默认的用户权利。

15）Users 组。该组成员可以执行一些常见任务，例如运行应用程序、使用本地和网络打印机以及锁定服务器。用户不能共享目录或创建本地打印机。

Users 组提供了一个最安全的程序运行环境。在经过 NTFS 格式化的卷上，用于全新安装系统（不是升级的系统）的默认安全设置禁止该组成员危及操作系统和已安装程序的完整性。用户不能修改系统注册表设置、操作系统文件或程序文件。Users 可以关闭工作站，但不能关闭服务器。Users 可以创建本地组，但只能修改自己创建的本地组。新创建用户，默认属于 Users 组。

默认的用户权利：从网络访问此计算机、允许本地登录、忽略遍历检查。

16）WINS Users 组（与 WINS 服务一起安装）。该组成员具有对 Windows Internet 名称服务（WINS）的只读访问权。该权限允许成员查看存储在某个指定的 WINS 服务器上的信息和属性。当支持人员需要获得 WINS 状态报告时，这种信息对他们很有用。该组没有默认的用户权利。

（2）用户自定义组。例如，公司的每个员工在文件服务器上都有自己的账户信息。文件服务器“D:\caiwu”文件夹中存储着财务处的很多数据，这些数据只允许财务处的几位员工访问。如果为每个财务处员工单独设置访问权限，显然工作量比较大。

解决方案：管理员建立“财务处”的用户组，设置该用户组具有访问“D:\caiwu”文件夹的权限；然后将财务处员工的账户加入该组中。如果有员工调出或新员工调入，只需添加或删除该组成员即可。

操作方法：管理员为财务处员工建立一个用户组，并给予相应的权限。

3. 管理本地用户组

（1）建立本地用户组。创建本地组的用户必须是 Administrators 组的成员，以管理员身份登录，单击开始/程序/管理工具/计算机管理/本地用户和组/组，右击组，选择“新建组”命令。

（2）将用户加入组中有两种方法：

方法一：右击组名，选择属性，单击“添加到组”按钮，选择用户后，单击确定。

方法二：右击用户名，选择属性，选择“隶属于”，单击“添加”按钮，找到要加入的组后，单击确定。

（3）管理本地组。在“计算机管理”窗口中，右击要管理的组，选择快捷菜单中的相应命令可以进行删除组、更改组名、为组添加或删除组成员等操作。

提 示

创建账户或创建组必须是本地计算机 Power Users 组的成员（该组成员可创建账户或组）或 Administrators 组的成员。

4. 账户安全策略

（1）计算机上所有本地账户和组的安全信息都存储在用户数据库 SAM（安全账户管理器）中。SAM 数据库的文件路径是“%windir%\system32\config\sam”。如果该文件被删除，则本地计算机所有账户信息都会丢失，Administrator 账户的密码将被置为空。

（2）在 BIOS 中禁止从软盘或光盘启动服务器。

（3）用 Guest 账户会带来安全隐患，因此 Windows Server 2003 操作系统默认禁用 Guest 账户。除非希望局域网中的所有用户都可以访问这台计算机，但又不愿意为每一个用户建立一个账户，才有必要启用 Guest 账户。

（4）管理员应该根据服务器管理的需要，建立新的管理账户并赋予恰当的权限。例如 DHCP 服务器，平时只使用能够管理 DHCP 服务的账户登录就可以了，不要轻易使用 Administrator 账户登录。

由于 Administrator 账户权限太大，管理员可能会误操作而带来意想不到的后果。另外，Administrator 账户也是网络攻击的重点对象。建议将 Administrator 账户重命名，设置复杂的随机密码，并及时更换密码。

（5）合理地建立用户组，并设置相应权限。方法是在管理工具中打开“本地安全策略”窗口，选择“本地策略→用户权限分配”。

（6）可在“管理工具→本地安全策略→账户策略”中设置合理的账户锁定策略和密码策略。

任务实施

操作要求：创建两个组 Group1、Group2，创建四个账户 User11、User12、User21、User22，将 User11、User12 加入 Group1，将 User21、User22 加入 Group2。

一、创建用户

1. 单击“开始→所有程序→管理工具→计算机管理”选项，打开“计算机管理”窗口（见图3—1—1）。

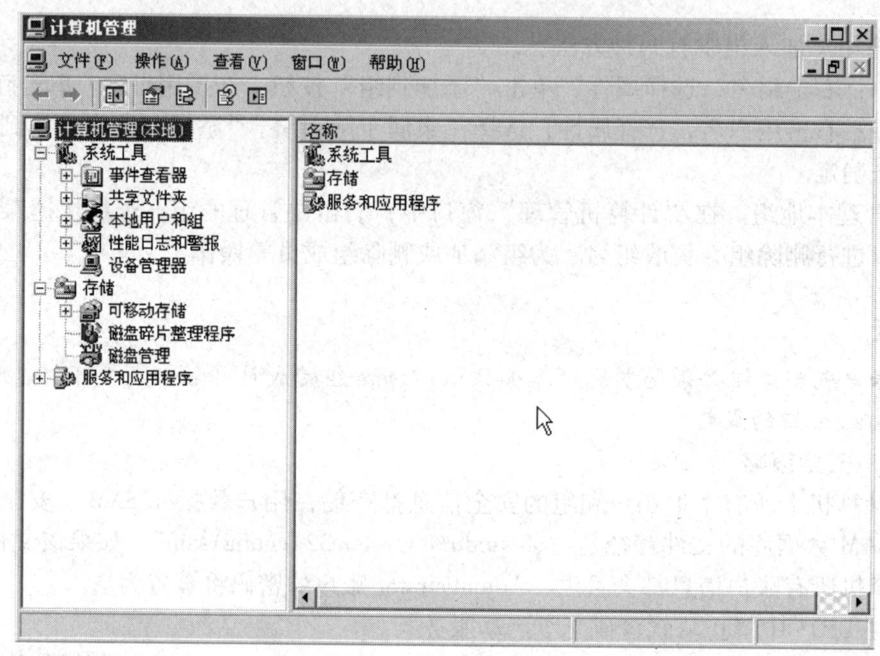

图3—1—1 “计算机管理”窗口

2. 右击“用户”，在弹出的快捷菜单中选择“新用户”（见图3—1—2），输入User11用户信息后单击“创建”按钮（见图3—1—3）。

3. 按照上述步骤创建User12、User21、User22。

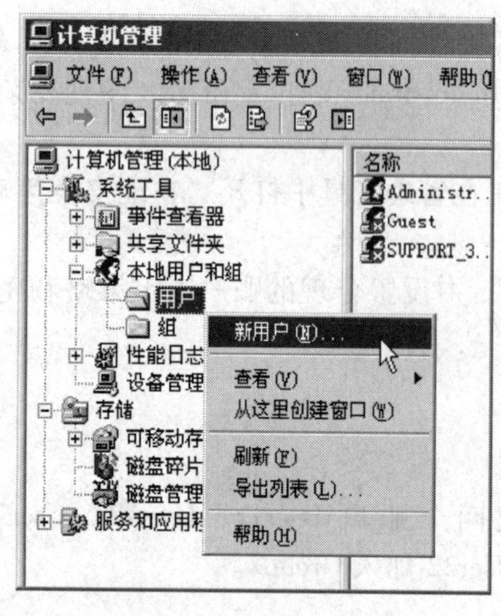

图3—1—2 创建新用户

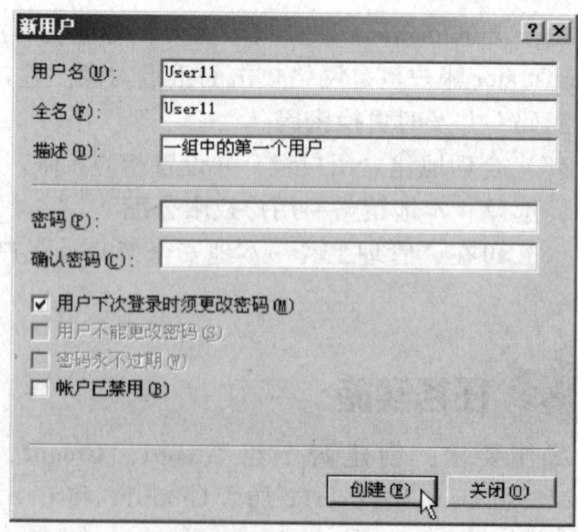

图3—1—3 用户User11

二、创建组

1. 右击“组”，在弹出的快捷菜单中选择“新建组”（见图 3—1—4），输入 Group1 信息后单击“创建”按钮（见图 3—1—5）。

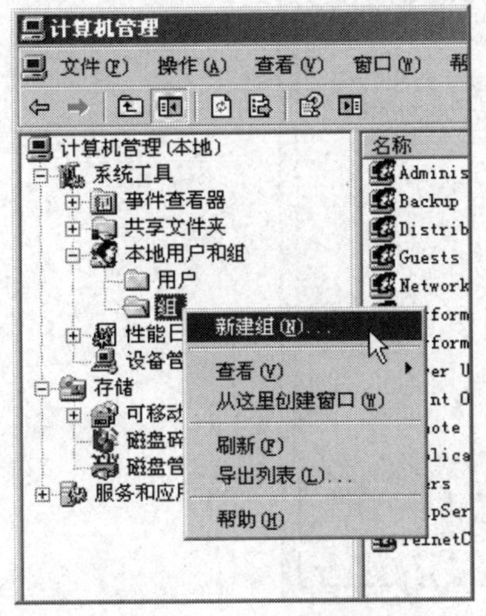

图 3—1—4　新建组

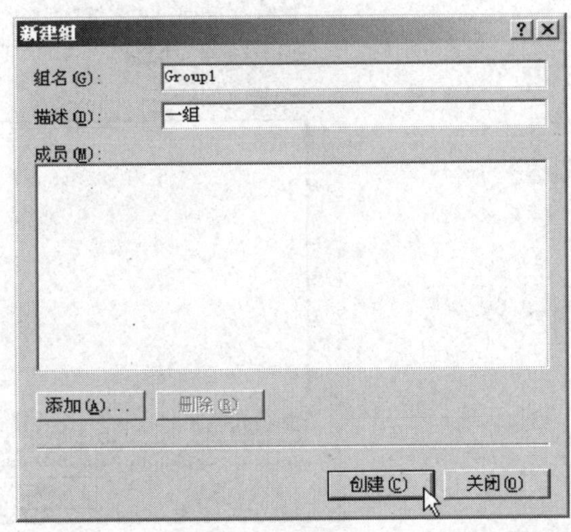

图 3—1—5　组 Group1

2. 按照上述步骤创建 Group2 组。

三、将用户加入组

1. 右键单击“Group1”，在弹出的快捷菜单中选择“添加到组”（见图 3—1—6），在弹出的“Group1 属性”对话框中单击“添加”按钮（见图 3—1—7）。

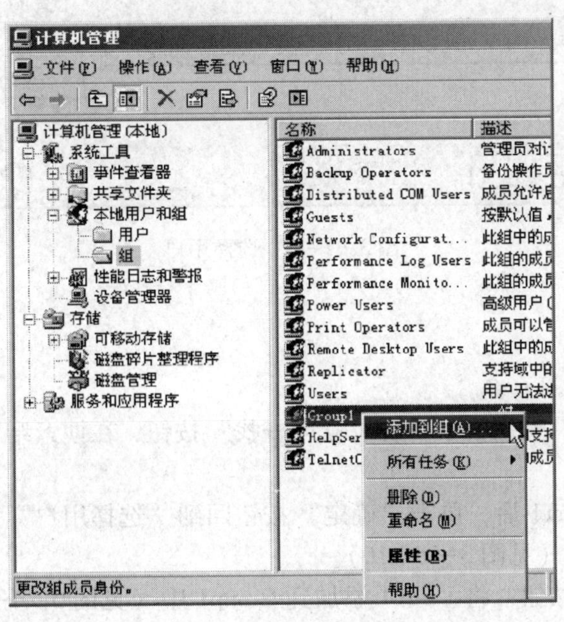

图 3—1—6　添加到组

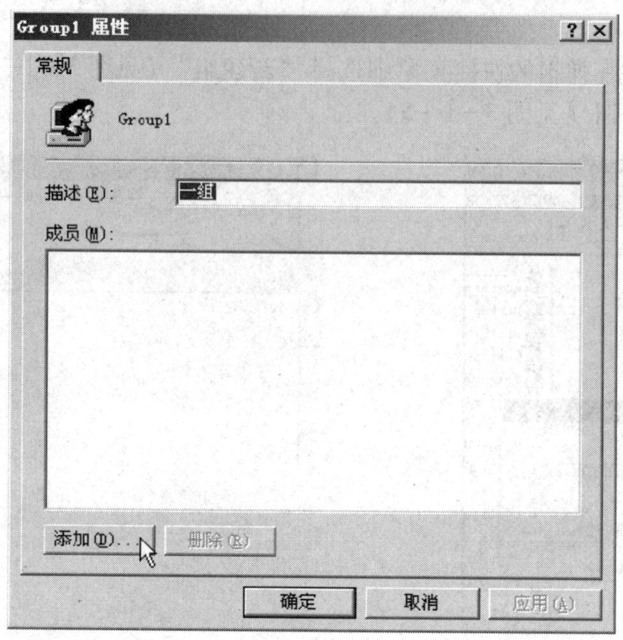

图 3—1—7 添加到 Group1

2. 在“选择用户”对话框中单击“高级”按钮（见图 3—1—8）。

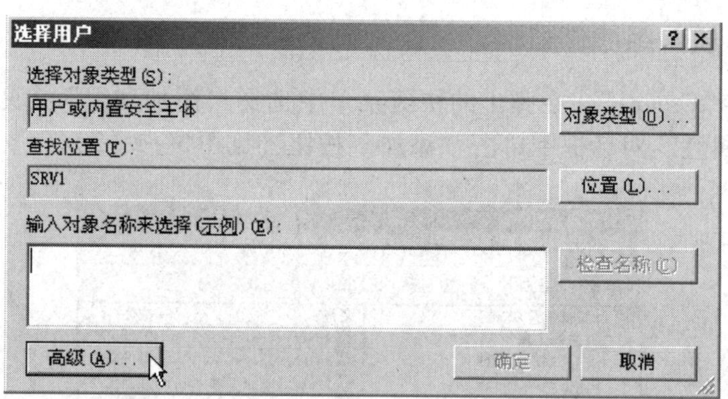

图 3—1—8 选择用户

提 示

此处可以直接输入用户名。

3. 在“选择用户”对话框中单击“立即查找”按钮，在搜索结果中选择 User11（见图 3—1—9）。

4. 选择 SRV1\User11 后，单击“确定”按钮回到“选择用户”对话框，可以发现选中对象已出现在列表框中（见图 3—1—10）。

5. 单击“确定”按钮，将 User11 添加到 Group1 中（见图 3—1—11）。若选择 User11，单击“删除”按钮，可以删除用户 User11。

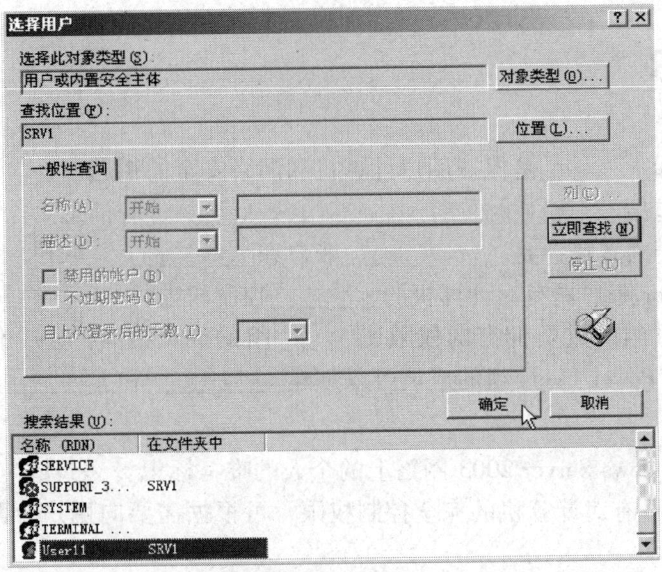

图 3—1—9　选择 User11

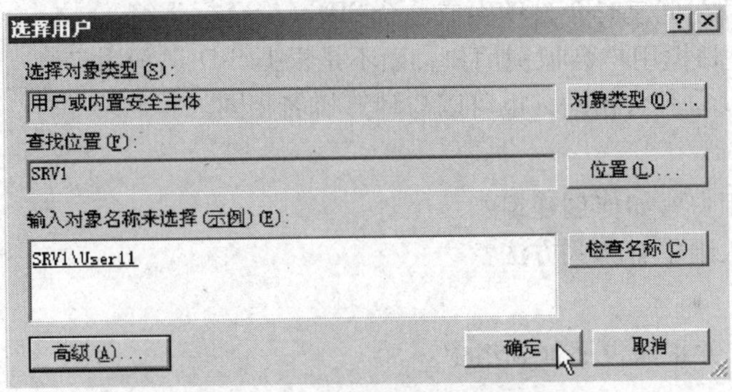

图 3—1—10　选择 SRV1\User11

图 3—1—11　添加用户成功

课后练习

1. 填空题

（1）________和________是保护用户计算机和网络安全的钥匙。

（2）一个账户包括__________、__________、__________等信息。

（3）常用的两个内置账户是____________账户和____________账户。

（4）Administrator 账户具有对计算机的________控制权限。

（5）Power Users 组的成员拥有的权限比______组的成员拥有的多，但比____________组的成员拥有的少。Power Users 组的成员可以创建__________和______________________。

2. 判断题

（1）账户是 Windows Server 2003 网络上的个人的唯一标识。（　）

（2）Guest 账户具有对计算机的完全控制权限，可根据需要向用户分配用户权利和访问控制权限。（　）

（3）Guest 账户为临时访问计算机的用户提供。（　）

（4）每一个账号在创建时会自动生成一个 SID（安全标识符）。（　）

（5）Windows 是根据用户名识别用户，而不是根据 SID 识别用户。（　）

（6）账户名可以与组名相同，也可以与计算机名相同。（　）

3. 问答题

（1）如何创建用户？如何创建组？

（2）将用户加入组中有哪些方法？

4. 实践操作

创建账户和组，并把账户添加到组中。

任务 2　NTFS 权限设置

学习目标

1. 了解 FAT 文件系统和 NTFS 文件系统的概念及特点。
2. 熟练掌握 NTFS 权限设置、NTFS 压缩和加密。
3. 熟练掌握共享文件夹的使用。

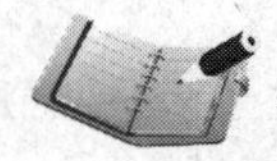

任务描述

Windows Server 2003 支持 NTFS 文件系统，NTFS 具有支持大容量磁盘、高安全性、高可靠性等诸多优点，使得 Windows Server 2003 作为服务器操作系统能够提供稳定、可靠、高效的网络应用性能。

本任务首先完成两个组、四个用户的创建，然后建立共享文件夹，再对不同用户进行权限设置，最后压缩整个磁盘并加密。

相关知识

一、Windows Server 2003 支持的文件系统

文件系统是指文件命名、存储和组织的总体结构，在安装 Windows 格式化磁盘分区时，必须选择合适的文件系统。常用的文件系统有 FAT16、FAT32、NTFS 三种。

1. FAT 文件系统

（1）FAT 文件系统简介。FAT（File Allocation Table）即文件分配表，可分为 FAT16 和 FAT32 两种类型。FAT16 文件系统最大可以管理 2 GB 的磁盘分区，但每个分区最多只能有 65 525 个簇。FAT32 可以支持大到 2 TB 的磁盘分区，FAT32 使用的簇比 FAT16 小，能够有效地节约磁盘空间。

（2）FAT 的优点。FAT 文件系统的优点主要是所占容量与计算机的开销很小，支持多种操作系统，在多种操作系统之间可移植。FAT 适合小卷集以及对系统安全性要求不高的应用。

（3）FAT 的缺点

1）容易受损害。FAT 文件系统损坏时，计算机就会瘫痪或者不正常关机，因此需经常使用磁盘一致性检查软件。

2）单用户。为单用户操作系统开发，它不保存文件的权限信息。除了隐藏、只读等公共属性外，不具备高级别安全防护措施。

3）更新效率低。FAT 文件系统在磁盘的第一个扇区保存其目录信息。当文件改变时，FAT 必须随之更新。当复制多个小文件时，这种开销就变得很大。

4）缺乏防止碎片的有效措施。FAT 文件系统只是简单地以第一个可用扇区为基础来分配空间，这会增加碎片，因而也就加长了增加与删除文件的访问时间。

5）文件名长度受限。FAT 限制文件名不能超过 8 个字符，扩展名不能超过 3 个字符，不足以提供有意义的文件名。

2. NTFS 文件系统

NTFS（New Technology File System）是微软开发的高性能文件系统，提供了 FAT 文件系统所没有的安全性、可靠性和兼容性。NTFS 文件系统具有以下特点：

（1）支持更高的安全特性，提供更强的安全保障，可以赋予单个文件和文件夹权限。

（2）支持最大达 2 TB 的大硬盘，支持大容量的硬盘快速执行读、写和搜索等文件操作，性能不会随着磁盘容量的增大而降低。

（3）支持磁盘压缩功能。

（4）支持磁盘配额，用于管理和控制每个用户所能使用的最大磁盘空间。

（5）支持文件加密，能够大大提高信息的安全性。

（6）支持活动目录和域，使用户可以方便灵活地查看和控制网络资源。

二、NTFS 权限设置

1. NTFS 文件及文件夹权限（见表 3—2—1 和表 3—2—2）

表 3—2—1 NTFS 文件权限

权限	目的
完全控制（Full Control）	获得所有权以及执行下列权限的所有动作
读取（Read）	允许用户查看所有权、权限和文件属性，读文件内容，但不能修改文件内容。所有写权限是灰色的
读取和运行（Read & Execute）	拥有读取的所有权限，并且可以运行应用程序
写入（Write）	允许授权这个用户将文件覆盖，改变文件属性，查看文件的所有权、权限和属性
修改（Modify）	除了“写入”与“读取和运行”权限外，还有更改文件数据、删除文件、改变文件名的权限
特殊权限（Special Permissions）	只有启用了特殊权限或者高级权限，才可以选中该权限的复选框。只有通过单击“高级”按钮，才可以访问高级（Advanced）权限

表 3—2—2 NTFS 文件夹权限

权限	目的
完全控制（Full Control）	获得所有权以及执行下列权限的所有动作
读取（Read）	允许用户查看文件夹内的文件名称与子文件夹名称，查看文件夹的属性、所有者和权限。所有写权限是灰色的
列文件夹内容（List Folder Conten）	允许这些用户查看这个文件夹管理下的文件和子文件夹
读取和运行（Read & Execute）	允许授权用户移动从根文件夹向下的文件夹，也可以让用户在这个文件夹和所有子文件夹下读文件和运行应用程序
写入（Write）	允许授权这个用户创建文件和这个文件夹管理下的子文件夹，也能改变文件属性以及查看所有权和权限
修改（Modify）	让授权用户删除其管理下的文件夹和所有前面的权限
特殊权限（Special Permissions）	只有启用了特殊权限或者高级权限，才可以选中该权限的复选框。只有通过单击“Advanced”按钮，才可以访问 Advanced（高级）权限

2. NTFS 权限应用原则

随着网络环境下的共享文件和文件夹的创建，可能会出现资源许可权冲突。当某个用户是多个组的成员时，其中的某些组可能允许访问某种资源，而其他组的成员被拒绝访问它。另外，有时也可能出现重复的许可。例如，某用户对一文件夹应能进行读（Read）访问，但他又是 Administrators 组的成员，同时又有完全控制（Full Control）权限。Windows Server 2003 按以下方式确定访问权。

(1) 权限的累加性。用户对每个资源的有效权限是其所有权限的总和，即权限相加，把所有权限加在一起为该用户的权限。

(2) 对资源的拒绝权限会覆盖掉所有其他权限。如果用户对某一个资源的权限被设为拒绝访问，则用户的最后权限是无法访问该资源，其他权限不再起作用。

(3) 文件权限会覆盖掉文件夹权限。当用户或组对某个文件夹以及该文件夹下的文件有不同的访问权限时，用户对文件的最终权限是用户被赋予访问该文件的权限。

例如，共享文件夹允许完全控制而文件允许只读，则该文件为只读。

3. NTFS 权限的设置

通过对 NTFS 权限的设置，可以实现文件和文件夹的本地安全性。

(1) Windows Server 2003 利用 NTFS 文件系统格式化磁盘驱动器时，系统自动赋予 Everyone 组分区根目录完全控制的 NTFS 权限。管理员可以根据需要修改文件和文件夹的 NTFS 权限，控制用户对 NTFS 文件和文件夹的访问。

(2) 如果用户需要查看文件或文件夹的属性，首先选定文件或文件夹，单击鼠标右键打开快捷菜单，然后选择“属性”命令。在打开的文件或文件夹的“属性”对话框中单击“安全”选项卡。在“名称”列表框中，列出了对选定的文件或文件夹具有访问许可权限的组和用户。当选定了某个组或用户后，该组或用户所具有的各种访问权限将显示在“权限”列表框中。

没有列出来的用户也可能具有对文件或文件夹的访问许可权，因为用户可能属于该选项中列出的某个组。因此，最好不要把对文件的访问许可权分配给各个用户，而是先创建组，把许可权分配给组，然后把用户添加到组中。这样，需要更改的时候只需更改整个组的访问许可权，而不必逐一修改每个用户。

(3) 当用户需要更改文件或文件夹的权限时，必须具有对它的更改权限或拥有权。只有 Administrators 组内的成员、文件和文件夹的所有者、具备完全控制权限的用户，才有权更改这个文件或文件夹的 NTFS 权限。

用户可以选择需要设置的用户或组，简单地选定或取消对应权限后面的复选框即可。

在打开的文件或文件夹的“属性”对话框里，单击“安全”标签下的“高级”按钮，可以打开访问控制对话框。在此，用户可以进一步设置一些额外的高级访问权限。

单击“编辑”，将打开选定对象的权限项目对话框，用户可以通过“应用到”下拉列表框选择需设定的用户或组，并对选定对象的访问权限进行更加全面的设置。

提 示

灰色对钩选中的权限，是从父对象那里继承来的。不能将灰色对钩直接删除，若要更改必须清除“允许将来自父系的可继承权限传播给该对象”。

三、共享文件夹

资源共享是网络最重要的特性，通过共享文件夹可以使用户方便地进行文件交换。简单地设置共享文件夹可能会带来安全隐患，必须考虑设置对应文件夹的访问权限。

1. 添加共享文件夹

在 Windows Server 2003 中，可以通过以下方法设置共享文件夹。

(1) 选择“开始→程序→管理工具→计算机管理”，打开“计算机管理”窗口，然后单击“共享文件夹/共享”子节点。

(2) 在窗口的右边显示出了计算机中所有共享文件夹的信息。如果要建立新的共享文件夹，可通过选择“操作→新建共享”，或者在左侧窗口鼠标右击“共享”子节点，选择“新建共享”，打开“共享文件夹向导”，单击“下一步”按钮，输入要共享的文件夹路径。

(3) 单击“下一步”按钮，输入共享名称、共享描述，以方便用户了解其内容。

(4) 单击“下一步”按钮，根据自己的需要设置网络用户的访问权限；或者选择“自定义”，自己定义网络用户的访问权限。

(5) 单击“完成”按钮，即可完成共享文件夹的设置。

2. 停止共享文件夹

当用户不想共享某个文件夹时，可以停止对其的共享。在停止共享之前，应该确定已经没有用户与该文件夹连接，否则该用户的数据有可能丢失。

停止对文件夹的共享操作有两种方法：

方法一：在“计算机管理”窗口中，选择要停止共享的文件夹；单击右键，选择“停止共享”；在弹出的对话框里，单击“确定”按钮。

方法二：打开“我的电脑”，选定已经设为共享的文件夹；右击该文件夹，选择“共享”命令，打开属性页中的“共享”属性卡；单击“不共享该文件夹”，单击“确定”按钮。

3. 映射网络驱动器

为了使用方便，可以将经常使用的共享文件夹映射为驱动器，方法如下：

(1) 右击“我的电脑”，选择“映射网络驱动器”。

(2) 在“驱动器”下拉列表框中，选择一个本机没有的盘符作为共享文件夹的映射驱动器符号。输入要共享的文件夹名及路径；或者单击“浏览”按钮，选择要映射的文件夹。

(3) 如果需要下次登录时自动建立同共享文件夹的连接，选定“登录时重新连接”复选框。

(4) 单击“完成”按钮，即可完成共享文件夹到本机的映射。

打开“我的电脑”，将发现本机多了一个驱动器符号，通过该驱动器符号可以访问该共享文件夹，如同访问本机的物理磁盘一样。新产生的驱动器是共享文件夹到本机的一个映射。

4. 断开网络驱动器

当不再需要网络驱动器时，可以将其断开，方法如下：右击“我的电脑”，选择“断开网络驱动器”，选中要断开的网络驱动器，单击“确定”按钮。

四、NTFS 压缩

对于 NTFS 磁盘，既可以压缩整个 NTFS 卷，也可以压缩某个文件夹和文件。可以在格式化某个卷时允许压缩，也可以在任何时候为整个卷、某个文件夹或某个文件打开压缩。

压缩后存储空间的增加取决于被压缩的文件类型。如果没有 NTFS 驱动器，NTFS 压缩功能不能实现。要确定驱动器是否已格式化为 NTFS，可打开“我的电脑”，右击一个驱动器，单击“属性”。在“常规”选项卡中显示了当前文件系统。

使用 NTFS 压缩文件时会降低性能。当打开一个压缩文件时，Windows 会对它自动解压缩；当关闭这个文件时，Windows 又将它重新压缩。这个过程可能会降低计算机性能。簇尺寸大于 4 KB 的卷不支持压缩，因为权衡存储空间的增加和性能的损失，不值得压缩。

1. NTFS 压缩整个磁盘的方法

（1）在格式化卷时压缩。在格式化对话框中选择“启用压缩”选项，卷中的文件夹和文件都会被压缩。

（2）随时压缩磁盘。用鼠标右键单击该磁盘并选择“属性”，在“常规”选项卡中选中“压缩驱动器以节约磁盘空间”复选框，单击“确定”按钮，会弹出确认属性更改对话框，选择“仅将结果应用于 C:\”或“将结果应用于 C:\、子文件夹和文件”，单击“确定”按钮。

2. 压缩某个文件或文件夹的方法

用鼠标右键单击该文件或文件夹并选择“属性”。在“常规”选项卡中单击“高级”按钮，显示“高级 属性”对话框。选中“压缩内容以便节省磁盘空间”复选框，单击“确定”按钮。

3. 使用不同颜色显示 NTFS 压缩文件

为了便于识别和管理 NTFS 压缩文件，Windows Server 2003 操作系统允许使用不同的颜色在资源管理器中显示 NTFS 压缩文件和文件夹名称，以便区分它们。方法如下：在“控制面板”中打开“文件夹选项”，单击“查看”选项卡，在“高级设置”列表框中选中“用彩色显示加密或压缩的 NTFS 文件”复选框。

4. 复制和移动文件或文件夹时其压缩属性的变化

对于 NTFS 磁盘内的文件，复制和移动文件或文件夹时，文件或文件夹的压缩属性可能会发生变化。

（1）如果移动到同一磁盘的另一个文件夹内，仍然保持原来的 NTFS 压缩属性。

（2）如果移动到另一磁盘内，系统将目标文件作为新文件对待，因此新文件将继承目的地文件夹的压缩属性。

（3）如果将文件或文件夹复制和移动到 FAT16 或 FAT32 磁盘内，因为 FAT16 或 FAT32 磁盘不支持 NTFS 权限设置，其原有的压缩属性设置都将被删除。

5. 不能对 NTFS 压缩文件进行加密

NTFS 的压缩和加密属性互斥，文件压缩后不能再加密，文件加密后不能再压缩。

6. 性能考虑

压缩影响性能，影响程度取决于很少的几个因素。在移动或复制文件时，即使在同一个卷中，文件也得先解压缩，然后再压缩。为了跨 LAN 传输，文件要解压缩，因此在减少网络带宽使用方面，没有从文件压缩中获得任何好处。

Windows Server 2003 在使用压缩时会遭遇性能的大幅度下降，下降程度取决于服务器的功能和负载。通常，轻负载服务器或以只读为主的服务器性能下降不像重负载服务器或以写为主的服务器那样严重。此外，压缩某些类型的文件（jpg、zip 等）效果相反，它实际上会产生更大的文件（而不是把文件变小）。确定压缩对给定系统造成影响的唯一方法是测试。如果发现没有像期望的那样节省容量，或性能大幅度下降，就需要取消压缩。

五、用压缩（Zipped）文件夹压缩

使用“压缩（Zipped）文件夹”功能压缩的文件和文件夹可以在FAT和NTFS驱动器上都保持压缩特性。创建“压缩（Zipped）文件夹”方法如下：

（1）打开“我的电脑”，右击要创建的压缩文件或文件夹，选择“发送到”下的“压缩（Zipped）文件夹”命令。

（2）压缩（Zipped）文件夹后可以直接运行压缩文件夹中的某些程序，而无须对其解压。可以将压缩（Zipped）文件和文件夹移动到计算机上的任意驱动器或文件夹下，或者移动到Internet或别的网络上，它们与其他文件压缩程序兼容。

六、NTFS加密

1. 加密文件系统概述

加密文件系统（Encrypting File System，EFS）提供一种核心文件加密技术，该技术用于在NTFS文件系统卷上存储已加密的文件。Windows Server 2003添加了加密文件系统，允许用户和管理员在文件系统遭遇非法物理访问的情况下加密并且保护文件系统。

加密对加密该文件的用户是透明的。这表明不必在使用前手动解密已加密的文件，就可以正常打开和更改文件。未经许可对加密文件和文件夹进行物理访问的入侵者将无法阅读这些文件和文件夹中的内容。如果入侵者试图打开或复制已加密文件或文件夹，入侵者将收到拒绝访问消息。EFS在任何系统上对提高文件的安全性都有用，在文件容易被窃取或物理构成简单的系统上最有用（如笔记本电脑）。

正如设置其他任何属性（只读、压缩或隐藏）一样，通过为文件夹设置加密属性，可以对文件夹进行加密和解密。如果加密一个文件夹，则在加密文件夹中创建的所有文件和子文件夹都自动加密。推荐在文件夹级别上加密，尽管能加密单独的文件，但是最好在文件夹上应用加密。不对单独文件应用加密的主要原因是许多程序当用文档工作时会创建临时文件（Microsoft Word就是一个例子），而且EFS不自动加密这些临时文件。

加密文件夹时，没有加密定义文件夹的NTFS域，而是设置了文件夹的加密属性。

2. 通过“我的电脑”加密和解密

打开“我的电脑”，右击要加密的文件或文件夹，选择“属性”命令。在“常规”选项卡中单击“高级”按钮，选中“加密内容以便保护数据”复选框，单击“确定”按钮，弹出确认属性更改对话框，该对话框含有一组单选按钮，包括两个选项“仅将更改应用于该文件夹”（指仅对该文件夹进行加密，不对其子文件夹和文件进行加密）和“将更改应用于该文件夹、子文件夹和文件”（指不但对该文件夹进行加密，还同时对其所有的子文件夹和文件进行加密）。

若要对文件或文件夹解密，只要清除“加密内容以便保护数据”复选框即可。

NTFS压缩和加密是互相排斥的，因此不支持加密压缩的文件夹或文件，反之亦然。如果要加密压缩的文件夹或文件，就需要解压缩。如果压缩一个加密的文件夹或文件，就需要解密。

3．通过命令提示符加密和解密

如果正处于命令控制台或需要在批处理文件里集成加密过程，可以使用 CIPHER 命令来加密和解密文件夹或文件。

（1）命令语法如下：

CIPHER[/E][/D][/S:directory][/A][/I][/F][/Q][/H][pathname[...]]

CIPHER/K

CIPHER/R:filename

CIPHER/U[/N3]

CIPHER/W:directory

CIPHER/X[:efsfile][filename]

/A：在文件及目录上操作。如果父目录没有加密，当加密文件被修改后，它可能被解密。建议给此文件和父目录加密。

/D：将指定的目录解密。会标记目录，这样随后添加的文件就不会被加密。

/E：将指定的目录加密。会标记目录，这样随后添加的文件就会被加密。

/F：强迫对指定的对象进行加密操作，即使这些对象已经被加密。会按默认方式跳过已经加密的对象。

/H：用隐藏或系统属性显示文件。在默认方式下，会忽略这些文件。

/I：即使发生错误也继续执行指定的操作。在默认方式下，CIPHER 遇到错误时会停止。

/K：为运行 CIPHER 的用户创建新的加密密钥。如果选择了此选项，会忽略所有其他选项。

/N：此选项只能与/U 一起使用。这将阻止更新密钥。此选项用于查找本地磁盘上的所有加密文件。

/Q：只报告最重要的信息。

/R：生成一个 EFS 恢复代理密钥和证书，然后把它们写入一个 . PFX 文件（包含证书和私钥）和一个 . CER 文件（只包含证书）。管理员可以向 EFS 恢复策略添加 . CER 内容，为用户创建恢复代理并导入 . PFX 来恢复单独文件。

/S：在已知目录和所有子目录上执行指定的操作。

/U：尝试包括本地磁盘上所有加密的文件。如果用户文件加密密钥或恢复代理密钥改变，则会将其更新为当前的密钥。除了/N 外，此选项不能与其他选项一起使用。

/W：从整个卷上所有没有使用的磁盘空间删除数据。如果选择了此选项，会忽略其他选项。指定的目录可以位于本地卷上的任意位置。如果它是另一个卷上一个目录的装入点，此卷上的数据将被删除。

/X：将 EFS 证书和密钥备份成文件的文件名。如果提供了 EFS 文件，将会备份当前用户的、用于加密此文件的证书。否则，将会备份用户当前的 EFS 证书和密钥。

directory：一个目录路径。

filename：没有扩展名的一个文件名。

pathname：指定一个模式、文件或目录。

efsfile：一个加密的文件路径。

不用参数时，CIPHER 显示当前目录和它所包含文件的加密状态。可以使用几个目录名和通配符。多个参数之间必须有空格。

(2) 举例。

CIPHER：不加参数时显示文件的加密状态，U 为不加密，E 为加密。

CIPHER 目录名或 */E 进行加密，CIPHER 目录名或 */D 进行解密。(注：* 为通配符)

任务实施

一、创建本地用户和组

操作要求：创建表 3—2—3 中的两个组和四个用户。

表 3—2—3　　权 限 设 置

组	组权限	本地用户	用户权限
Group1	读取	User11	—
		User12	读取和运行
Group2	写入	User11	—
		User21	拒绝
		User22	完全控制

1. 以管理员身份登录，选择“开始→程序→管理工具→计算机管理”，打开“计算机管理”窗口。展开“本地用户和组”节点，右击“组”，选择“新建组”(见图 3—2—1)。

2. 在弹出的“新建组”对话框中输入组名“Group1”，描述为“一组”，单击“创建”按钮 (见图 3—2—2)。

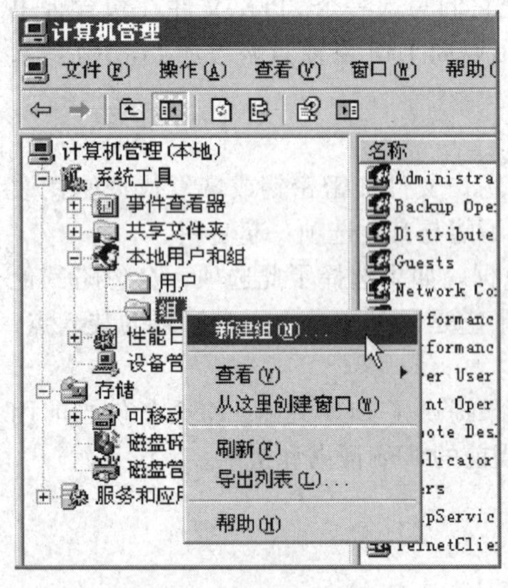

图 3—2—1　新建组

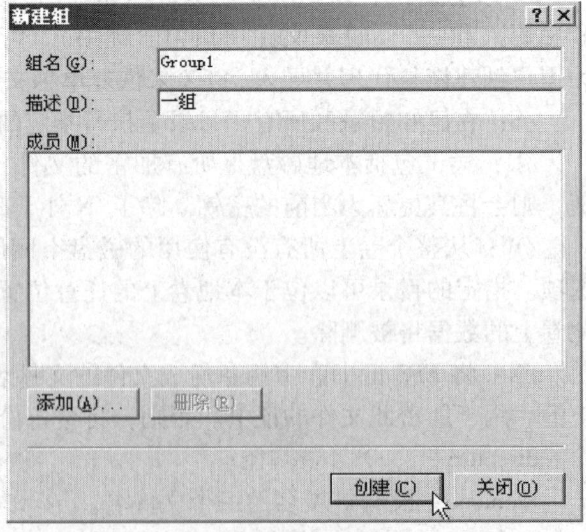

图 3—2—2　组名和描述

3. 在“计算机管理”窗口中右击“用户”，选择“新用户”（见图3—2—3）。在弹出的“新用户”对话框中输入用户名、全名、描述和密码，选择“用户不能更改密码”“密码永不过期”复选框，单击“创建”按钮，完成新用户的创建（见图3—2—4）。

4. 按照前面介绍的方法将User11添加到Group1组中（见图3—2—5）。

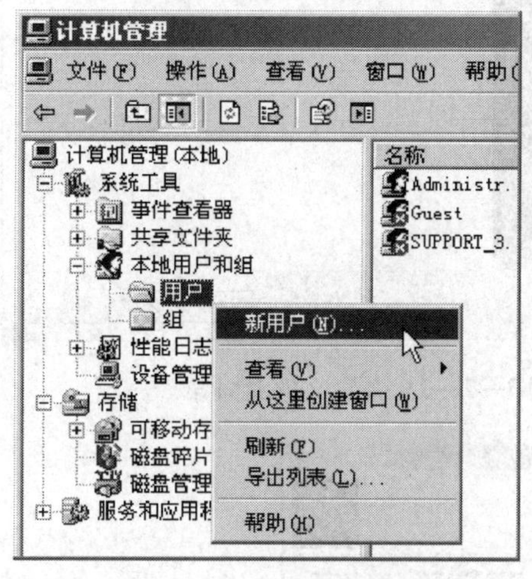

图3—2—3　新建用户

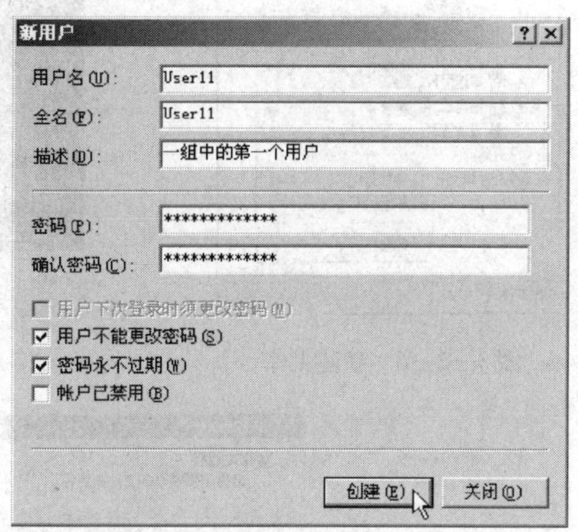

图3—2—4　输入用户信息

图3—2—5　添加用户成功

二、建立共享文件夹

1. 在“计算机管理”窗口中右击“共享”，选择“新建共享”（见图3—2—6）。在弹出的“共享文件夹向导”对话框中，单击“下一步”按钮（见图3—2—7）。

2. 输入共享文件夹路径“D:\Share”（见图3—2—8）和描述信息（见图3—2—9）。

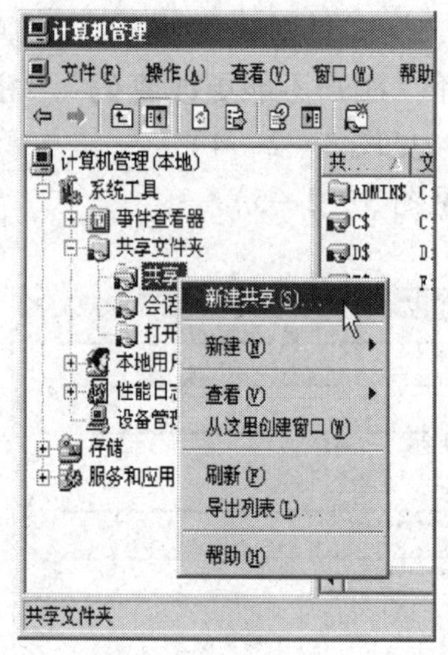

图 3—2—6　新建共享

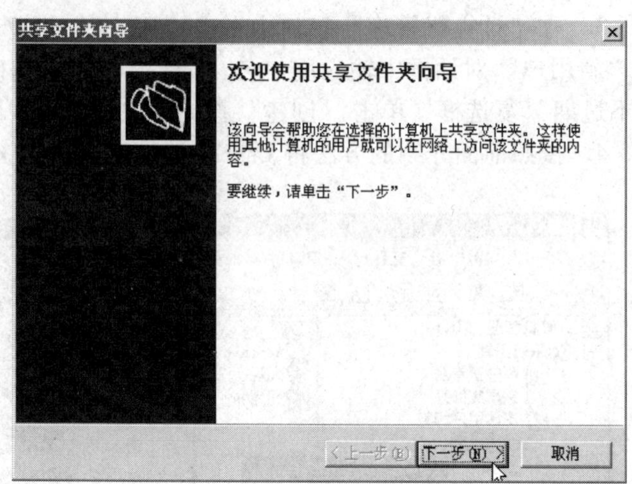

图 3—2—7　共享文件夹向导

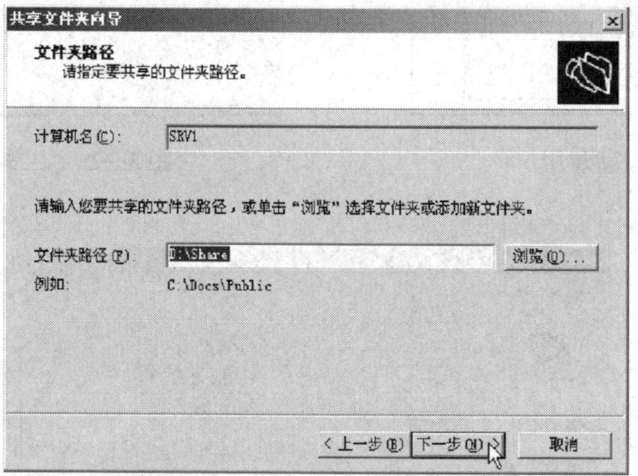

图 3—2—8　共享文件夹路径

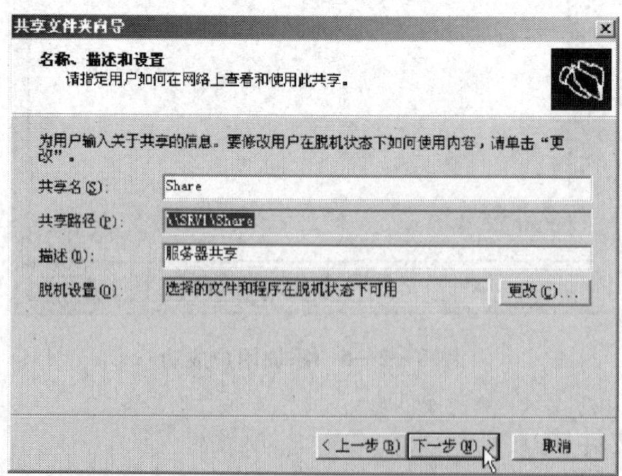

图 3—2—9　名称、描述和设置

3. 指定共享权限为“所有用户有只读访问权限”（见图 3—2—10）。在图 3—2—11 所示对话框中单击“关闭”按钮，完成文件夹共享。共享名：Share，共享路径：\\SRV1\Share。

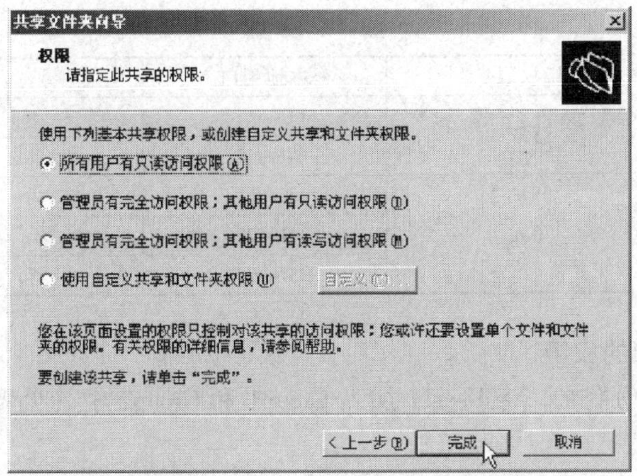

图 3—2—10　指定共享权限

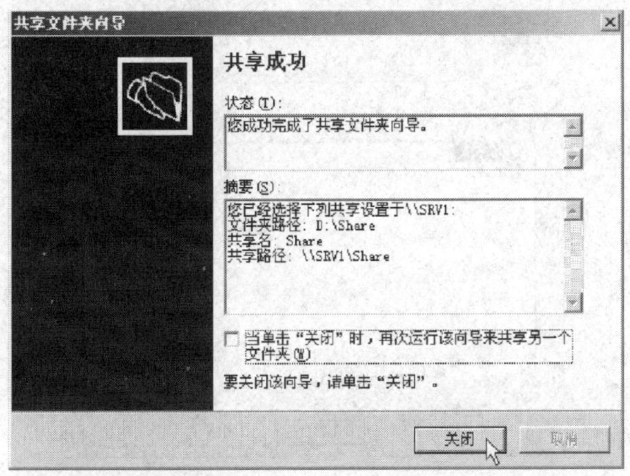

图 3—2—11　共享成功

三、NTFS 权限设置

在 NTFS 分区建立“测试文件夹”（见图 3—2—12），在该文件夹下存放一个可执行文件（例如，分区助手服务器版 fenquSEVER5. 2. exe）和一个纯文本文档。

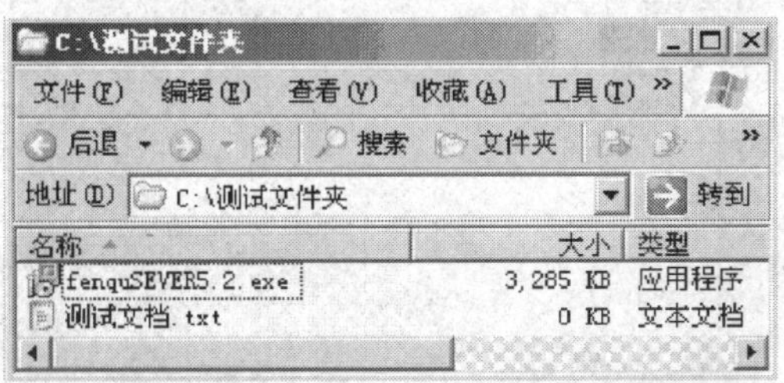

图 3—2—12　测试文件夹

操作要求：以管理员身份登录服务器，按表 3—2—4 设置各组和各用户的权限，然后进行实验。

表 3—2—4　　　　　　　　　　　　**权 限 设 置**

组	组权限	本地用户	用户权限
Group1	读取	User11	—
		User12	读取和运行
Group2	写入	User11	—
		User21	拒绝
		User22	完全控制

1. 设置用户和组的权限

（1）以管理员身份登录，将 User11 加入 Group1 和 Group2 中（见图 3—2—13、图 3—2—14）。

图 3—2—13　将 User11 加入 Group1 中

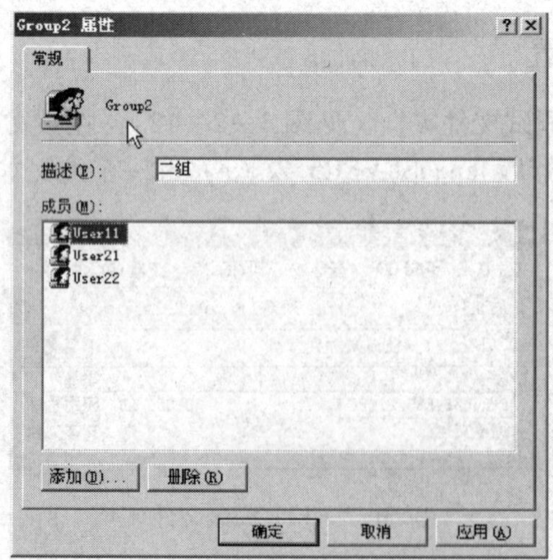

图 3—2—14　将 User11 加入 Group2 中

（2）在“我的电脑”中右击“测试文件夹”，单击“属性”，打开“安全”选项卡，添加 Group1 组，权限设置为“读取”（见图 3—2—15）。添加 Group2 组，权限设置为“写入”（见图 3—2—16）。

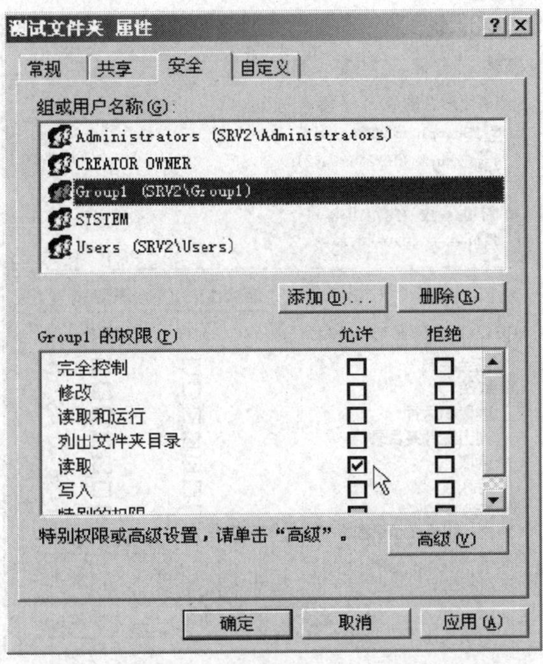

图 3—2—15　Group1 权限为读取

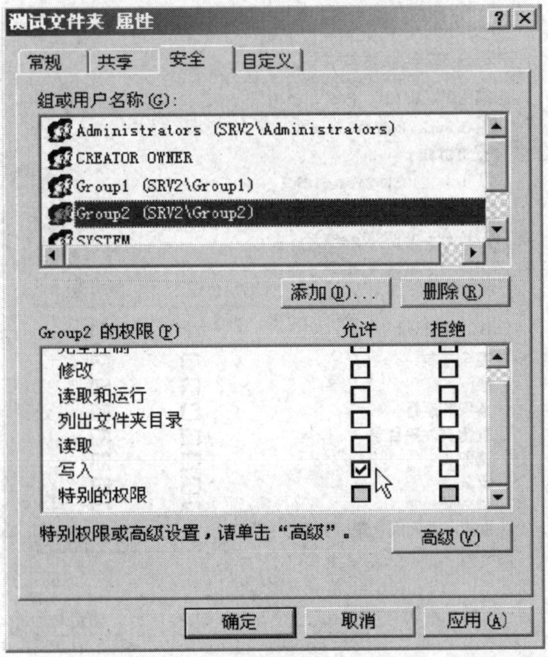

图 3—2—16　Group2 权限为写入

（3）添加用户 User12，权限设置为“读取和运行”（见图 3—2—17）；添加用户 User21，权限设置为“拒绝”（见图 3—2—18）；添加用户 User22，权限设置为“完全控制”（见图 3—2—19）。

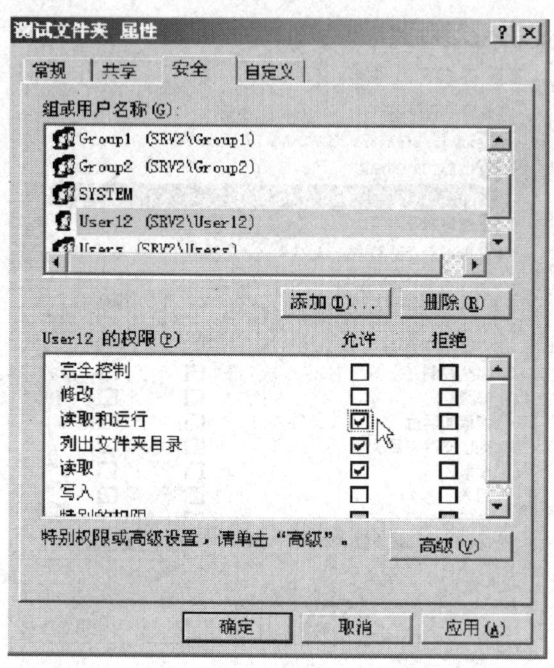

图 3—2—17　User12 读取和运行权限

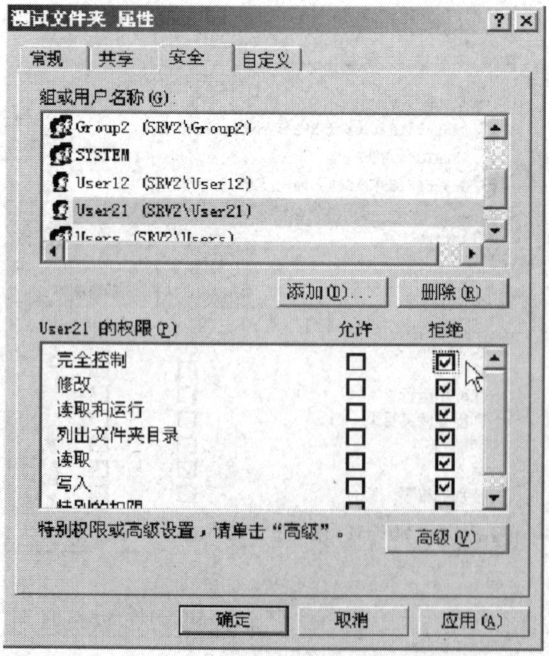

图 3—2—18　User21 拒绝权限

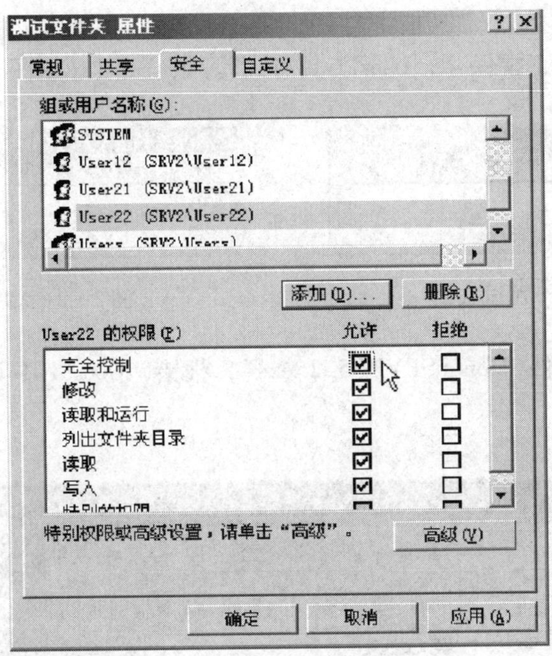

图 3—2—19　User22 完全控制权限

2. 验证用户拥有的权限是否为所加入两个组的权限之和

（1）注销计算机，按【Ctrl + Alt + Del】组合键（虚拟机用【Ctrl + Alt + Insert】组合键），以 User11（密码为 User11@ Group1）登录计算机（见图 3—2—20）。

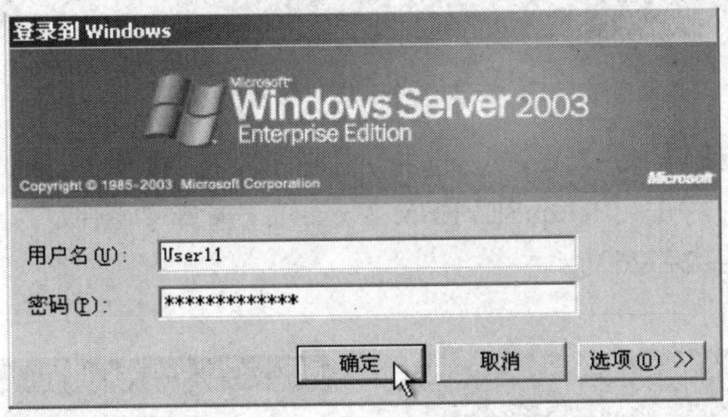

图 3—2—20　User11 登录

（2）打开“我的电脑”，双击测试文件夹（见图 3—2—21）。

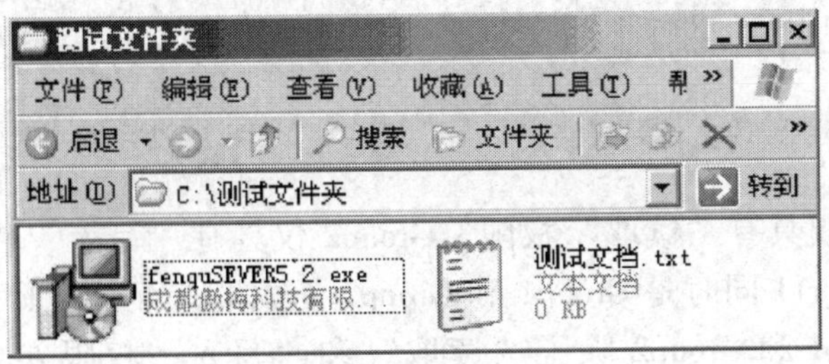

图 3—2—21　测试文件夹

（3）双击“测试文档.txt”，正常打开，User11 具有“打开”权限（见图 3—2—22）。输入“测试”二字，能正常保存，User11 具有“写入”权限（见图 3—2—23）。

图 3—2—22　测试文档

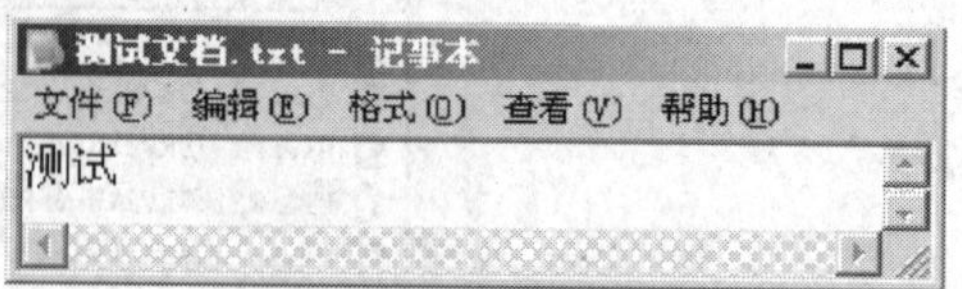

图 3—2—23　保存文档

（4）双击可执行文件“fenquSEVER5.2.exe”，报错，User11 不具有“运行”权限（见图 3—2—24）。

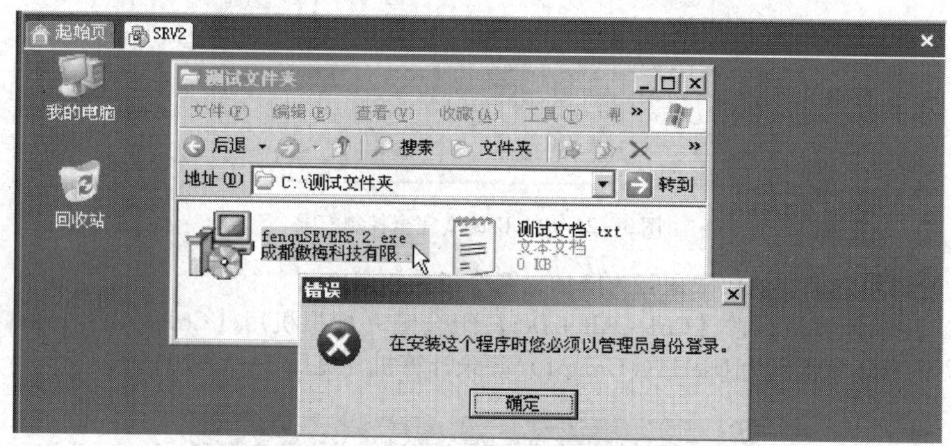

图 3—2—24　运行程序报错

（5）右击“fenquSEVER5.2.exe”，选择“重命名”，报错，User11 不具有“修改”权限（见图 3—2—25）。右击“fenquSEVER5.2.exe”，选择“删除”，报错，User11 不具有“删除”权限（见图 3—2—26）。

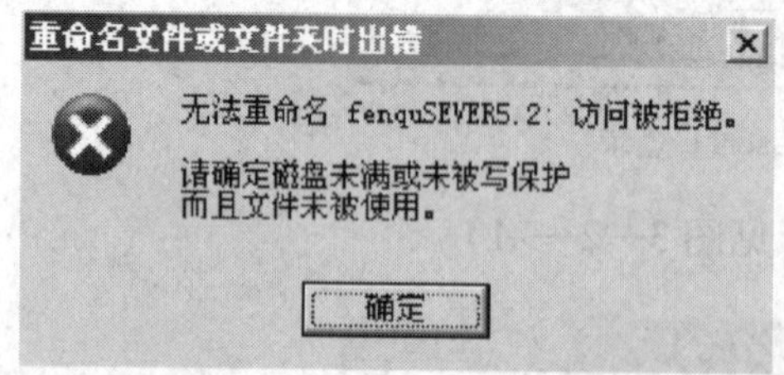

图 3—2—25　修改文件名报错

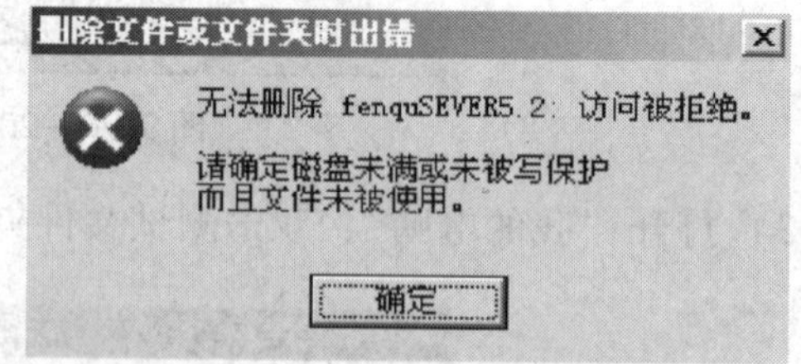

图 3—2—26　删除文件报错

总结：Group1 组仅具有“读取”权限，Group2 仅具有“写入”权限。User11 本身没有单独设置权限，但 User11 同时是 Group1 和 Group2 的成员，所以继承了“读取”和“写入”两个权限。由于 Group1 和 Group2 除了“读取”和“写入”权限外，没有设置其他权限，所以 User11 也就没有“运行”“修改”和“删除”权限。

3. 拒绝权限覆盖其他所有权限

以 User21（密码为 User21@ Group2）登录计算机，打开“我的电脑”，双击 C 盘下的“测试文件夹”，访问被拒绝（见图 3—2—27）。

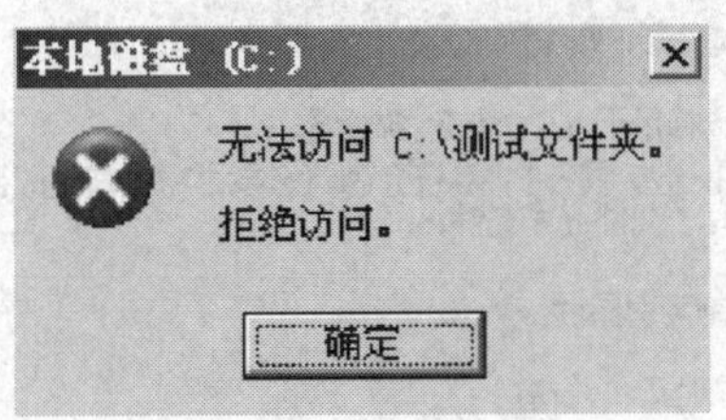

图 3—2—27　拒绝访问

总结：Group2 设置有“写入”权限，User21 是 Group2 的成员，因此继承了这个权限。当用户 User21 被赋予“拒绝”权限后，会覆盖其他所有权限。

四、NTFS 压缩

1. 压缩整个磁盘

磁盘格式化时选择“启用压缩”（见图 3—2—28），卷中的文件夹和文件都会被压缩。

2. 压缩文件夹

（1）准备 10 MB 左右 BMP 格式的图片文件夹（见图 3—2—29）。

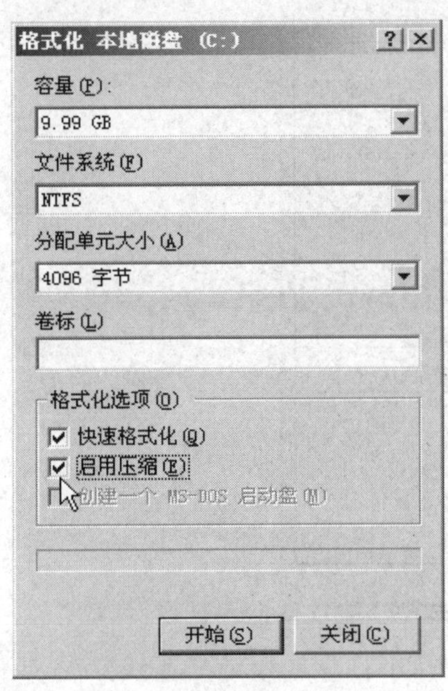

图 3—2—28　磁盘格式化时启用压缩

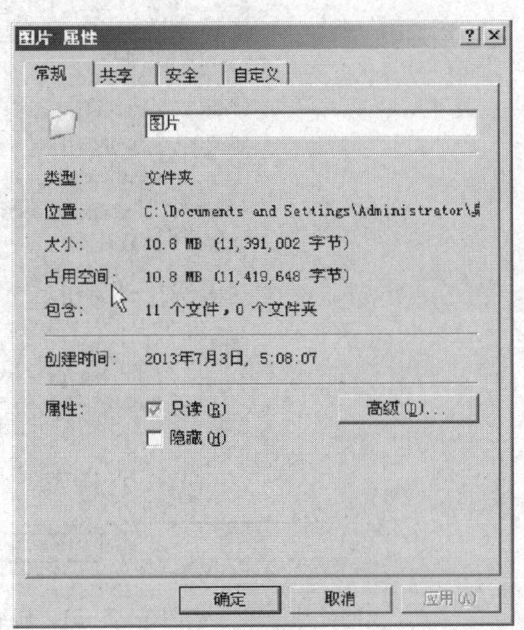

图 3—2—29　压缩前文件大小

（2）右击“图片”文件夹，选择“属性”。在打开的“图片 属性”对话框的“常规”选项卡中单击“高级”按钮，显示“高级属性”对话框。选中“压缩内容以便节省磁盘空间”复选框（见图3—2—30），单击“确定”按钮。压缩后的文件（见图3—2—31）不需要解压缩就可以正常使用。

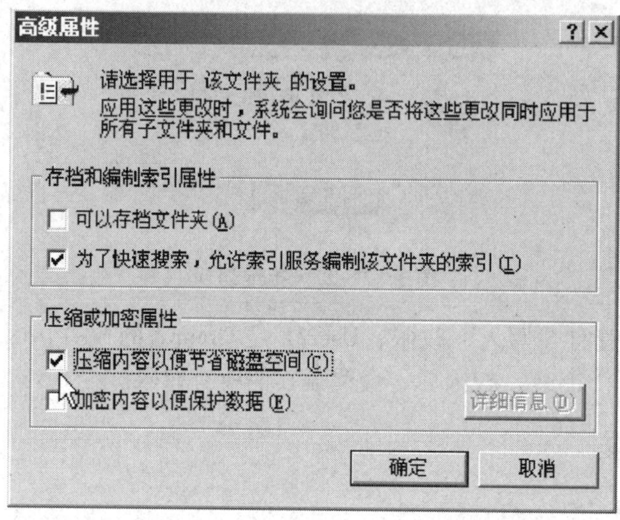

图3—2—30　压缩内容以便节省磁盘空间

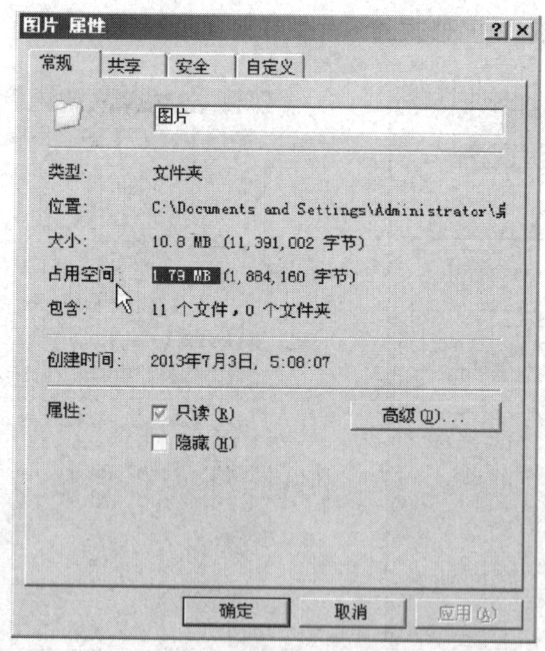

图3—2—31　压缩后的文件大小

五、NTFS 加密

1. NTFS 加密

以管理员身份登录系统，右击“图片”文件夹，选择“属性”。在“常规”选项卡中单击“高级”按钮，显示“高级属性”对话框。选中“加密内容以便保护数据”（见图3—2—32）。

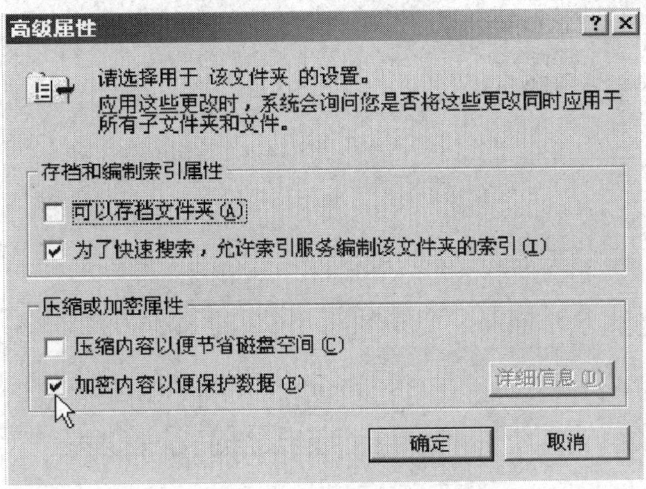

图3—2—32　加密内容以便保护数据

2. 导出证书

（1）在MMC中安装证书。启动MMC，选择“文件→添加/删除管理单元”，打开“添加/删除管理单元”对话框。在该对话框中单击“添加”按钮，打开“添加独立管理单元”对话框，选择“证书”（见图3—2—33），单击“添加”按钮。在“证书管理单元”中选中“我的用户账户”单选项，单击“完成”按钮（见图3—2—34）。

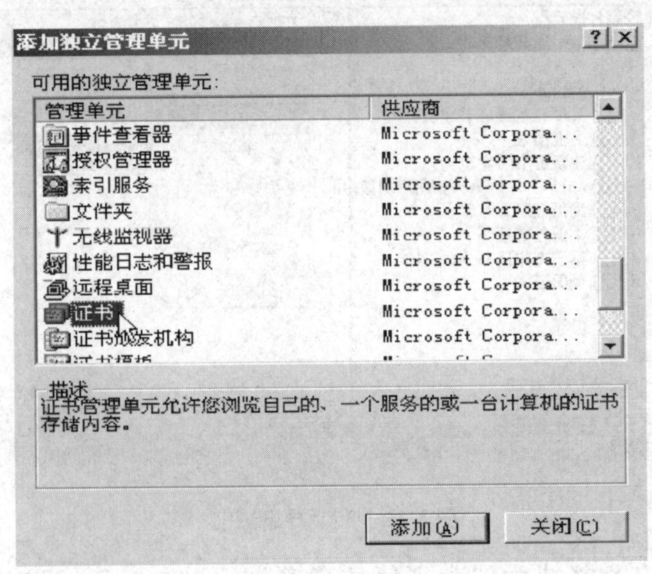

图3—2—33　添加“证书”管理单元

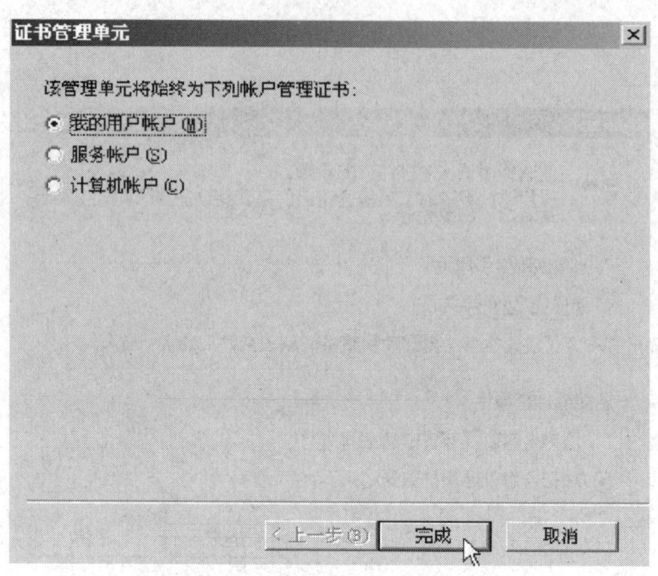

图 3—2—34　安装“我的用户账户”

（2）导出证书。在左侧窗格“证书－当前用户”中选择“个人”下的“证书”，右击右侧窗格中的 Administrator，在弹出的菜单中选择“导出”命令（见图 3—2—35），选择“是，导出私钥”单选项（见图 3—2—36），单击“下一步”按钮。

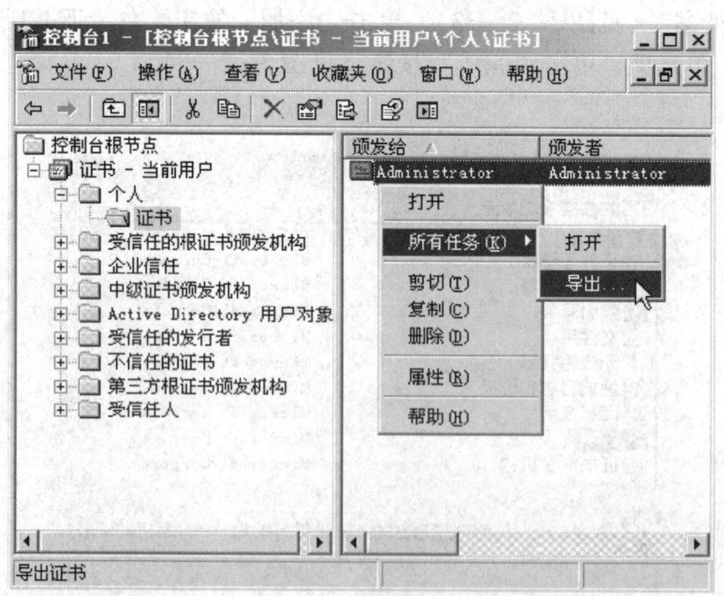

图 3—2—35　导出证书

（3）选择导出文件格式为“个人信息交换”（见图 3—2—37），输入密码（见图 3—2—38），单击“下一步”按钮。

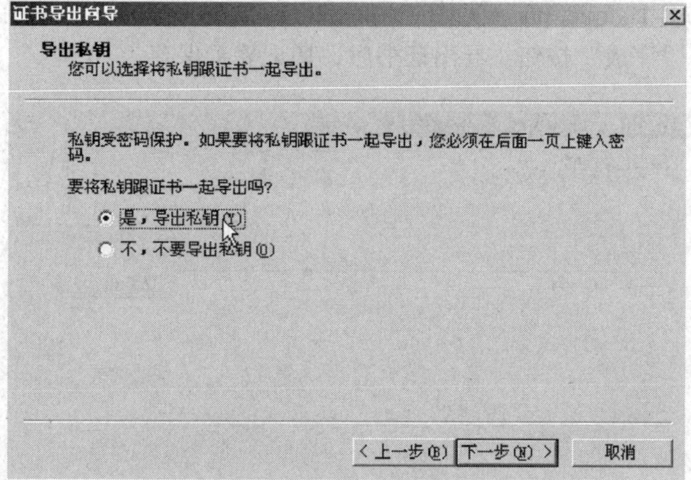

图 3—2—36　导出私钥

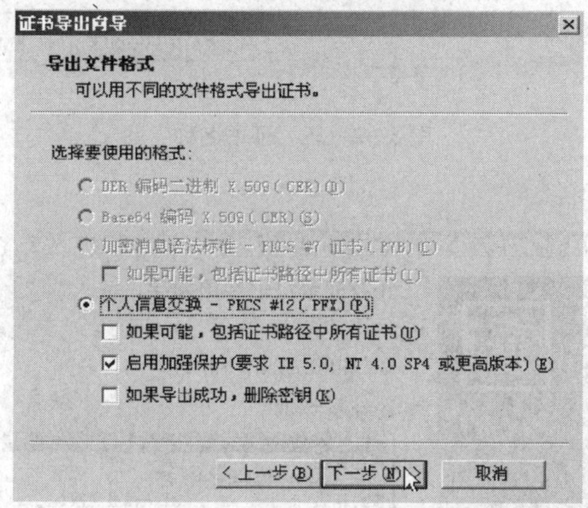

图 3—2—37　导出文件格式

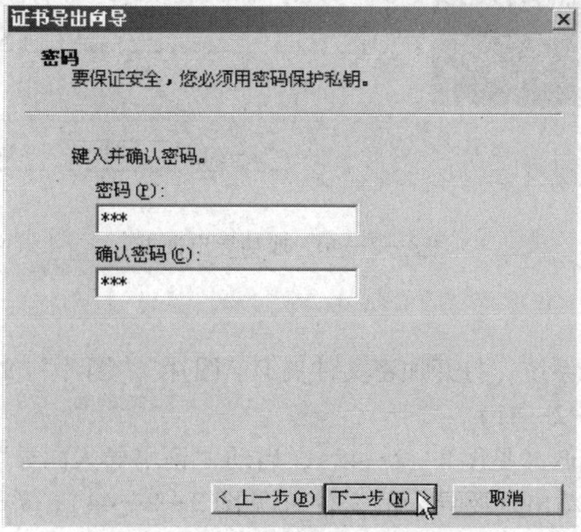

图 3—2—38　使用密码保护私钥

（4）输入证书名 D:\pic. pfx（见图 3—2—39），单击“下一步”按钮。在图 3—2—40 所示对话框中单击“完成”按钮。导出证书后，切记妥善保存。

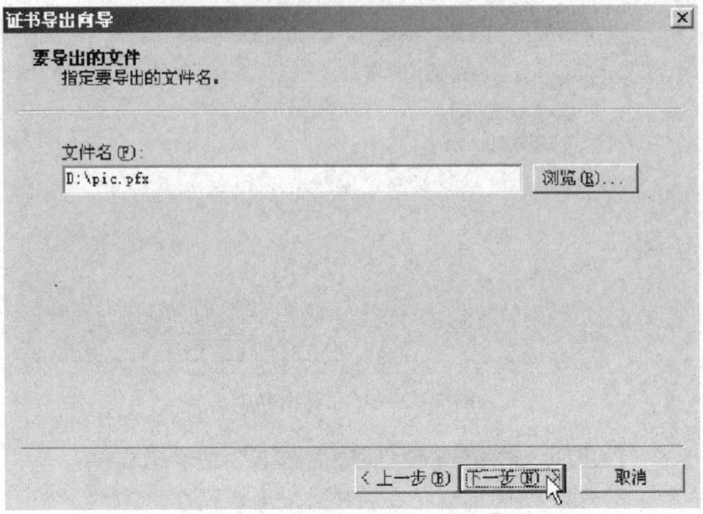

图 3—2—39　证书名称

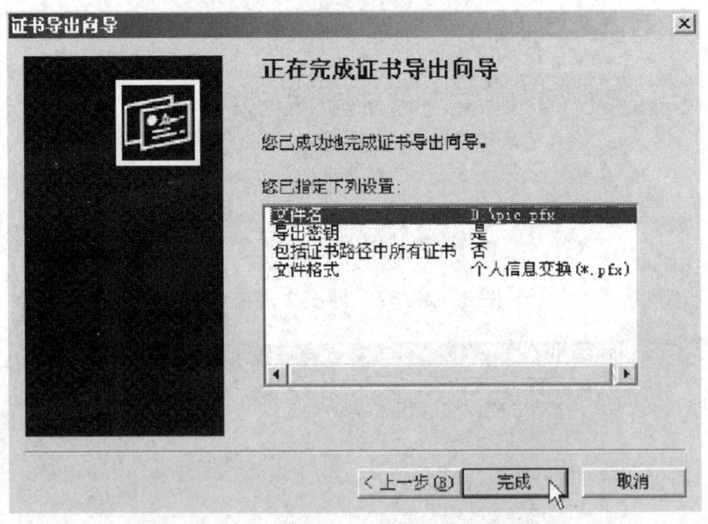

图 3—2—40　成功导出证书

3. 验证加密效果

（1）以 User11 登录系统，打开加密文件夹 D:\图片。“图片”文件夹被打开，但图片打不开，无预览（见图 3—2—41）。

（2）双击证书 pic. pfx（见图 3—2—42），启动“证书导入向导”（见图 3—2—43），单击“下一步”按钮，自动出现要导入的文件（见图 3—2—44），单击“下一步”按钮，输入“密码”（见图 3—2—45），选定证书存储位置（见图 3—2—46）。

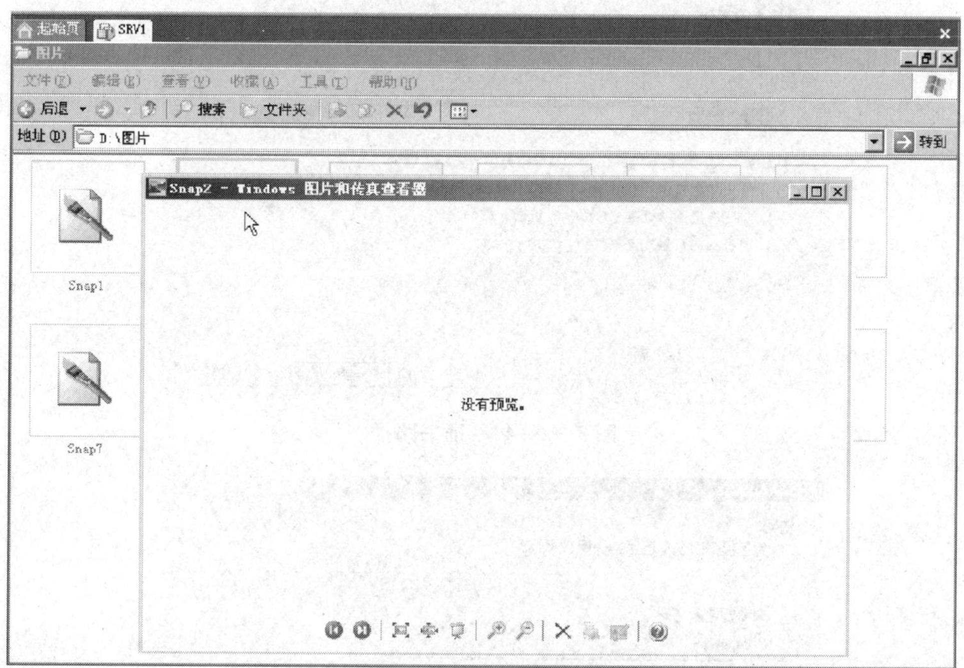

图 3—2—41　图片无预览

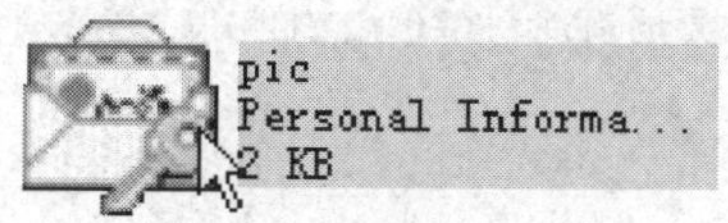

图 3—2—42　证书

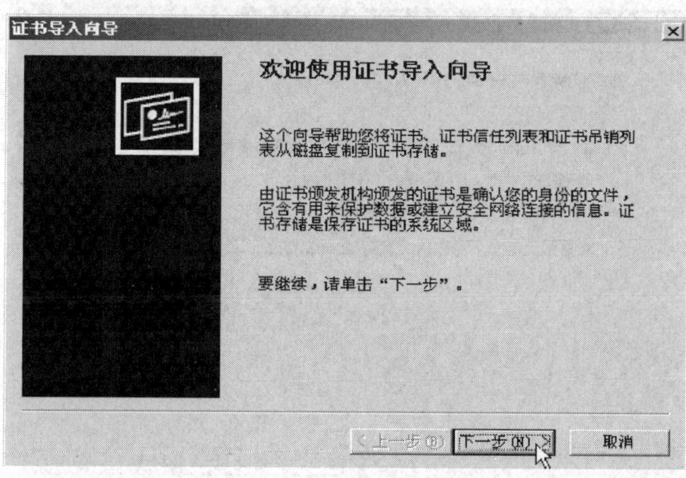

图 3—2—43　证书导入向导

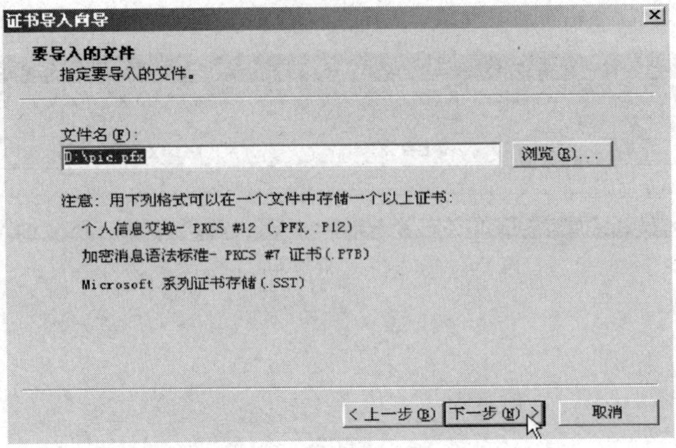

证书导入向导

要导入的文件

指定要导入的文件。

文件名(F):

D:\pic.pfx

浏览(R)...

注意：用下列格式可以在一个文件中存储一个以上证书：

个人信息交换- PKCS #12 (.PFX,.P12)

加密消息语法标准- PKCS #7 证书(.P7B)

Microsoft 系列证书存储(.SST)

< 上一步(B)　下一步(N) >　取消

图 3—2—44　证书路径

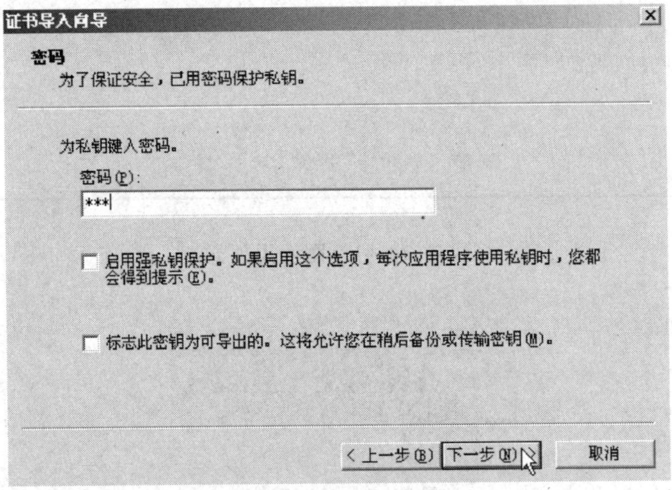

证书导入向导

密码

为了保证安全，已用密码保护私钥。

为私钥键入密码。

密码(P):

***

☐ 启用强私钥保护。如果启用这个选项，每次应用程序使用私钥时，您都会得到提示(E)。

☐ 标志此密钥为可导出的。这将允许您在稍后备份或传输密钥(M)。

< 上一步(B)　下一步(N) >　取消

图 3—2—45　输入密码

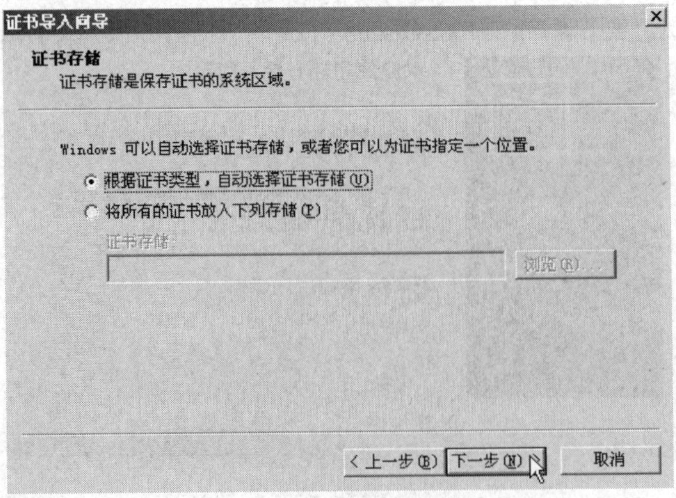

证书导入向导

证书存储

证书存储是保存证书的系统区域。

Windows 可以自动选择证书存储，或者您可以为证书指定一个位置。

◉ 根据证书类型，自动选择证书存储(U)

○ 将所有的证书放入下列存储(P)

证书存储:

浏览(R)...

< 上一步(B)　下一步(N) >　取消

图 3—2—46　证书存储

(3) 导入证书后（见图 3—2—47），打开“图片”文件夹，即可看到图像预览，每个图像都能被打开（见图 3—2—48）。

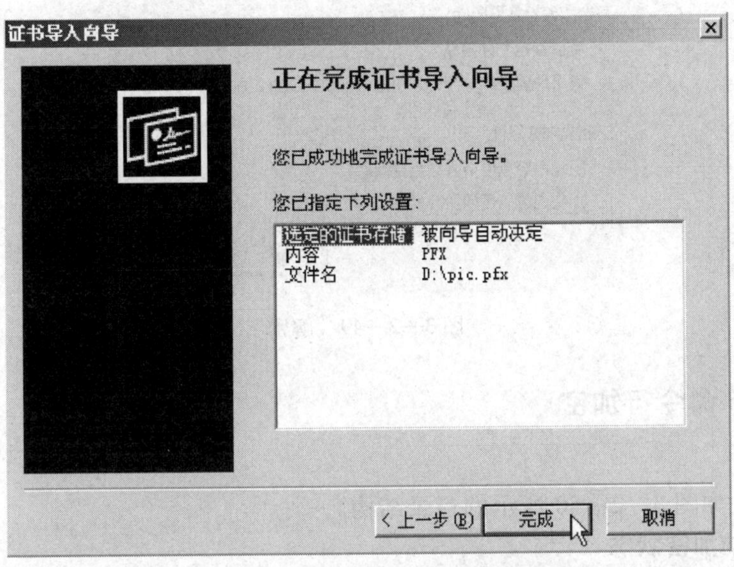

图 3—2—47　导入证书成功

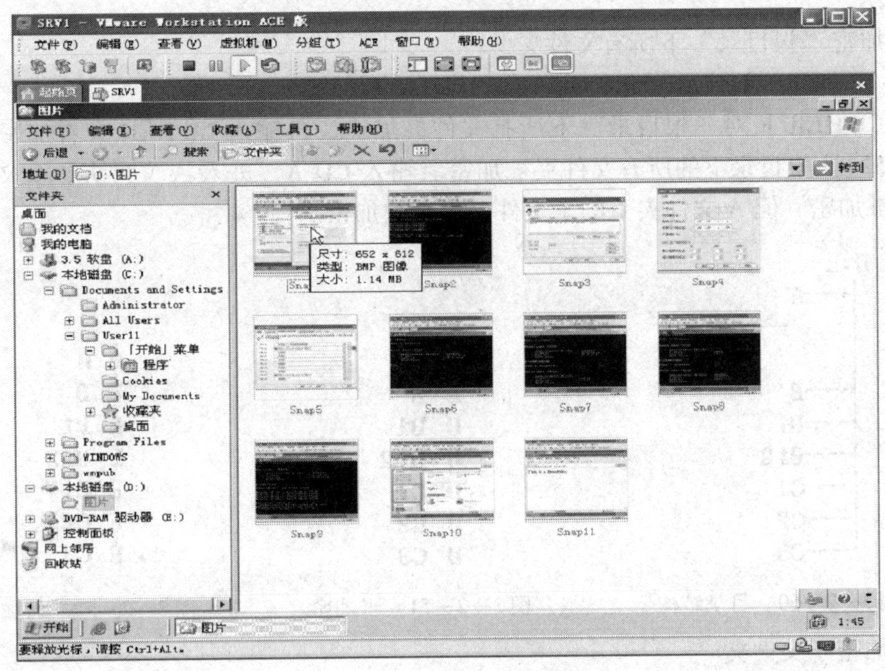

图 3—2—48　图像被打开

4．解密

以管理员身份登录系统，在文件夹的“高级 属性”对话框中，取消选择“加密内容以便保护数据”复选框，即可解密（见图 3—2—49）。

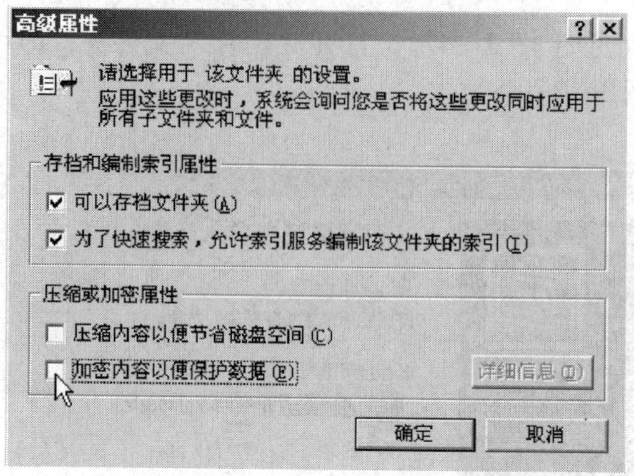

图 3—2—49　解密

六、NTFS 命令行加密

1. 准备

在 D 盘建立如图 3—2—50 所示的目录结构。

2. 查看当前加密状态

语法：CIPHER

输入 CIPHER，查看加密状态（见图 3—2—51）。

3. 加密

（1）加密“根目录”下所有文件夹

语法：CIPHER/E 或 CIPHER＊/E 或 CIPHER/E＊

输入 CIPHER/E 对“根目录”下所有文件夹加密，再输入 CIPHER 查看加密状态（见图 3—2—52）。根目录下的所有文件夹被加密。输入 CD A，进入 A 文件夹，A 文件夹下的所有文件被加密，但 A 文件夹下的子文件夹没有被加密。

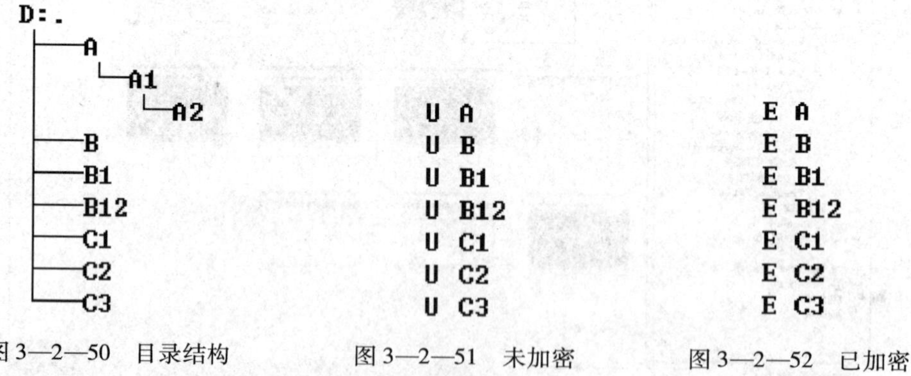

图 3—2—50　目录结构　　图 3—2—51　未加密　　图 3—2—52　已加密

（2）加密子文件夹

语法：CIPHER/E/S：文件夹名称

输入 CIPHER/E/S：A，分别查看 A、A1、A2 加密状态，全部被加密。

4. 解密

语法：CIPHER/D 或 CIPHER＊/D 或 CIPHER/D＊

输入 CIPHER，查看文件的加密状态，所有文件夹被解密。

5. 生成证书

语法：CIPHER/R：文件名

在命令提示符下运行“CIPHER/R：A”，其中 A 为导出文件的文件名，接着系统提示“请键入密码来保护 . PFX 文件：”，两次输入密码后，就在所在目录下生成“A. CER”和“A. PFX”两个文件。其中 A. CER 为用户证书，A. PFX 为证书和密钥文件。

6. 使用通配符

DOS 中通配符“ * ”可代替文件名“任意”个字符。DOS 中通配符“?”可代替文件名“任一”个字符。

(1) 加密所有 B 开头的文件夹（B、B1、B12）

CIPHER B * /E

(2) 加密所有 C 开头且长度是两个字符的文件夹（C1、C2、C3）

CIPHER C?/E

小结：CIPHER 中的参数/E 用于加密指定的目录，/D 用于解密指定的目录，/S 在指定目录及其所有子目录中执行指定的操作，/R 用于生成一个 EFS 恢复密钥和证书。

课后练习

1. 填空题

(1) 常用的文件系统有__________、__________、__________三种。

(2) 出于安全方面的考虑，Windows Server 2003 必须选择__________文件系统。

(3) FAT 最大支持__________的磁盘分区，FAT32 分区能保存的最大单个文件不能超过__________。NTFS 支持最大达__________的大硬盘。

(4) User11 隶属 Group1 和 Group2，Group1 的权限为读取，Group2 的权限为写入，User11 的权限是______________。

2. 选择题

(1) 用户权限最高的是（　　）。

A. 读取　　B. 运行　　C. 修改　　D. 完全控制

(2) 使用 CIPHER 时，加密用（　　）。

A. /D　　B. /E　　C. /S　　D. /G

(3) 使用 CIPHER 时，解密用（　　）。

A. /A　　B. /S　　C. /R　　D. /D

(4) 证书的扩展名是（　　）。

A. . txt　　B. . com　　C. . pfx　　D. . doc

3. 判断题

(1) Windows Server 2003 在压缩整个磁盘时有可能会遭遇性能的大幅度下降。（　　）

(2) EFS 提供一种核心文件加密技术，该技术用于在 FAT32 文件系统卷上加密的文件。（　　）

(3) 加密对加密该文件的用户是透明的。这表明不必在使用前手动解密已加密的文件，

就可以正常打开和更改文件。 (　　)

(4) 拒绝权限覆盖其他所有权限。 (　　)

(5) NTFS 分区上不安装压缩软件不能进行压缩。 (　　)

(6) NTFS 不支持磁盘配额。 (　　)

4. 问答题

(1) NTFS 文件和文件夹权限有哪些?

(2) NTFS 权限应用原则是什么?

(3) 如何添加共享文件夹? 如何映射网络驱动器?

(4) 如何进行 NTFS 压缩?

(5) 如何进行 NTFS 加密与解密?

5. 实践操作

(1) 建立组 Group1 和用户 User1、User2。

(2) 设置 Group1 组的权限为读取和写入, 设置 User1 的权限为完全控制。

(3) 建立共享文件夹 Share。

(4) 对文件夹进行 NTFS 压缩。

(5) 加密文件夹, 并导出证书。

任务3　文件服务器

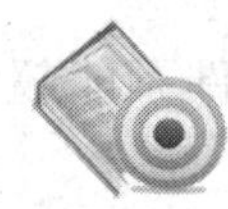

学习目标

1. 了解文件服务器的功能。
2. 掌握文件服务器的安装和配置。

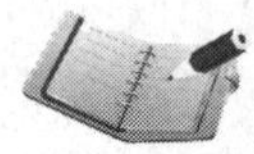

任务描述

文件服务器在网络上提供了一个中心位置, 可供存储文件并通过网络与用户共享文件。当用户需要共享文件时, 可以访问文件服务器上的文件, 而不必在各自独立的计算机之间传送文件。

本任务将完成一台文件服务器的创建。

相关知识

一、文件服务器角色概述

Windows Server 2003 家族提供了多个服务器角色 (文件服务器角色、打印服务器角色、邮件服务器角色、域控制器角色、DNS 服务器角色、DHCP 服务器角色等)。文件服务器提供和管理文件访问权限。如果计划使用此计算机上的磁盘空间存储、管理和共享诸如文件和网络访问的应用程序的信息，需要该计算机配置为文件服务器。

在配置文件服务器角色之后，可以执行如下操作：使用由 NTFS 文件系统格式化的卷上的磁盘配额，监视和限制各个用户可用的磁盘空间量。另外，还可以指定是否在用户超过指定的磁盘空间限制值或用户超过指定的磁盘空间警告级别（用户接近其配额限制值）时记录事件。使用索引服务在本地或网络上快速、安全地搜索信息。

二、安装文件服务器

1. 安装前需要确定的事项（见表 3—3—1）

表 3—3—1　安装前需要确定的事项

安装前需要确定的事项	注释
确定是否要配置磁盘配额	使用磁盘配额跟踪和控制 NTFS 卷的每个卷的磁盘空间使用情况。配额可防止用户在超过指定的磁盘空间限制值时记录事件
确定是否要使用索引服务	索引服务可以创建本地硬盘驱动器以及共享网络驱动器上的文档的内容和属性索引。这些索引的使用使得用户可以更快、更便捷地执行搜索。但是索引服务可能会降低服务器的运行速度，因此，只有在用户要经常搜索该服务器上的文件内容时，才使用索引服务
确定要在计算机上共享的文件夹，并指定文件夹名称和说明	用户根据文件名查看该文件服务器上的共享资源。建议创建容易记住并能说明文件夹内容的共享名称。例如，假设为每个用户分别提供 2 GB 的空间，用于在文件服务器上存储其私有信息。可以将文件服务器上的顶层文件夹命名为 Personal Folders，然后根据用户的域名来命名每个子文件夹
确定要在文件夹上设置的权限类型	指派限制性最强的权限，但仍允许用户执行所需任务。与单独的共享权限相比，NTFS 文件系统上的访问控制所提供的安全性会更高

2. 安装文件服务器

（1）选择“开始→所有程序→管理工具→配置您的服务器向导”，打开“配置您的服务器向导”对话框。

（2）单击“下一步”按钮，开始检测网络设置。

（3）选择“自定义配置”，单击“下一步”按钮。

（4）选择“文件服务器”，单击“下一步”按钮。

（5）“为此服务器的新用户设置默认磁盘空间配额”，单击“下一步”按钮。

（6）选择是否启用“文件服务器索引服务”，单击“下一步”按钮。

（7）设置“共享文件夹”路径，单击“下一步”按钮。

（8）指定访问“权限”后，单击“完成”按钮，完成文件服务器的安装。

三、配置文件服务器

要配置文件服务器，需要启动“配置您的服务器向导”。在“服务器角色”页面中选择“文件服务器”，完成以下配置。

1. 文件服务器磁盘配额

在“文件服务器磁盘配额”页面上，可以设置磁盘配额，从而跟踪和控制各个用户对

NTFS 卷中每个卷的磁盘空间使用情况。“配置您的服务器向导”会自动将磁盘配额应用到所有 NTFS 文件系统的新用户，此时使用的是已应用的任意磁盘空间配额。如果磁盘空间数量有限，就需要更改“文件服务器磁盘配额”页面上的信息。如果想在用户超过指定的磁盘空间限制值或者用户超过指定的磁盘空间警告级别（用户接近其配额限制值）时记录事件，可以在该页面上对其进行指定。

（1）为此服务器的新用户设置默认磁盘空间配额。如果想启用磁盘配额，以便限制和跟踪该文件服务器上的磁盘空间使用情况，选中该复选框。如果选择启用磁盘配额，就需要设置磁盘空间限制值。建议为所有用户账户设置限制适中的默认限制值，然后可以修改此限制值，以便为处理大文件的用户留出更多的磁盘空间。例如，处理扫描照片或艺术作品的用户可能需要大量的磁盘空间。

另外，也可以设置警告级别，以便用户在超过指定的磁盘空间限制值时得到通知。如果不想使用警告级别，则应将该数字设置得高于磁盘空间限制值。

（2）拒绝将磁盘空间给超过配额限制的用户。如果想限制文件服务器上磁盘空间的使用，配置该设置。如果只想跟踪每个用户的磁盘空间使用情况，就将该设置留空。

（3）当用户超过以下所列时，记录一个日志事件。如果想在用户超过指定的磁盘空间限制值或警告级别时记录系统事件，配置这些设置。可以使用事件查看器查看系统事件。要打开“事件查看器”，选择“开始→控制面板”，双击“管理工具”，然后双击“事件查看器”。

2. 文件服务器索引服务

索引服务为用户提供了一种在本地或网络上搜索信息的快速、方便而安全的方式。用户可以通过“开始”菜单中的“搜索”命令或者浏览器上的 HTML 页面搜索不同格式和语言的文件。

（1）如果用户定期对服务器上的文件内容进行搜索，选择“是，不要关闭索引服务”。

（2）如果想保留 CPU 和内存资源，选择“否，关闭索引服务”。

提 示

索引服务可能会降低服务器的性能。

3. 共享文件夹向导

“配置您的服务器向导”会自动启动“共享文件夹向导”，使用它来配置共享文件夹。将资源共享后，网络上的其他用户便可以使用这些资源。

（1）文件夹路径。在“文件夹路径”页面上，指定希望共享的文件夹路径。要搜索文件夹，单击“浏览”按钮。

（2）名称、描述和设置。在“名称、描述和设置”页面上，指定有关共享文件夹的以下信息：在“共享名”中，键入要用于共享资源的名称。共享名为必须键入内容。选择简短且具有说明性的名称，以便用户识别。

在“描述”框中，键入对共享资源的说明。描述为可选键入内容。如果要共享若干资源，说明就可能有助于组织和标识这些资源。所键入的说明显示在“文件服务器管理”和“共享文件夹”的“描述”列中。

在“脱机设置”中，指定希望以何种方式让用户在不与网络连接时能够使用共享文件夹中的内容。如果希望由用户控制哪些文件可以脱机使用，就接受默认设置。要更改脱机设置，单击“更改”。脱机文件的设置参考表3—3—2。

表3—3—2　　脱机设置

脱机设置	注释
只有用户指定的文件和程序才能在脱机状态下可用	如果希望由用户来控制哪些文件可以脱机使用，单击该选项
用户从该共享打开的所有文件和程序将自动在脱机状态下可用	如果希望用户从共享文件夹中打开的所有文件自动在脱机状态下可用，单击该选项。如果选中“已进行性能优化”复选框，则所有程序都会自动缓存，以便用户能在本地运行它们。该选项对于主控应用程序的文件服务器特别有用，因为它会减少网络流量并改进服务器的可伸缩性
该共享上的文件或程序将在脱机状态下不可用	如果要阻止用户在脱机状态下存储文件，单击该选项

4. 删除文件服务器角色

如果需要将服务器重新配置为另外一个角色，则可删除现有服务器角色。如果删除文件服务器角色，该服务器上的文件和文件夹就不再共享，依赖于这些共享资源的网络用户、程序或主机都将无法与它们建立连接。

要删除文件服务器角色，需要启动“配置您的服务器向导”。在“服务器角色”页面上，单击“文件服务器”，然后单击“下一步”按钮。在“角色删除确认”页面上，检查“摘要”下所列的项目，选中“删除文件服务器角色”复选框，然后单击“下一步”按钮。在“删除文件服务器角色”页面上，单击“完成”按钮。

任务实施

1. 选择“开始→所有程序→管理工具→配置您的服务器向导”（见图3—3—1），启动“配置您的服务器向导”（见图3—3—2）。

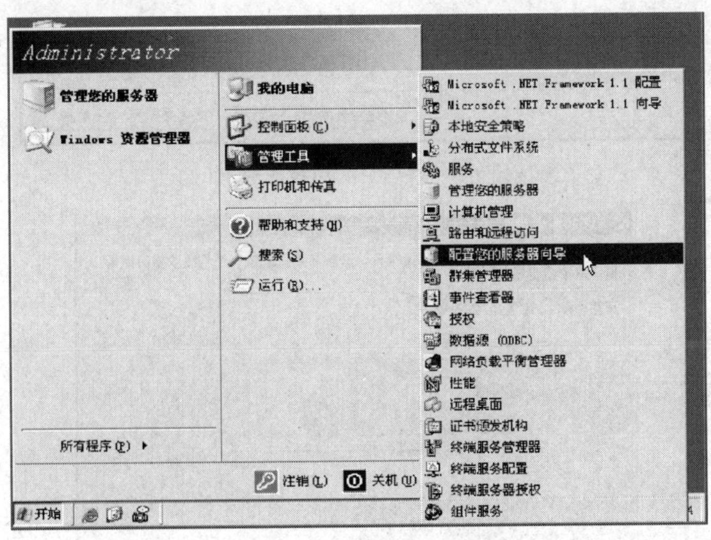

图3—3—1　从“开始”菜单中启动

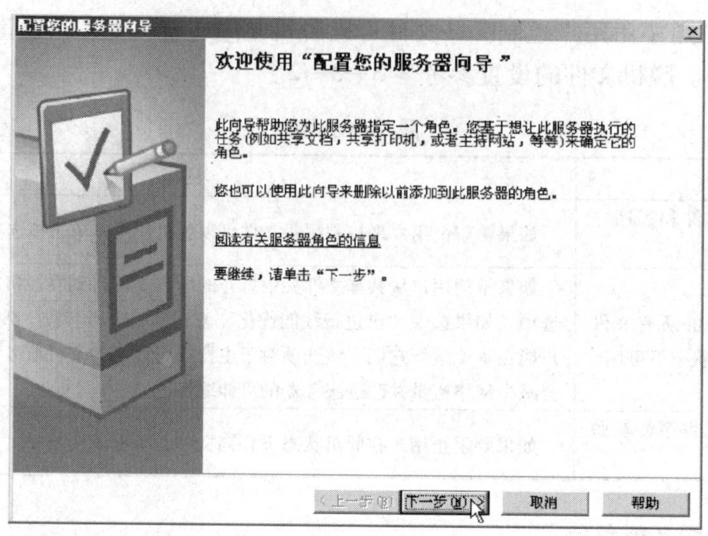

图 3—3—2　运行"配置您的服务器向导"

2. 确认已完成预备步骤后（见图 3—3—3），单击"下一步"按钮开始检测网络（见图 3—3—4）。

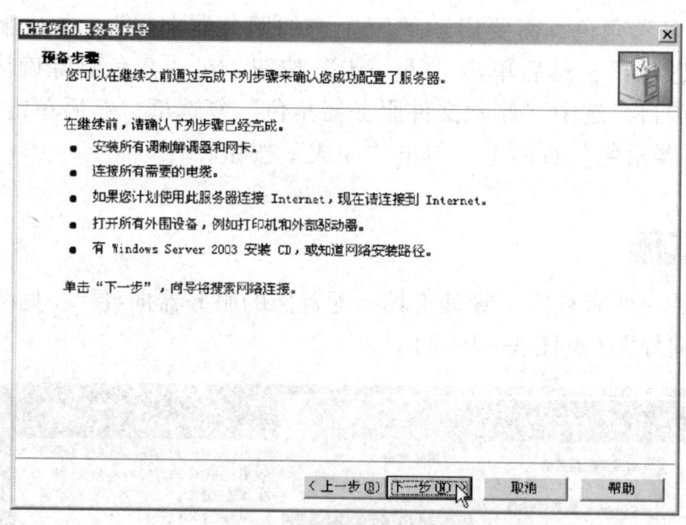

图 3—3—3　预备步骤

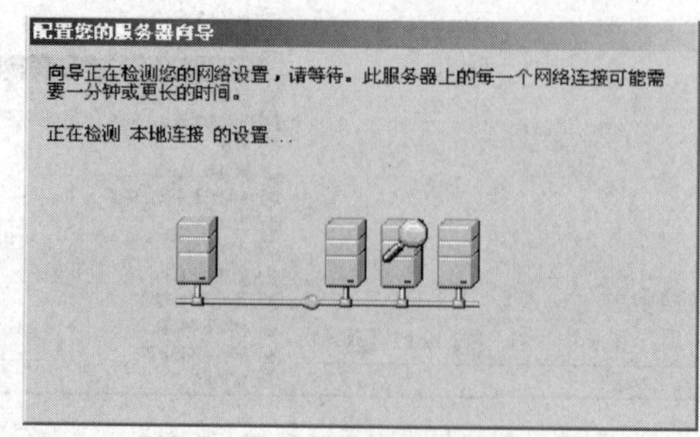

图 3—3—4　检测网络

3. 选择“自定义配置”（见图 3—3—5），单击“下一步”按钮。选择“文件服务器”（见图 3—3—6），单击“下一步”按钮。

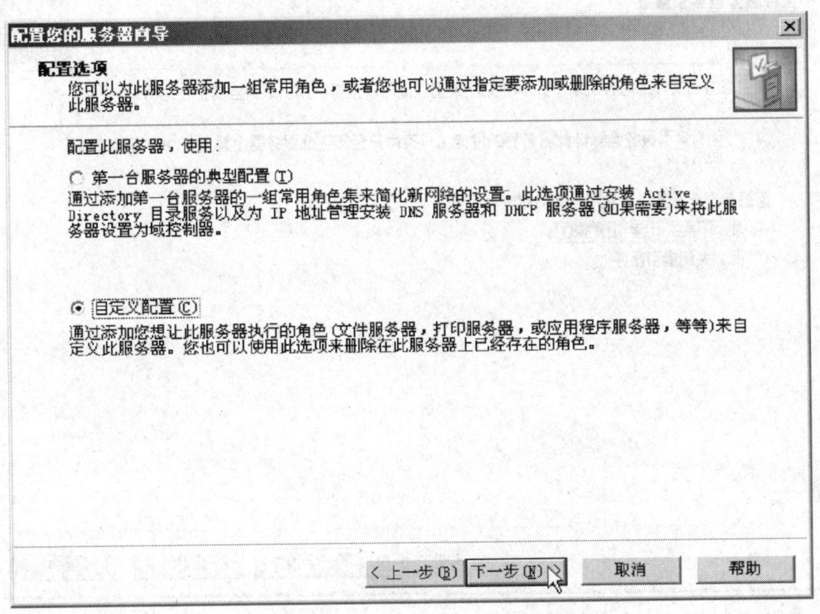

图 3—3—5　自定义配置

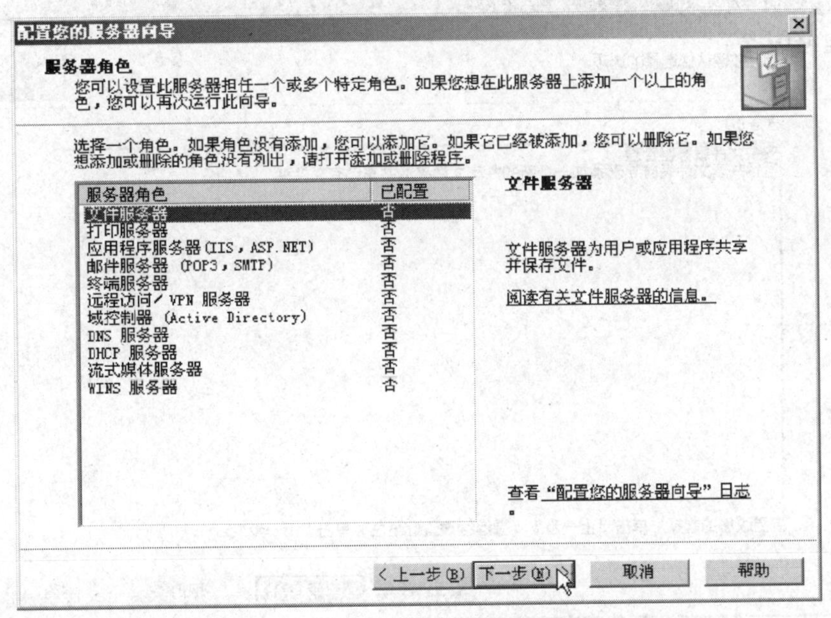

图 3—3—6　文件服务器

4. 启用“索引服务”（见图 3—3—7），单击“下一步”按钮，确认已选择的选项后，单击“下一步”按钮（见图 3—3—8）。

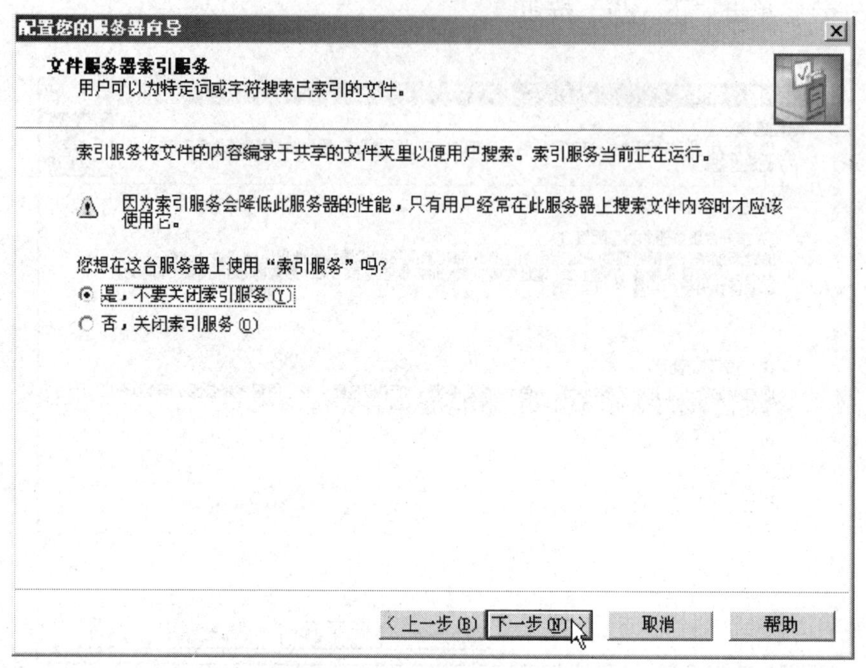

图3—3—7　启用索引服务

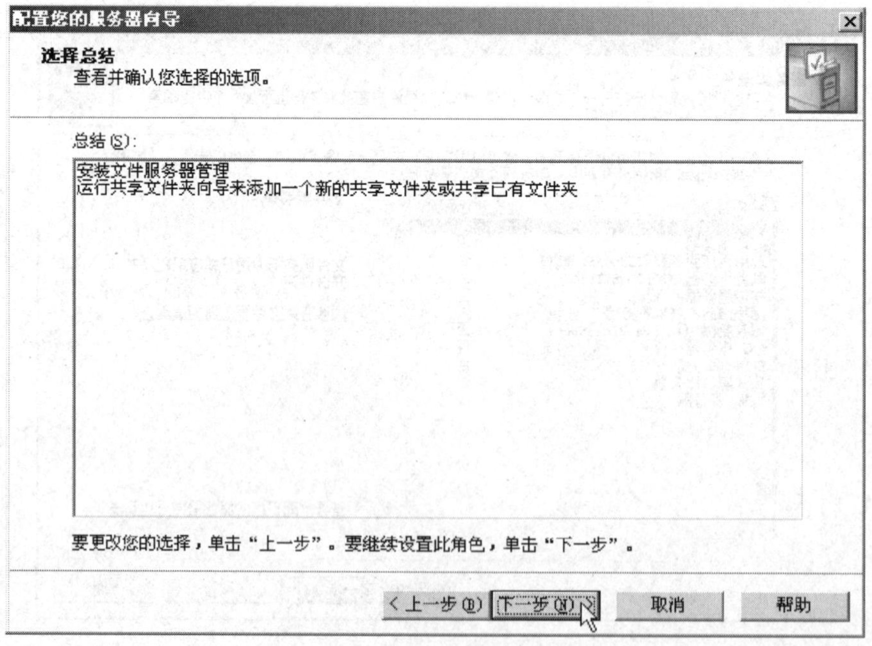

图3—3—8　选择总结

5. 启动共享文件夹向导，单击“下一步”按钮（见图3—3—9），设置共享文件夹路径，单击“下一步”按钮（见图3—3—10）。

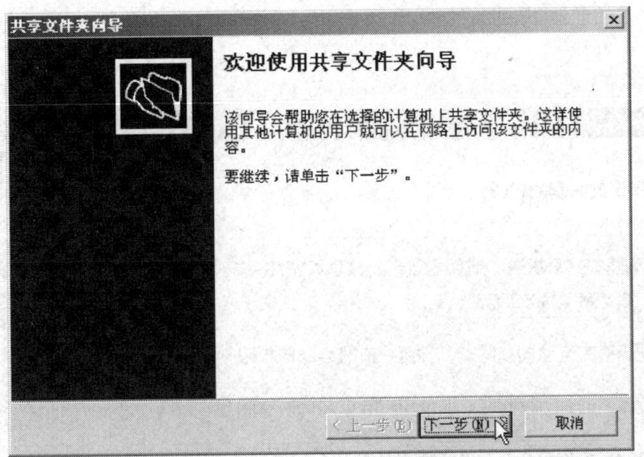

图 3—3—9　共享文件夹向导

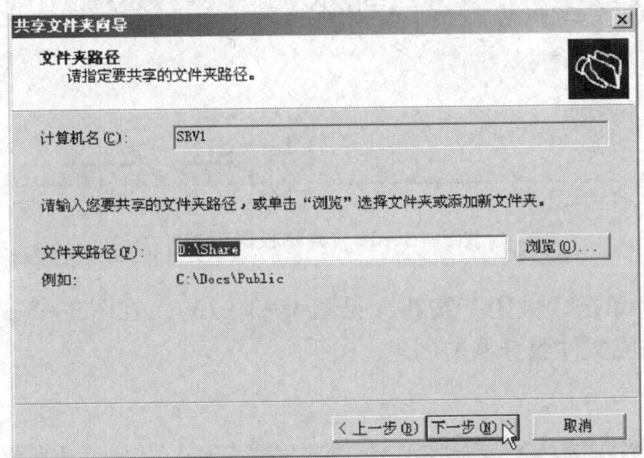

图 3—3—10　共享文件夹路径

6. 设置共享名称、描述和设置（见图 3—3—11），单击“下一步”按钮。设置共享权限（见图 3—3—12），单击“下一步”按钮。

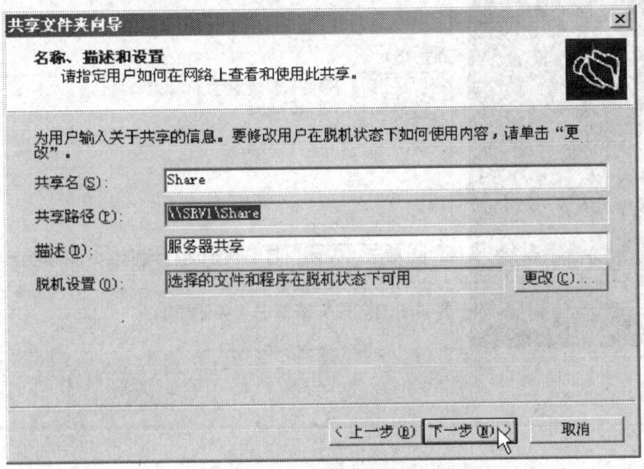

图 3—3—11　名称、描述和设置

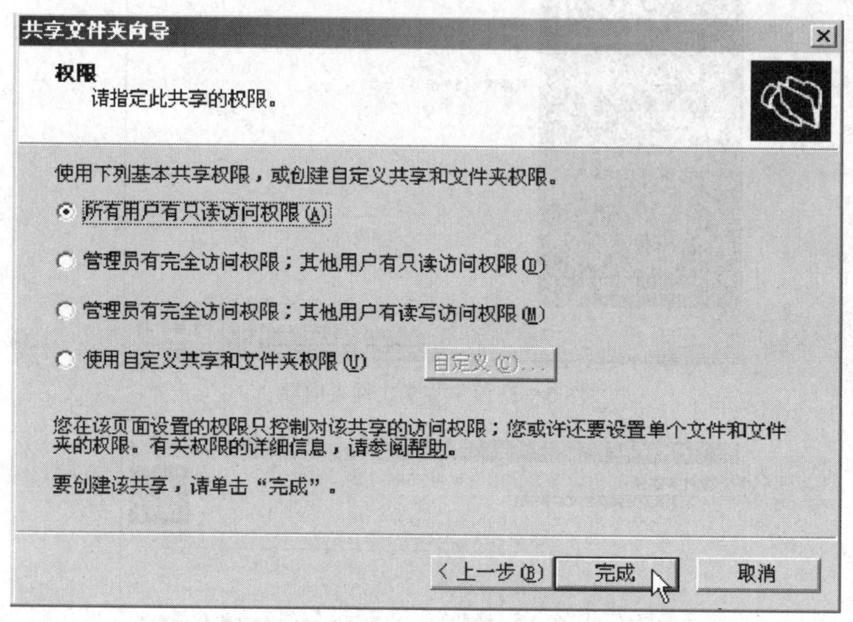

图 3—3—12　共享权限设置

7. 共享成功后，单击“关闭”按钮（见图 3—3—13）。在图 3—3—14 所示对话框中单击“完成”按钮，完成文件服务器的创建。

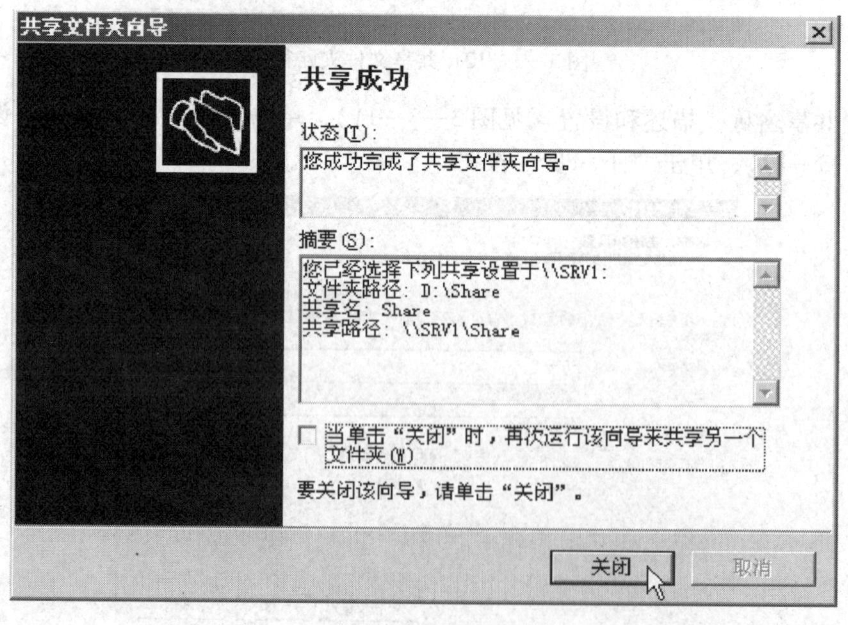

图 3—3—13　共享成功

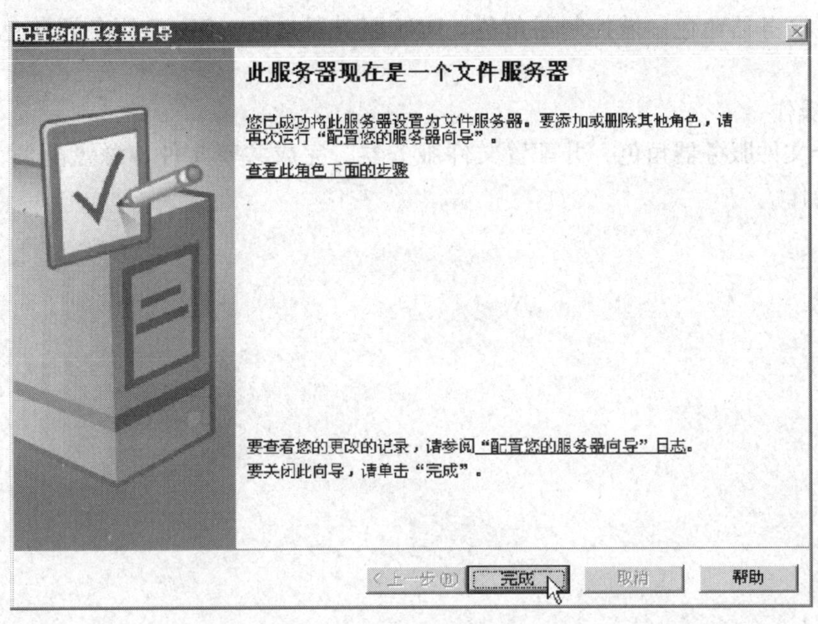

图 3—3—14　文件服务器安装成功

课后练习

1．填空题

（1）文件服务器提供和管理文件__________。

（2）使用__________跟踪和控制 NTFS 卷的每个卷的磁盘空间使用情况。

（3）使用__________在本地或网络上快速、安全地搜索信息。

（4）要配置文件服务器，需要启动____________________，在__________页面中选择"文件服务器"，完成配置。

（5）选中____________________复选框，可以删除文件服务器角色。

2．判断题

（1）文件服务器在网络上提供了一个中心位置，可供存储文件并通过网络与用户共享文件。（　　）

（2）当用户需要共享文件时，可以访问文件服务器上的文件，而不必在各自独立的计算机之间传送文件。（　　）

（3）配置文件服务器角色后，可以使用由 NTFS 文件系统格式化的卷上的索引服务，监视和限制各个用户可用的磁盘空间量。（　　）

（4）配置文件服务器角色后，可以使用磁盘配额在本地或网络上快速、安全地搜索信息。（　　）

（5）使用索引服务有可能降低服务器的性能。（　　）

（6）如果要阻止用户在脱机状态下存储文件，应选择"只有用户指定的文件和程序才能在脱机状态下可用"。（　　）

（7）Windows Server 2003 家族提供了多个服务器角色，包括文件服务器角色、打印服务器角色、邮件服务器角色、域控制器角色、DNS 服务器角色、DHCP 服务器角色等。（ ）

3．实践操作

创建一个文件服务器角色，并配置文件服务器。完成共享文件、磁盘配额、索引服务、脱机设置等操作。

项目四　应用服务器的安装与配置

项目目标

1. 了解应用服务器的相关概念、种类。
2. 能架设 Web 服务器，使客户端能够通过网络访问服务器上的网页。
3. 能架设 DNS 服务器，使客户端能够把域名解析为 IP 地址。
4. 能架设 DHCP 服务器，使客户端能够自动获取 IP 地址。
5. 能架设 FTP 服务器，使客户端能够通过网络上传、下载文件。
6. 能架设邮件服务器，使客户端能够在 Intranet 中收发邮件。

任务 1　Web 服务器的配置与使用

学习目标

1. 了解 Web 服务器、网页、网站等的相关概念。
2. 掌握架设 HTML 静态网站和 ASP、JSP 动态网站的方法。

任务描述

长期以来，人们只是通过传统的媒体（电视、报纸、杂志和广播等）获得信息。但随着计算机网络的发展，人们想要获取信息，传统媒体单方面传输和获取的方式已无法满足人们的需求。通过 Web 服务器传送页面，浏览器进行浏览，使信息的获取变得非常及时、迅速和便捷。

本任务将安装 IIS、Dreamweaver CS3 软件，建立 HTML、ASP 和 JSP 站点，使用不同主机头架设多个 Web 网站。

相关知识

一、Web 服务器相关概念

1. Web 服务器

Web 服务器也称为 WWW（World Wide Web）服务器，主要功能是提供网上信息浏览服务。当 Web 浏览器（客户端）连到服务器上并请求文件时，服务器将处理该请求并将文件反馈到该浏览器上。Web 服务器不仅能够存储信息，还能在用户通过 Web 浏览器获取信息的基础上运行脚本和程序，如图 4—1—1 所示。当前使用最多的 Web 服务器软件有两个：微软的 IIS 和 Apache。

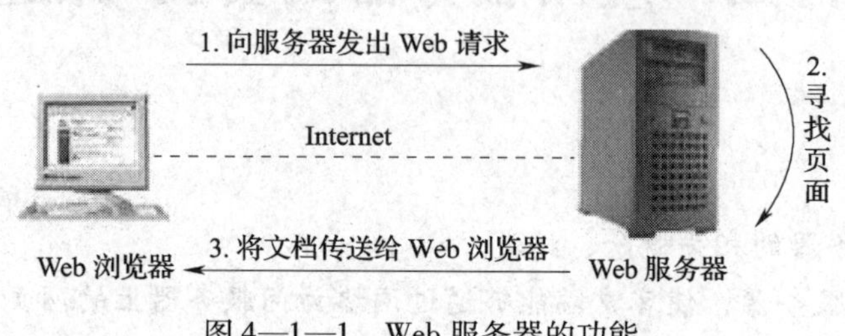

图 4—1—1　Web 服务器的功能

2. IIS（Internet 信息服务）

IIS（Internet Information Services）的中文意思为“Internet 信息服务”，主要功能是向客户端提供各种 Internet 服务，是架构 Web 服务器和 FTP 服务器的基本组件。

（1）IIS 的安装。IIS 6.0 不随 Windows Server 2003 一起默认安装，只有在确定要配置一台 Web 服务器的时候，才手动安装 IIS 6.0。IIS 6.0 可使用“添加或删除程序”窗口或使用“配置您的服务器向导”窗口进行安装。

1）从控制面板安装。打开“控制面板”中的“添加或删除程序”窗口，单击“添加/删除 Windows 组件”按钮，弹出“Windows 组件向导”对话框。在“组件”列表框中依次选择“应用程序服务器→详细信息”按钮，弹出“应用程序服务器”对话框。选中“Internet 信息服务（IIS）”复选框，单击“确定”按钮，并根据系统提示插入 Windows Server 2003 安装光盘进行安装。

2）通过“配置您的服务器向导”窗口安装。运行“管理工具”中的“配置您的服务器向导”窗口，双击“添加或删除角色”选项。在“服务器角色”对话框中，选择“应用程序服务器（IIS，ASP. NET）”选项。单击“下一步”按钮，并根据系统提示插入 Windows Server 2003 安装光盘，IIS 即可安装成功。

（2）IIS 的配置

1）启动“管理工具”中 IIS 管理控制台。依次单击“开始→所有程序→管理工具→Internet 信息服务（IIS）管理器”选项。

2）使用 IIS 的默认站点。安装 IIS 后，将自动创建默认站点，文件路径 C:\inetpub\wwwroot。将网页文件复制到该文件夹下，将主页文件的名称改为 default. htm，浏览器将自动浏览该文件。

打开本机或客户端浏览器，在地址栏中输入此服务器的 IP 地址或主机的 FQDN（Fully Qualified Domain Name，完全合格域名/全称域名），就可以浏览站点（DNS 服务器中有该主机的 A 记录），测试 Web 服务器是否安装成功，WWW 服务是否运行正常。

3）“网站”选项卡。在“描述”文本框中输入对该站点的说明文字，用它表示站点名称，这个名称会出现在 IIS 的树状目录中，通过它来识别站点。

在“IP 地址”文本框中设置此站点使用的 IP 地址，如果构架此站点的计算机中设置了多个 IP 地址，可以指定 Web 服务 IP 地址，若不指定，可以使用多个 IP 地址访问该

Web 站点。

TCP 端口文本框默认情况下 Web 缺省连接端口为 80。如果设置了其他端口，则用户在浏览该站点时，必须输入端口号。

“连接”模块中，“连接超时”文本框设置服务器断开未活动用户的时间；“保持 HTTP 连接”复选框允许客户保持与服务器的连接，即一次 TCP 连接可以保持多个页面交互，而不是使用新请求时逐个重新打开客户请求。

“启用日志记录”模块中，在“活动日志格式”下拉列表框中选择日志文件格式。单击“属性”按钮可进一步设置记录用户信息所包含的内容，如用户 IP、访问时间、服务器名称等。默认的日志文件保存在\Windows\System32\LogFiles 子目录下。

4）“主目录”选项卡。设置网站所提供的内容来自何处，内容的访问权限以及应用程序在此站点的执行许可。网站的内容包含各种给用户浏览的文件，例如 HTML 文件、ASP 程序文件等，这些数据必须指定一个目录来存放。

“执行权限”下拉列表框，设置对该站点或虚拟目录资源进行何种级别的程序执行。“无”选项代表只允许访问静态文件，如 HTML 或图像文件；“纯脚本”选项代表只允许运行脚本，如 ASP 脚本；“脚本和可执行程序”选项代表可以访问或执行各种文件类型，如服务器端存储的 CGI 程序。

“应用程序池”下拉列表框，用于选择运行应用程序的保护方式，可以选择与 Web 服务在同一进程中运行（低），与其他应用程序在独立的共用进程中运行（中），或者在与其他进程不同的独立进程中运行（高）。

5）“性能”选项卡。“带宽限制”模块，如果计算机上设置了多个服务，如 WWW、FTP、E－mail 等，则有必要根据实际需要，限制每个站点可以使用的带宽。选择“限制网站可以使用的网络带宽”选项，在“最大带宽”文本框中输入设置数值。

“网站连接”模块中，“不受限制”选项表示允许同时发生的连接数不受限制；“连接限制为”选项表示限制同时连接到该站点的连接数，在对话框中键入允许的最大连接数。例如，限制最大连接数为 30，则服务器并发处理连接为 30，超出的连接请求将不予处理。

6）“文档”选项卡。“启动默认内容文档”模块中，默认文档可以是 HTML 文件或 ASP 文件，当用户通过浏览器连接至 Web 站点时，若未指定要浏览的文件，则 Web 服务器会自动传送该站点的默认文档供用户浏览，例如通常将 Web 站点主页 Default. htm、Default. asp 和 index. htm 设为默认文档。

“启用文档页脚”模块中，系统会自动将一个 HTML 格式的页脚附加到 Web 服务器所发送的每个文档中。

7）“目录安全性”选项卡。“身份验证和访问控制”模块中，单击“编辑”按钮，在弹出的“身份验证方法”对话框中可以设置启用匿名访问，或设置匿名访问使用的用户名和密码。另外，还可以设置不同的身份验证方法来访问页面。

“IP 地址和域名限制”模块中，可以设定客户访问 FTP 站点的范围，其方式为授权访问和拒绝访问。

授权访问：开放访问此站点的权限给所有用户，并可以在“下列除外”列表中加入受限制的用户 IP 地址。

拒绝访问：不开放访问此站点的权限，默认所有人不能访问该站点，在“下列除外”列表中加入允许访问站点的用户 IP 地址，使它们具有访问权限。

“授权访问”和“拒绝访问”：合理地设置“授权访问”和“拒绝访问”，可以有效提高 Web 服务器的安全。当服务器只供内部用户使用时，设置适当的“授权访问”IP 地址列表，可以保护服务器不受外部攻击。

8）“HTTP 头”选项卡。“启用内容过期”模块中，在“HTTP 头”选项卡上，如果选择了“启用内容过期”选项，便可进一步设置此站点内容过期的时间。当用户浏览此站点时，浏览器会对比当前日期和过期日期，从而决定是显示硬盘中的网页暂存文件，还是向服务器要求更新网页。

此外，IIS 支持远程管理。系统管理员可以在任何地方，从任何一个终端客户端来管理 Windows Server 2003 域与计算机，它们可以直接运行系统管理工具来进行管理工作，这些操作就好像是在本机上一样。

3. Apache

Apache 是世界使用排名第一的 Web 服务器软件。几乎所有广泛应用的计算机平台上它都可以运行，由于其跨平台和安全性被广泛使用，成为当今最流行的 Web 服务器端软件之一。

4. Tomcat

Tomcat 是基于 Apache 许可证下开发的自由软件，是完全重写的 Servlet API 2.2 和 JSP 1.1 兼容 Servlet/JSP 的容器，目前许多 Web 服务器都采用它。

二、网页和网站相关概念

1. 网页

网页（web page）是网站中的一页，是构成网站的基本元素，是承载各种网站应用的平台，网页要通过网页浏览器来阅读。

网页分为静态网页和动态网页，主要根据网页制作的语言来区分。

静态网页是标准的 HTML 文件，它的文件扩展名是 .htm 或 .html，可以包含文本、图像、声音、Flash 动画、客户端脚本和 ActiveX 控件及 Java 小程序等。尽管在网页上使用这些对象后可以使网页动感十足，但是这种网页不包含在服务器端运行的任何脚本，网页上的每一行代码都是由网页设计人员预先编写好后放置到 Web 服务器上的，在发送到客户端的浏览器上后不再发生任何变化。

动态网页是指跟静态网页相对的一种网页编程技术。静态网页随着 HTML 代码的生成，页面的内容和显示效果就基本上不会发生变化。而动态网页则不然，页面代码虽然没有变，但是显示的内容却是可以随着时间、环境或者数据库操作的结果而发生改变的。

动态网页的后缀不是 .htm、.html，而是以 .asp、.jsp、.php 等形式为后缀。动态网页制作的 3P 技术指的是 ASP、JSP 和 PHP。本任务主要介绍 ASP 和 JSP 站点的创建和使用。

2. 动态网页制作技术

（1）ASP 简介。ASP（Active Server Page）的中文意思为“动态服务器页面”，是微软公司开发的代替 CGI 脚本程序的一种应用，它可以与数据库和其他程序进行交互，是一种简单、方便的编程工具。ASP 网页可以包含 HTML 标记、普通文本和脚本命令等。利用 ASP

可以向网页中添加交互式内容（在线表单），也可以创建使用 HTML 网页作为用户界面的 Web 应用程序。

（2）JSP 简介。JSP（Java Server Pages）是由 Sun Microsystems 公司倡导、许多公司参与建立的一种动态网页技术标准。JSP 技术类似 ASP 技术，它是在传统网页 HTML 文件（.htm、.html）中插入 Java 程序段（Scriptlet）和 JSP 标记（tag），从而形成 JSP 文件（.jsp）。用 JSP 开发的 Web 应用是跨平台的，既能在 Linux 下运行，也能在其他操作系统上运行。

3. 网站

通常把一系列逻辑上可以视为一个整体的页面叫作网站，或称为 Web 站点，它是一个互相连接的网页的集合。下面介绍创建 Web 站点的方法。

Dreamweaver CS3 是 Adobe 公司收购 Macromedia 公司后最新推出的 Creative Suite 3 设计套装中用于网页设计与制作的软件。作为全球最流行、最优秀的所见即所得的网页编辑器，Dreamweaver 可以轻而易举地制作出跨操作系统平台、跨浏览器的充满动感的网页，是目前制作 Web 站点、Web 页和 Web 应用程序开发的理想工具。

（1）HTML 站点。启动 Dreamweaver，单击“站点”菜单中的“新建站点”命令。在弹出的对话框中选择“高级”选项卡，设置“站点名称”“本地根文件夹”和“默认图像文件夹”，完成站点定义。

（2）ASP 站点

1）安装配置 IIS。IIS 是微软公司主推的服务器，是一种 Web（网页）服务组件，是执行 ASP 的环境。配置 ASP 站点前，必须先安装、配置 IIS。

2）新建 ASP 站点。启动 Dreamweaver，单击“站点”菜单中的“新建站点”命令。选择“基本”选项卡，输入站点名称，单击“下一步”按钮，选择“是，我想使用服务器技术。”单选按钮，在“哪种服务器技术?”下拉列表框中选择“ASP VBScript”选项，按提示操作。

（3）JSP 站点

1）安装 JDK。JDK（Java Development Kit）是 Sun Microsystems 公司针对 Java 开发员的产品。自从 Java 推出以来，JDK 已经成为使用最广泛的 Java SDK。JDK 是整个 Java 的核心，包括 Java 运行环境、Java 工具和 Java 基础类库。

2）安装 Tomcat。Tomcat 是 Apache 软件基金会的一个核心项目，由 Apache、Sun 和其他一些公司及个人共同开发而成。由于 Tomcat 技术先进、性能稳定，而且免费，深受用户喜爱，成为目前比较流行的 Web 应用服务器。

3）新建 JSP 站点。启动 Dreamweaver，单击“站点”菜单中的“新建站点”命令。选择“基本”选项卡，输入站点名称，单击“下一步”按钮，选择“是，我想使用服务器技术。”单选按钮，在“哪种服务器技术?”下拉列表框中选择“JSP”选项，按提示操作。

三、架设多个 Web 站点

在 IIS 6.0 中，每个 Web 站点都具有唯一的、由三个部分（端口号、IP 地址和主机头名）组成的标识，用来接收和响应请求。使用 IIS 6.0 的虚拟主机技术，通过分配 TCP 端口、IP 地址和主机头名，可以在一台服务器上建立多个虚拟 Web 网站，不同的 Web 网站可以提供不同的 Web 服务，而且每一台虚拟主机和一台独立的主机完全一样。这种方式适用于企业或组织需要创建多个网站的情况，可以节省成本。

在“Internet 信息服务（IIS）管理器”左侧窗格中，右击“网站”选项，在弹出的快捷菜单中依次选择“新建→网站”命令，在弹出的对话框中输入“网站描述”，单击“下一步”按钮，弹出“IP 地址和端口设置”对话框（见图 4—1—2）。

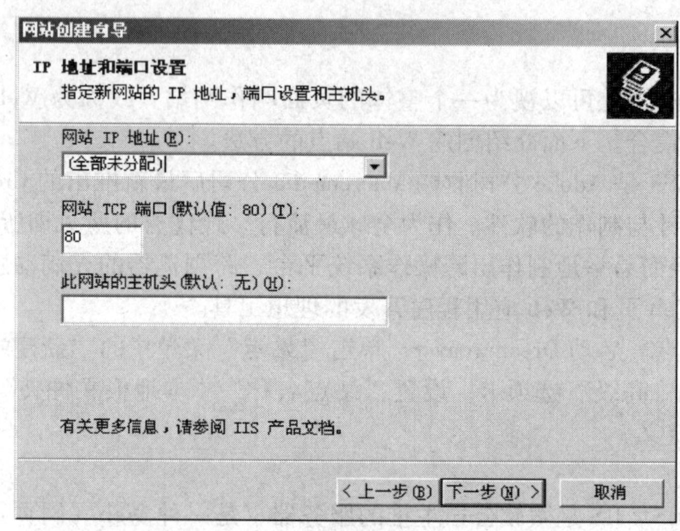

图 4—1—2　IP 地址和端口设置

架设多个 Web 网站可以通过以下三种方式：

1. 使用不同 IP 地址架设多个 Web 网站

在服务器上安装多个网卡，每个网站配置一个 IP 地址，使用不同 IP 地址架设多个 Web 网站。

2. 使用不同端口号架设多个 Web 网站

架设多个网站，每个网站均使用不同的端口号，采用这种方式创建的网站，其域名或 IP 地址部分完全相同，仅端口号不同。用户在使用网址访问时，必须添加相应的端口号。

3. 使用不同主机头架设多个 Web 网站

“主机头”法就是根据用户输入的网址进行区分和判断，这种方法适合于每一个站点都有独立的域名（或二级域名），用户在访问站点时，只需输入网址即可访问。通过在 Windows Server 2003 下设置 IIS 中不同站点的主机头信息，实现多个不同网站在同一台服务器上使用同一 IP 地址和同一个端口，在“不加任何虚拟目录”的前提下顺利发布多个网站的功能。使用主机头可以建立专业的虚拟主机，绝大部分使用 IIS 提供虚拟主机的公司都采用“主机头”法创建虚拟主机。

提示

主机头形式为 FQDN，主机头需要 DNS 解析。

任务实施

一、安装 IIS

1. 依次单击“虚拟机→设置”菜单项（见图 4—1—3），在弹出的“虚拟机设置”对话框中选择“CD - ROM”选项，再选中“使用 ISO 镜像”单选项，单击“浏览”按钮（见图 4—1—4）。

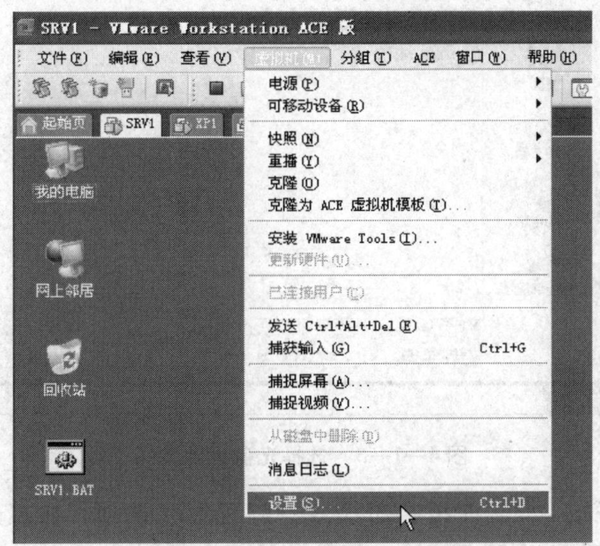

图 4—1—3　虚拟机设置菜单

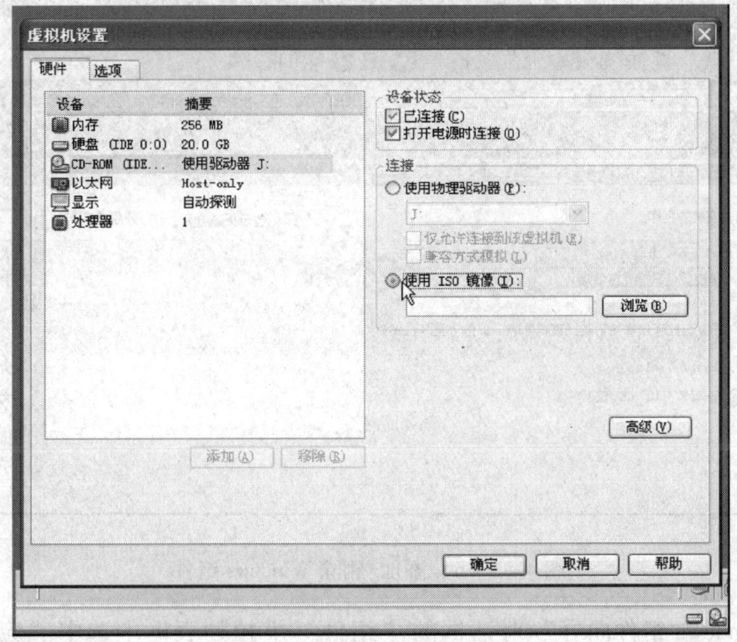

图 4—1—4　设置 CD - ROM

2. 在弹出的“浏览 ISO 镜像”对话框中，选择光盘镜像文件 WIN2K3_SP2_CHS. iso（见图 4—1—5），单击“打开”按钮，进行加载。

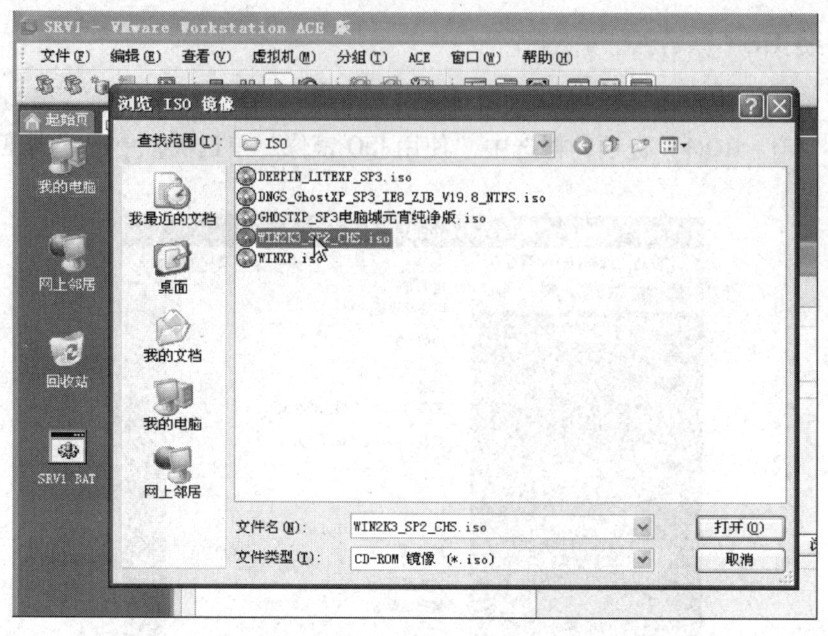

图 4—1—5　选择光盘镜像文件

3. 依次单击“开始→控制面板→添加或删除程序”选项，在打开的“添加或删除程序”对话框中单击“添加/删除 Windows 组件”按钮（见图 4—1—6）。

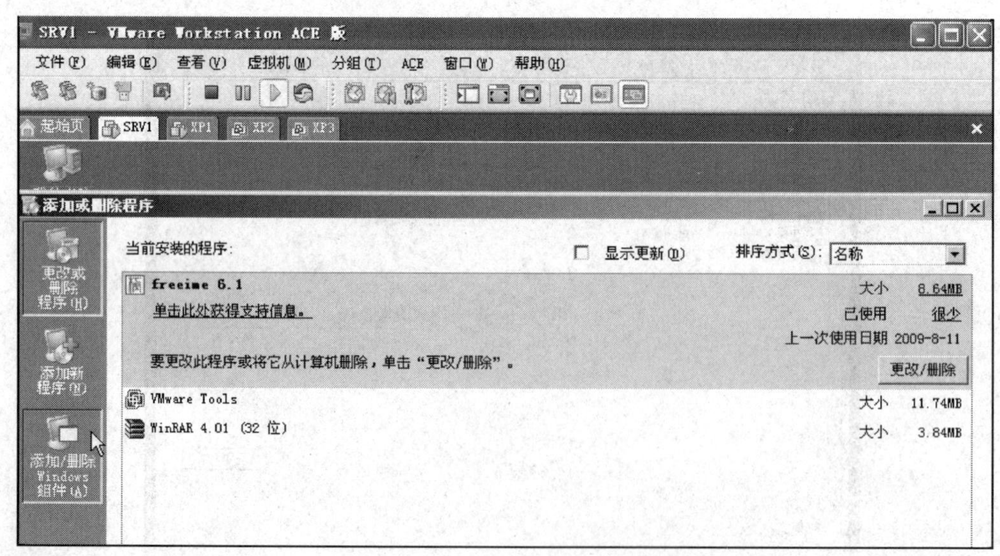

图 4—1—6　添加/删除 Windows 组件

4. 在“Windows 组件向导”对话框的“组件”下拉列表框中选中“应用程序服务器”（包含 IIS）选项（见图 4—1—7），单击“下一步”按钮，开始安装（见图 4—1—8）。

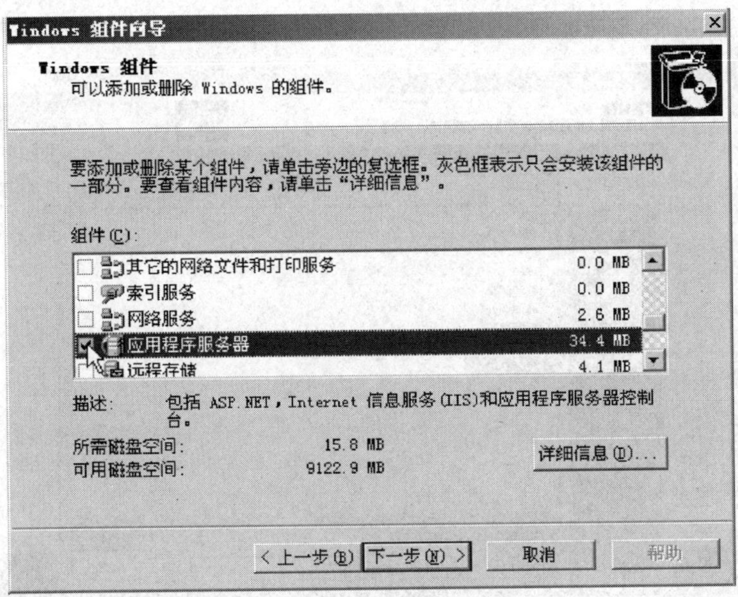

图 4—1—7　选择应用程序服务器

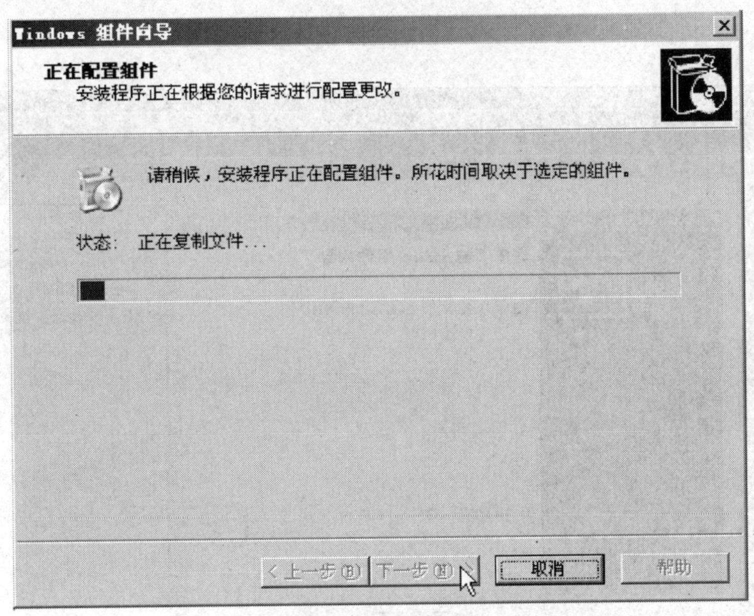

图 4—1—8　安装 Internet 信息服务（IIS）

5. 安装过程中需要指定光盘“I386”文件夹下的 CONVLOG. EX_等文件（见图 4—1—9）。

6. 继续安装，直至安装完成（见图 4—1—10）。

二、安装 Dreamweaver CS3

1. 运行 Dreamweaver CS3 安装程序，按照安装向导提示，逐步完成软件安装。

图 4—1—9　指定文件 CONVLOG. EX_

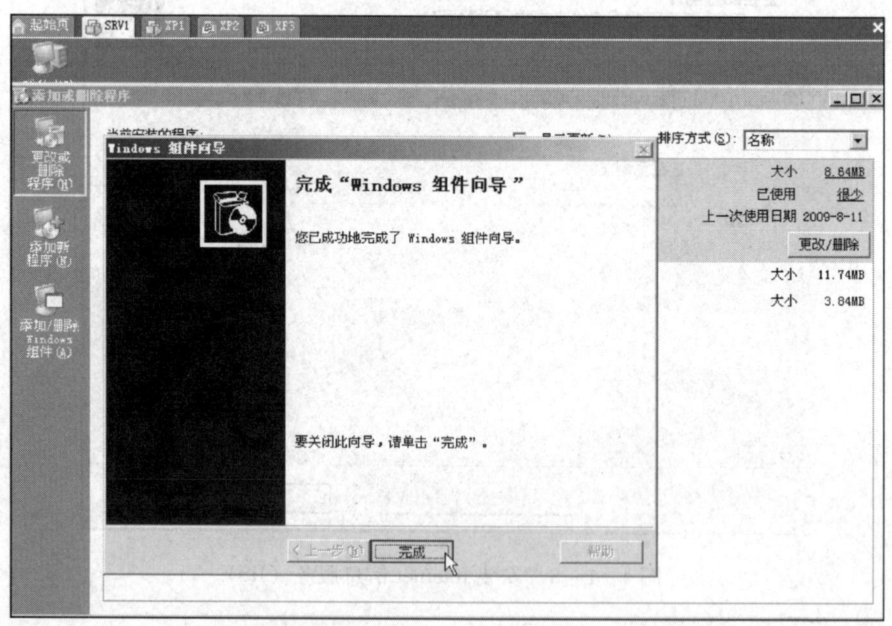

图 4—1—10　完成安装

2. 安装结束后，在桌面创建程序启动快捷方式（见图 4—1—11）。

三、建立 HTML 站点

在 D 盘根目录下建立 HtmlSite 文件夹，再建立子文件夹 images。

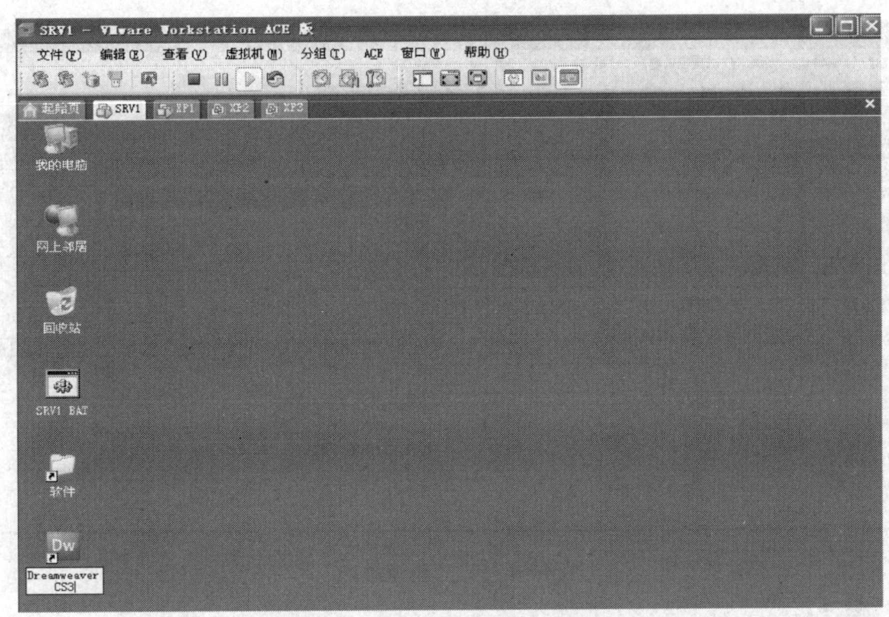

图 4—1—11　创建快捷方式

1. 建立 HTML 站点

（1）启动 Dreamweaver，设置为默认编辑器（第一次启动需要设置），如图 4—1—12 所示。

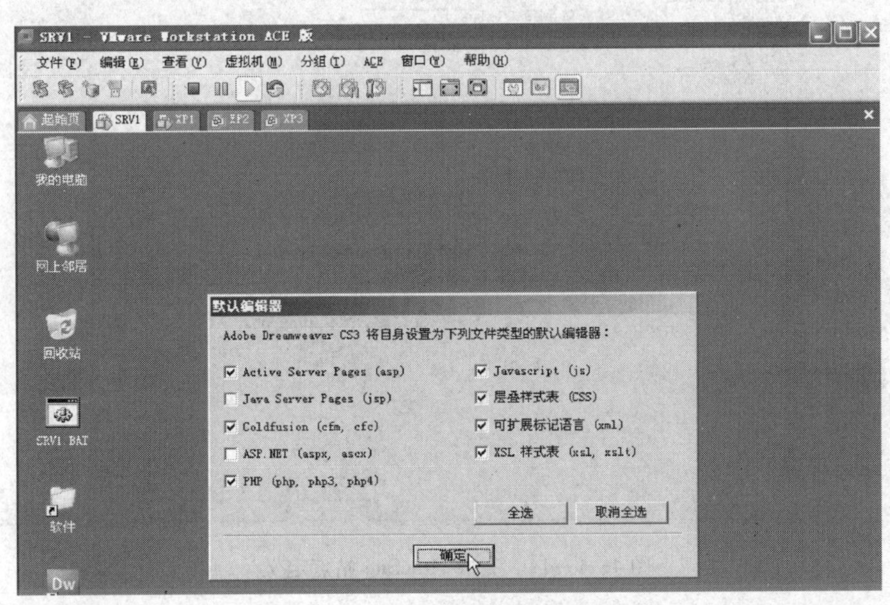

图 4—1—12　设置默认编辑器

（2）启动成功后，依次选择“站点→新建站点”命令（见图 4—1—13）。

（3）在打开的对话框中切换到“高级”选项卡，输入站点名称 HtmlSite，本地根文件夹选择为 D:\HtmlSite，默认图像文件夹设置为 D:\HtmlSite\images。单击“确定”按钮，完成 HtmlSite 站点定义（见图 4—1—14）。

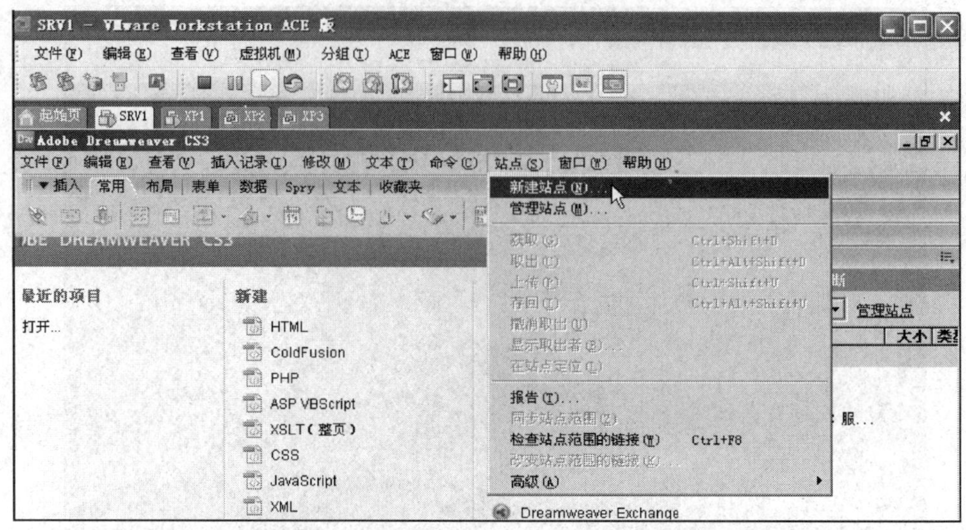

图 4—1—13　新建站点

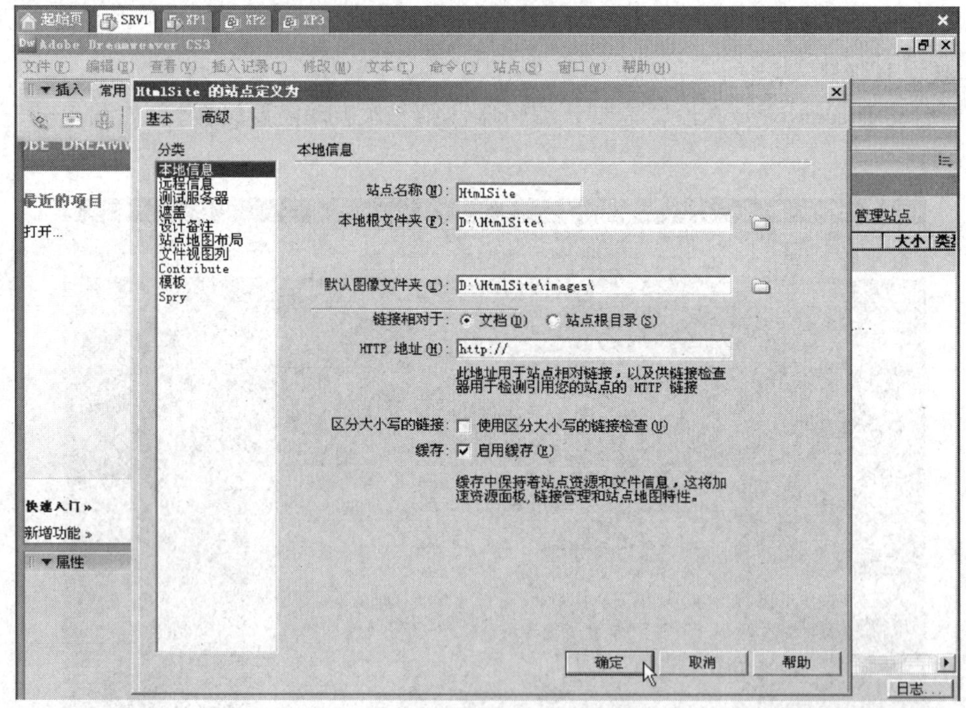

图 4—1—14　完成 HtmlSite 站点定义

2. 建立测试文件

(1) 在“文件”面板中，右击“站点 - HtmlSite”选项，在弹出的快捷菜单中选择“新建文件”命令（见图 4—1—15）。

(2) 自动新建一个 untitled. html 文件，选中该文档，按 F2 键，将 untitled. html 重命名为 index. html（见图 4—1—16）。

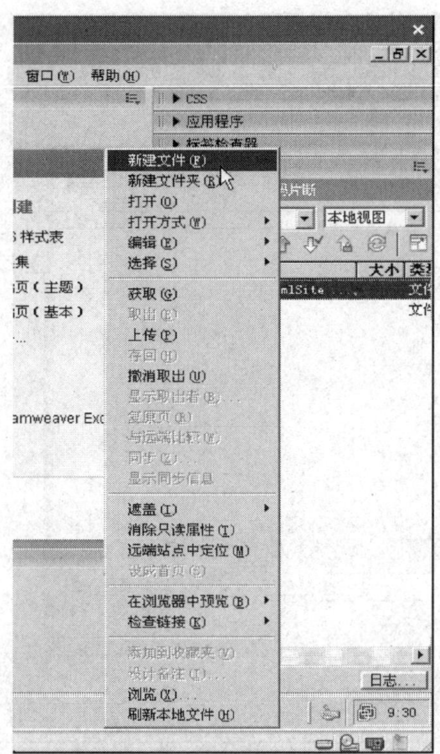

图 4—1—15　新建文件

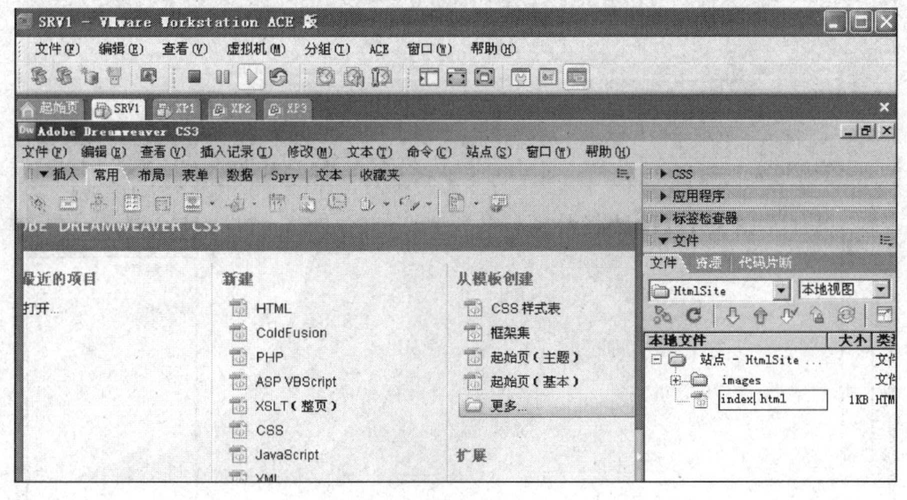

图 4—1—16　重命名为 index. html

（3）在设计视图中输入文字 This is a HtmlSite，选择文字，在属性面板设置格式为“标题 1”（见图 4—1—17）。

3. 测试 HTML 站点

在 Dreamweaver 中测试，按 F12 键，在出现保存提示时单击“是”按钮保存，在 IE 浏览器中预览（见图 4—1—18），测试成功。

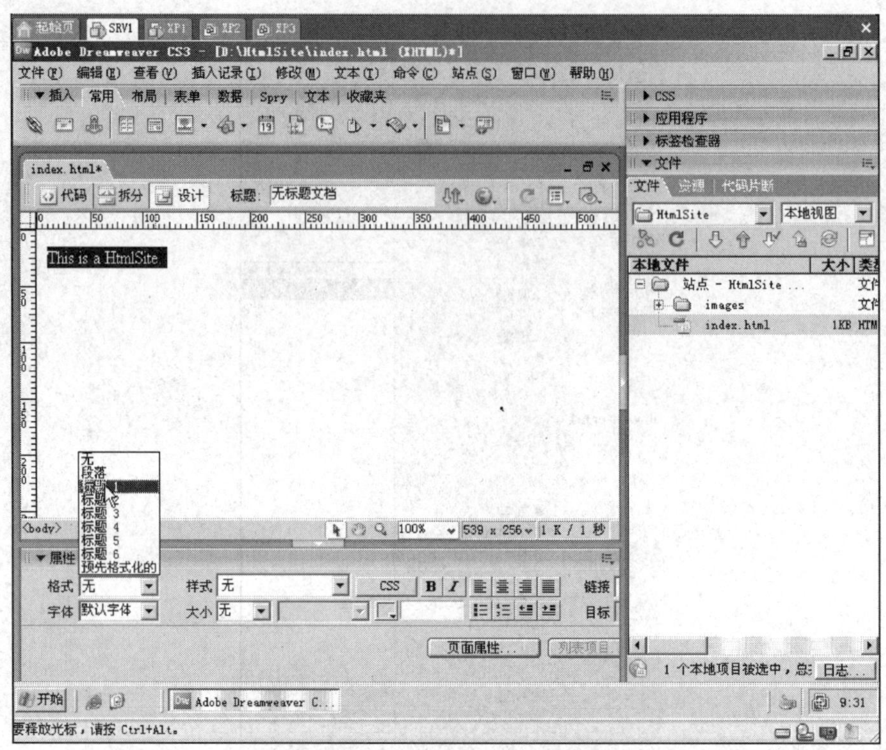

图 4—1—17　输入文字并设置格式

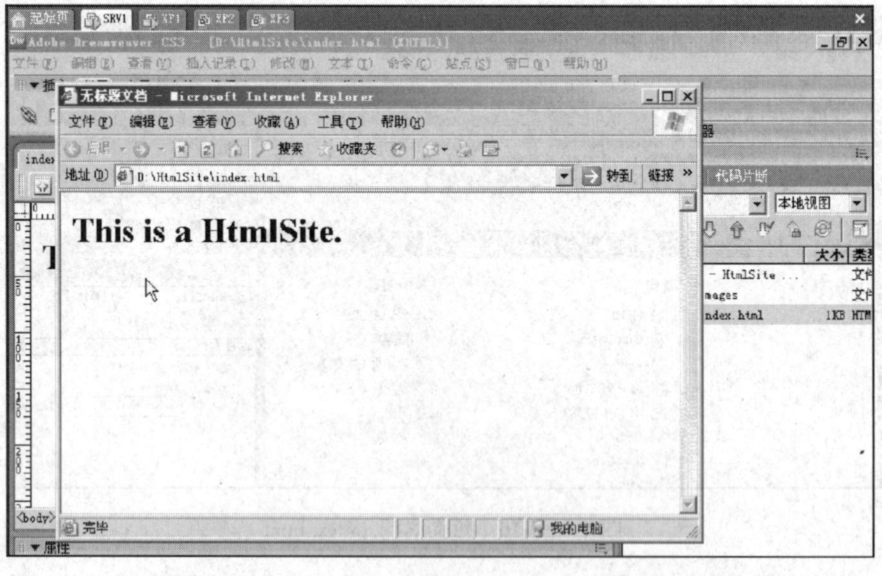

图 4—1—18　在 Dreamweaver 中测试成功

4. 在服务器端测试

(1) 在 IE 浏览器地址栏中输入“http://localhost”进行测试，测试未成功（见图 4—1—19），需要进一步配置 IIS。

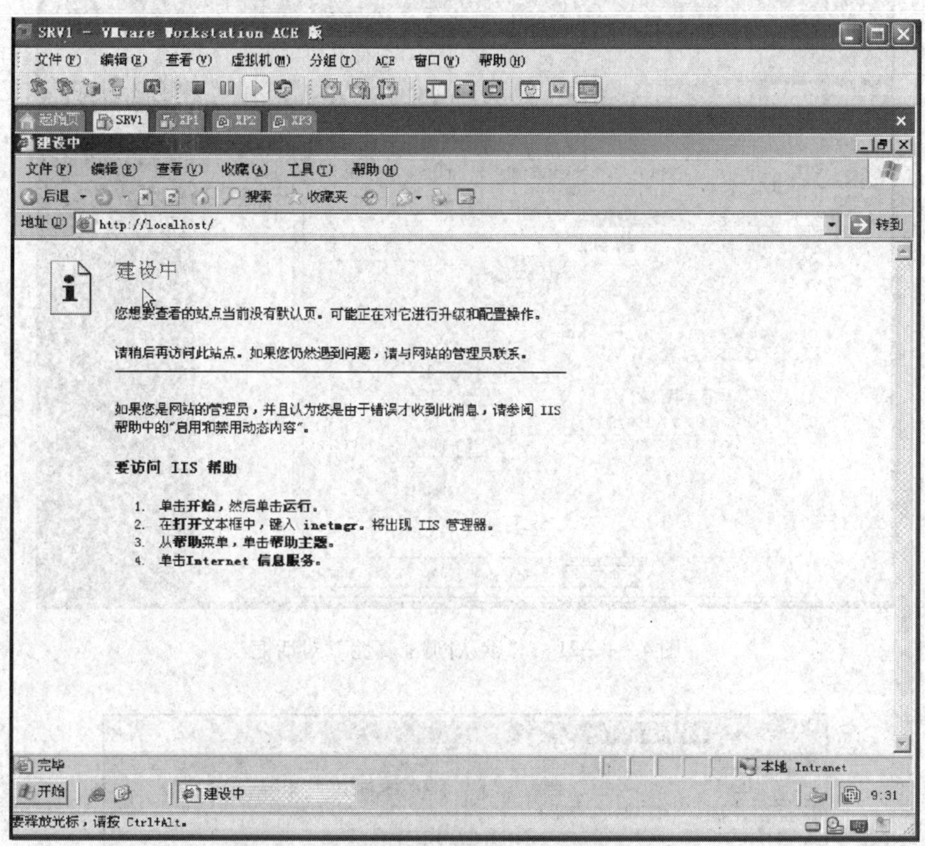

图 4—1—19　测试失败

依次单击“开始→运行”选项，打开“运行”对话框，输入“inetmgr”（见图 4—1—20），单击“确定”按钮，弹出“Internet 信息服务（IIS）管理器”对话框。

图 4—1—20　运行 inetmgr

（2）在“Internet 信息服务（IIS）管理器”窗口中，右击“默认网站”选项，在弹出的快捷菜单中选择“属性”命令，打开“默认网站 属性”对话框（见图 4—1—21）。

（3）在打开的“默认网站 属性”对话框中，单击“主目录”选项卡，显示默认本地路径为 C:\inetpub\wwwroot（见图 4—1—22）。

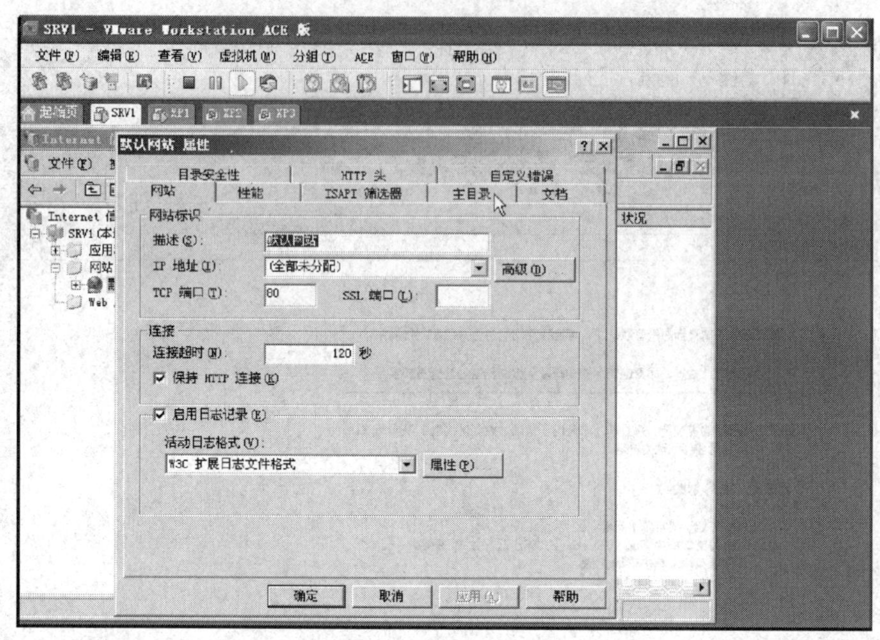

图 4—1—21 “默认网站 属性”对话框

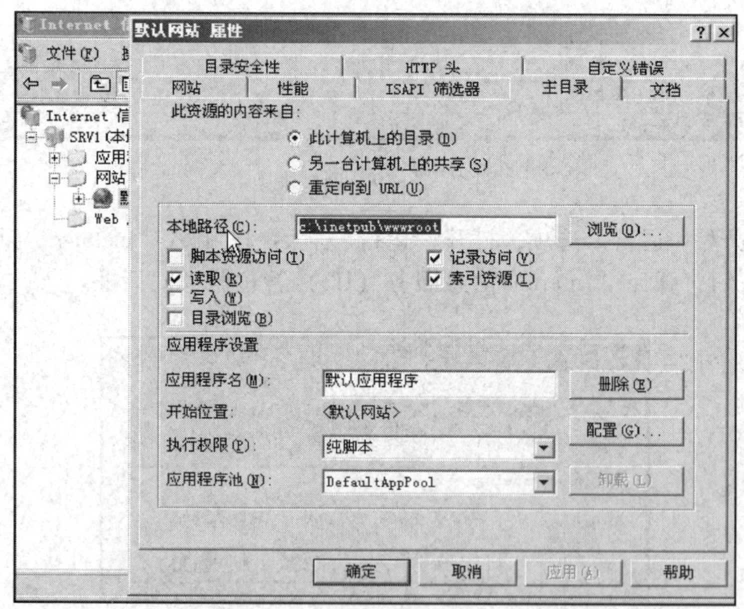

图 4—1—22 默认本地路径

(4) 单击“浏览”按钮，选择 D 盘下的“HtmlSite”文件夹作为本地路径（见图 4—1—23）。

(5) 单击“文档”标签切换到“文档”选项卡（见图 4—1—24）。单击“确定”按钮，添加 index. html 默认内容页（见图 4—1—25）。

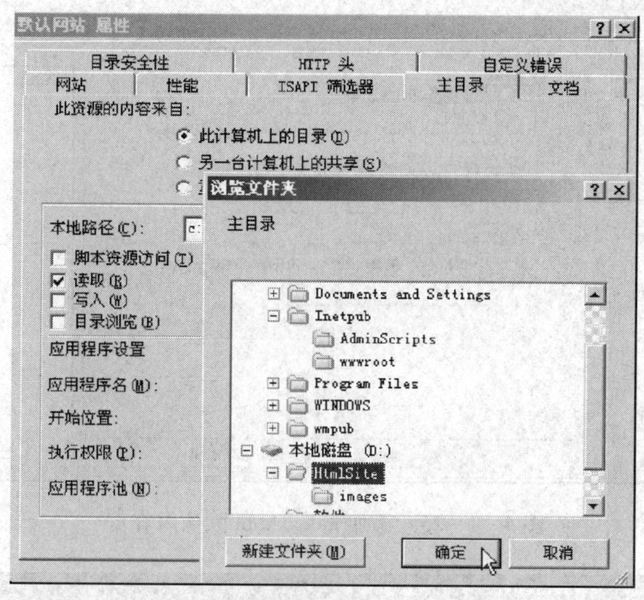

图 4—1—23 指定“HtmlSite”文件夹

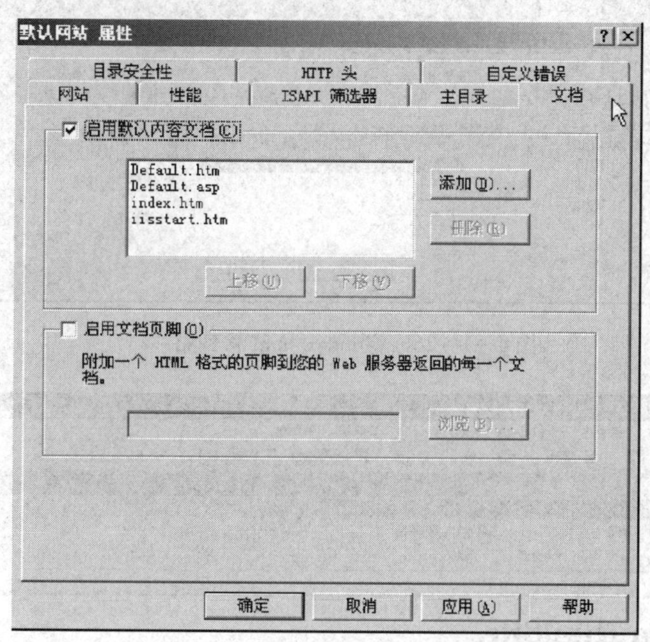

图 4—1—24 “文档”选项卡

（6）选中 index. html 文档，连续单击“上移”按钮，将 index. html 移到第一行（见图 4—1—26），单击“添加”按钮。

（7）在服务器端，打开“我的电脑”或 IE 浏览器，在地址栏内输入“http://localhost”，测试成功（见图 4—1—27）。

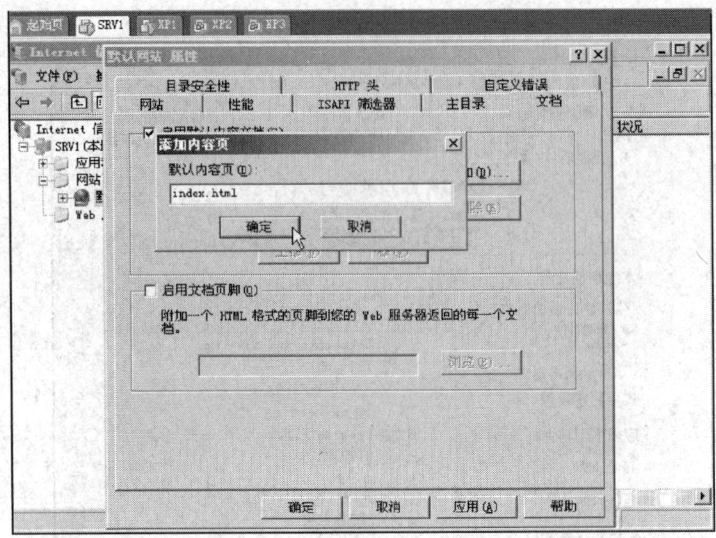

图 4—1—25　添加 index. html 默认内容页

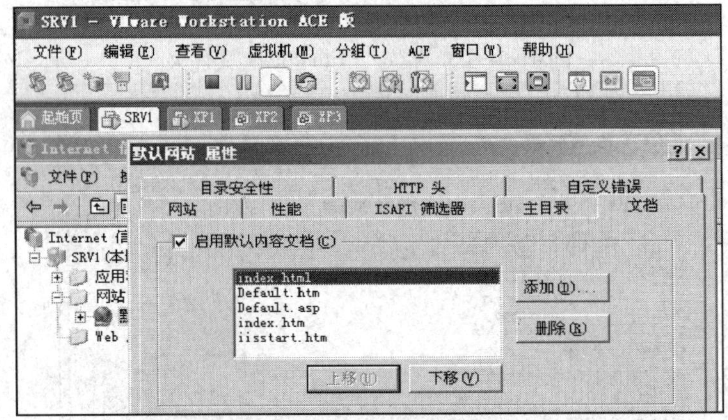

图 4—1—26　将 index. html 移到第一行

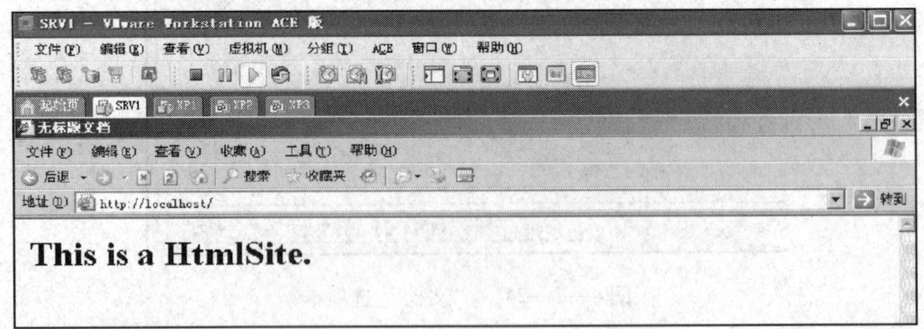

图 4—1—27　在服务器中测试成功

四、建立 ASP 站点

在 D 盘根目录下建立 AspSite 文件夹，再建立子文件夹 images。

1. 建立ASP站点

（1）建立站点

1）启动Dreamweaver，依次选择“站点→新建站点”命令。在弹出的对话框中选择“基本”选项卡，输入站点名称AspSite（见图4—1—28），单击“下一步”按钮。

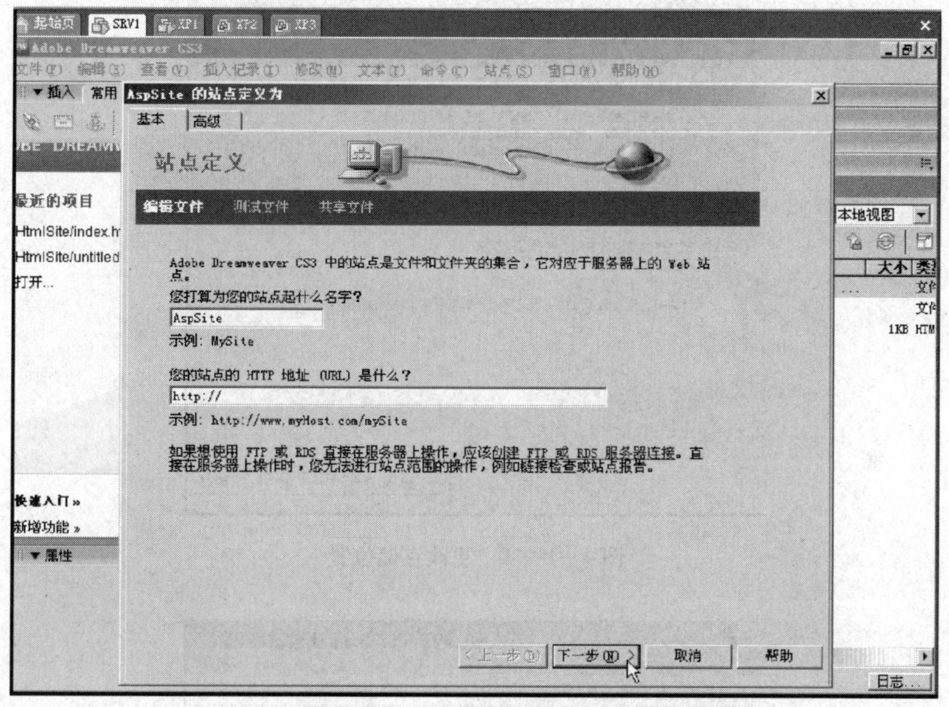

图4—1—28 输入站点名称

2）在图4—1—29所示对话框中选择“是，我想使用服务器技术。”单选按钮，再在“哪种服务器技术？”下拉列表框中选择“ASP VBScript”选项，单击“下一步”按钮。

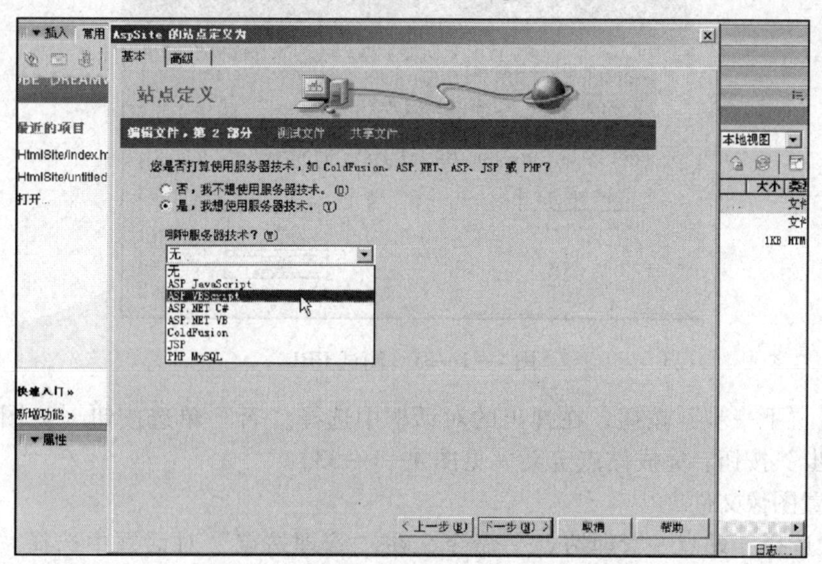

图4—1—29 选择使用服务器技术

3）在弹出的对话框中选择存储位置 D:\AspSite（见图 4—1—30），单击“下一步”按钮，测试 URL（见图 4—1—31）。

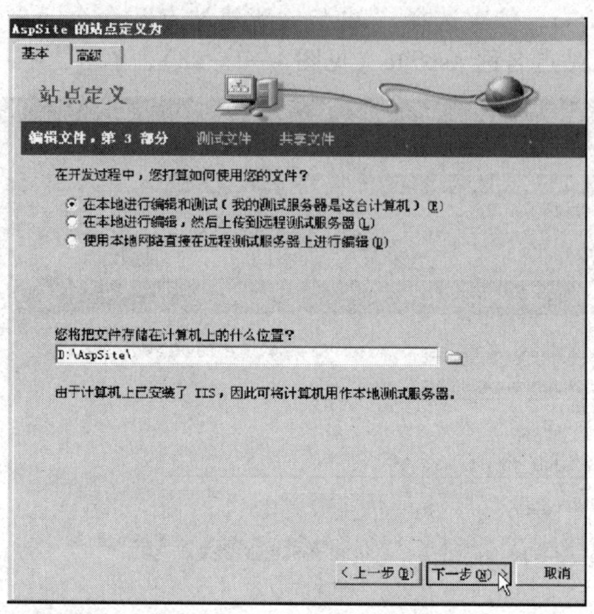

图 4—1—30　更改存储位置

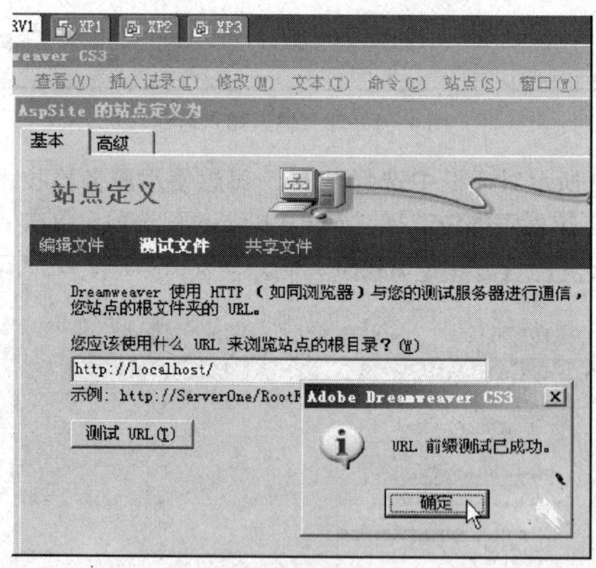

图 4—1—31　测试 URL

4）单击“下一步”按钮，在弹出的对话框中选择“否”单选按钮（见图 4—1—32）。单击“下一步”按钮，完成站点定义（见图 4—1—33）。

（2）配置图像文件夹

1）依次选择“站点→管理站点”命令，在“管理站点”对话框中选择“AspSite”选项后单击“编辑”按钮（见图 4—1—34）。

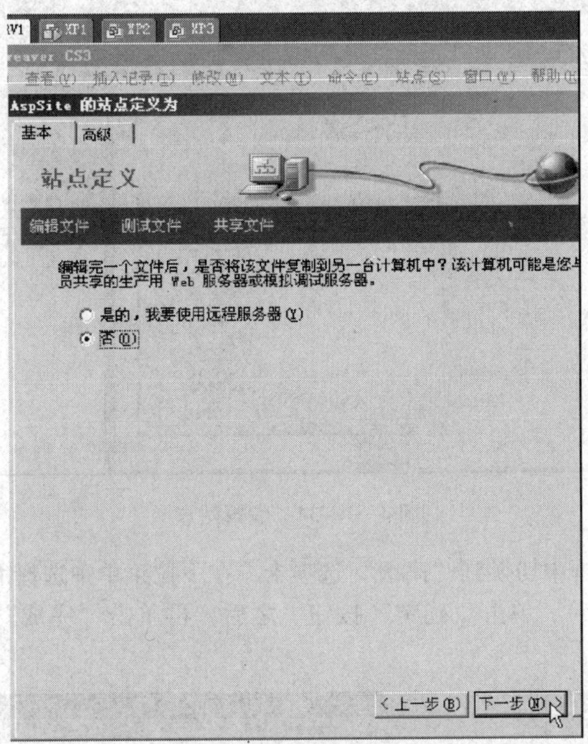

图 4—1—32　不使用远程服务器

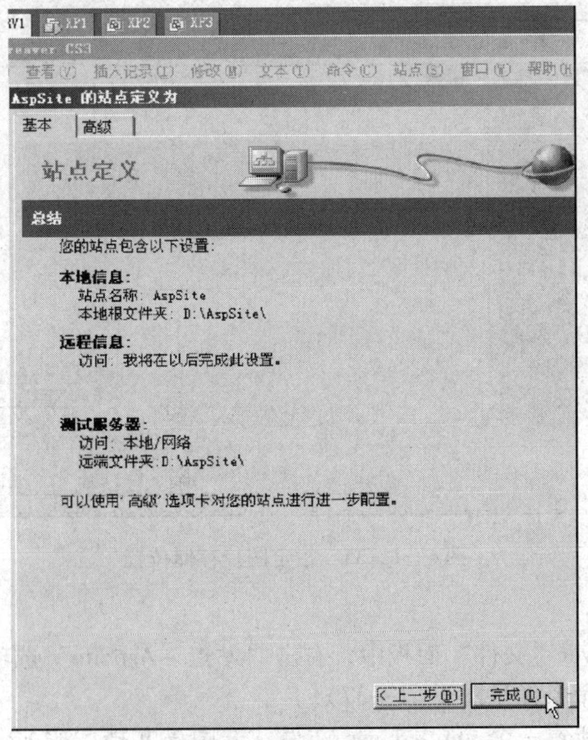

图 4—1—33　完成站点定义

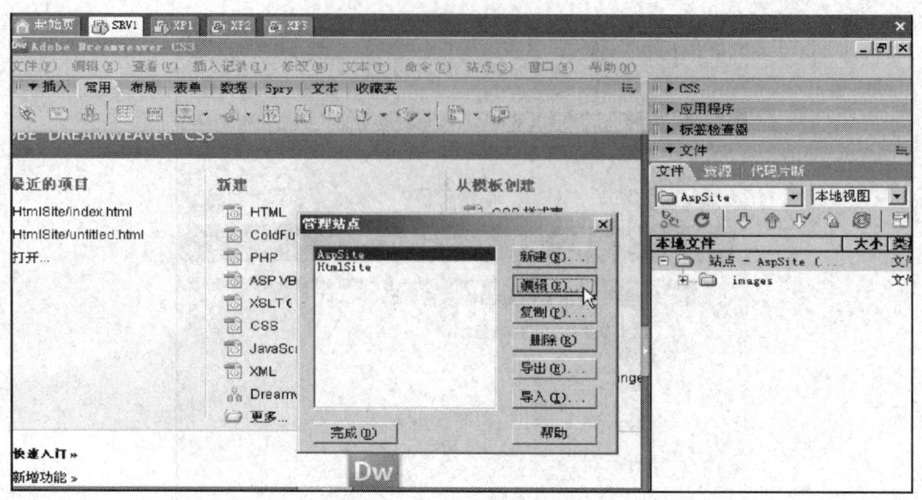

图 4—1—34　编辑站点

2）在打开的对话框中切换到“高级”选项卡，在下拉菜单中选择 D:\AspSite 下的 images 文件夹（见图 4—1—35），单击“确定”按钮。之后，再单击“完成”按钮，即可完成站点编辑（见图 4—1—36）。

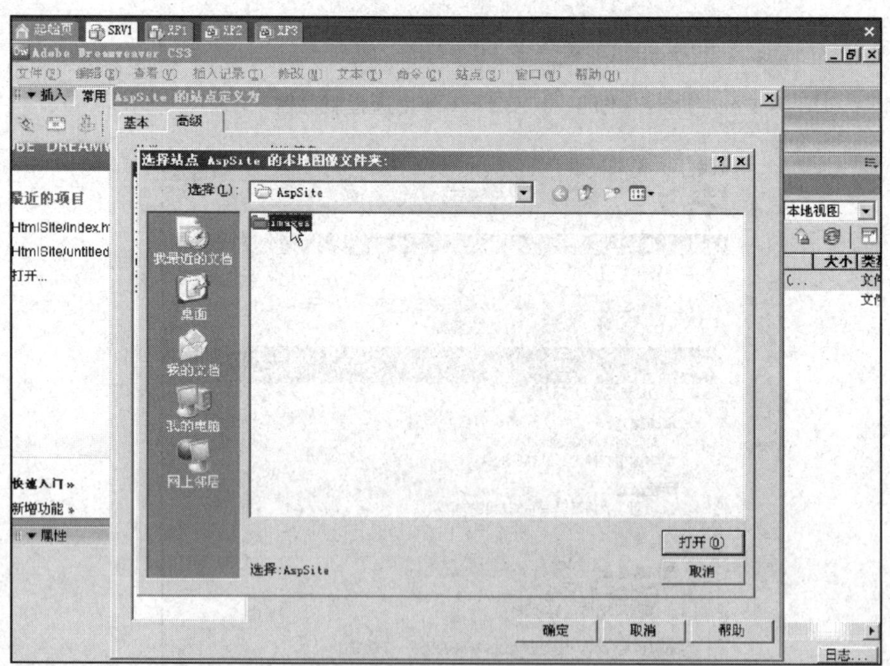

图 4—1—35　指定图片存储位置

2. 建立测试文件

（1）在 Dreamweaver“文件”面板中，右击“站点 - AspSite”选项，在弹出的快捷菜单中选择“新建文件”命令（见图 4—1—37）。

（2）系统将自动新建一个 untitled. asp 文件，选中该文档，按 F2 键，将 untitled. asp 重命名为 index. asp（见图 4—1—38）。

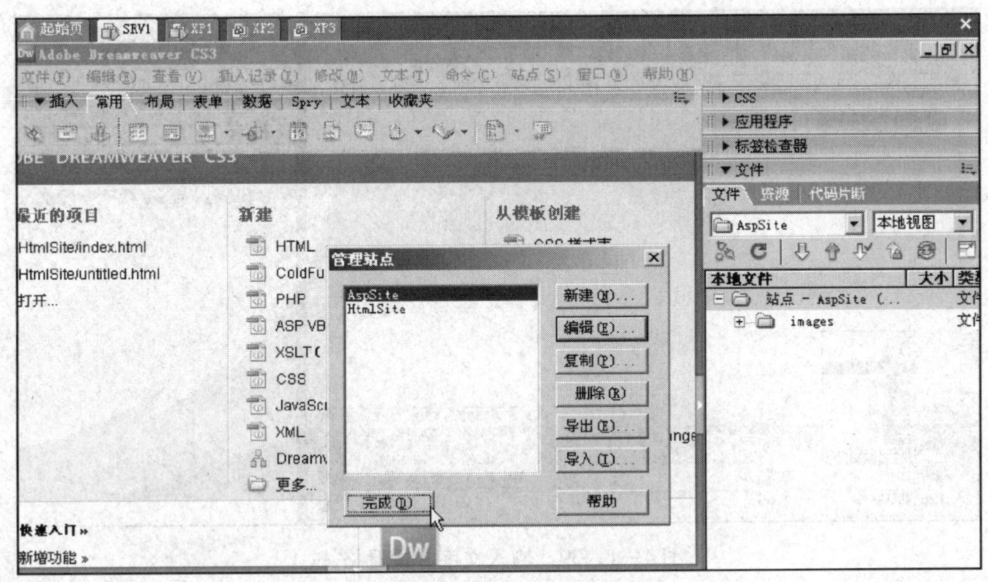

图 4—1—36　完成站点编辑

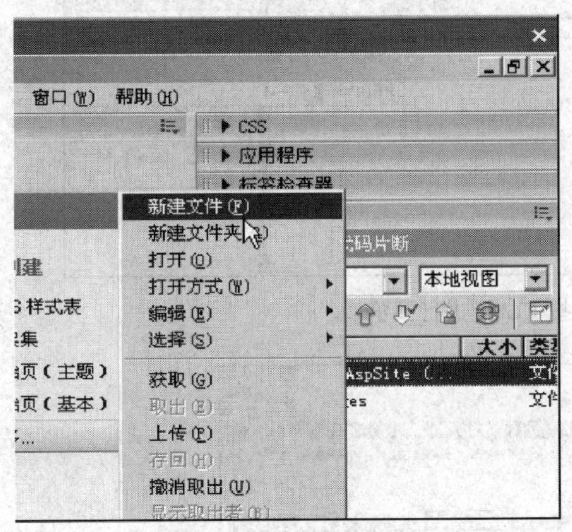

图 4—1—37　新建文件

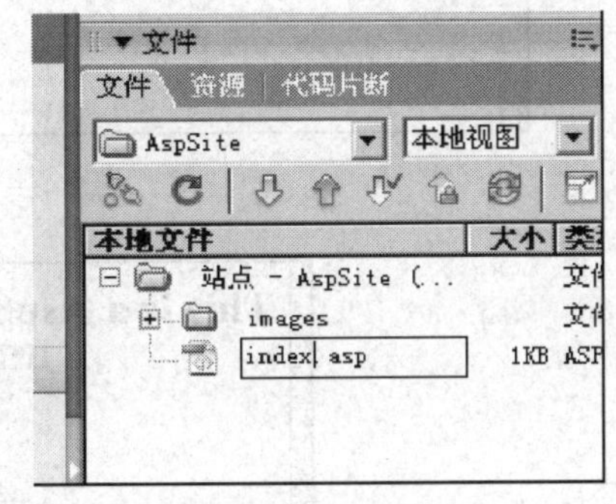

图 4—1—38　重命名为 index. asp

（3）在设计视图中输入文字 This is a AspSite，选择 This is a AspSite 文本，在“属性”面板中设置格式为“标题 1”（见图 4—1—39）。

（4）按 F12 键后在 IE 浏览器中预览效果（见图 4—1—40）。

（5）在弹出的对话框中单击“全部都是”按钮，保存文件（见图 4—1—41），在弹出的“是否更新测试服务器上的复制?”对话框中，选中“不要再显示该消息”复选按钮，单击“是”按钮（见图 4—1—42）。

（6）在“相关文件 – 将在 27 秒后消除”对话框中选择“不要再显示该消息”复选按钮，单击“是”按钮（见图 4—1—43）。测试不成功，出现“HTTP 错误 404 – 文件或目录未找到”错误页面（见图 4—1—44），则需要进一步配置 IIS。

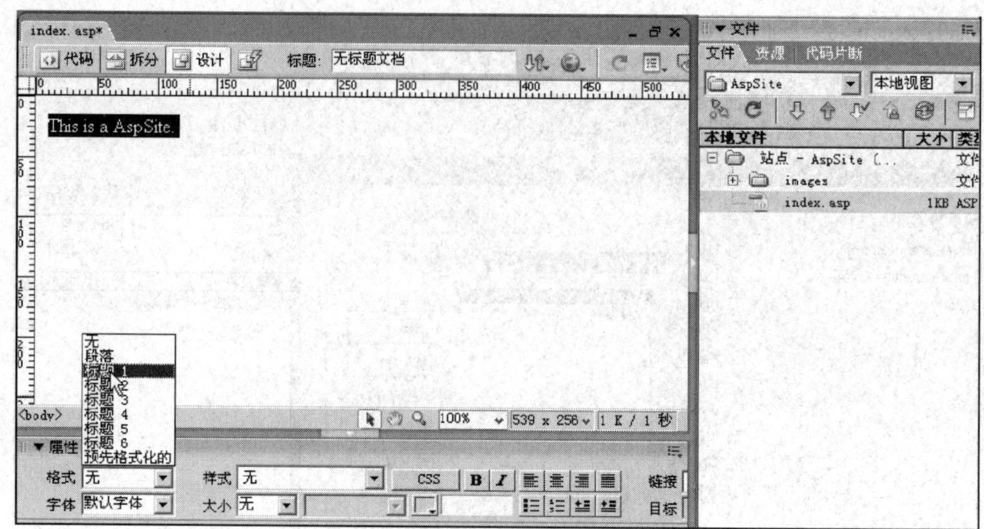

图 4—1—39 输入文字并设置格式

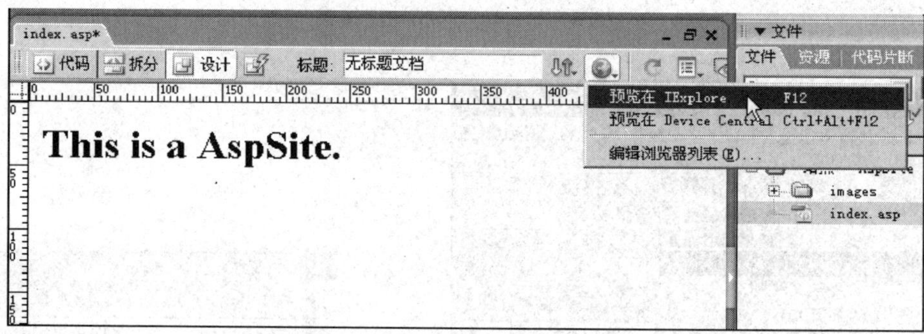

图 4—1—40 按 F12 键进行预览

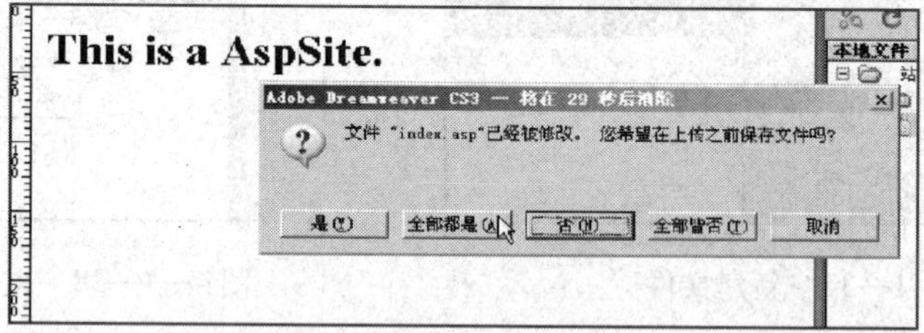

图 4—1—41 保存文件

图 4—1—42 更新测试服务器上的复制

图 4—1—43　要上传相关文件

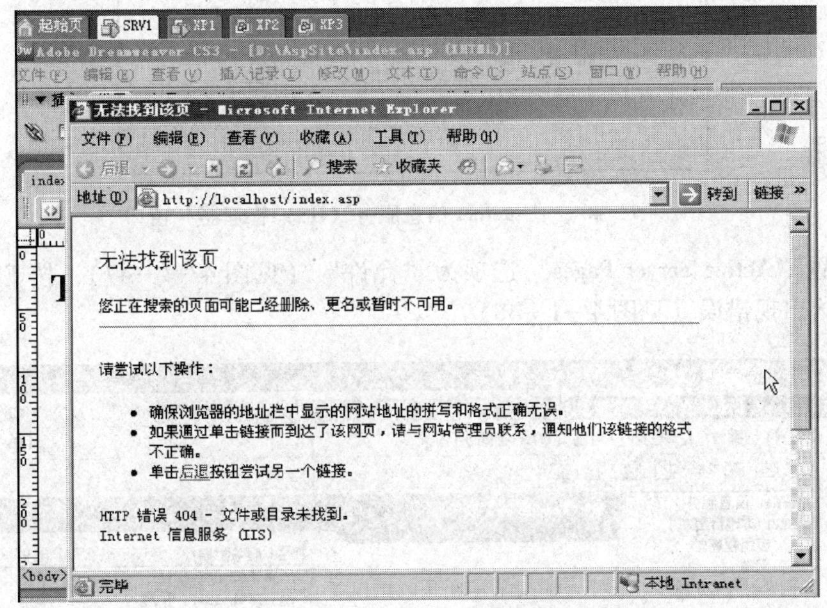

图 4—1—44　测试不成功

3. 配置 IIS

（1）打开“运行”对话框，输入 inetmgr（见图 4—1—45），单击“确定”按钮。在“Internet 信息服务（IIS）管理器”窗口中双击“Web 服务扩展”（见图 4—1—46）。

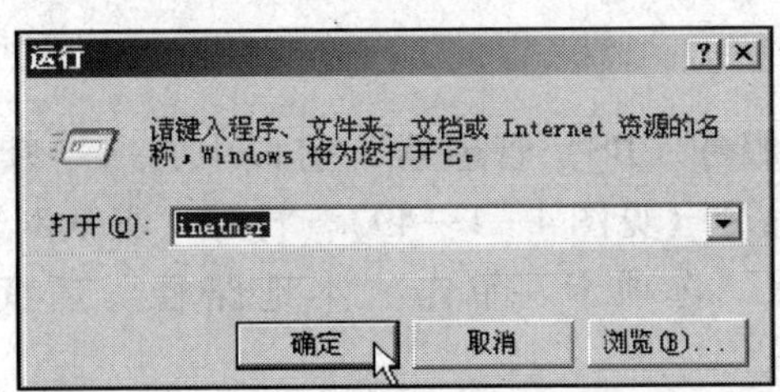

图 4—1—45　inetmgr 命令

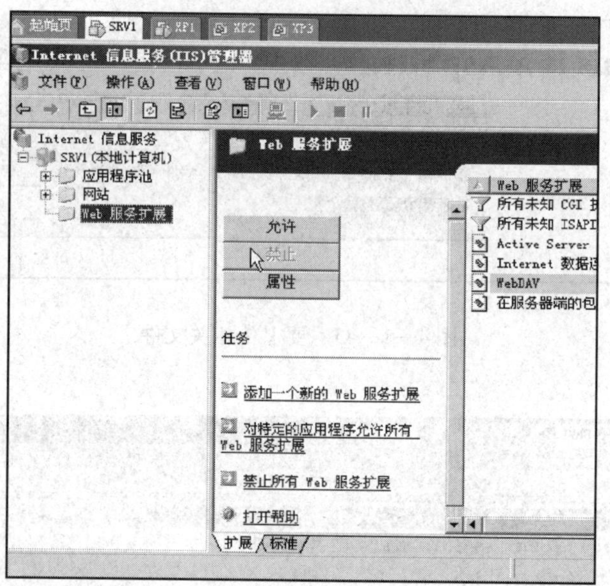

图 4—1—46 "Internet 信息服务（IIS）管理器" 窗口

（2）设置 "Active Server Pages" 选项为 "允许"（见图 4—1—47），按 F12 键重新测试。测试依然出现错误（见图 4—1—48）。

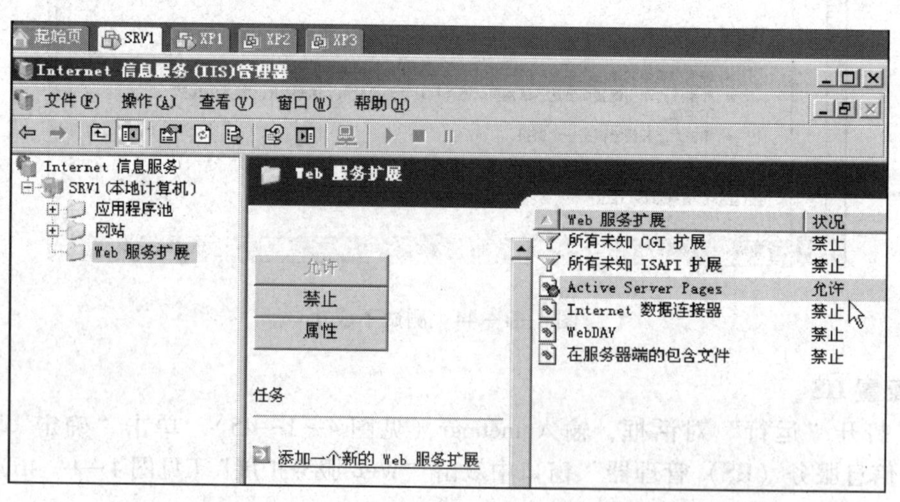

图 4—1—47 "Active Server Pages" 选项设置为 "允许"

（3）在 "Internet 信息服务（IIS）管理器" 窗口中右击 "默认网站" 选项，在弹出的快捷菜单中选择 "属性" 命令（见图 4—1—49），打开 "默认网站 属性" 对话框。

（4）切换到 "主目录" 选项卡，单击 "本地路径" 后面的 "浏览" 按钮（见图 4—1—50）。

（5）选择 D 盘下的 AspSite 文件夹，单击 "确定" 按钮。在 "执行权限" 下拉列表框中选择 "脚本和可执行文件" 选项，单击 "确定" 按钮（见图 4—1—51）。

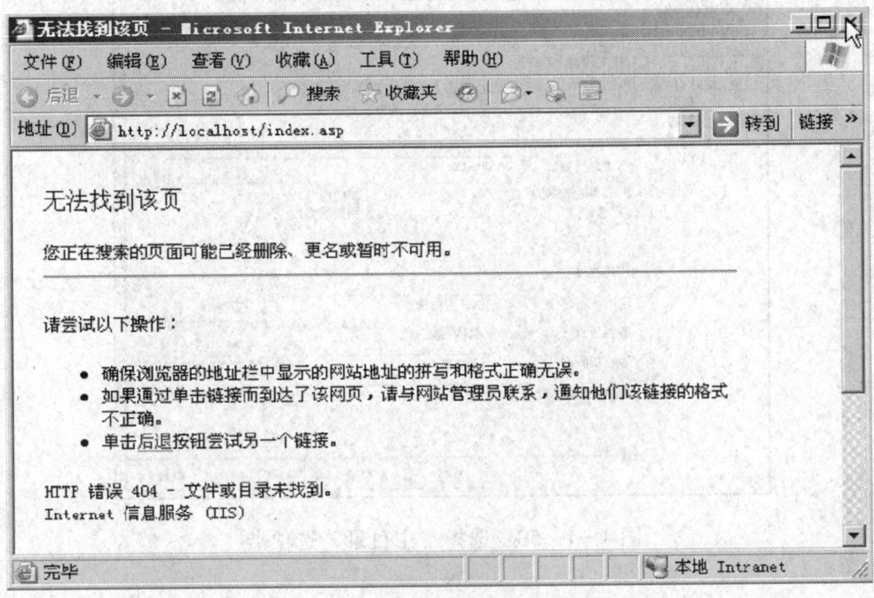

图 4—1—48　测试不成功

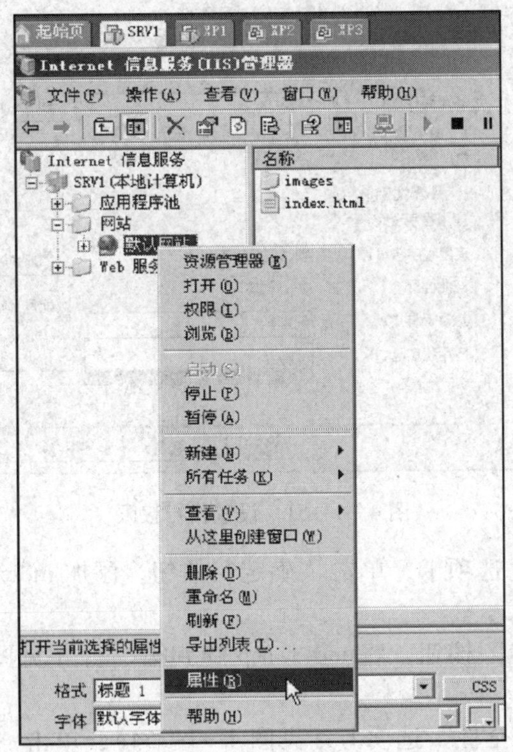

图 4—1—49　编辑默认网站

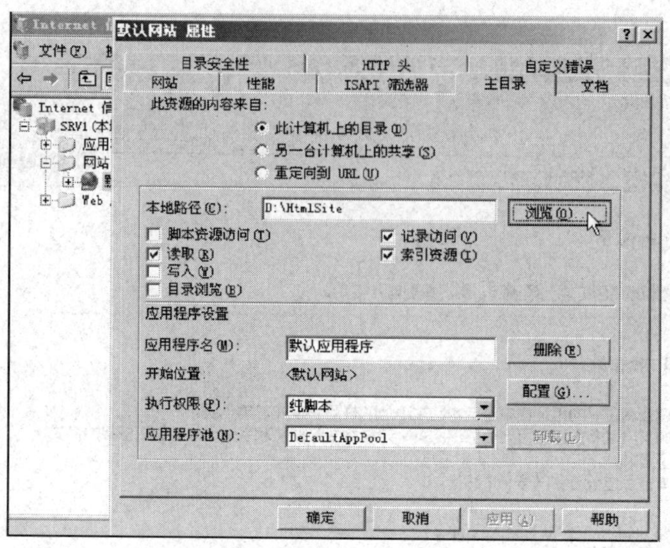

图 4—1—50　选择“主目录”选项卡

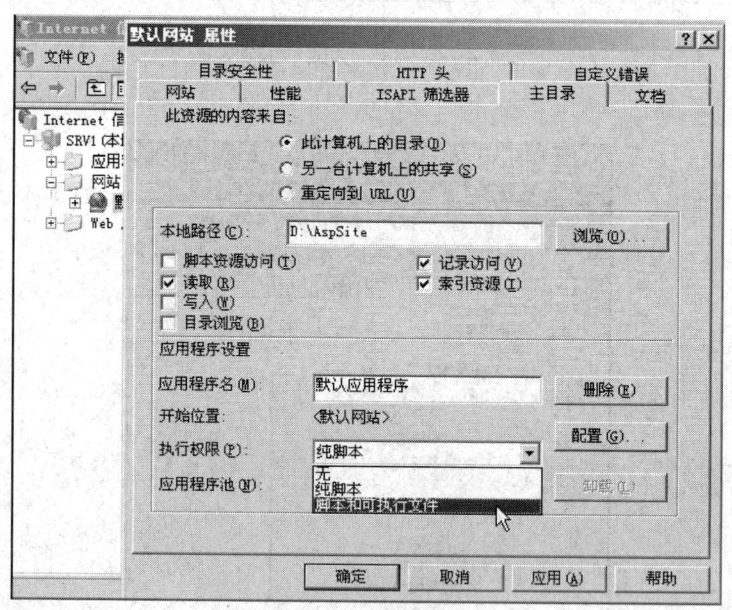

图 4—1—51　设置执行权限

（6）切换到“文档”选项卡，单击“确定”按钮，添加 index. asp 默认内容页（见图 4—1—52）。

（7）连续单击“上移”按钮，将 index. asp 移到第一行（见图 4—1—53），单击“确定”按钮，完成设置。

（8）切换到“目录安全性”选项卡（见图 4—1—54），单击“编辑”按钮，在弹出的“身份验证方法”对话框中选中“启用匿名访问”复选按钮（见图 4—1—55），单击“确定”按钮。

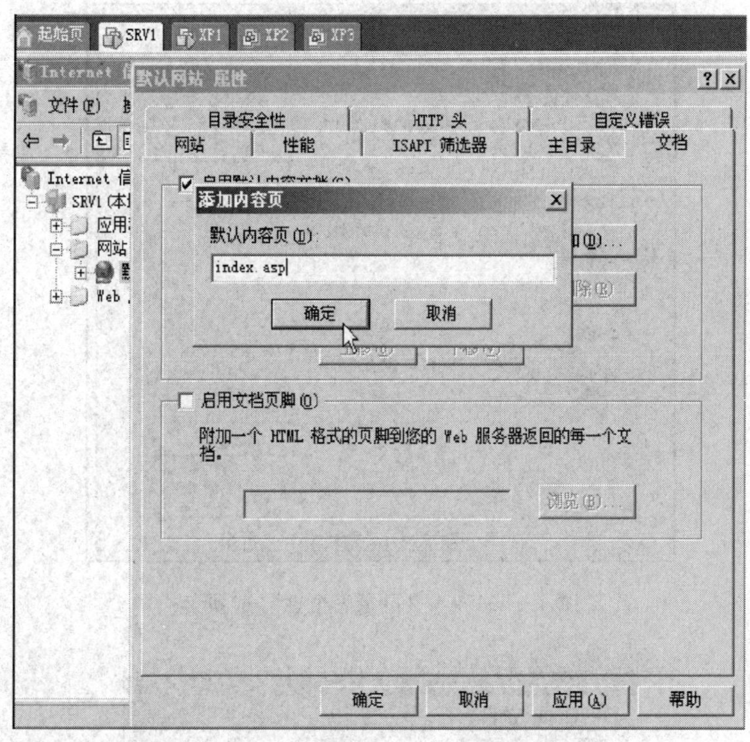

图 4—1—52　添加 index. asp 默认内容页

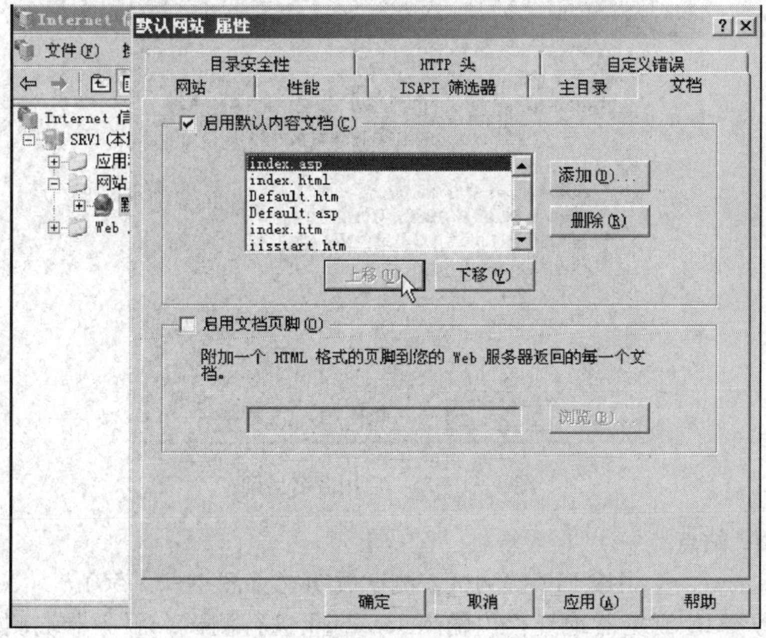

图 4—1—53　将 index. asp 移到第一行

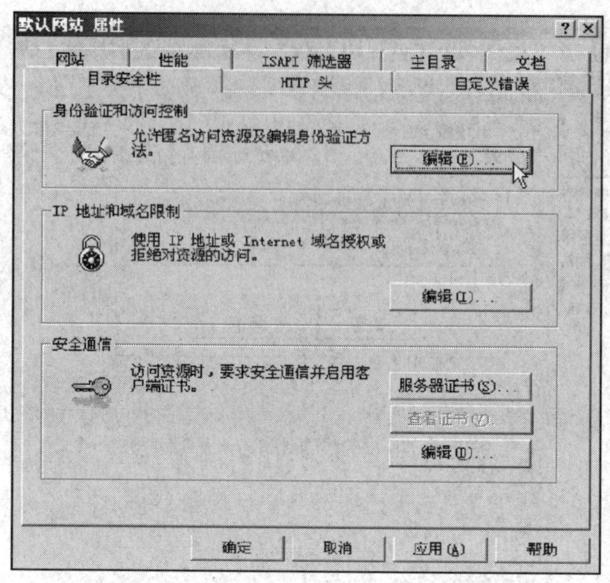

图 4—1—54 “目录安全性”选项卡

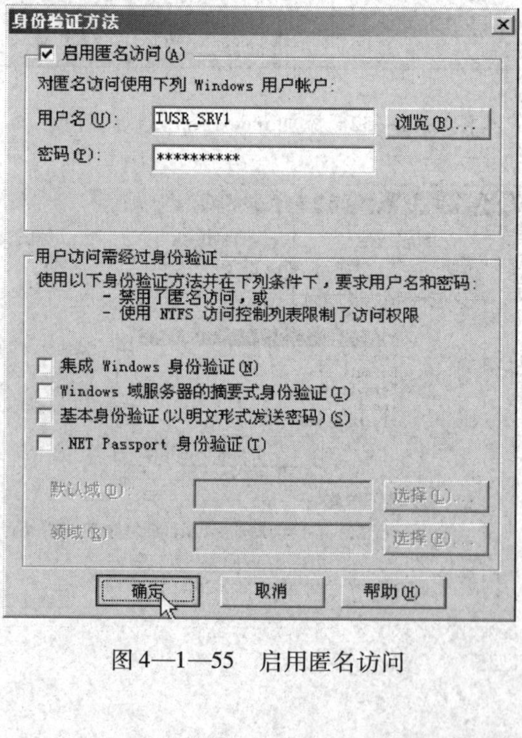

图 4—1—55 启用匿名访问

4. 测试 ASP 站点

（1）在 Dreamweaver 中按 F12 键测试，测试成功（见图 4—1—56）。

（2）在服务器 IE 浏览器地址栏内输入 localhost 进行测试，服务器端测试成功（见图 4—1—57）。

（3）在客户端 XP1 中打开“我的电脑”，在地址栏内输入 http://192.168.1.1 进行测试，测试成功（见图 4—1—58）。

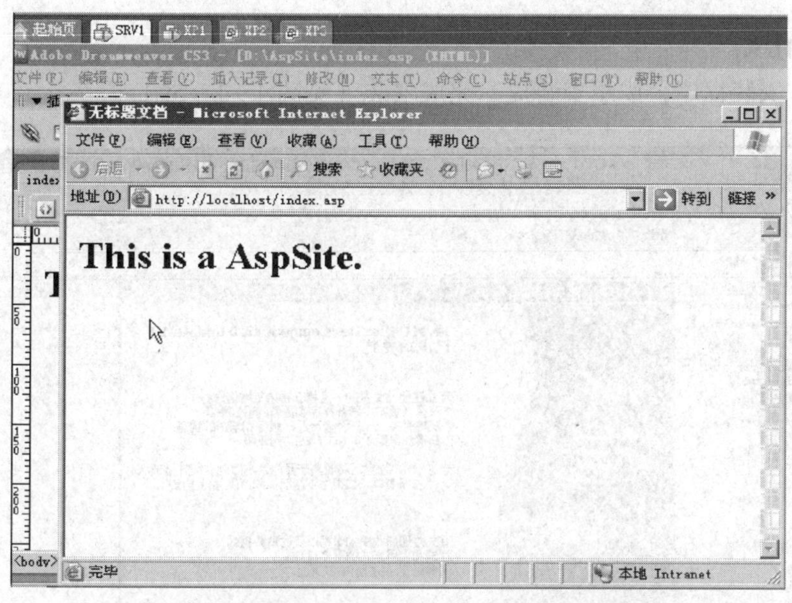

图 4—1—56　在 Dreamweaver 中测试成功

图 4—1—57　服务器端测试成功

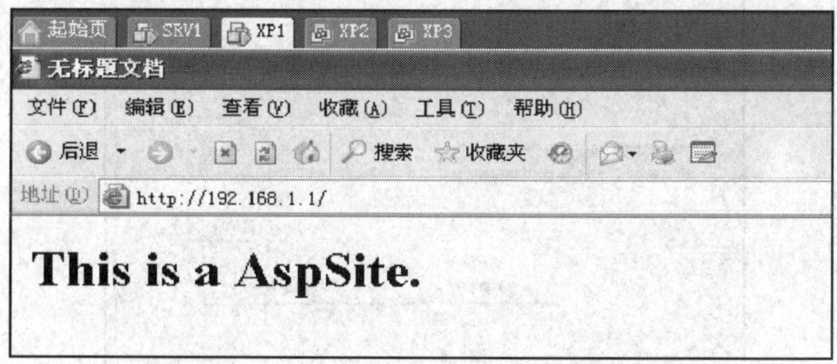

图 4—1—58　客户端远程测试成功

五、建立 JSP 站点

1. 安装 JDK

启动 JDK 安装程序，按照安装提示完成安装（见图 4—1—59）。

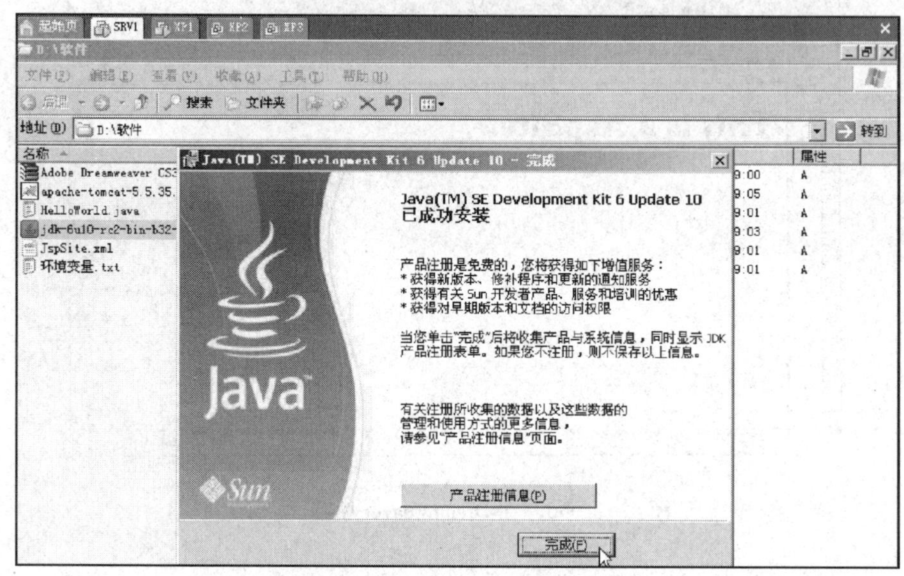

图 4—1—59　完成安装

2. 配置环境变量

（1）右击“我的电脑”，在弹出的快捷菜单中选择“属性”命令。在“系统属性”对话框中，切换到“高级”选项卡（见图 4—1—60）。

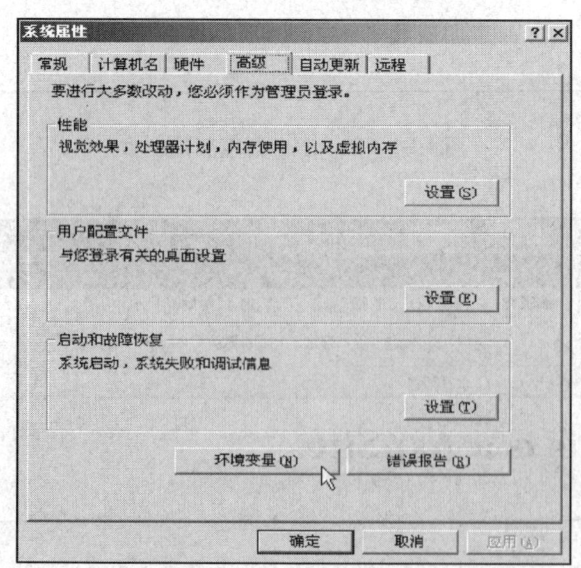

图 4—1—60　“高级”选项卡

（2）单击“环境变量”按钮，在“环境变量”对话框中单击“新建”按钮（见图4—1—61）。

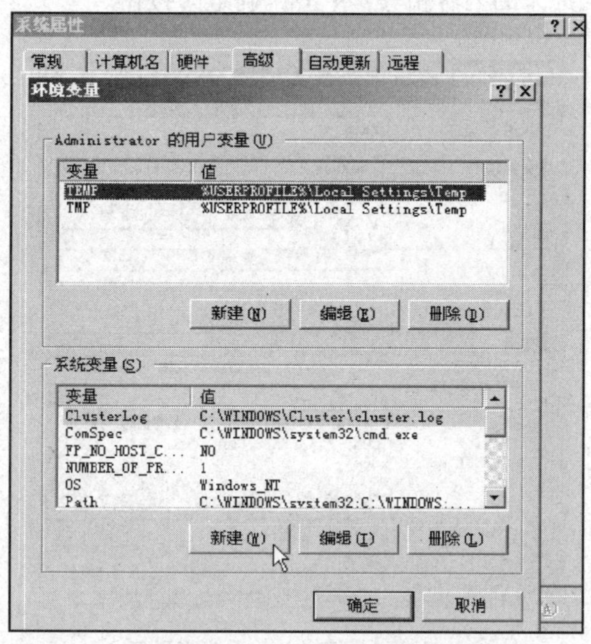

图4—1—61　新建环境变量

（3）依次新建系统变量JAVA_HOME，变量值为C:\Program Files\Java\jdk1.6.0_10（见图4—1—62）；系统变量CLASSPATH，变量值为.;%JAVA_HOME%\lib\dt.jar;%JAVA_HOME%\lib\tools.jar（见图4—1—63）。

图4—1—62　系统变量JAVA_HOME

图4—1—63　系统变量CLASSPATH

（4）选中变量 Path 后，单击“编辑”按钮，在“编辑系统变量”对话框（见图 4—1—64）中，将光标移动到变量值的最后。输入% JAVA_HOME% \bin（见图 4—1—65），即 Path 现在的变量值与原来的内容相等，单击“确定”按钮。

图 4—1—64　编辑前的系统变量 Path

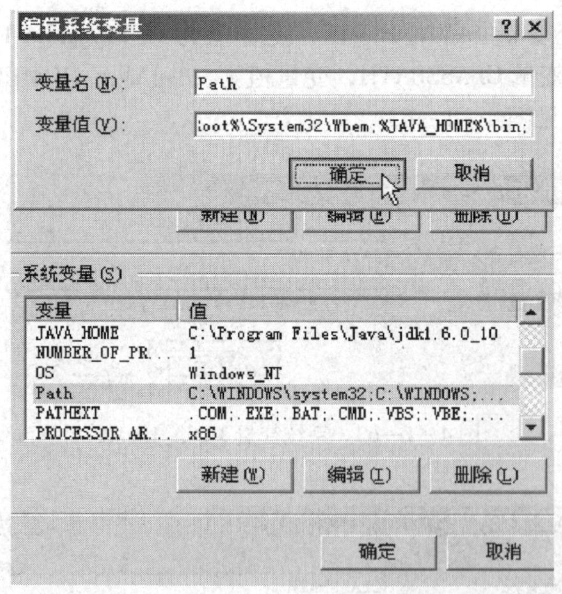

图 4—1—65　编辑后的系统变量 Path

3. 测试 JDK

（1）使用记事本工具新建 HelloWorld. java 文件。在其中输入以下内容：

```
public class HelloWorld {
```

```
    public static void main (String args [ ]) {
        System.out.println ("Hello World!");
    }
}
```

（2）将文件保存在C盘根目录下。

（3）选择“开始→运行”命令，输入CMD。

（4）输入cd，返回C盘根目录。

（5）输入javac HelloWorld.java，不报错误说明编译成功。

（6）输入java HelloWorld，屏幕显示“Hello World!”，说明JDK安装成功（见图4—1—66）。

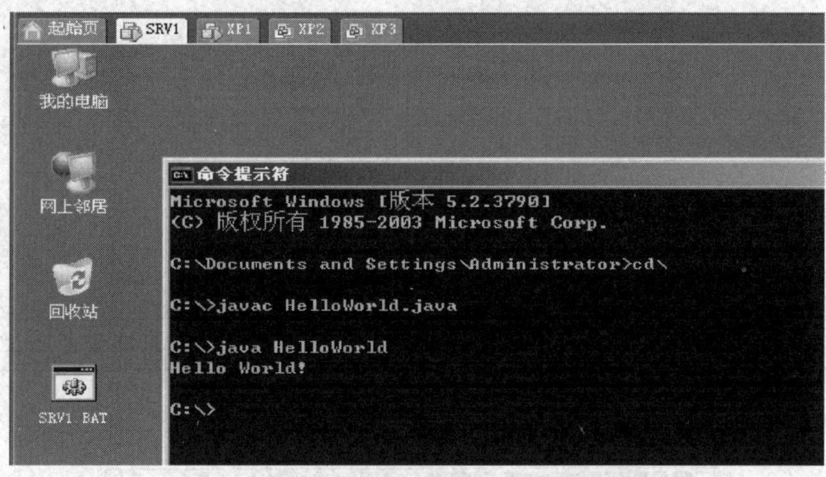

图4—1—66　测试JDK成功

4. 安装Tomcat

启动apache－tomcat－5.5.35安装程序，按照安装向导提示进行安装。

（1）在Custom安装方式列表下选中所有安装选项（见图4—1—67）。

（2）将默认端口号8080更改为8888（8080端口与Oracle数据库中的端口冲突），输入用户名admin，密码admin（见图4—1—68），单击“Next”按钮。

（3）按照默认路径安装jre6（见图4—1—69）。

（4）Tomcat默认安装路径为C:\Program Files\Apache Software Foundation\Tomcat 5.5。在默认路径中将“Tomcat 5.5”修改为“Tomcat5.5”（见图4—1—70），即删除数字前的空格。若不删除空格，将会在后续程序开发中出现错误。

（5）按照安装提示完成Tomcat安装（见图4—1—71）。

5. 测试Tomcat

打开“我的电脑”，在地址栏内输入“http://localhost:8888”，测试安装是否成功。若能看到图4—1—72所示界面，说明Tomcat安装成功。

6. 建立JSP站点

在D盘根目录下建立JspSite文件夹，再建立子文件夹images。

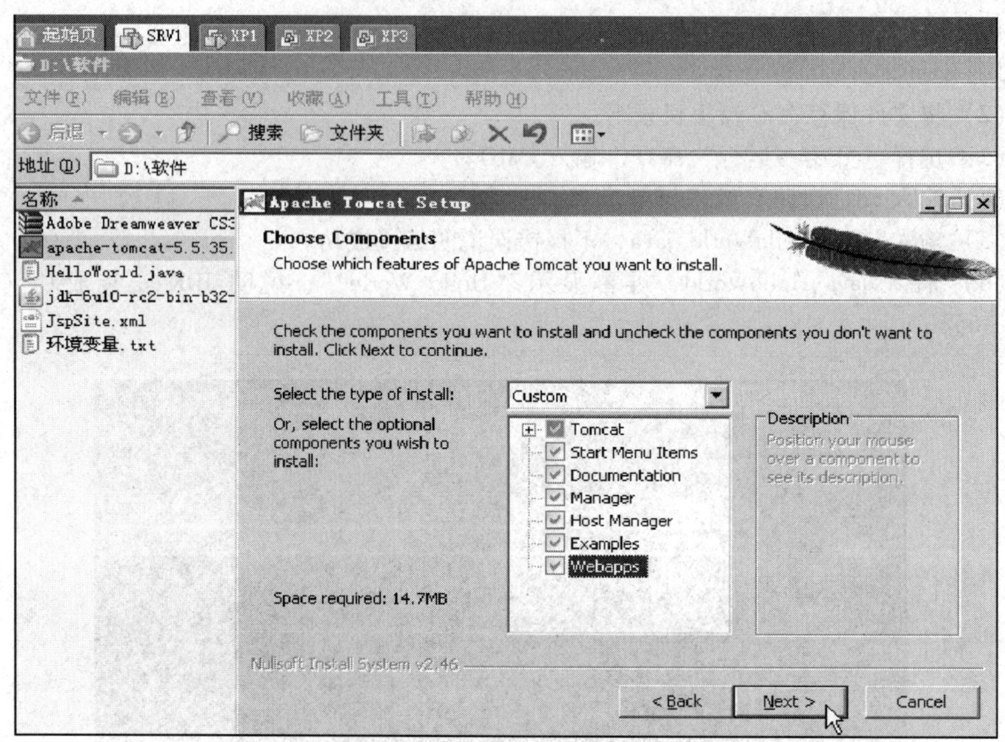

图 4—1—67　Custom 安装选项

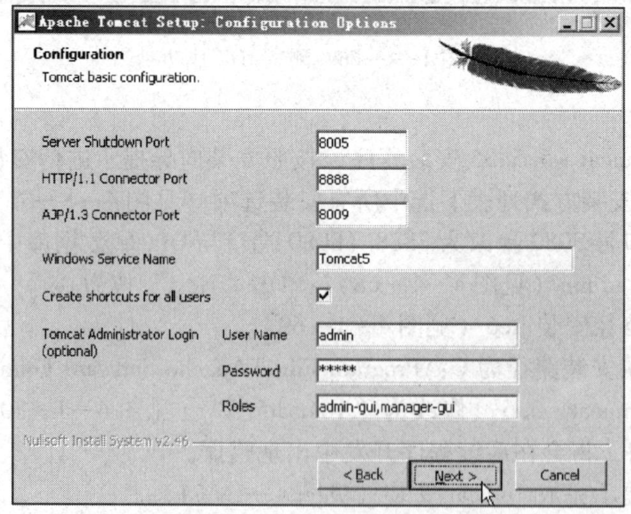

图 4—1—68　配置

（1）启动 Dreamweaver，依次选择“站点→新建站点”命令。

（2）在“基本”选项卡中输入站点名称 JspSite（见图 4—1—73），单击“下一步”按钮。

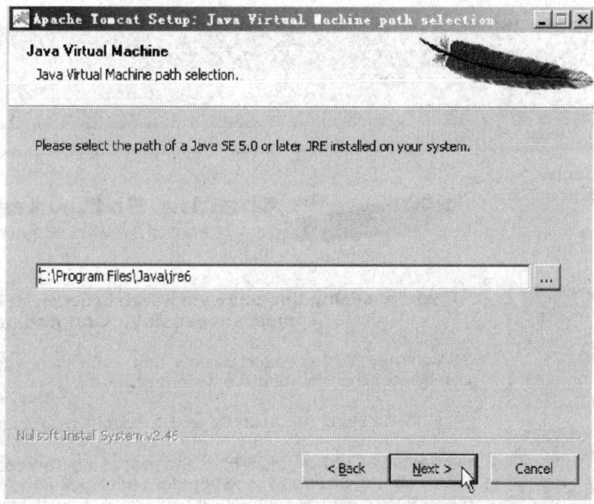

图 4—1—69　安装 jre6

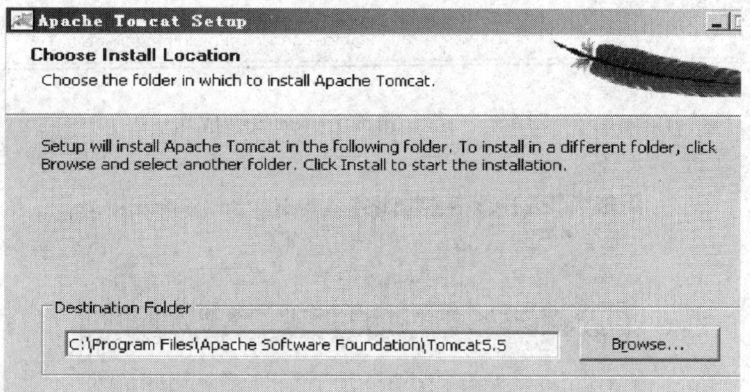

图 4—1—70　修改安装路径

图 4—1—71　完成安装

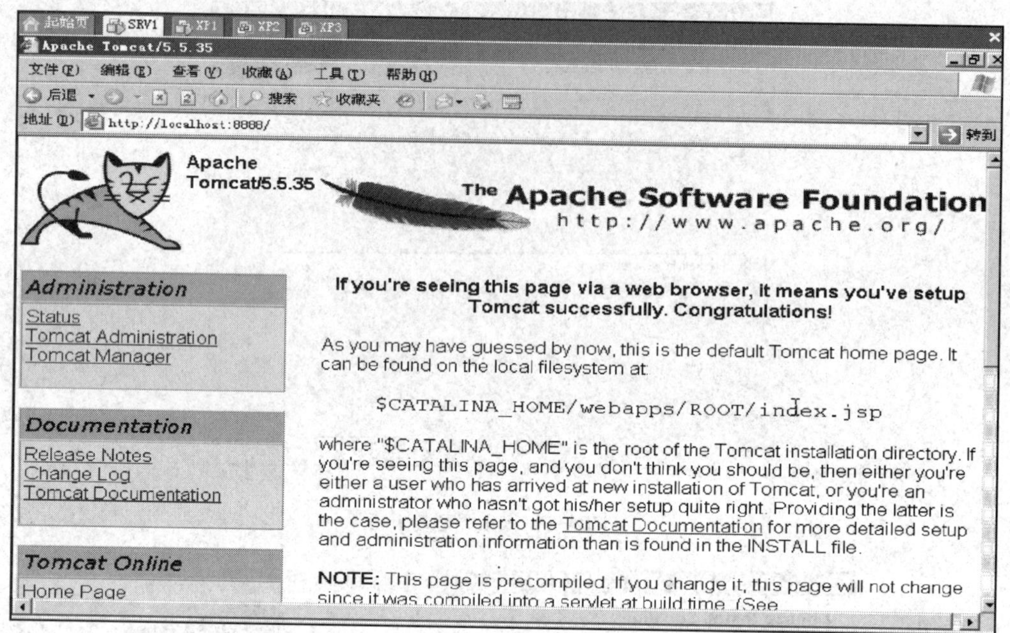

图 4—1—72　测试 Tomcat 安装成功

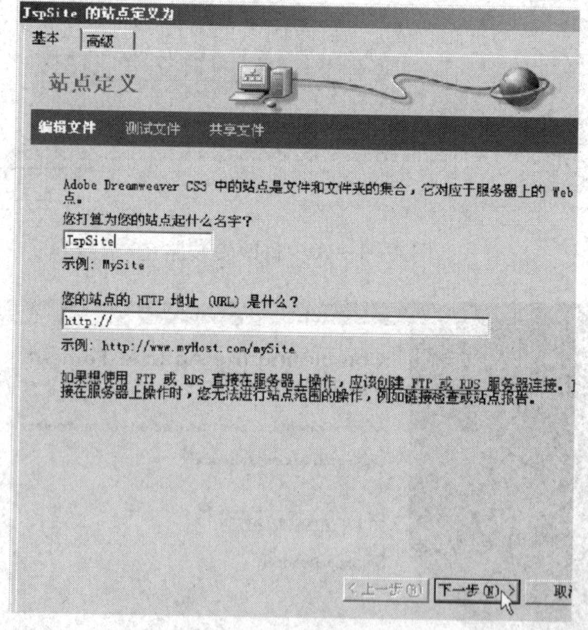

图 4—1—73　“基本”选项卡

（3）在弹出的对话框中，选择“是，我想使用服务器技术”单选按钮，再在下拉列表框中选择“JSP”选项（见图 4—1—74），单击“下一步”按钮。

（4）将文件存储位置设置为 D:\JspSite（见图 4—1—75），单击“下一步”按钮，设置使用 http://localhost:8888 测试 URL（见图 4—1—76）。

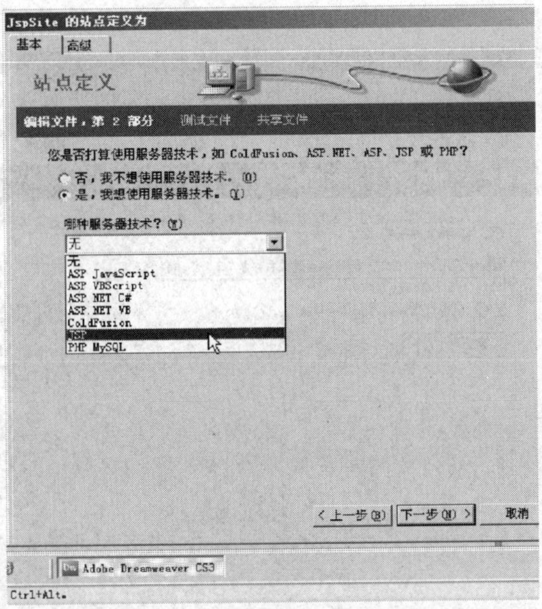

图 4—1—74　使用服务器技术

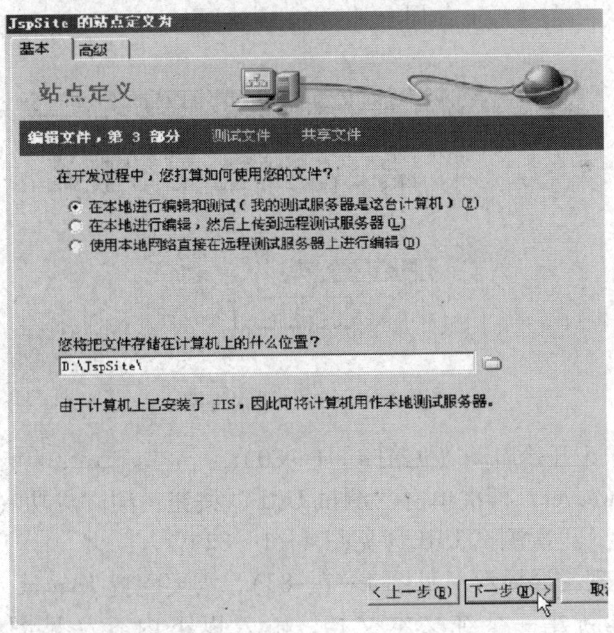

图 4—1—75　文件存储位置

（5）测试提示出现错误，需要启动 Tomcat（见图 4—1—77）。

（6）启动 Tomcat，按组合键【Win + D】返回桌面，从“开始”菜单启动 Monitor Tomcat（见图 4—1—78）。

（7）在通知区右击 Tomcat 图标，在弹出的快捷菜单中选择“Start service”命令（见图

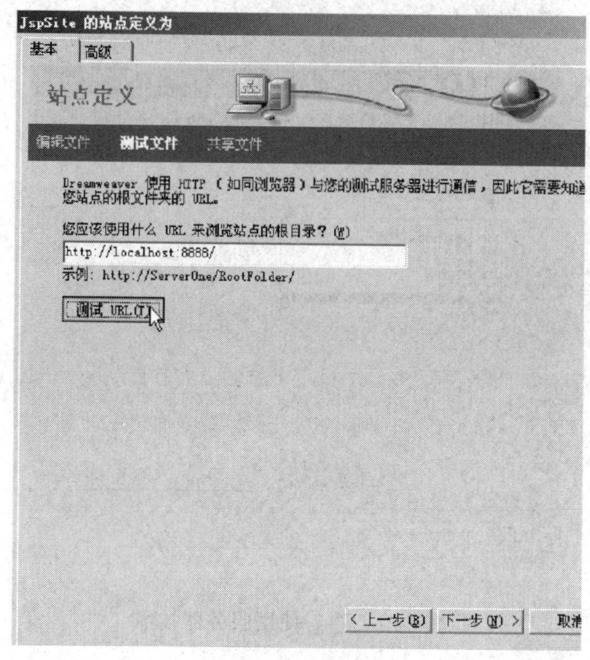

图 4—1—76　测试 URL

图 4—1—77　错误提示

4—1—79）。Tomcat 5. 5 开始启动（见图 4—1—80）。

（8）返回 Dreamweaver，再次单击“测试 URL”按钮，测试成功（见图 4—1—81）。添加站点名称 JspSite 后，再次测试 URL（见图 4—1—82）。

（9）未通过，出现错误提示（见图 4—1—83），需要配置 Tomcat。

使用记事本工具新建一个纯文本文档，输入以下内容（见图 4—1—84），保存为 JspSite. xml。

<Context path = "D:/JspSite" docBase = "D:/JspSite" reloadable = "true" debug = "0" >
</Context >

将 JspSite. xml 文件保存在 C:\Program Files\Apache Software Foundation\Tomcat5. 5\conf\Catalina\localhost 文件夹中。

（10）重新测试 URL，系统提示 URL 前缀测试已成功（见图 4—1—85）。

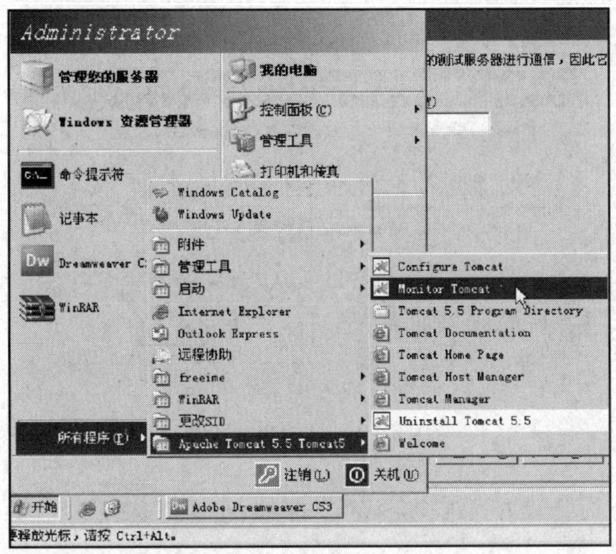

图 4—1—78 启动 Monitor Tomcat

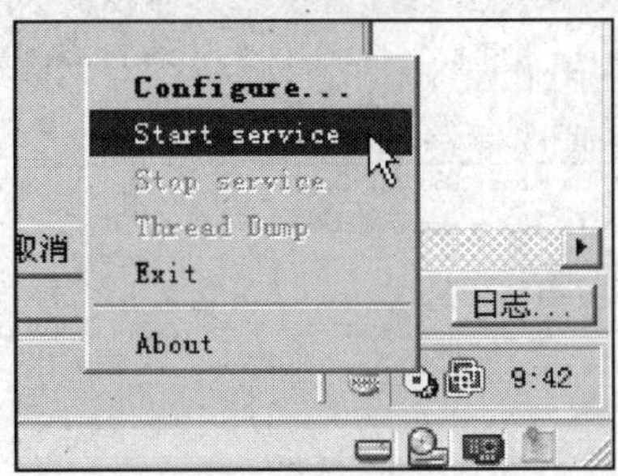

图 4—1—79 手工启动 Tomcat

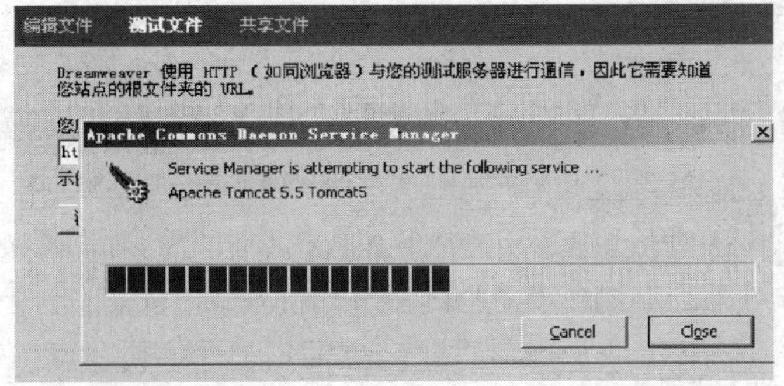

图 4—1—80 Tomcat 5. 5 启动成功

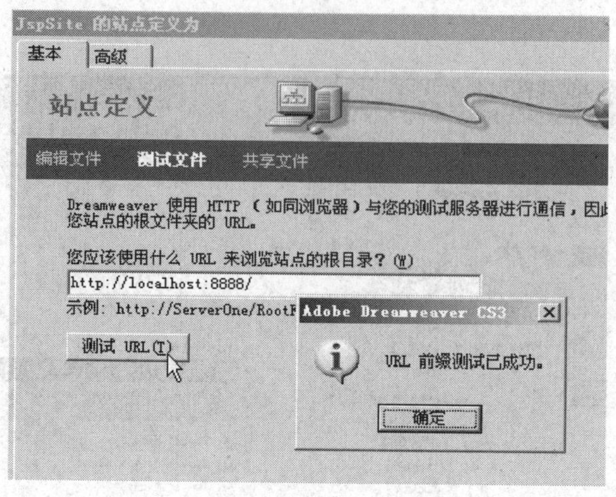

图 4—1—81　测试成功

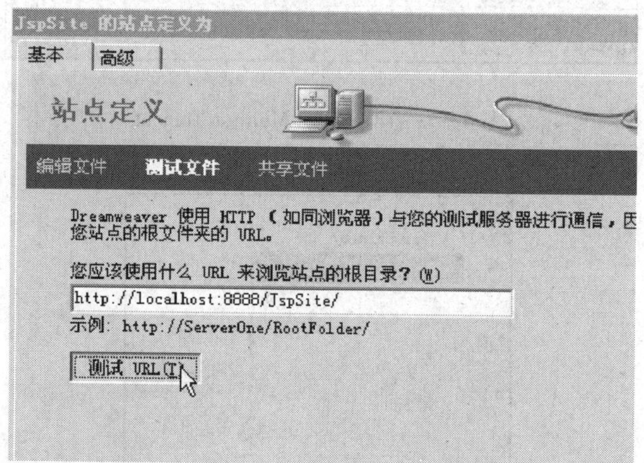

图 4—1—82　测试 localhost:8888/JspSite

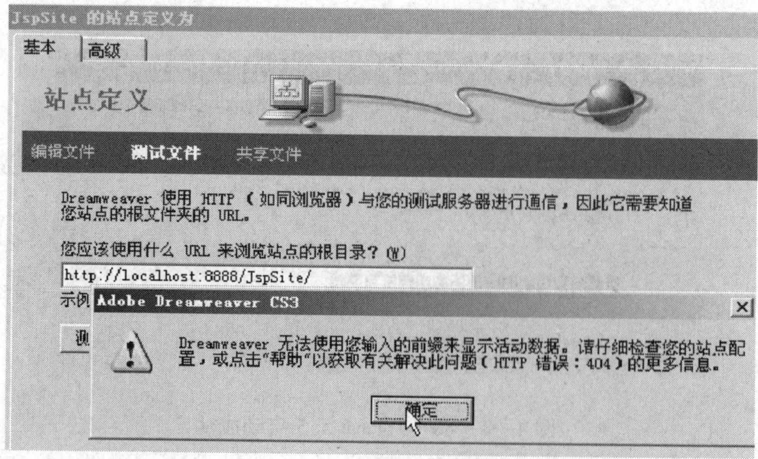

图 4—1—83　localhost:8888/JspSite 测试不成功

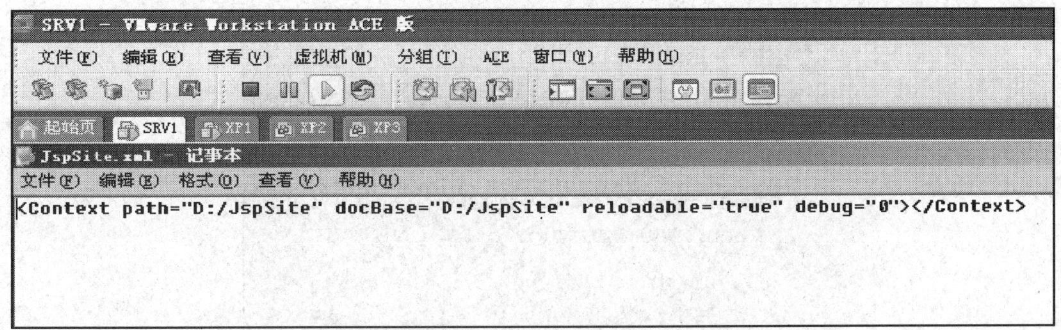

图 4—1—84 编辑 JspSite. xml

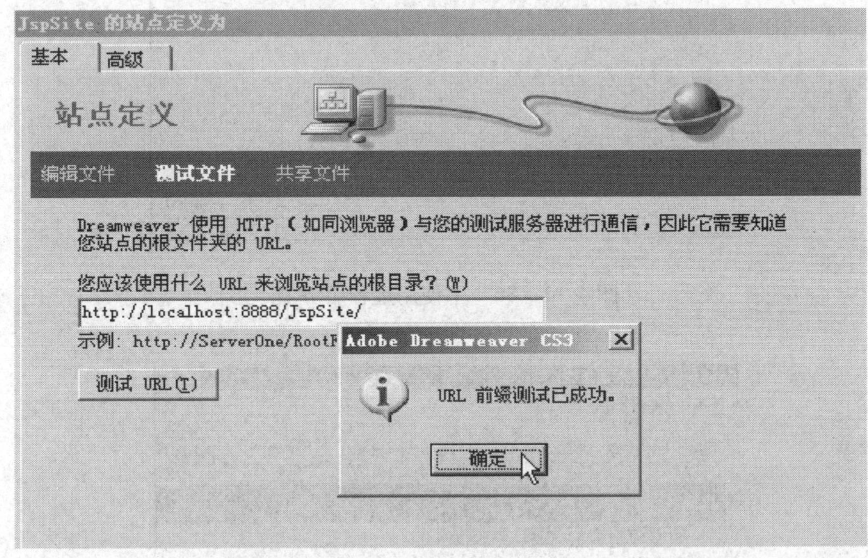

图 4—1—85 localhost:8888/JspSite 测试成功

（11）在接下来的配置对话框中选择“否”单选按钮，不使用远程服务器（见图 4—1—86），单击“下一步”按钮。

（12）在弹出的对话框中单击“完成”按钮，完成站点定义（见图 4—1—87）。

7. 配置站点

（1）依次选择 Dreamweaver 的“站点→管理站点”命令。在“管理站点”对话框中选中 JspSite 后，单击“编辑”按钮（见图 4—1—88）。

（2）在图 4—1—89 所示对话框中打开“高级”选项卡，设置默认图像文件夹为 D:\JspSite\images。

8. 建立测试文档

（1）在“文件”面板中右击“站点 - JspSite”，在弹出的快捷菜单中选择“新建文件”命令（见图 4—1—90）。

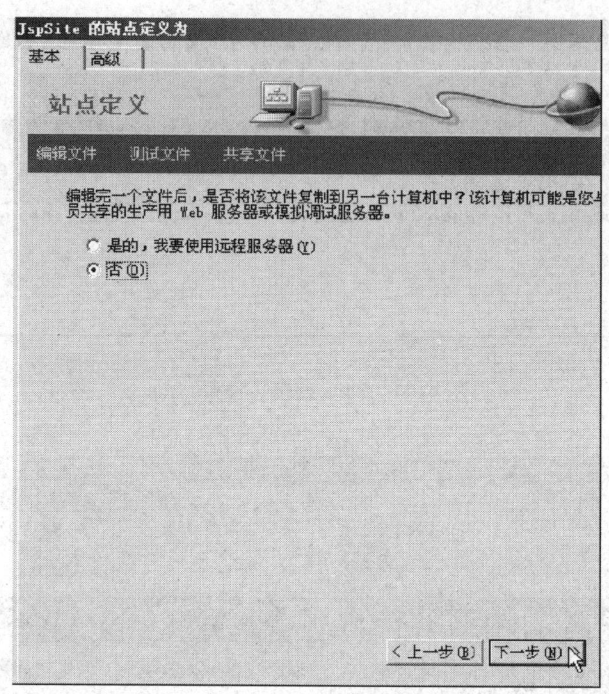

图4—1—86　不使用远程服务器

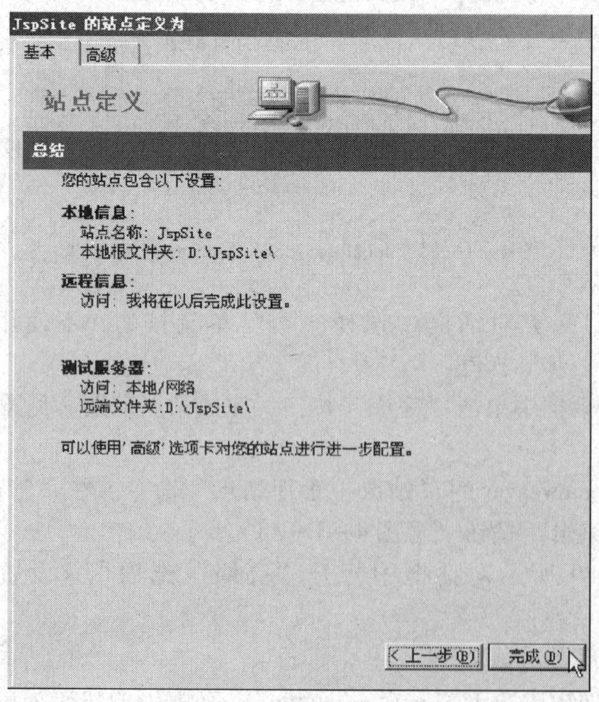

图4—1—87　完成站点定义

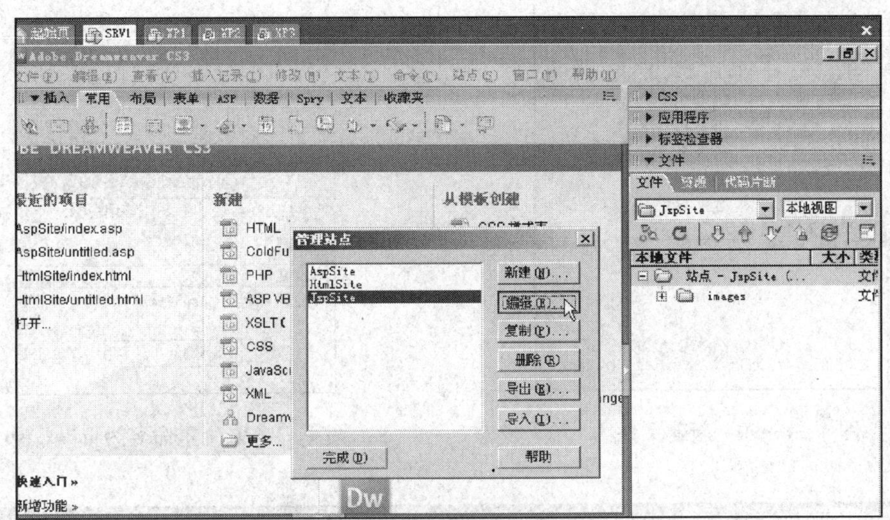

图 4—1—88 编辑站点

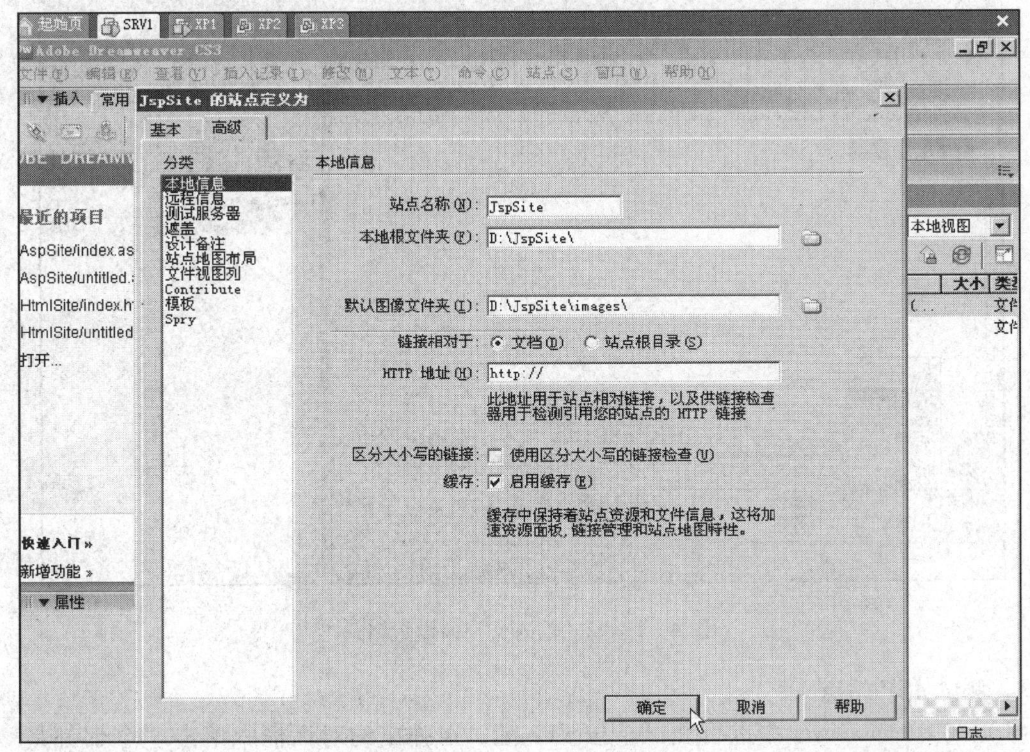

图 4—1—89 设置默认图像文件夹

（2）将自动创建的 untitled. jsp 重命名为 index. jsp（见图 4—1—91）。

（3）在“设计”视图中输入文字 This is a JspSite，选中文字，在“属性”面板中设置格式为“标题 1”（见图 4—1—92）。

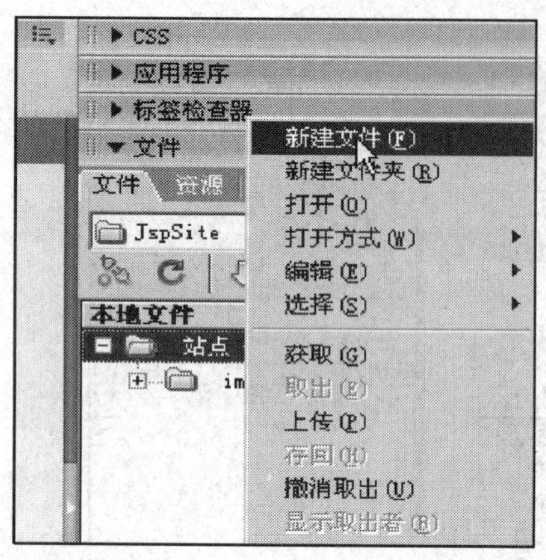

图 4—1—90　新建文件

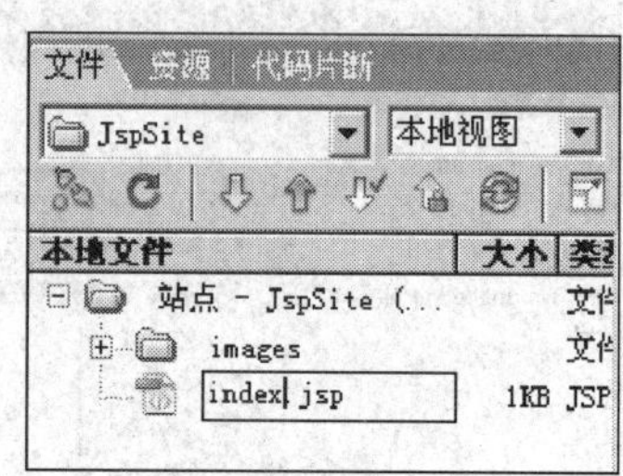

图 4—1—91　重命名为 index. jsp

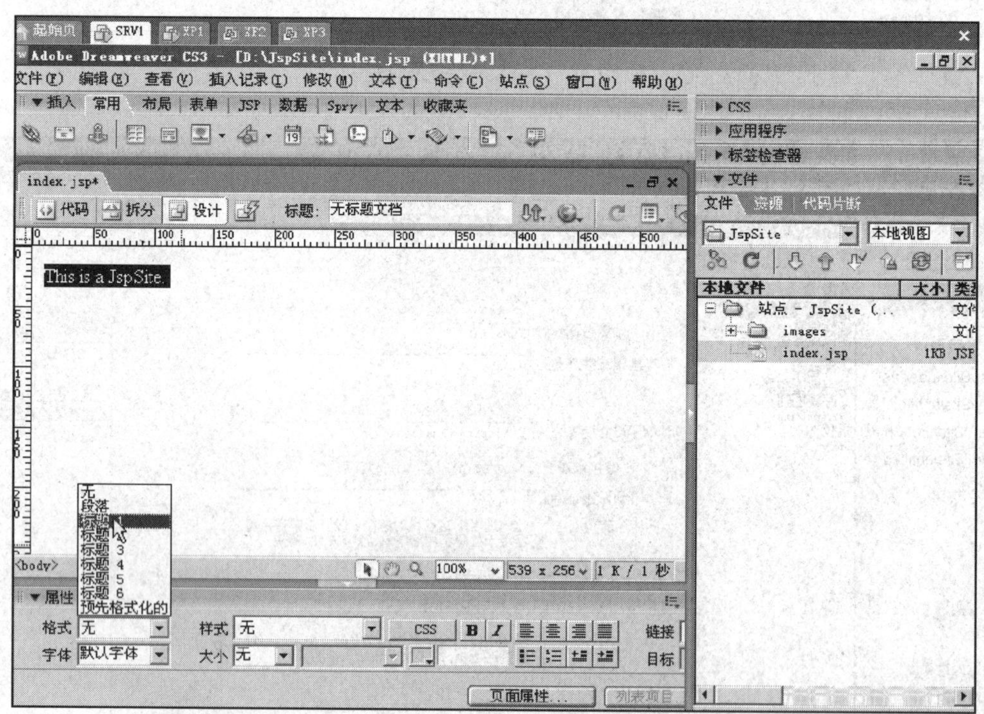

图 4—1—92　输入文字并设置格式

9. 测试 JSP 站点

(1) 在 Dreamweaver 中进行测试。按 F12 键，在弹出的对话框中单击“全部都是”按钮，保存文件，进行测试。

(2) 在服务器端进行测试。打开“我的电脑”，在地址栏内输入“http://localhost:8888/JspSite/index. jsp”，测试成功（见图 4—1—93）。

(3) 在客户端 XP1 进行远程测试。在客户端地址栏内输入“http://192. 168. 1. 1:8888/JspSite/index. jsp”，测试成功（见图 4—1—94）。

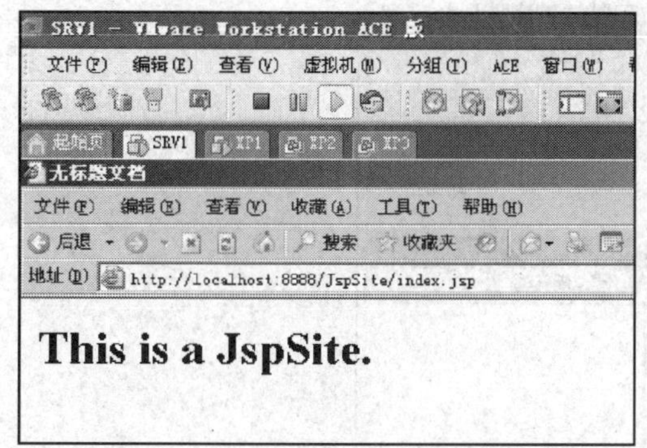

图4—1—93　服务器端测试成功

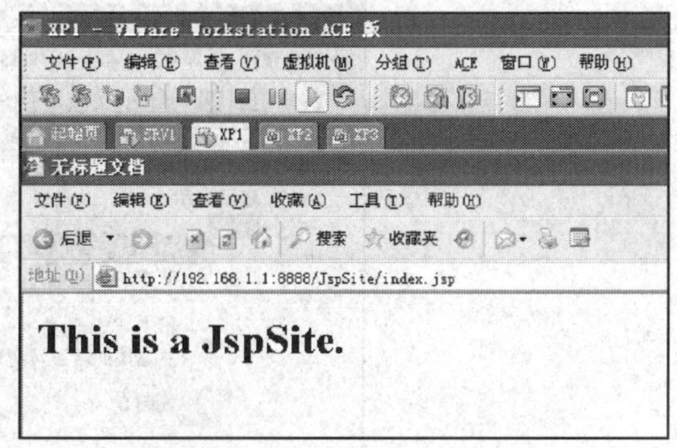

图4—1—94　客户端远程测试成功

六、创建多个网站

1. 创建 HTML 网站

（1）在“Internet 信息服务（IIS）管理器”窗口中删除“默认网站”（见图4—1—95）。

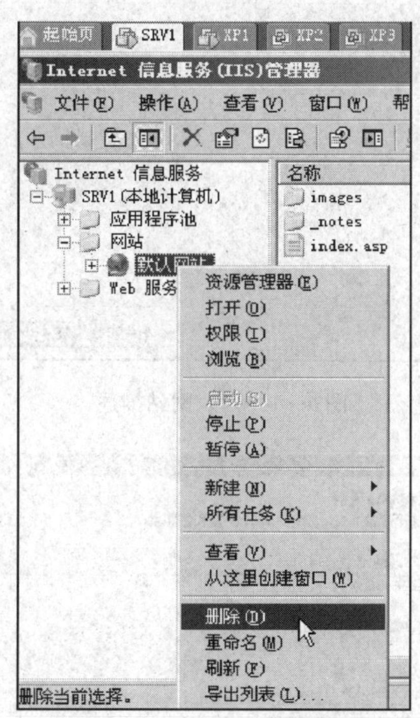

图4—1—95　删除默认网站

（2）右击“网站”选项，在弹出的快捷菜单中选择“新建→网站（W）...”命令（见图4—1—96）。

（3）在弹出的对话框中输入网站描述 HtmlSite（见图4—1—97），单击“下一步”按钮，输入主机头 www.html.com（见图4—1—98）。

起始页
SRV1
XP1
XP2
XP3
Internet 信息服务(IIS)管理器
文件(F) 操作(A) 查看(V) 窗口(W) 帮助(H)
Internet 信息服务
SRV1(本地计算机)
应用程序池
网站
描述
标识符
新建(N)
所有任务(K)
查看(V)
从这里创建窗口(W)
刷新(F)
导出列表(L)...
属性(R)
帮助(H)
网站(W)...
网站(来自文件)(S)...

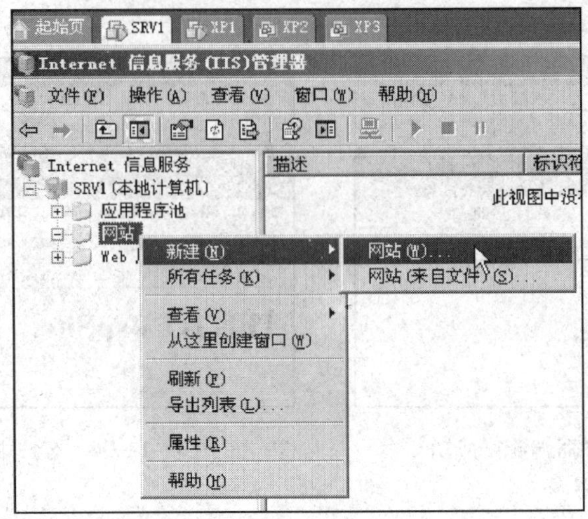

图 4—1—96 新建网站

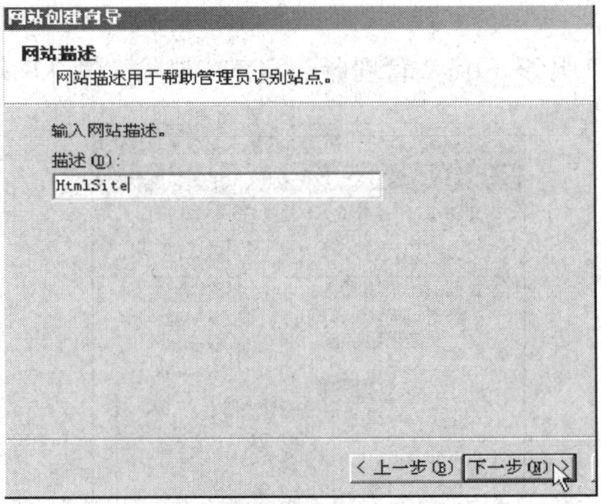

网站创建向导
网站描述
网站描述用于帮助管理员识别站点。
输入网站描述。
描述(D):
HtmlSite
< 上一步(B)
下一步(N) >

图 4—1—97 网站描述

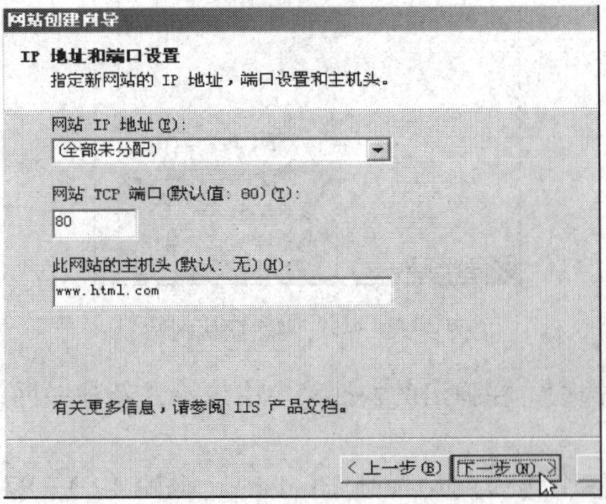

网站创建向导
IP 地址和端口设置
指定新网站的 IP 地址，端口设置和主机头。
网站 IP 地址(E):
(全部未分配)
网站 TCP 端口(默认值: 80)(T):
80
此网站的主机头(默认: 无)(H):
www.html.com
有关更多信息，请参阅 IIS 产品文档。
< 上一步(B)
下一步(N) >

图 4—1—98 输入主机头

（4）输入主目录路径 D:\HtmlSite（见图 4—1—99），单击“下一步”按钮。在“允许下列权限”列表中选中“读取”复选按钮（见图 4—1—100）。

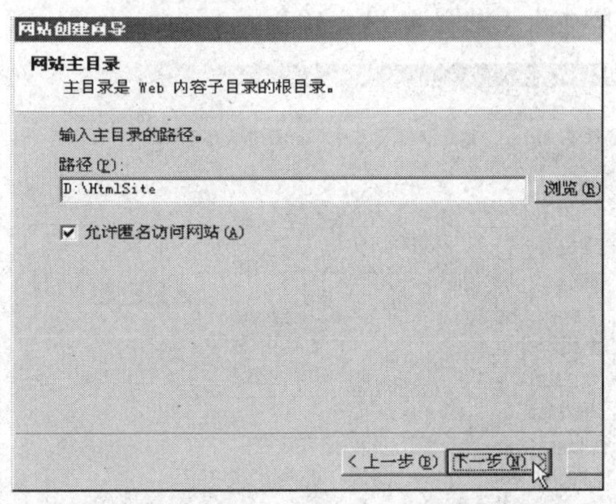

图 4—1—99　输入主目录路径

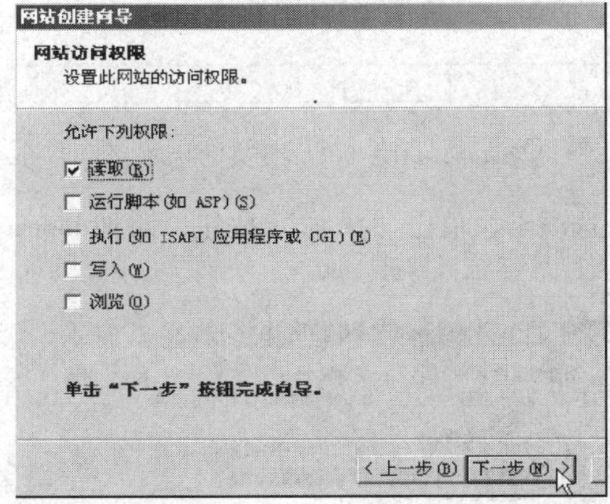

图 4—1—100　权限设置

（5）单击“完成”按钮，完成网站定义（见图 4—1—101）。

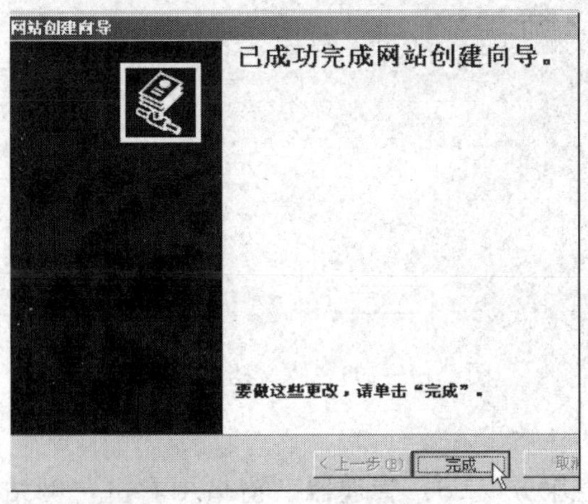

图 4—1—101　完成网站定义

（6）在“Internet 信息服务（IIS）管理器”窗口中右击“HtmlSite”选项，在弹出的快捷菜单中选择“属性”命令，打开“HtmlSite 属性”对话框，单击“主目录”选项卡，将“执行权限”设置为“纯脚本”（见图 4—1—102）。

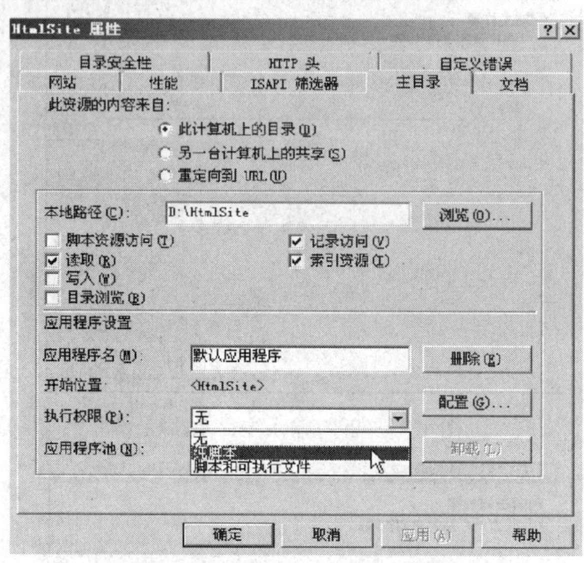

图 4—1—102　“主目录”选项卡

（7）切换到“文档”选项卡，单击“添加”按钮，添加 index. html，并将其移到最顶端（见图 4—1—103）。

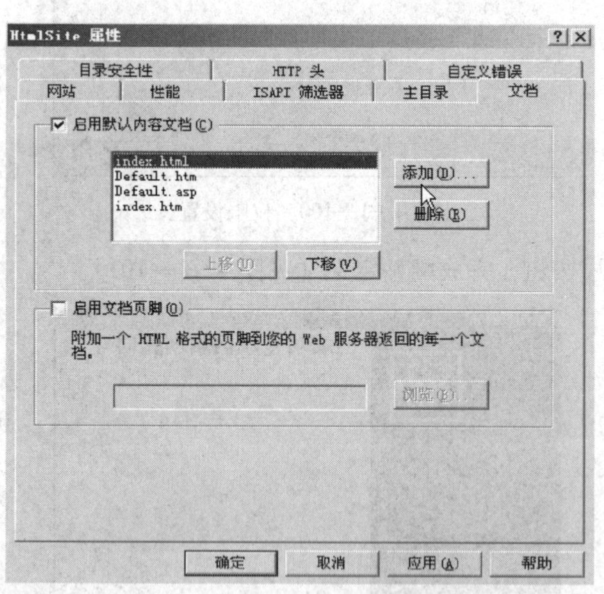

图 4—1—103　“文档”选项卡

2. 创建 ASP 网站

（1）在“Internet 信息服务（IIS）管理器”窗口中右击“网站”选项，在弹出的快捷菜单中选择“新建→网站（W）...”命令。

（2）输入网站描述：AspSite。

（3）输入主机头：www. asp. com。

（4）输入主目录路径：D:\AspSite。

（5）“允许权限”设置为读取和运行脚本。

（6）选择“主目录”选项卡，“执行权限”设置为“脚本和可执行文件”。

（7）切换到“文档”选项卡，添加 index. asp，并将其移到最顶端。

（8）在“Web 服务扩展”中设置“Active Server Pages”为“允许”（见图 4—1—104）。

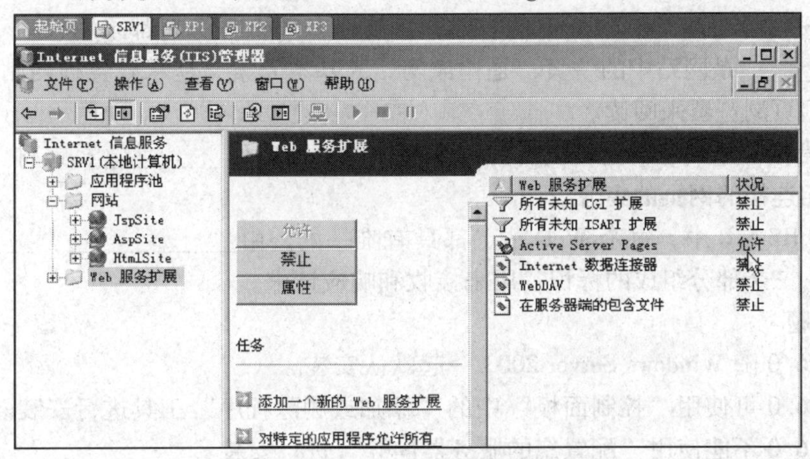

图 4—1—104　Web 服务扩展设置

3. 创建 JSP 网站

（1）在开始菜单中启动 Tomcat 5. 5。

（2）在“Internet 信息服务（IIS）管理器”窗口中右击“网站”选项，在弹出的快捷菜单中选择“新建→网站（W）...”命令。

（3）输入网站描述：JspSite。

（4）输入主机头：www. jsp. com。

（5）输入主目录路径：D:\JspSite。

（6）“允许权限”设置为读取和运行脚本。

4. 在客户端 XP1 进行测试

在 XP1 地址栏内输入“http://www. html. com”进行测试，出现错误，找不到网页。使用“ping www. html. com”测试，找不到网页，测试失败。

依次在 XP1 地址栏内输入“http://www. asp. com”和“http://www. jsp. com”进行测试，均未成功，域名解析失败，需要进一步配置 DNS（具体内容请查阅本书相关内容）。

课后练习

1. 填空题

（1）__________也称为 WWW 服务器，主要功能是提供网上__________服务。

（2）当前使用最多的 Web 服务器软件有两个：微软的__________和__________。

（3）________是 Internet Information Services 的简称，中文意思为________________。

（4）IIS 的主要功能是向客户端提供各种______________，是架构_____________和 FTP 服务器的基本组件。

（5）安装 IIS 后，自动创建____________，文件路径是_________________。

（6）________是世界使用排名第一的 Web 服务器软件。几乎所有广泛应用的计算机平台上它都可以运行，由于其跨平台和安全性被广泛使用，成为当今最流行的 Web 服务器端软件之一。

（7）_____________是基于 Apache 许可证下开发的自由软件，是完全重写的 Servlet API 2.2 和 JSP 1.1 兼容 Servlet/JSP 的容器，目前许多 Web 服务器都采用它。

（8）________是网站中的一页，是构成网站的基本元素，是承载各种网站应用的平台，网页要通过网页浏览器来阅读。

（9）通常把一系列逻辑上可以视为一个整体的页面叫作__________，或称为__________，它是一个互相连接的网页的集合。

（10）在 IIS 6.0 中，每个 Web 站点都具有唯一的，由_____________、_____________和_____________三个部分组成的标识，用来接收和响应请求。

2. 判断题

（1）IIS 6.0 随 Windows Server 2003 一起默认安装。（　）

（2）IIS 6.0 可使用“控制面板”中的“添加或删除程序”工具进行安装。（　）

（3）IIS 6.0 不能使用“配置您的服务器向导”进行安装。（　）

（4）配置 ASP 站点时，需要在“Web 服务扩展”中设置“Active Server Pages”为“允许”。（　）

（5）配置 JSP 站点时，需要安装 JDK 和 Tomcat。（　）

3. 问答题

（1）如何安装 IIS？

（2）在同一台服务器中架设多个 Web 网站有哪些方法？

4. 实践操作

（1）使用控制面板安装 IIS。

（2）使用“配置您的服务器向导”安装 IIS。

（3）使用 Dreamweaver 建立 HTML 站点、ASP 站点和 JSP 站点。

（4）在 IIS 中配置 HTML 站点和 ASP 站点。

（5）安装 JDK 和 Tomcat，配置环境变量，创建 JSP 运行环境。

任务 2　DNS 服务器的配置与使用

学习目标

1. 了解 DNS 及 DNS 服务器的相关概念。
2. 熟练掌握 DNS 服务器的安装和配置。

3. 熟练掌握多个网站的测试。

任务描述

IP 地址是网络上标识站点的数字地址，为方便记忆，采用域名来代替 IP 地址。域名注册后，用户对域名拥有使用权，但如果不进行域名解析，域名不能发挥其应有的作用。只有经过解析的域名才可以作为网址访问自己的网站，域名解析需要由专门的域名解析服务器（DNS）来完成。

本任务将安装、配置 DNS 服务器，并测试任务 1 中建立的多个网站。

相关知识

一、DNS 概述

DNS 是域名系统（Domain Name System）的缩写，是一种组织成域层次结构的计算机和网络服务命名系统。DNS 命名用于 TCP/IP 网络，如因特网，用来通过用户友好的名称定位计算机和服务。当用户在应用程序中输入 DNS 名称时，DNS 服务可以将此名称解析为与此名称相关的其他信息，如 IP 地址。

绝大多数用户喜欢使用友好的名称（例如 example. microsoft. com）来定位诸如网络上的 Web 服务器。友好的名称更容易记住，但是计算机使用数字地址在网络上通信。为了更方便地使用网络资源，DNS 命名系统提供了一种方法，即将用户友好的计算机或服务名称映射为数字地址（见图 4—2—1）。

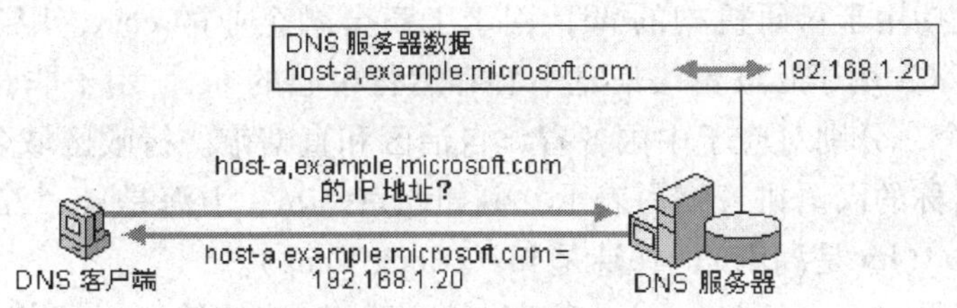

图 4—2—1　DNS 解析

二、域名和域名空间

域名（domain name）是由一串用点分隔的名字组成的因特网上某一台计算机或计算机组的名称，用于在数据传输时标识计算机的电子方位。

域名空间是从树根（root）向下层次命名的域名集合（见图 4—2—2）。

域名空间中最接近根域的节点，称为顶级域名。顶级域名分为两类：一类是国家顶级域名（national top - level domain names），目前 200 多个国家和地区都按照 ISO 3166 国家代码分配了顶级域名，例如中国是 cn，美国是 us，日本是 jp 等；另一类是国际顶级域名（international top - level domain names），例如表示工商企业的 com，表示政府机构的 gov，表示教育机构的 edu，表示网络提供商的 net，表示非营利组织的 org 等。

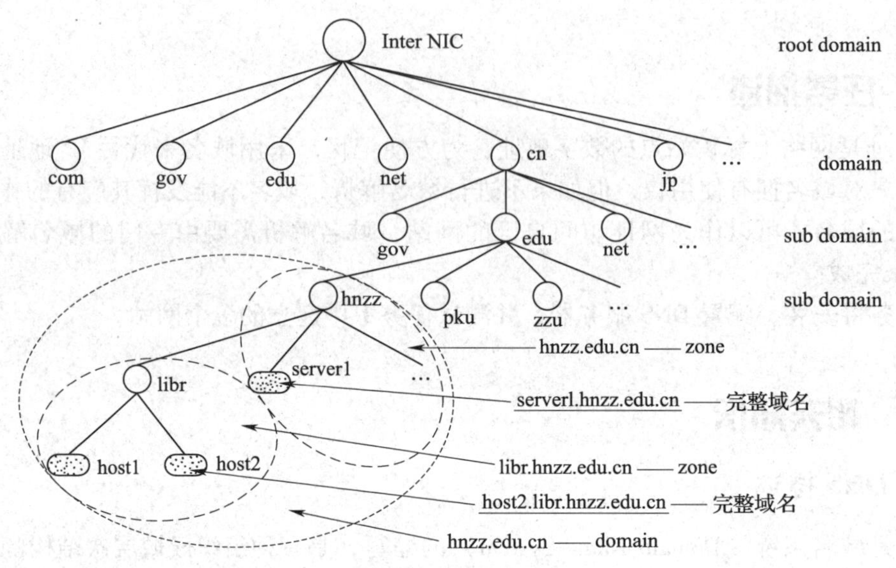

图 4—2—2　域名空间

二级域名是指顶级域名之下的域名，在国际顶级域名下，它是指域名注册人的网上名称，例如 ibm、microsoft 等；在国家顶级域名下，它是表示注册企业类别的符号，例如 com、edu、gov、net 等。

中国在国际互联网络信息中心（Inter NIC）正式注册并运行的顶级域名是 cn，这也是中国的一级域名。在顶级域名之下，中国的二级域名又分为类别域名和行政区域名两类。类别域名共 6 个，包括用于科研机构的 ac，用于工商金融企业的 com，用于教育机构的 edu，用于政府部门的 gov，用于互联网络信息中心和运行中心的 net，用于非营利组织的 org。而行政区域名有 34 个，分别对应于中国各省、自治区和直辖市。行政区域名大部分是用各省、自治区、直辖市名称的汉语拼音缩写表示，例如北京是 bj，上海是 sh，江苏是 js。个别有例外，例如河南是 ha（hn 是湖南），香港是 hk（Hong Kong）。

三级域名由字母（A ~ Z 或 a ~ z）、数字（0 ~ 9）和连接符（ - ）组成，长度不能超过 20 个字符。各级域名之间用实点（.）连接，如无特殊原因，建议采用申请人的英文名（或者缩写）或者汉语拼音名（或者缩写）作为三级域名，以保持域名的清晰性和简洁性。

中国教育和科研网络中心接受二级域名 edu 下的三级域名的注册申请。中国互联网络信息中心接受其余 39 个二级域名下的三级域名的注册申请。对于一个普通用户来说，无须为自己注册域名。

在域名空间中，一个域可以包含主机或子域，如图 4—2—2 所示的 hnzz 和 libr 分别是 edu 的两个子域，这里所说的域与 Windows 系统中的域不是同一个概念，DNS 中的域指的是域名空间中的节点以及之下的所有子节点。

网络中计算机的 DNS 名称是由主机名称和域名称组成的。例如，www. sina. com. cn 中的 www 就是 Web 站点所在计算机的主机名称，sina. com. cn 就是 www 这台主机所在的域名，也就是说，DNS 名称 = 主机名称 + 域名称。

三、域名解析

因特网上的计算机通过 IP 地址来定位，给出一个 IP 地址，就可以找到因特网上的某台主机。由于 IP 地址难于记忆，又发明了域名来代替 IP 地址。但通过域名并不能直接找到要访问的主机，中间要加一个“从域名查找 IP 地址”的过程，这个过程就是域名解析。

域名解析需要由专门的 DNS 域名解析服务器来完成。在具体应用中，DNS 名称的解析工作不是由一台 DNS 服务器来完成的，因为这样做不但效率低，而且风险大。DNS 采用分布式结构，除 Root DNS 外，其余 DNS 服务器都必须向上层服务器注册登记自己的 DNS 名称和 IP 地址，并负责记录自己域内所有主机的 DNS 名称和 IP 地址（见图 4—2—3）。

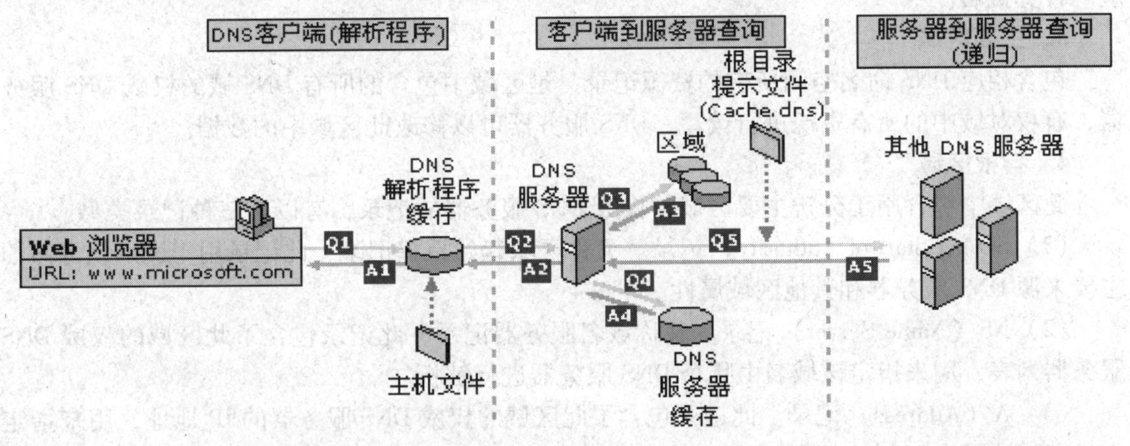

图 4—2—3　域名解析

当 DNS 客户端需要查询程序中使用的名称时，它会查询 DNS 服务器来解析该名称。客户端发送的每条查询消息都包括三项内容：指定的 DNS 域名，规定为“完全合格的域名”；指定的查询类型，可根据类型指定资源记录，或者指定为查询操作的专门类型；DNS 域名的指定类别，对于 Windows DNS 服务器来说，它始终应指定为 Internet（IN）类别。

指定的名称是计算机的 FQDN，例如“host - a. example. microsoft. com”，而指定的查询类型可以是通过该名称搜索地址 A 资源记录。可以将 DNS 查询看成客户端向服务器询问的问题，例如“您是否拥有名为‘hostname. example. microsoft. com’的计算机 A 资源记录?”，当客户端收到来自服务器的应答时，它将读取并解译应答的 A 资源记录，获取根据名称查找到的计算机的 IP 地址。

DNS 查询以各种不同的方式进行解析。有时，客户端也可使用从先前的查询中获得的缓存信息就地应答查询。DNS 服务器可使用其自身的资源记录信息缓存来应答查询。DNS 服务器也可代表请求客户端查询或联系其他 DNS 服务器，以便完全解析该名称，并随后将应答返回至客户端（这个过程称为递归）。

另外，客户端自身也可尝试联系其他 DNS 服务器来解析名称。当客户端这么做的时候，它会根据来自服务器的参考答案，使用其他独立查询（该过程称为迭代）。

总之，DNS 查询过程按两部分进行：名称查询从客户端计算机开始，将要查询的内容传送至解析程序即 DNS 客户服务程序进行解析。不能就地解析查询时，可根据需要查询 DNS 服务器来解析名称。

四、DNS 服务器相关概念

1. 正向查找区域

用于计算机名到 IP 地址的映射。当 DNS 客户端向 DNS 服务器发起请求，要求解析某个计算机名的 IP 地址时，DNS 服务器在正向查找区域中查找，然后返回给 DNS 客户端相应的 IP 地址。

2. 反向查找区域

用于 IP 地址到计算机名的映射。当 DNS 客户端向 DNS 服务器发起请求，要求解析某个 IP 地址对应的计算机名时，DNS 服务器在反向查找区域中查找，然后返回给 DNS 客户端相应的计算机名。

3. 主要区域

包含相应 DNS 命名空间所有的资源记录，是区域中包含的所有 DNS 域的权威 DNS 服务器，有权对域中的所有资源进行读写，DNS 服务器可以修改此区域中的数据。

4. 存根区域

此区域中包含用于分辨主要区域的权威 DNS 服务器的记录，有以下三种记录类型。

（1）SOA（Start of Authority）记录。又称区域起始授权记录，此记录用于识别该区域的主要来源 DNS 服务器和其他区域属性。

（2）NS（Name Server）记录。又称域名服务器记录，此记录包含了此区域的权威 DNS 服务器列表，用来指定该域名由哪个 DNS 服务器进行解析。

（3）A（Address）记录。此记录包含了此区域的权威 DNS 服务器的 IP 地址，用来指定主机名（或域名）对应的 IP 地址记录。

5. nslookup 命令

nslookup 是一个监测网络中 DNS 服务器能否正确实现域名解析的命令行工具。它提供对 DNS 服务器进行查询测试并获得作为命令行输出的详细响应信息的能力。常见的用法是：nslookup [IP 地址/域名]。

举例：nslookup 192. 168. 1. 1 或 nslookup www. html. com（见图 4—2—4）。

使用 nslookup/? 可以获得更多的参数。

注意：使用该命令必须安装 TCP/IP 协议。

图 4—2—4　nslookup 命令

任务实施

一、安装 DNS 服务器

1. 依次单击“开始→控制面板→添加或删除程序”选项，打开“添加或删除程序”窗口。单击“添加/删除 Windows 组件”按钮，打开“Windows 组件向导”对话框。选择“网络服务”复选框，单击“详细信息”按钮（见图 4—2—5）。

2. 在弹出的“网络服务”对话框中，选择“域名系统（DNS）”复选框（见图 4—2—6），单击“确定”按钮，开始进行安装。

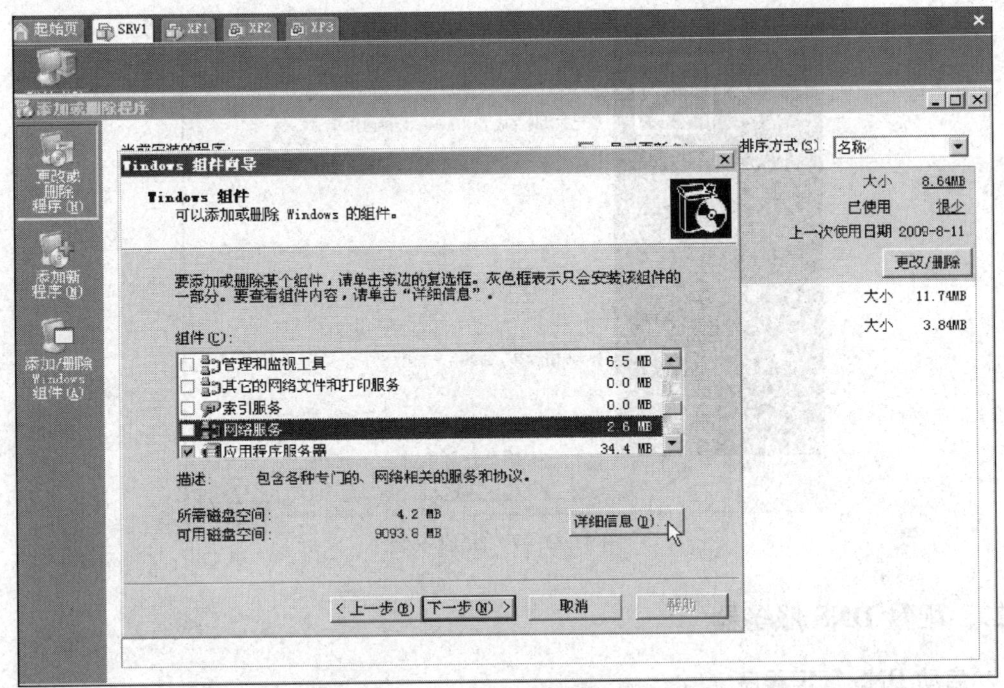

图4—2—5 “Windows 组件向导”对话框

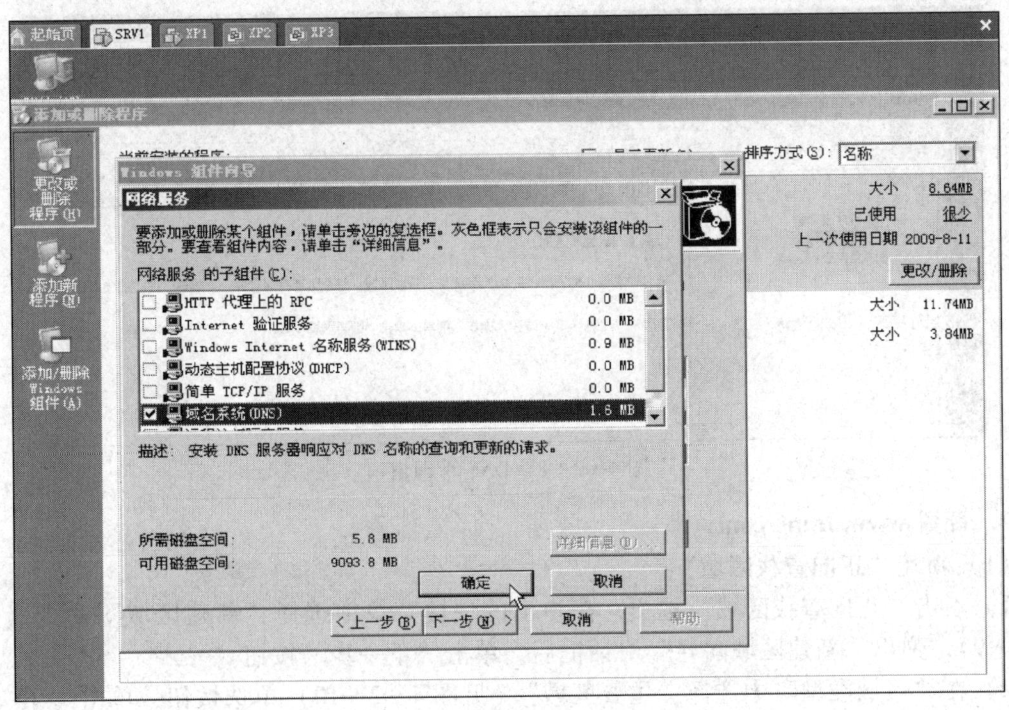

图4—2—6 域名系统

按照提示选择在安装光盘“I386”文件夹下指定文件，完成安装（见图4—2—7）。

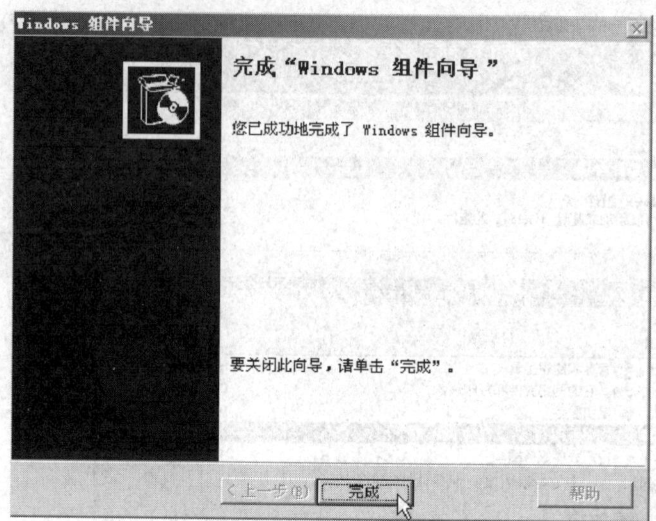

图4—2—7　完成安装

二、配置DNS服务器

1. 启动DNS管理程序

依次单击“开始→所有程序→管理工具→DNS”选项，打开DNS管理窗口（见图4—2—8）。

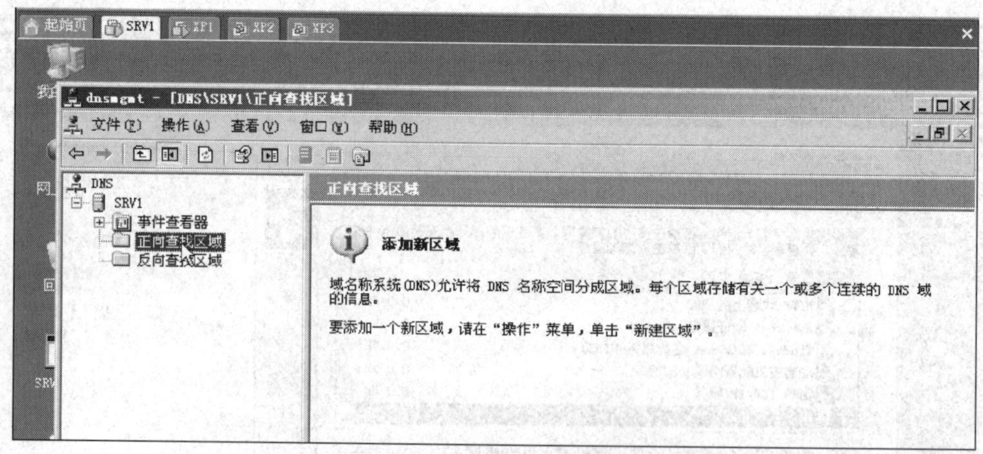

图4—2—8　DNS管理窗口

2. 配置www. html. com

（1）新建“正向查找区域”

1）右击“正向查找区域”选项，在弹出的快捷菜单中选择“新建区域”命令（见图4—2—9），弹出“新建区域向导”对话框后，单击“下一步”按钮。

2）在“区域类型”中选择“主要区域”（见图4—2—10）单选按钮，单击“下一步”按钮。

3）在弹出的对话框中输入区域名称html. com（见图4—2—11）。

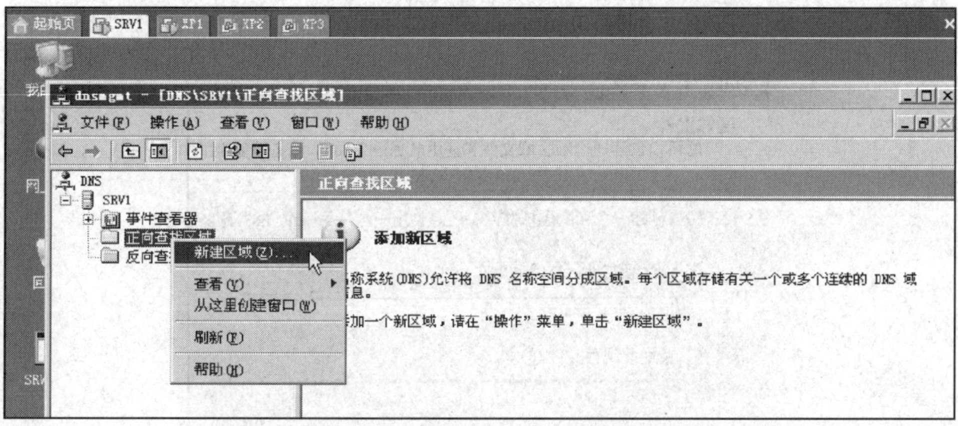

图 4—2—9　正向查找区域

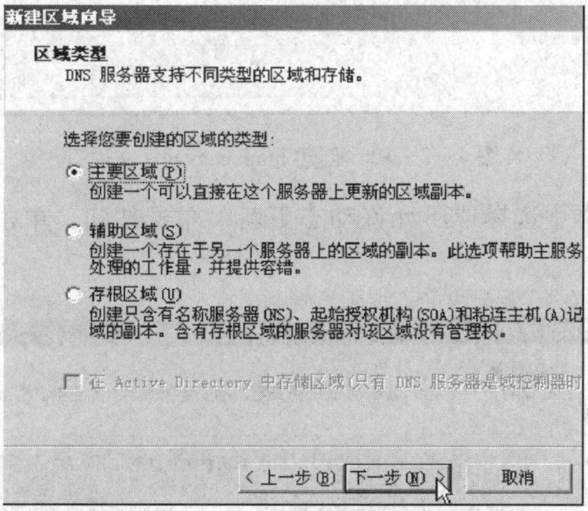

新建区域向导

区域类型

DNS 服务器支持不同类型的区域和存储。

选择您要创建的区域的类型：

主要区域(P)
创建一个可以直接在这个服务器上更新的区域副本。

辅助区域(S)
创建一个存在于另一个服务器上的区域的副本。此选项帮助主服务
处理的工作量，并提供容错。

存根区域(U)
创建只含有名称服务器(NS)、起始授权机构(SOA)和粘连主机(A)记
域的副本。含有存根区域的服务器对该区域没有管理权。

在 Active Directory 中存储区域(只有 DNS 服务器是域控制器时

< 上一步(B)　下一步(N) >　取消

图 4—2—10　主要区域

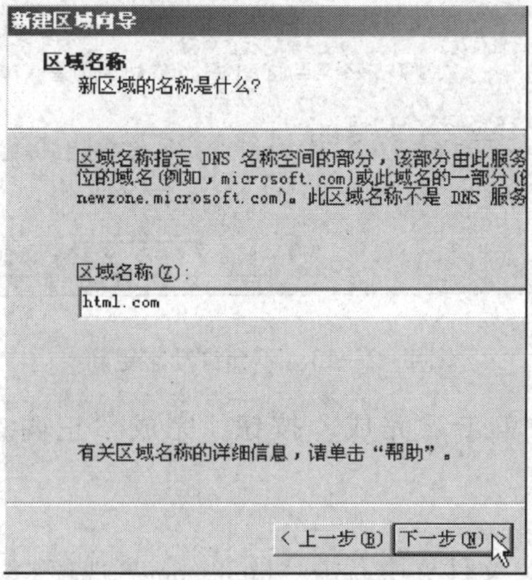

新建区域向导

区域名称

新区域的名称是什么？

区域名称指定 DNS 名称空间的部分，该部分由此服务
位的域名(例如，microsoft.com)或此域名的一部分(
newzone.microsoft.com)。此区域名称不是 DNS 服务

区域名称(Z)：

html.com

有关区域名称的详细信息，请单击“帮助”。

< 上一步(B)　下一步(N) >

图 4—2—11　区域名称 html.com

4）单击“下一步”按钮，创建 html. com. dns 文件（见图 4—2—12）。

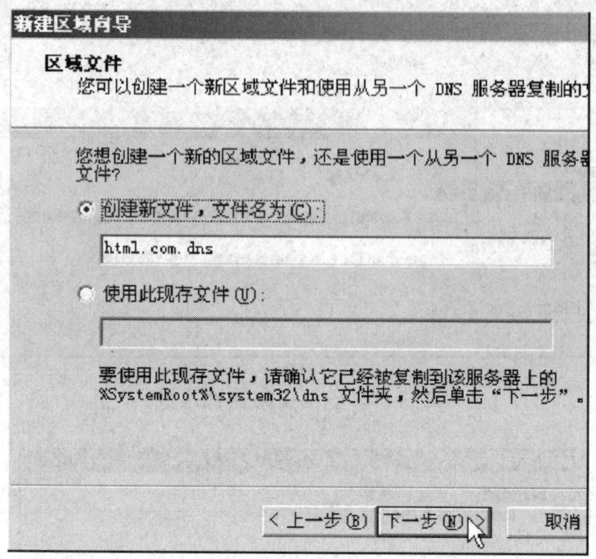

图 4—2—12　创建 html. com. dns 文件

5）在弹出的对话框中选择“不允许动态更新”单选按钮，单击“下一步”按钮（见图 4—2—13）。

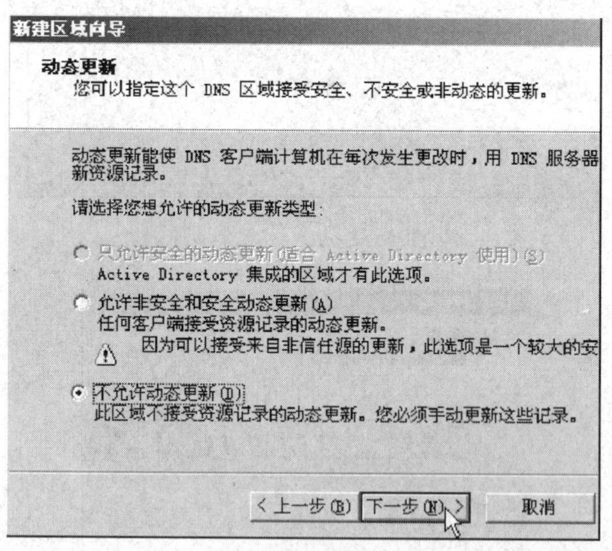

图 4—2—13　不允许动态更新

6）在弹出的对话框中单击“完成”按钮，完成“正向查找区域”的创建（见图 4—2—14）。

（2）新建主机（A）

1）在“正向查找区域”文件夹中右击“html. com”选项。

2）在弹出的快捷菜单中选择“新建主机（A）”命令（见图 4—2—15）。

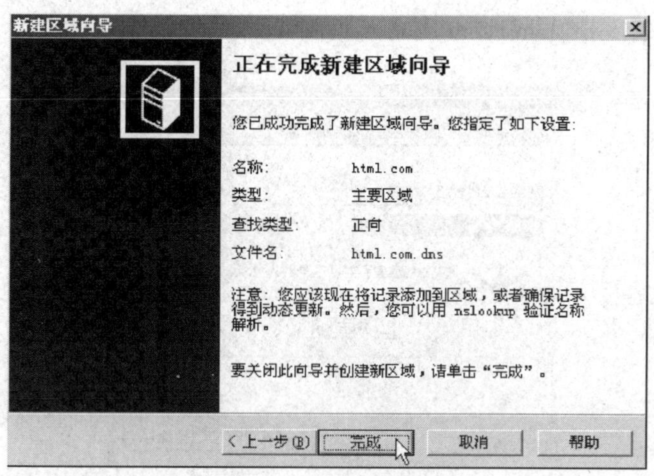

图 4—2—14　完成区域创建

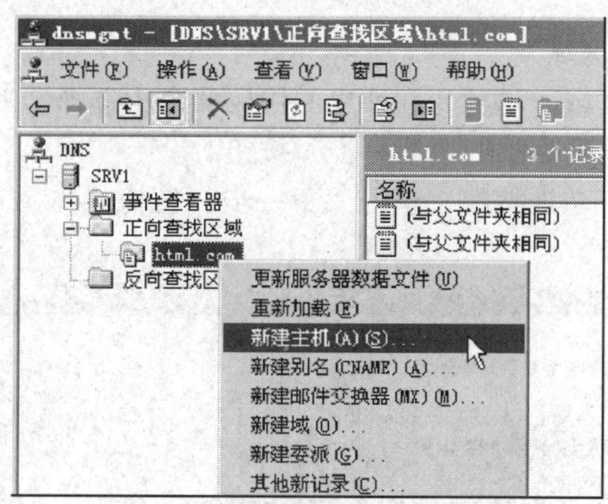

图 4—2—15　新建主机

3）在弹出的“新建主机”对话框中，输入名称 www，IP 地址设置为 192.168.1.1，单击“添加主机”按钮（见图 4—2—16）。

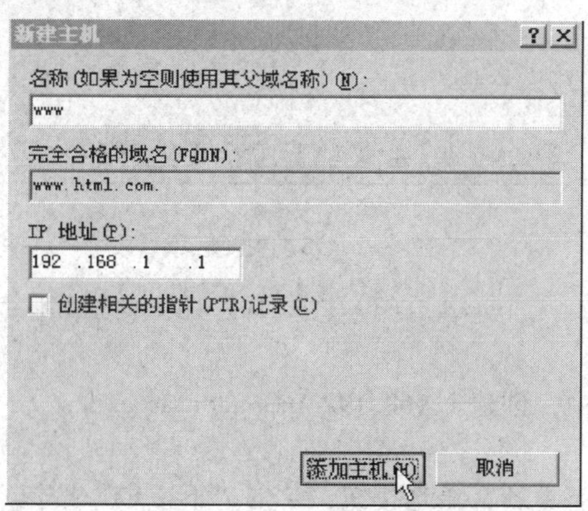

图 4—2—16　添加主机

4）创建主机记录 www. html. com 成功（见图 4—2—17）。

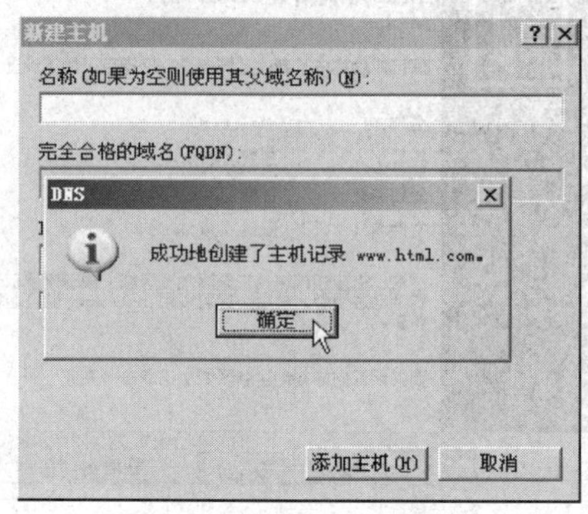

图 4—2—17　创建主机记录成功

（3）新建“反向查找区域”

1）右击“反向查找区域”选项，在弹出的快捷菜单中选择“新建区域”命令。

2）出现新建区域向导后，单击“下一步”按钮。

3）选择“主要区域”单选按钮，单击“下一步”按钮（见图 4—2—18）。

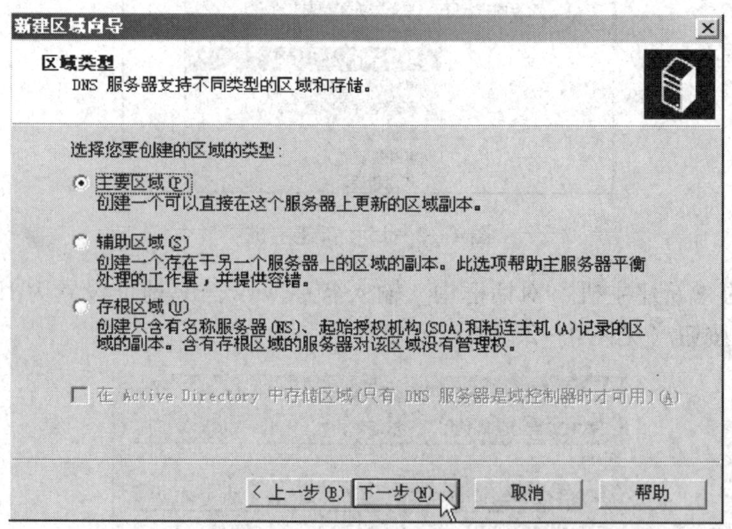

图 4—2—18　主要区域

4）在弹出的对话框中，网络 ID 设置为 192. 168. 1，单击“下一步”按钮（见图 4—2—19）。

5）在弹出的对话框中，创建 1. 168. 192. in - addr. arpa. dns 文件（见图 4—2—20），单击“下一步”按钮。

6）选择“不允许动态更新”单选按钮，单击“下一步”按钮（见图 4—2—21）。

7）在弹出的对话框中单击“完成”按钮，完成“反向查找区域”的创建。

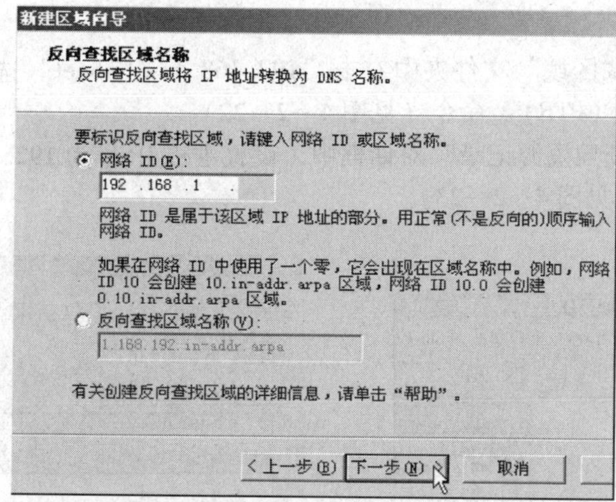

图 4—2—19 设置反向查找区域网络 ID

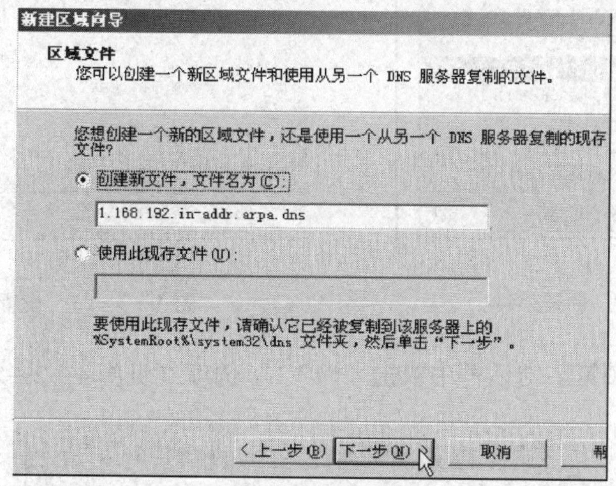

图 4—2—20 创建新文件

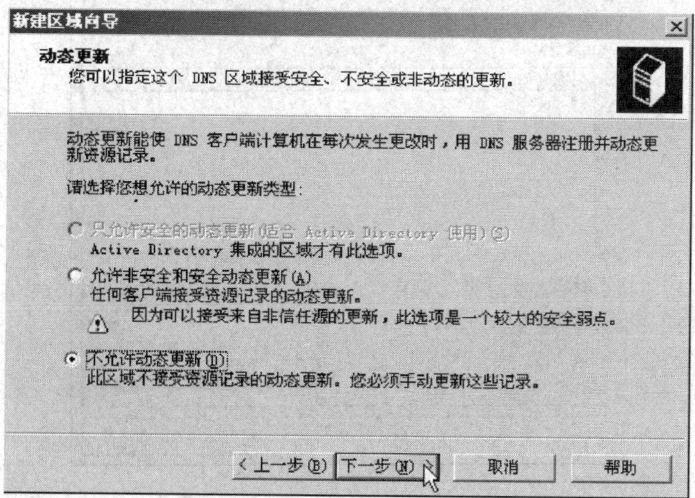

图 4—2—21 不允许动态更新

(4）新建指针

1）在“反向查找区域”文件夹中右击“192.168.1.x Subnet”选项，在弹出的快捷菜单中选择“新建指针（PTR)”命令（见图4—2—22)。

2）在弹出的“新建资源记录”对话框中，设置主机IP号为192.168.1.1，单击主机名后的“浏览”按钮（见图4—2—23)。

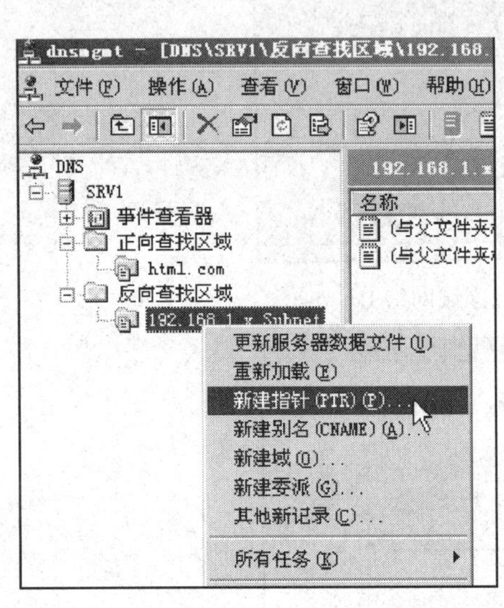

图4—2—22　新建指针

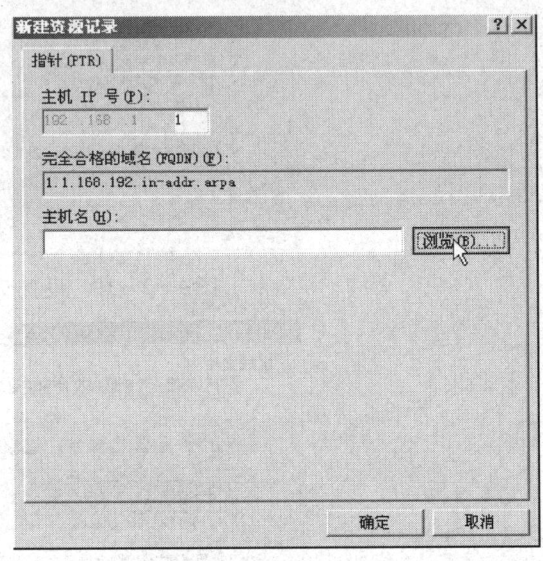

图4—2—23　设置主机IP号

3）在弹出的“浏览”对话框中双击“SRV1”选项（见图4—2—24)。

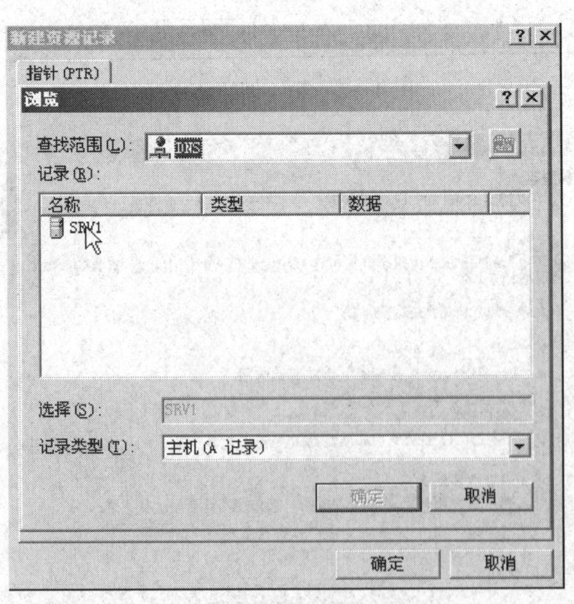

图4—2—24　在SRV1中查找

4）双击“正向查找区域”选项（见图4—2—25）。

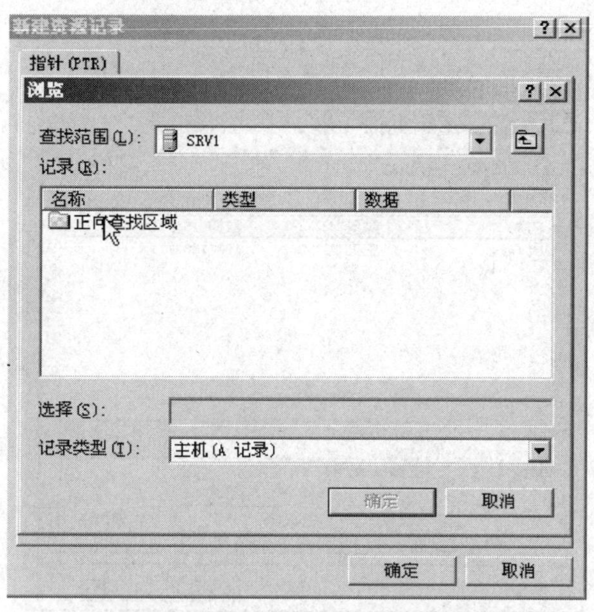

图4—2—25　在正向查找区域中查找

5）双击“html. com”选项（见图4—2—26）。

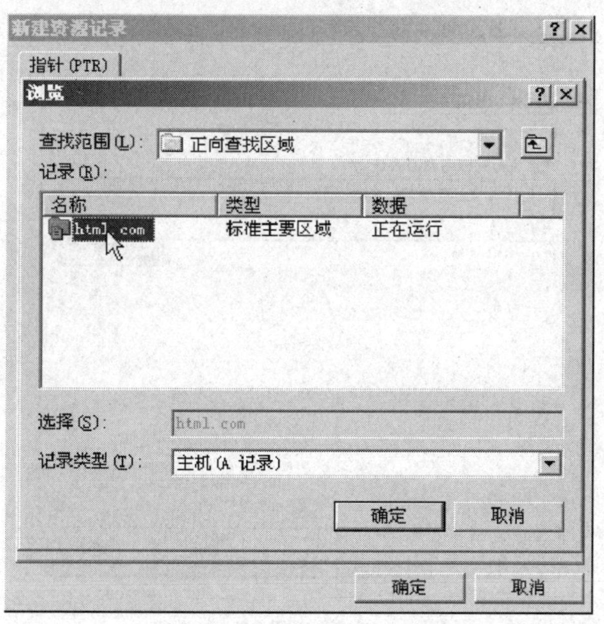

图4—2—26　双击 html. com

6）再双击“www”选项（见图4—2—27）。

7）主机名自动被设置为 www. html. com，单击“确定”按钮，完成设置（见图4—2—28）。

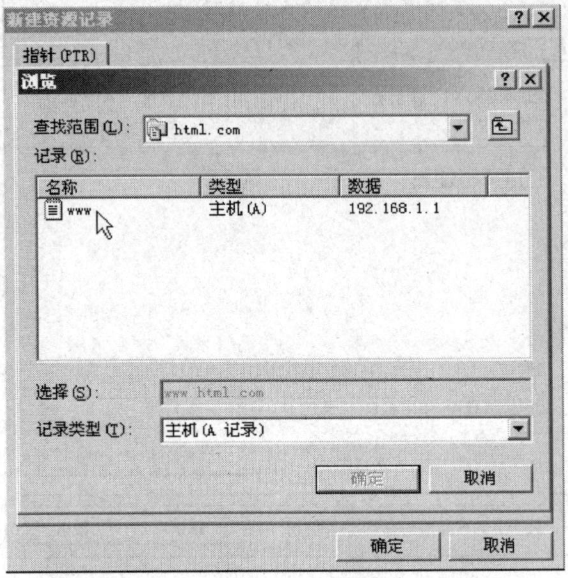

新建资源记录

指针 (PTR)

浏览

查找范围 (L): html. com

记录 (R):

名称	类型	数据
www	主机 (A)	192. 168. 1. 1

选择 (S): www. html. com

记录类型 (T): 主机 (A 记录)

确定 取消

确定 取消

图 4—2—27　双击 www

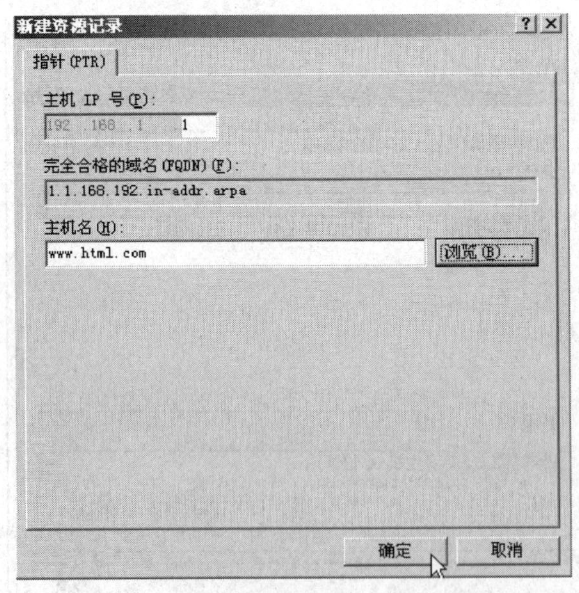

图 4—2—28　设置主机名为 www. html. com

（5）在客户端 XP1 进行测试

1）使用 ping www. html. com 测试成功（见图 4—2—29）。

2）使用 nslookup www. html. com 测试成功（见图 4—2—30）。

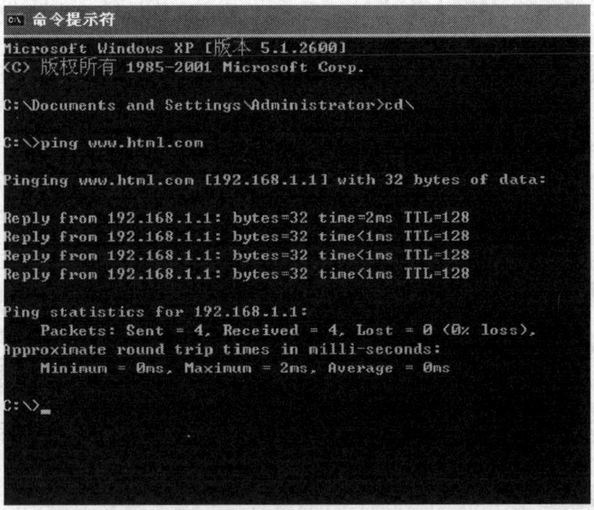

命令提示符
Microsoft Windows XP [版本 5.1.2600]
(C) 版权所有 1985-2001 Microsoft Corp.
C:\Documents and Settings\Administrator>cd\
C:\>ping www.html.com
Pinging www.html.com [192.168.1.1] with 32 bytes of data:
Reply from 192.168.1.1: bytes=32 time=2ms TTL=128
Reply from 192.168.1.1: bytes=32 time<1ms TTL=128
Reply from 192.168.1.1: bytes=32 time<1ms TTL=128
Reply from 192.168.1.1: bytes=32 time<1ms TTL=128
Ping statistics for 192.168.1.1:
Packets: Sent = 4, Received = 4, Lost = 0 (0% loss),
Approximate round trip times in milli-seconds:
Minimum = 0ms, Maximum = 2ms, Average = 0ms
C:\>

图 4—2—29　客户端测试成功

命令提示符
C:\Documents and Settings\Administrator>cd\
C:\>ping www.html.com
Pinging www.html.com [192.168.1.1] with 32 bytes of data:
Reply from 192.168.1.1: bytes=32 time=2ms TTL=128
Reply from 192.168.1.1: bytes=32 time<1ms TTL=128
Reply from 192.168.1.1: bytes=32 time<1ms TTL=128
Reply from 192.168.1.1: bytes=32 time<1ms TTL=128
Ping statistics for 192.168.1.1:
Packets: Sent = 4, Received = 4, Lost = 0 (0% loss),
Approximate round trip times in milli-seconds:
Minimum = 0ms, Maximum = 2ms, Average = 0ms
C:\>nslookup www.html.com
Server: www.html.com
Address: 192.168.1.1
Name: www.html.com
Address: 192.168.1.1
C:\>

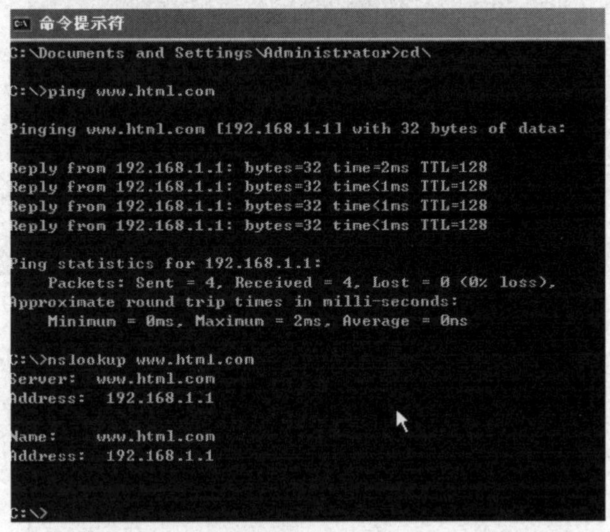

图 4—2—30　nslookup 测试成功

3）打开“我的电脑”，在地址栏内输入“http://www.html.com”，测试成功（见图 4—2—31）。

起始页
SRV1
XP1
XP2
XP3
无标题文档
文件(F) 编辑(E) 查看(V) 收藏(A) 工具(T) 帮助(H)
后退
搜索
收藏夹
地址(D)
http://www.html.com/
This is a HtmlSite.

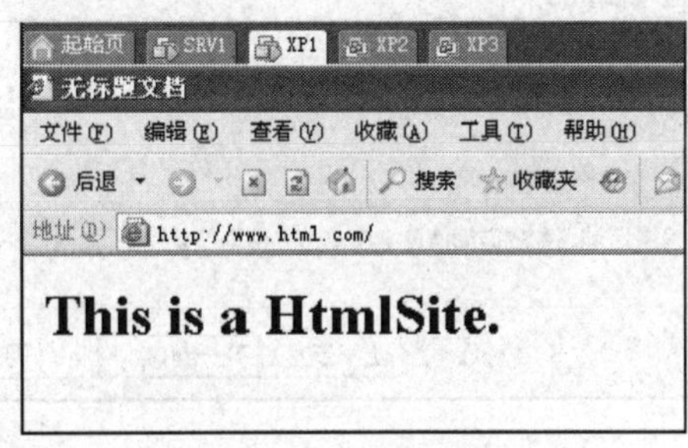

图 4—2—31　域名解析成功

3. 配置 www. asp. com

(1) 新建区域

1) 在 DNS 管理窗口中，右击“正向查询区域”选项，在弹出的快捷菜单中选择“新建区域”命令。

2) 在弹出的对话框中选择“主要区域”单选按钮，单击“下一步”按钮（见图 4—2—32）。

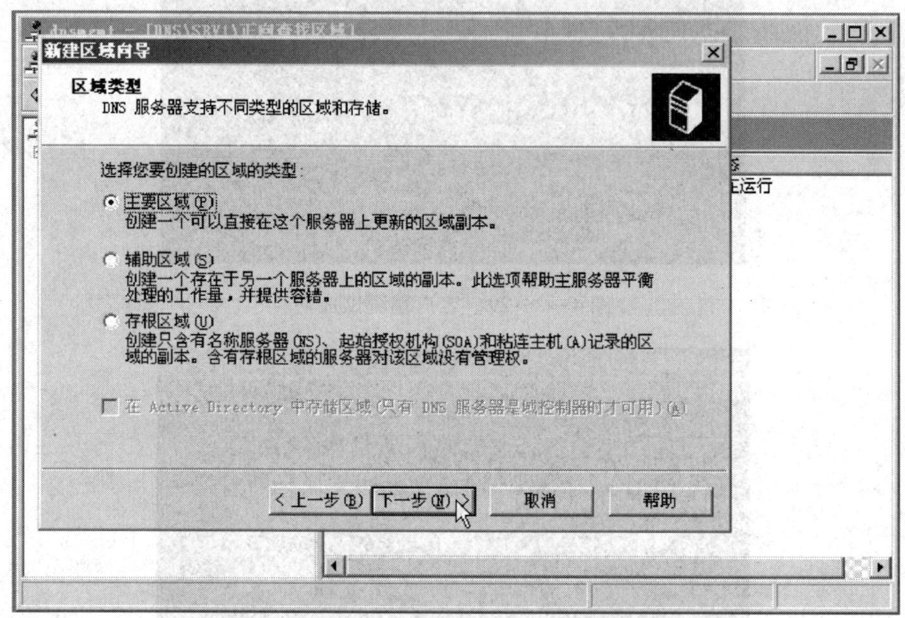

图 4—2—32 主要区域

3) 在弹出的对话框中输入区域名称：asp. com（见图 4—2—33）。

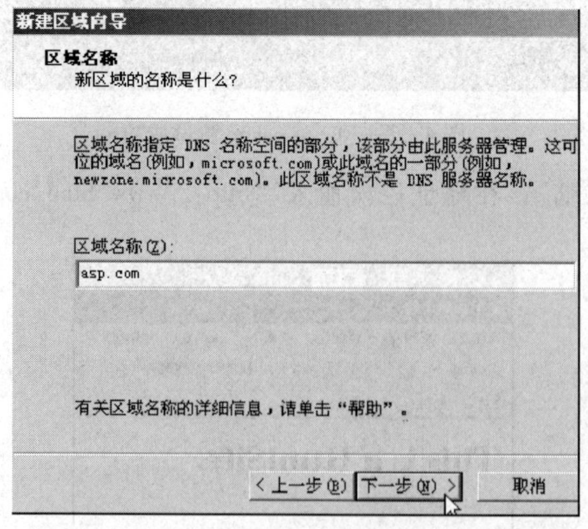

图 4—2—33 区域名称

4）单击“下一步”按钮，创建 asp. com. dns 文件（见图 4—2—34）。

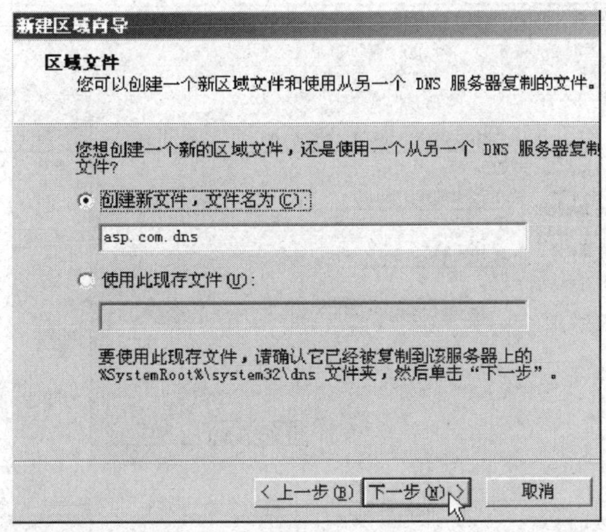

图 4—2—34　创建 asp. com. dns 文件

5）选择“不允许动态更新”单选按钮，单击“下一步”按钮（见图 4—2—35）。

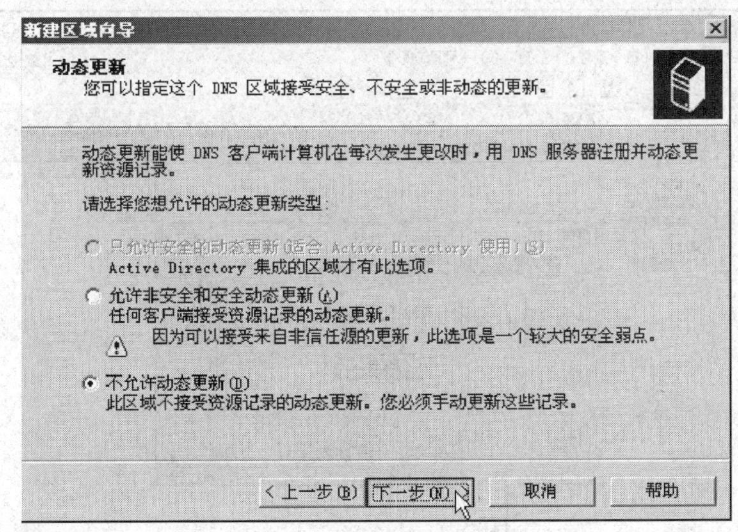

图 4—2—35　不允许动态更新

6）单击“完成”按钮，完成设置。

（2）新建主机（A）

1）右击“正向查找区域”文件夹中的 asp. com 选项，在弹出的快捷菜单中选择“新建主机（A）”命令。

2）在弹出的“新建主机”对话框中输入名称“www”，IP 地址设置为“192. 168. 1. 1”，单击“添加主机”按钮（见图 4—2—36）。

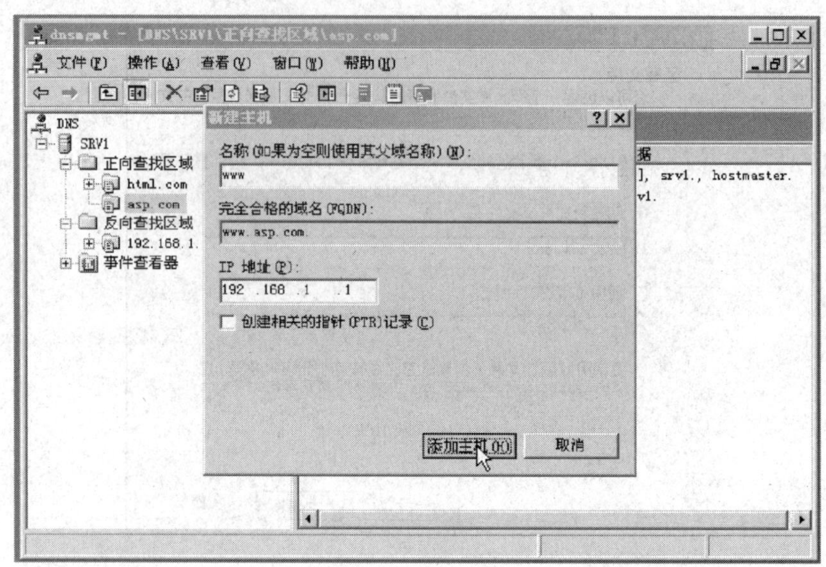

图 4—2—36　新建主机

3）成功创建主机记录 www. asp. com（见图 4—2—37）。

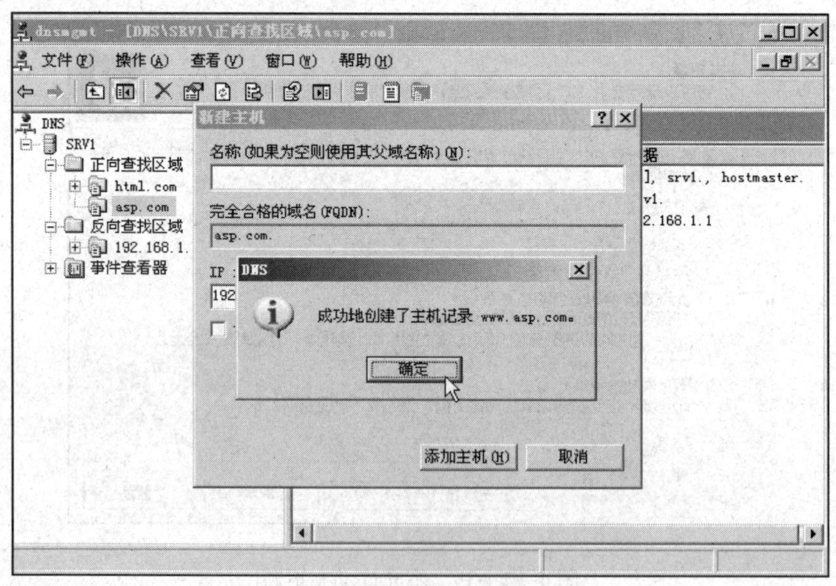

图 4—2—37　创建主机记录成功

（3）新建指针

1）在反向查找区域，右击“192. 168. 1. x Subnet”选项，在弹出的快捷菜单中选择“新建指针（PTR）”命令。

2）在弹出的“新建资源记录”对话框中，输入主机 IP 号“192. 168. 1. 1”，主机名“www. asp. com”，单击“确定”按钮（见图 4—2—38）。

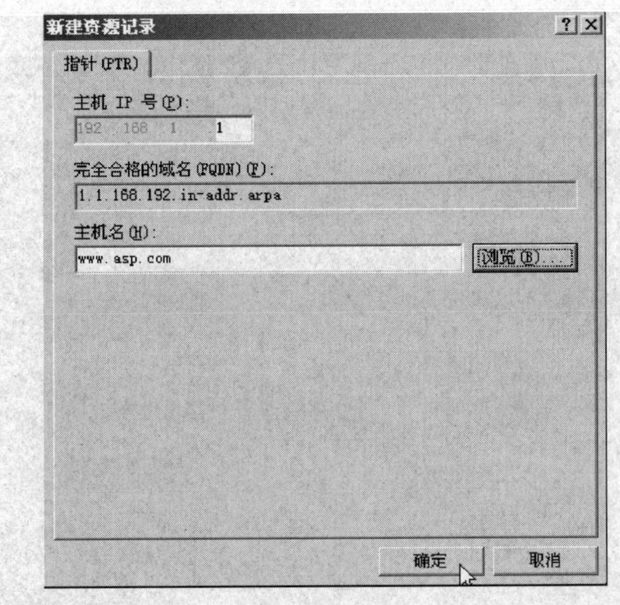

图 4—2—38　新建资源记录

3）成功创建 192. 168. 1. 1 指针（PTR），指向 www. asp. com（见图 4—2—39）。

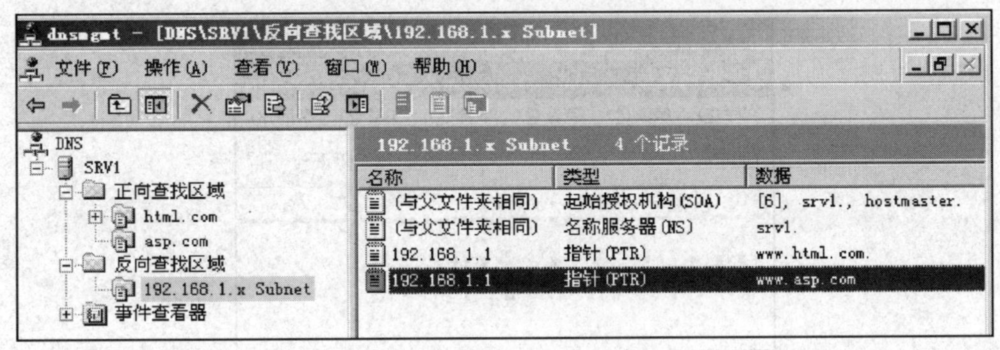

图 4—2—39　创建指针成功

（4）在客户端 XP1 进行测试

1）使用 ping www. asp. com 测试成功，使用 nslookup www. asp. com 测试成功（见图 4—2—40）。

2）打开“我的电脑”，在地址栏内输入 http://www. asp. com，测试成功（见图 4—2—41）。

4. 配置 www. jsp. com

（1）新建区域

1）在 DNS 管理窗口中右击“正向查找区域”选项，在弹出的快捷菜单中选择“新建区域”命令。

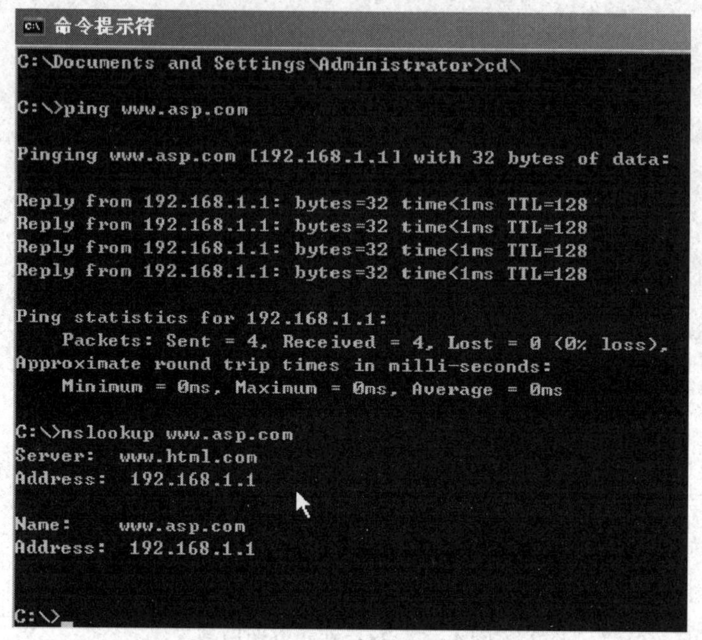

图 4—2—40　ping 和 nslookup 测试成功

图 4—2—41　域名解析成功

2）依据向导提示，分别在“区域类型”中选择“主要区域”，在“区域名称”中输入“jsp. com”，自动创建 jsp. com. dns 文件，在“动态更新”中选择“不允许动态更新”，完成后的设置如图 4—2—42 所示。

（2）新建主机和指针

1）右击“jsp. com”选项，在弹出的快捷菜单中选择“新建主机（A）”命令。

2）在“新建主机”对话框中输入名称 www，IP 地址设置为 192. 168. 1. 1，选中“创建相关的指针（PTR）记录”复选框（见图 4—2—43）。

3）单击“添加主机”按钮后，成功创建主机记录 www. jsp. com。

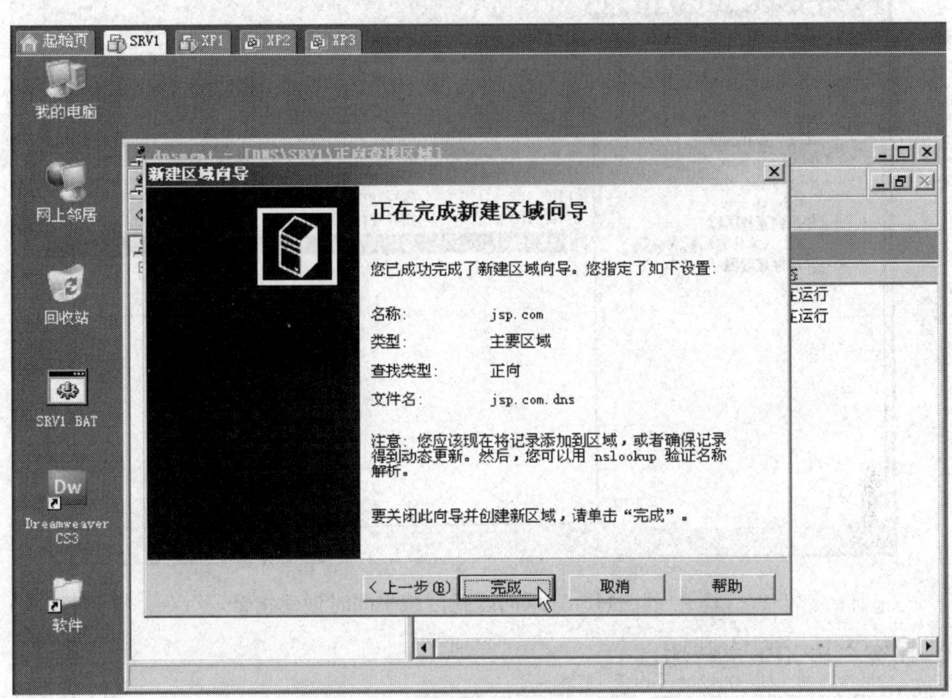

图 4—2—42　完成设置

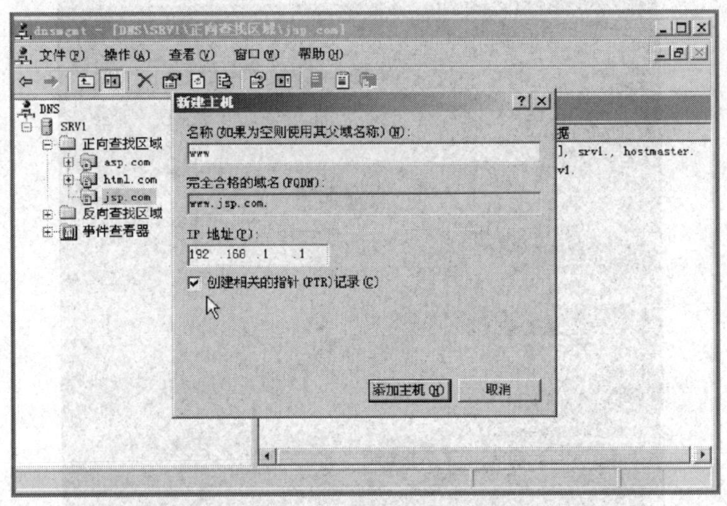

图 4—2—43　新建主机和指针

4）在反向查找区域中同时创建 192. 168. 1. 1 指针（PTR），指向 www. jsp. com（见图 4—2—44）。

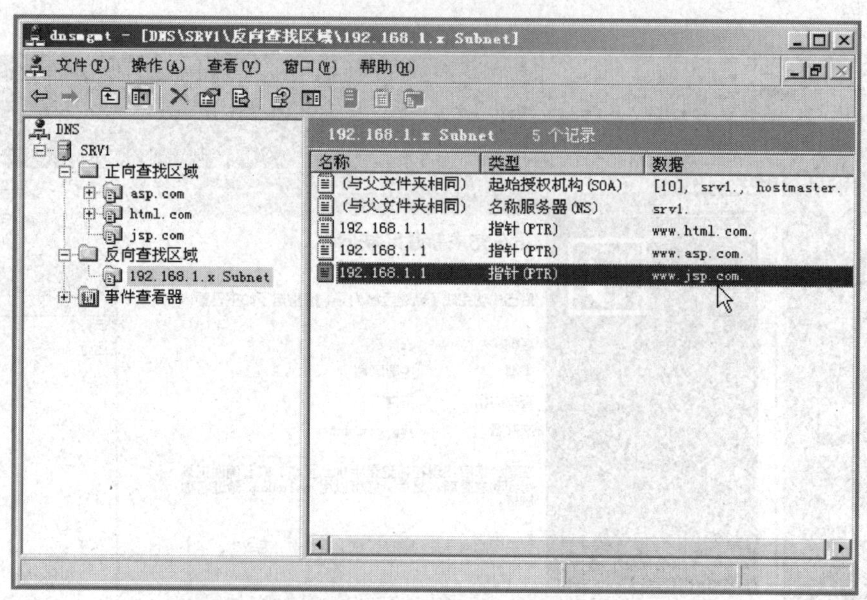

图4—2—44　在反向查找区域中同时创建指针

（3）在客户端XP1进行测试

1）使用ping www.jsp.com测试成功，使用nslookup www.jsp.com测试成功（见图4—2—45）。

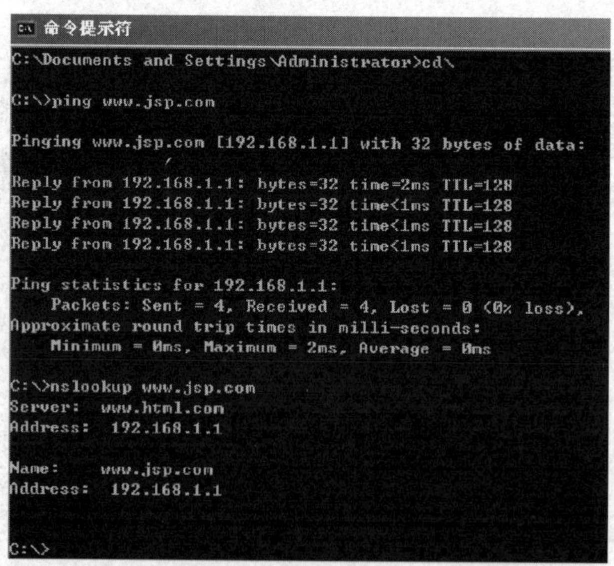

图4—2—45　ping和nslookup测试成功

2）打开“我的电脑”，在地址栏内输入“http://www.jsp.com:8888/JspSite/index.jsp”，测试成功（见图4—2—46）。

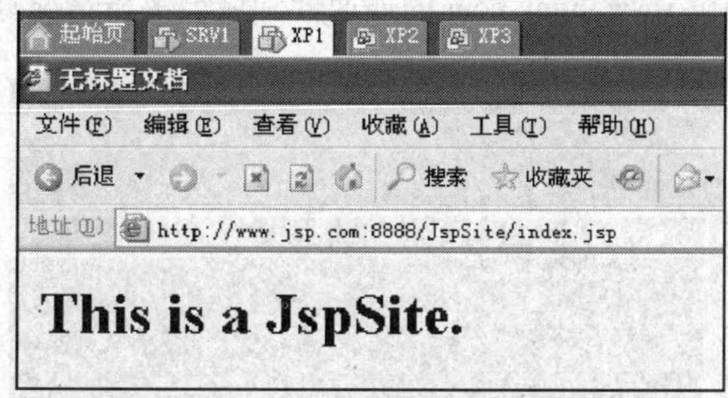

图 4—2—46　域名解析成功

三、测试多个网站

1．在 IIS 中已创建了三个网站（见图 4—2—47）。

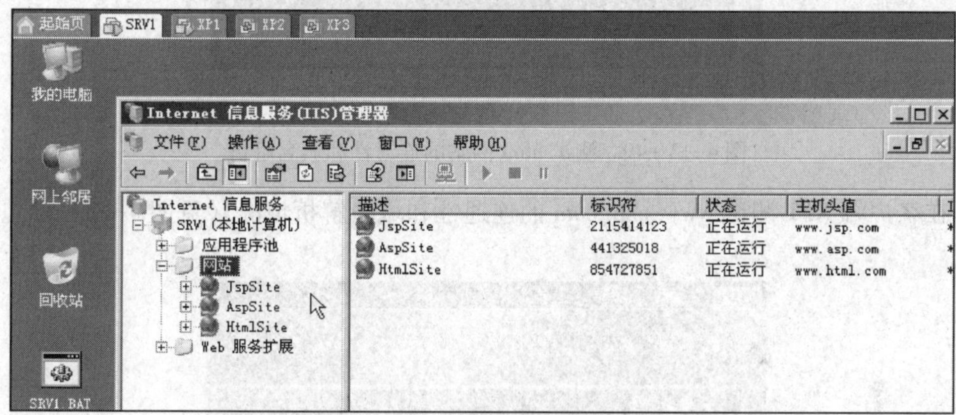

图 4—2—47　已创建网站

2．在 DNS 中已创建的正向查找区域和反向查找区域（见图 4—2—48）。

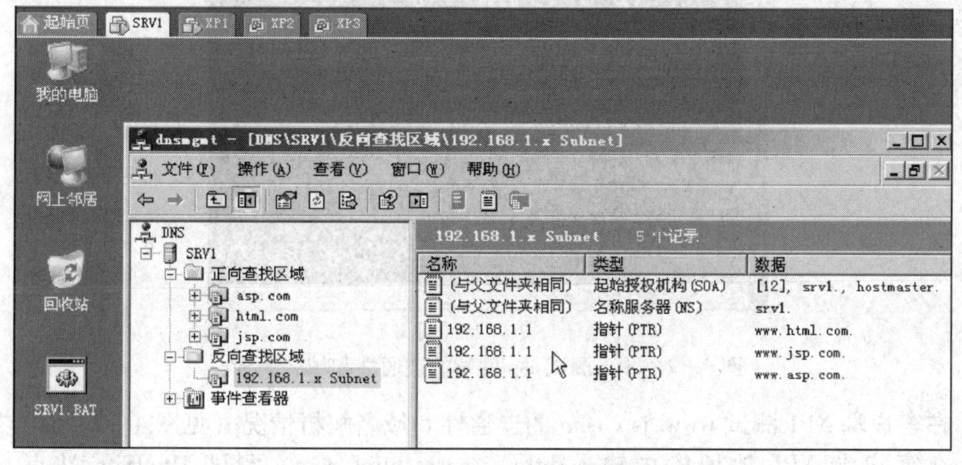

图 4—2—48　已创建正向查找区域和反向查找区域

3．在客户端 XP1 测试 www. html. com 的连通性和域名解析情况（见图 4—2—49）。

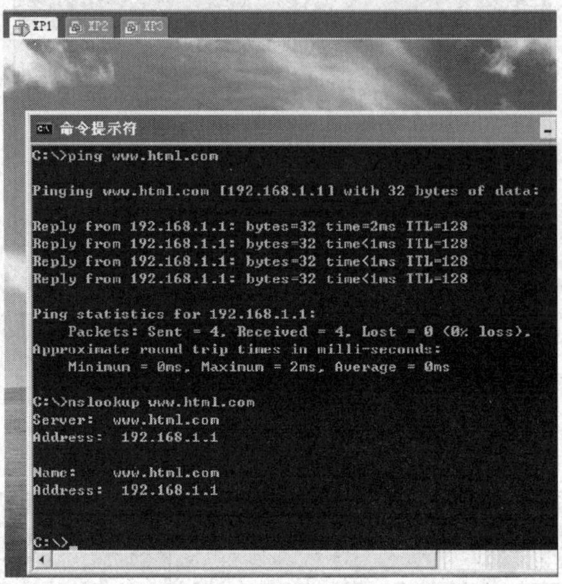

图 4—2—49　测试 html 网站的连通性和域名解析

4．在客户端 XP1 测试 www. asp. com 的连通性和域名解析情况（见图 4—2—50）。

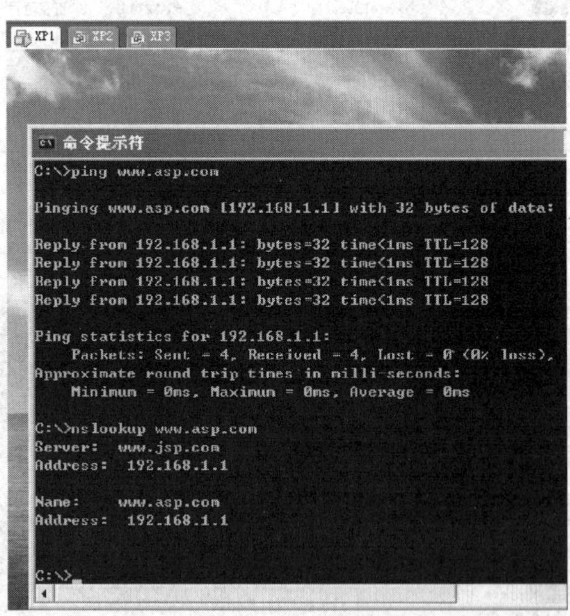

图 4—2—50　测试 asp 网站的连通性和域名解析

5．在客户端 XP1 测试 www. jsp. com 的连通性和域名解析情况（见图 4—2—51）。

6．在客户端 XP1 地址栏内输入 http://www. html. com，测试 HtmlSite 站点（见图 4—2—52）。

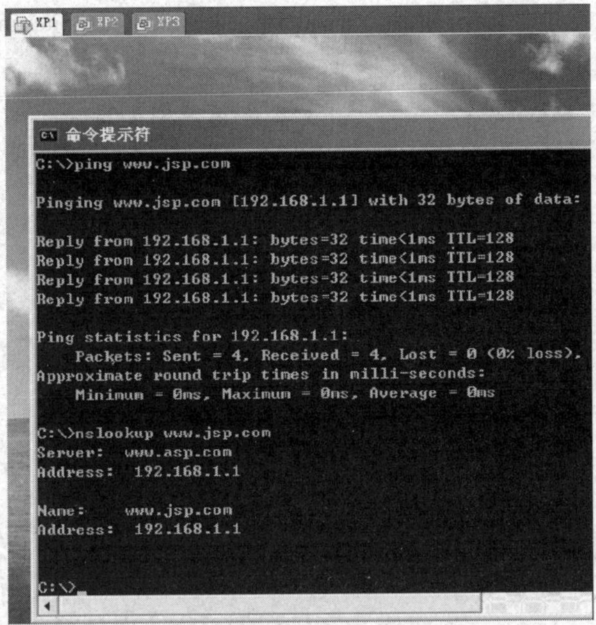

图 4—2—51　测试 jsp 网站的连通性和域名解析

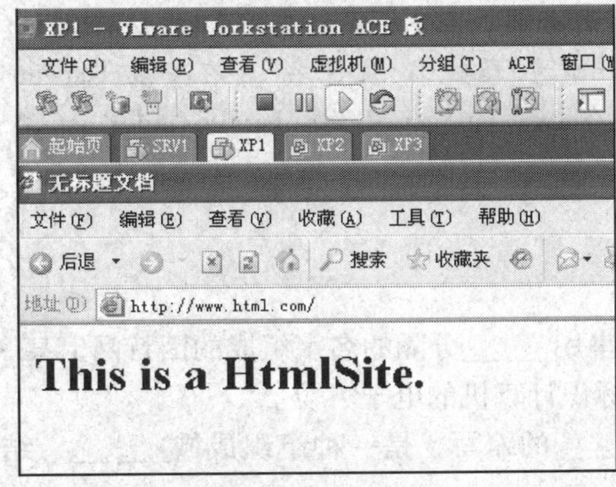

图 4—2—52　HtmlSite 网站远程测试成功

7. 在客户端 XP1 地址栏内输入 http://www. asp. com，测试 AspSite 站点（见图 4—2—53）。

图 4—2—53　AspSite 网站远程测试成功

8. 在客户端 XP1 地址栏输入 http://www.jsp.com:8888/JspSite/index.jsp，测试 JspSite 站点（见图 4—2—54）。

图 4—2—54 JspSite 网站远程测试成功

测试结果：HTTP 网站、ASP 网站和 JSP 网站测试全部成功。

提 示

在客户端 XP1 地址栏内输入 http://www.jsp.com，测试不成功。因为 JSP 站点依赖 Tomcat 服务器，不依赖 IIS 服务器，在 IIS 中配置的 http://www.jsp.com 无效。URL 一般格式为“协议名://主机名:端口号/路径名/文件名”，在安装 Tomcat 时将默认端口号 8080 更改为 8888，所以要用 http://www.jsp.com:8888/JspSite/index.jsp 测试。

课后练习

1. 填空题

（1）________是由一串用_____分隔的名字组成的因特网上某一台计算机或计算机组的名称，用于在数据传输时标识计算机的电子方位。

（2）DNS 是___________的缩写，是一种组织成域________结构的计算机和网络服务命名系统。

（3）____________是从树根向下层次命名的域名集合。

（4）“从域名查找 IP 地址”的过程叫作____________。

（5）____________是一个监测网络中 DNS 服务器能否正确实现域名解析的命令行工具。

2. 名词解释

（1）正向查找区域

（2）反向查找区域

（3）A 记录

3. 判断题

（1）DNS 命名系统可以将用户友好的计算机或服务名称映射为数字地址。（ ）

（2）正向查找区域用于 IP 地址到计算机名的映射。（ ）

（3）域名解析需要由专门的 DNS 域名解析服务器来完成。（ ）

4. 实践操作

在虚拟机中完成 DNS 的安装、配置，使用 nslookup 判断能否正确进行域名解析。

任务 3　DHCP 服务器的配置与使用

学习目标

1. 了解 DHCP 的概念及其工作过程，熟练掌握 DHCP 服务器的屏蔽、安装与配置方法。

2. 熟练掌握 ipconfig 命令的使用，会查看、释放和重新获取 IP 地址，能使用 ipconfig 命令检测 DHCP 服务器安装的正确性。

任务描述

随着局域网内计算机数量的增加，手工设置 TCP/IP 属性不仅麻烦，而且容易造成 IP 地址冲突。通过架设 DHCP 服务器，可以自动为局域网中的每一台计算机自动分配 IP 地址。

本任务将分别使用虚拟机自带的 DHCP 服务器和自己架设的 DHCP 服务器为客户端分配 IP 地址，从而学会 DHCP 服务器的安装、配置与测试方法。

相关知识

一、DHCP 的概念

DHCP 是动态主机分配协议（Dynamic Host Configuration Protocol）的缩写，该协议可以为局域网中的每一台计算机自动分配 IP 地址，并完成每台计算机的 TCP/IP 配置，包括 IP 地址、子网掩码、网关以及 DNS 服务器等。

二、DHCP 的工作过程

在网络中提供 DHCP 服务的计算机称为 DHCP 服务器。一台计算机不设定固定的 IP 地址，而是在开机时由 DHCP 服务器分配一个 IP 地址，这台计算机被称为 DHCP 客户端。根据客户端是否第一次登录网络，DHCP 的工作形式会有所不同。第一次登录时，DHCP 运行分为四个基本过程，即发现 IP 租约、提供 IP 租约、选择 IP 租约和确认 IP 租约（见图 4—3—1）。

1. 寻找 Server ——DHCP 发现（DISCOVER）

DHCP 客户端第一次登录网络时，客户端上没有任何 IP 数据设定，它会向网络发出一个 DHCPDISCOVER 包。因为客户端不知道自己属于哪一个网络，所以包的来源地址为 0.0.0.0，而目的地址则为 255.255.255.255，再附上 DHCPDISCOVER 的信息，向网络进行广播。在 Windows 系统的预设情形下，DHCPDISCOVER 的等待时间预设为 1 s，也就是当客

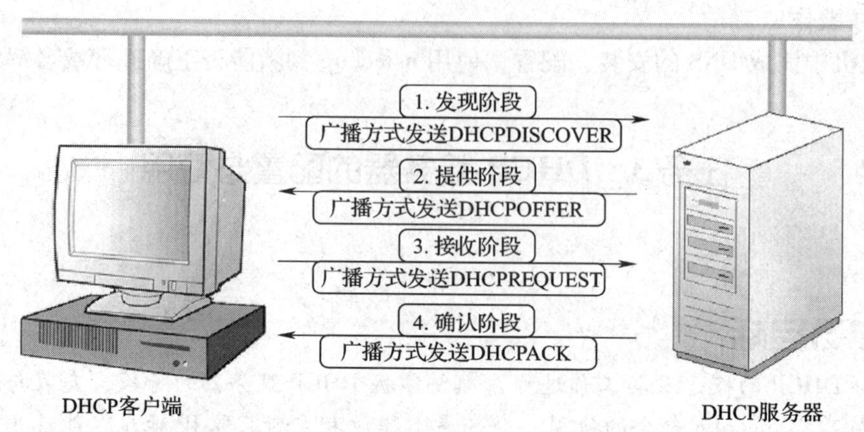

图 4—3—1　DHCP 的工作过程

户端将第一个 DHCPDISCOVER 包发送出去之后，如果在 1 s 之内没有得到响应，就会进行第二次 DHCPDISCOVER 广播。若一直得不到响应，客户端会进行四次 DHCPDISCOVER 广播（包括第一次在内），除了第一次会等待 1 s 之外，其余三次的等待时间分别是 9 s、13 s、16 s。如果都没有得到 DHCP 服务器的响应，客户端则会显示错误信息，宣告DHCP 发现的失败。之后，基于使用者的选择，系统会在 5 min 之后再重复一次 DHCP 发现的过程。

2. 提供 IP 租用地址——DHCP 提供（OFFER）

当 DHCP 服务器监听到客户端发出的 DHCPDISCOVER 广播后，它会从那些还没有租出的地址范围内选择最前面的空置 IP，连同其他 TCP/IP 设定，响应给客户端一个 DHCPOFFER 包。由于客户端在开始的时候还没有 IP 地址，所以在其 DHCPDISCOVER 包内会带有其 MAC 地址信息，并且有一个包编号来辨别该包。根据服务器端的设定，DHCPOFFER 包会包含一个租约期限的信息。DHCP 服务器响应的 DHCPOFFER 包会将 DHCPDISCOVER 包内的资料传递给要求租约的客户端。

3. 接受 IP 租约——DHCP 接收（REQUEST）

如果客户端收到网络上多台 DHCP 服务器的响应，则只会挑选其中一个 DHCPOFFER（通常是最先抵达的那个），并且会向网络发送一个 DHCPREQUEST 广播包，告诉所有 DHCP 服务器它将指定接收哪一台服务器提供的 IP 地址。同时，客户端还会向网络发送一个 ARP 包，查询网络中有无其他机器在使用该 IP 地址；如果发现该 IP 地址已经被占用，客户端会发送一个 DHCPDECLINE 包给 DHCP 服务器，拒绝接受其 DHCPOFFER，并重新发送 DHCPDISCOVER 信息。

4. 租约确认——DHCP 确认（ACK）

DHCP 服务器接收到客户端的 DHCPREQUEST 包之后，向客户端发出一个 DHCPACK 响应，确认 IP 租约正式生效，结束一个完整的 DHCP 工作过程。

三、使用 DHCP 服务器的好处

1. 减轻管理员的负担

任何基于 TCP/IP 的联网计算机都要进行 TCP/IP 属性配置。一般情况下，用户无法自己配置，所有属性都是由网络管理员来设置。随着网络范围越来越广，计算机数量越来越多，网络管理员的工作量也越来越大，使用 DHCP 服务器可以大大降低管理员的负担，同时减少计算机配置的时间。

2. 保证安全、可靠的配置

DHCP 服务可以避免管理员手工在每台计算机上配置而引起的配置错误，还有助于防止手工配置 IP 地址而引起的地址冲突。只要管理员在 DHCP 服务器上正确配置，就能保证网络计算机安全、可靠地运行。

3. 为移动用户带来便利

一台计算机从一个网络移到另一个网络中，它的 IP 地址必须随之变化，如果没有重新配置就无法联网，利用 DHCP 服务可以解决移动用户的 IP 地址配置问题。

4. 解决 IP 地址不够分配的问题

一个网络中的所有计算机都要求能够联网，如果手工配置，往往 IP 地址不够分配。因为每台计算机拥有一个 IP 地址有时候是不必要的，DHCP 服务能够分配 IP 地址和使用租期，当租期结束的时候，服务器可以把这个 IP 地址分配给其他机器使用，从而解决了 IP 地址不够分配的问题。

四、ipconfig 命令

ipconfig 是调试计算机网络的常用命令，常见用法有以下几种：

（1）ipconfig：显示本机 IP 地址、子网掩码和缺省网关值。

（2）ipconfig /all：显示本机 TCP/IP 配置的详细信息，包括本地网卡中的物理地址（MAC）。

（3）ipconfig /release：DHCP 客户端释放 IP 地址。

（4）ipconfig /renew：DHCP 客户端更新网卡的配置，重新从 DHCP 服务器获取 IP 地址。

任务实施

一、使用虚拟机 DHCP 服务器

1. 准备

启动 XP1、XP2 和 XP3 三台虚拟机，将所有网卡设置为自动获取 IP 地址。

2. DHCP 服务器设置

（1）在 VMware Workstation（VM）中选择“编辑→虚拟网络设置”命令（见图 4—3—2），打开“虚拟网络编辑器”窗口（注：部分精简版 VM6 中“虚拟网络设置”命令不可用，需要安装完整版 VM6）。

（2）在“虚拟网络编辑器”窗口中单击“主机虚拟网络映射”选项卡（见图 4—3—3）。

（3）单击“VMware Network Adapter VMnet1”选项后的“[>]”按钮，再选择“子网”命令（见图 4—3—4）。

（4）将图 4—3—5 所示的原来的 IP 地址 192. 168. 198. 0（注：第三个数为 1 ~ 254 之间的随机整数，不一定是 198）更改为 192. 168. 1. 0（见图 4—3—6），单击“确定”按钮后再单击最下面的“应用”按钮。

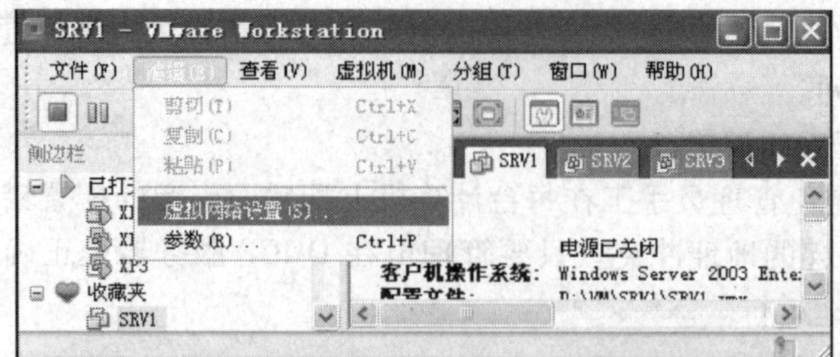

图 4—3—2　虚拟网络设置

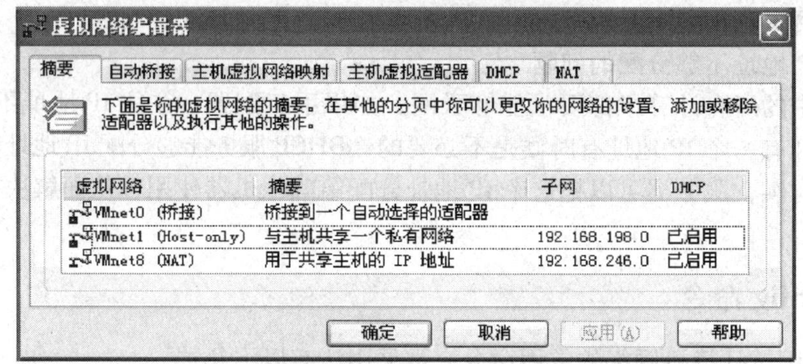

图 4—3—3　虚拟网络编辑器

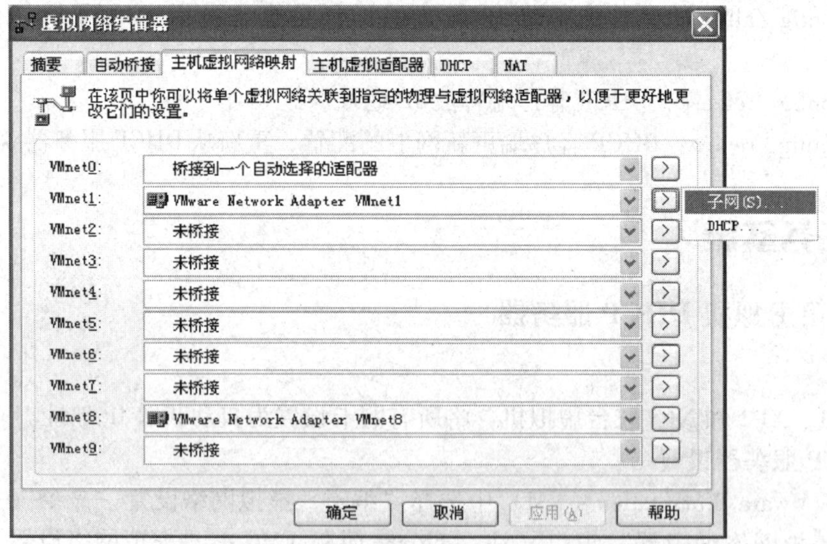

图 4—3—4　选择“子网”命令

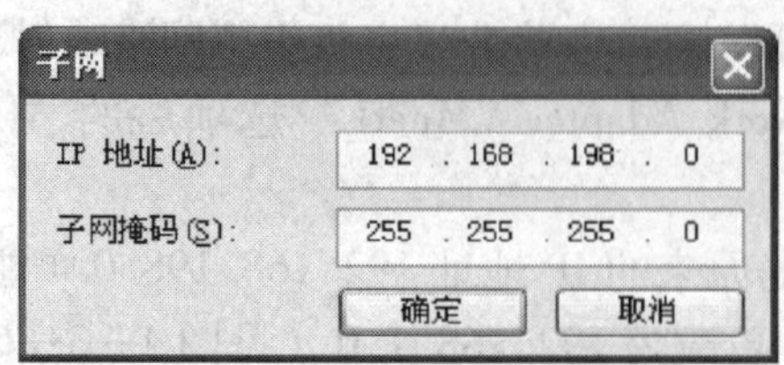

图 4—3—5　原 IP 地址

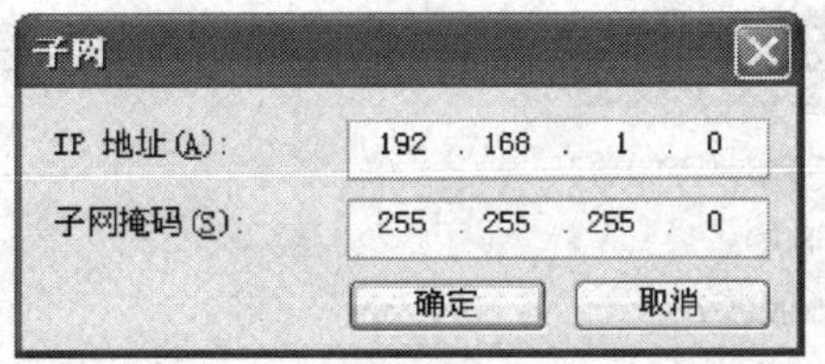

图 4—3—6　新设 IP 地址

（5）单击“VMware Network Adapter VMnet1”选项后的“[>]”按钮，再选择“DHCP”命令（见图 4—3—7）。

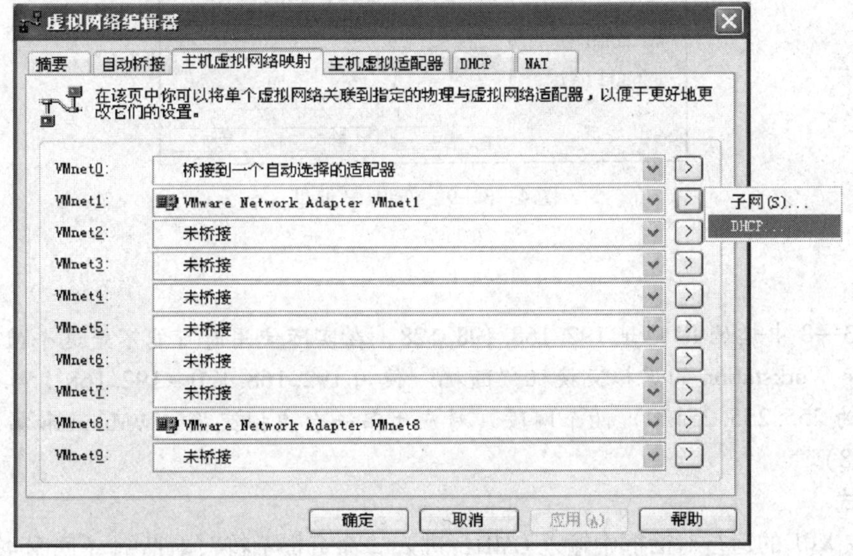

图 4—3—7　选择“DHCP”命令

（6）将起始 IP 地址改为 192. 168. 1. 11，结束 IP 地址改为 192. 168. 1. 254。原 IP 地址如图 4—3—8 所示，更改后的 IP 地址如图 4—3—9 所示。

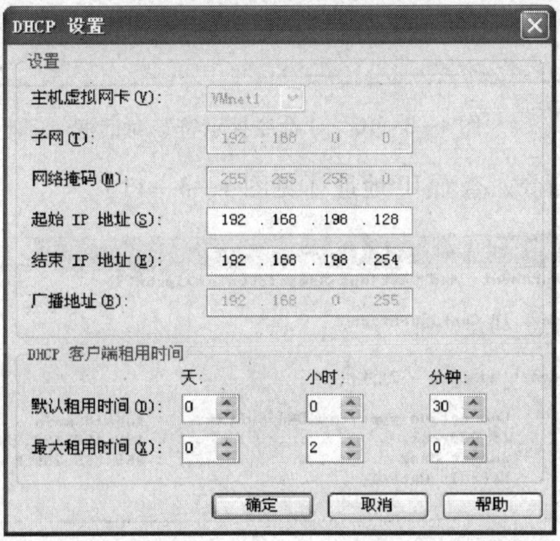

图 4—3—8　原 IP 地址

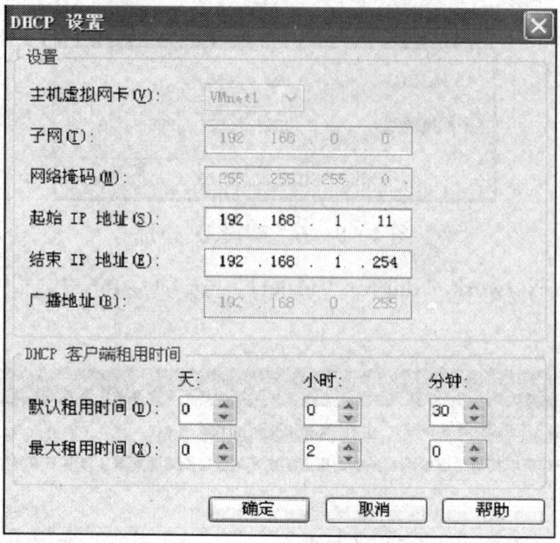

图 4—3—9　新设 IP 地址

提 示

图 4—3—8 中起始 IP 地址 192. 168. 198. 128，在实际使用时可能不是这个值。默认情况下，VMware Workstation 的虚拟交换机“随机”使用 192. 168. 1. 0 ~ 192. 168. 254. 0 范围中的（子网掩码为 255. 255. 255. 0）两个网段（对应于第一台虚拟交换机 VMnetl 和第八台虚拟交换机 VMnet8）。

3. 测试

（1）在 XP1 的运行对话框中输入 CMD，进入“命令提示符”对话框（见图 4—3—10）。

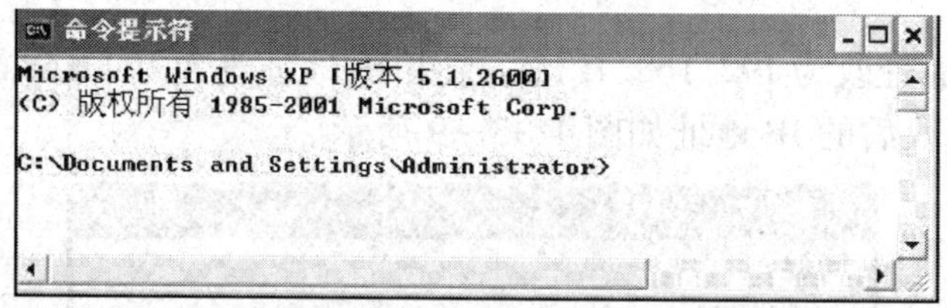

图 4—3—10　“命令提示符”对话框

（2）输入 ipconfig 命令，查看 IP 地址（见图 4—3—11）。

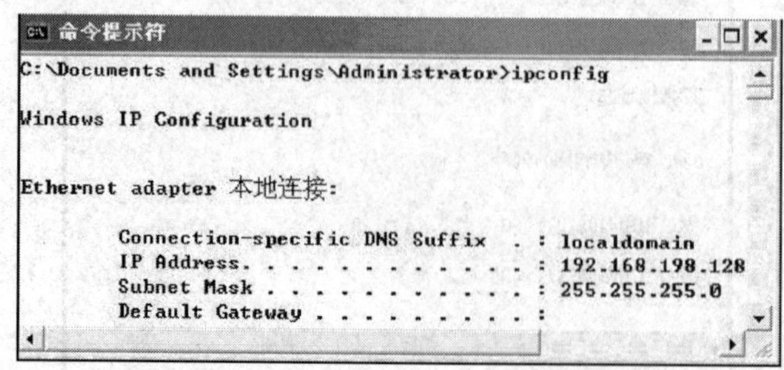

图 4—3—11　查看原 IP 地址

（3）输入 ipconfig/release 命令，释放 IP 地址（见图 4—3—12）。

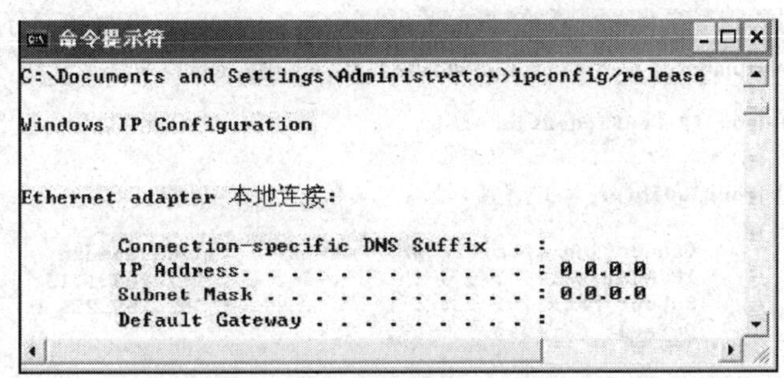

图 4—3—12　释放 IP 地址

（4）输入 ipconfig/renew 命令，重新从 DHCP 服务器获取 IP 地址（见图 4—3—13）。

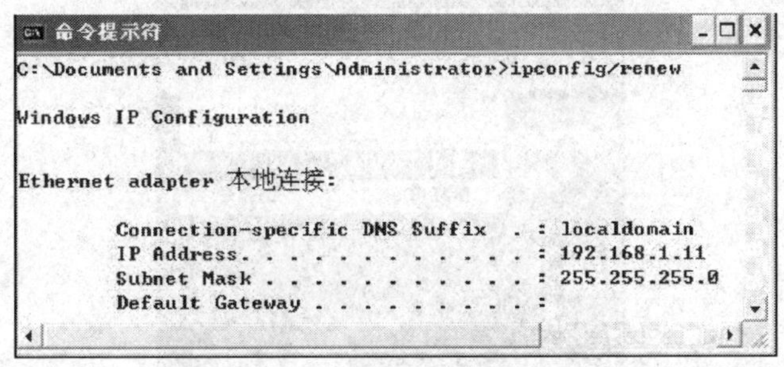

图 4—3—13　获取 IP 地址

（5）进入 XP2“命令提示符”对话框，验证 XP2 获取的 IP 地址是否正确（见图 4—3—14）。

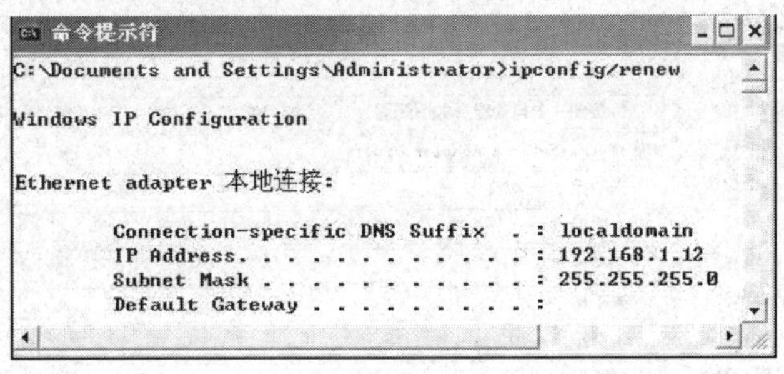

图 4—3—14　XP2 获取 IP 地址

（6）进入 XP3“命令提示符”对话框，验证 XP3 获取的 IP 地址是否正确（见图 4—3—15）。

二、屏蔽 VM 虚拟机自带的 DHCP 服务器

1. 启动 VM，选择“编辑→虚拟网络设置”命令（见图 4—3—16）。
2. 在弹出的对话框中选择“DHCP”选项卡（见图 4—3—17）。

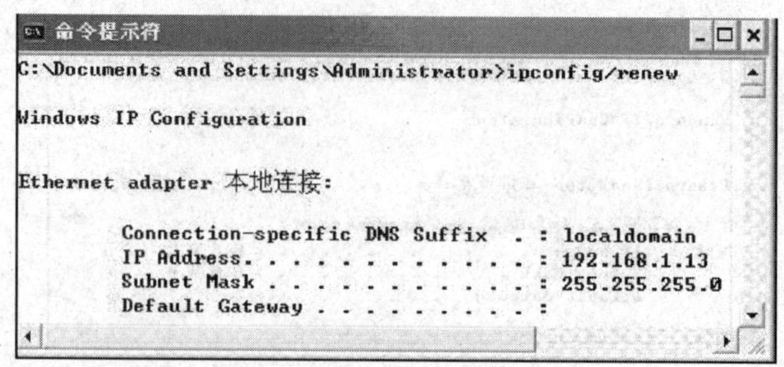

图 4—3—15　XP3 获取 IP 地址

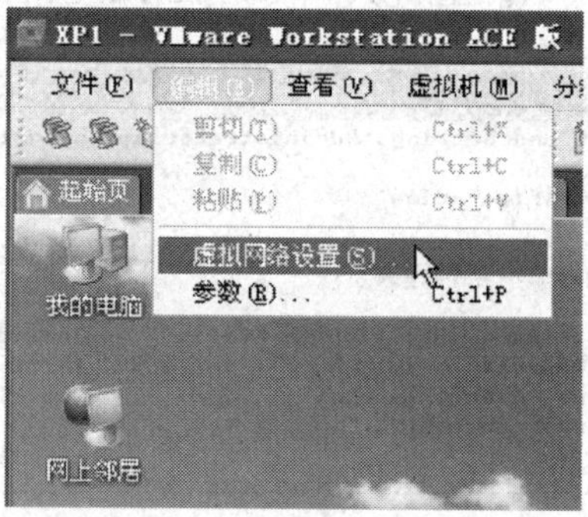

图 4—3—16　VM 虚拟机菜单

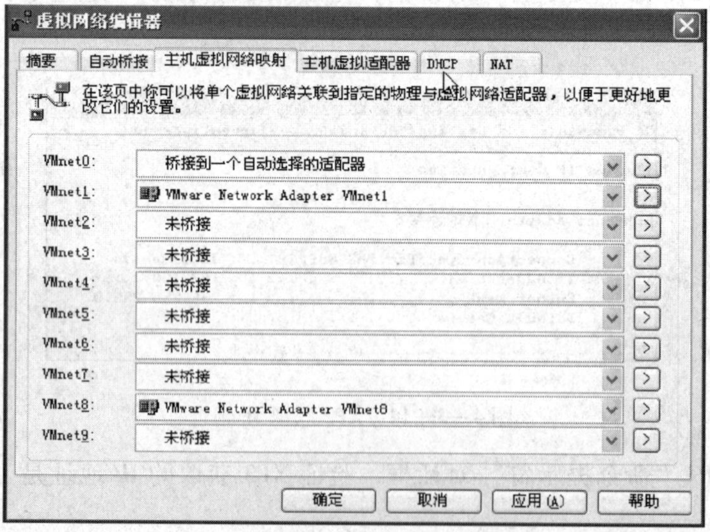

图 4—3—17　选择“DHCP”选项卡

3. 选择“VMnet1”选项（见图 4—3—18），单击“停止”按钮。

4. 服务状态显示“已停止”，屏蔽了 VM 自带的 DHCP 服务器（见图 4—3—19）。

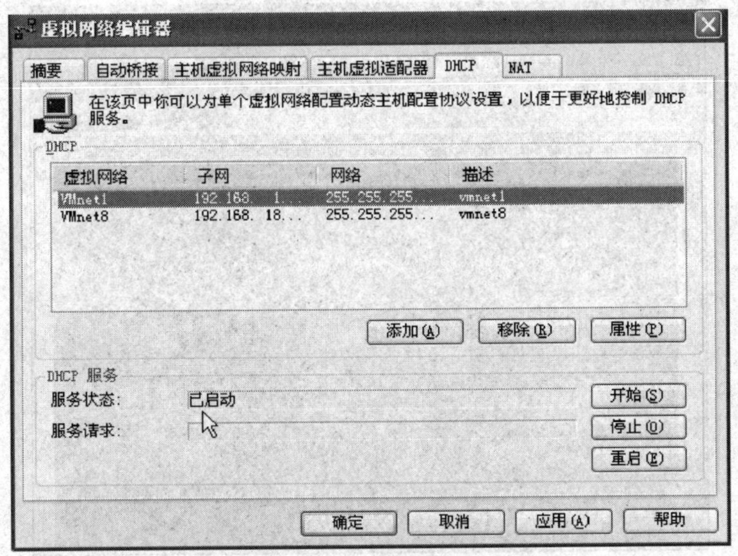

图 4—3—18　“DHCP”选项卡

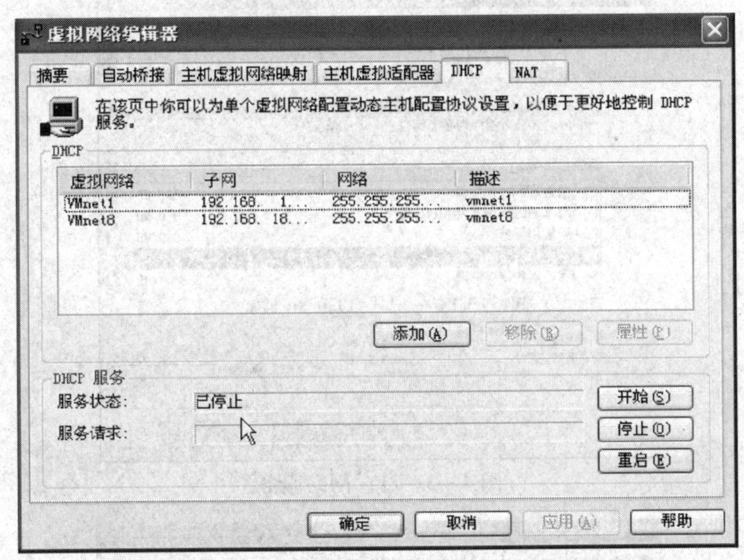

图 4—3—19　服务被停止

5. 在客户端 XP1，使用 ipconfig/release 命令释放 IP 地址，再使用 ipconfig/renew 命令重新获取 IP 地址，出现错误信息，未能获取 IP 地址，屏蔽 DHCP 服务器成功（见图 4—3—20）。

三、安装 DHCP 服务器

1. 打开“添加或删除程序”窗口。

2. 单击“添加/删除 Windows 组件”按钮。

3. 选择“网络服务”复选按钮，单击“详细信息”按钮（见图 4—3—21）。

4. 选择“动态主机配置协议（DHCP）”复选按钮，单击“确定”按钮开始安装（见图 4—3—22）。

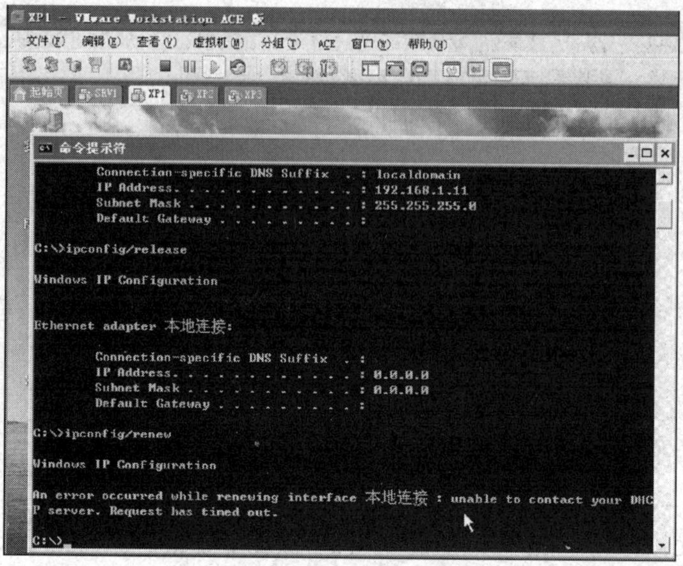

图 4—3—20　屏蔽成功

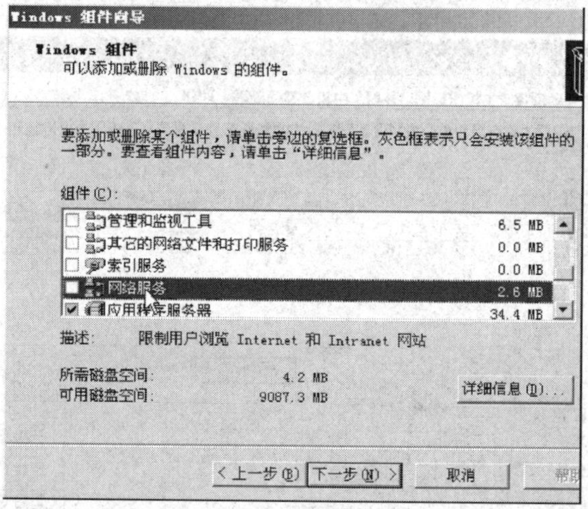

图 4—3—21　网络服务

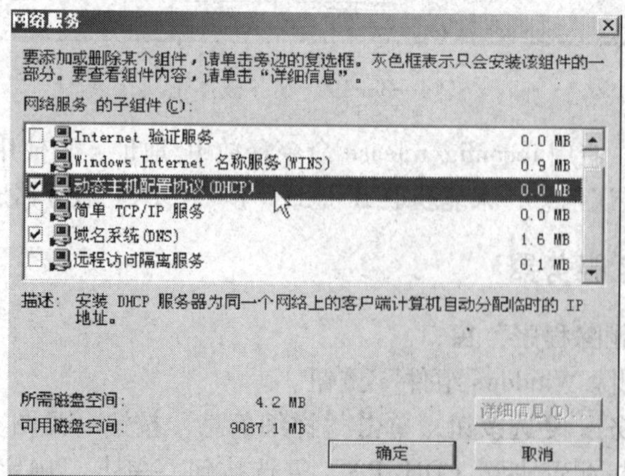

图 4—3—22　动态主机配置协议（DHCP）

5. 安装过程中，按照提示分别选择安装光盘“I386”文件夹下的 sp2. cab 和 DRIVER. CAB 文件，完成 DHCP 服务器的安装（见图 4—3—23）。

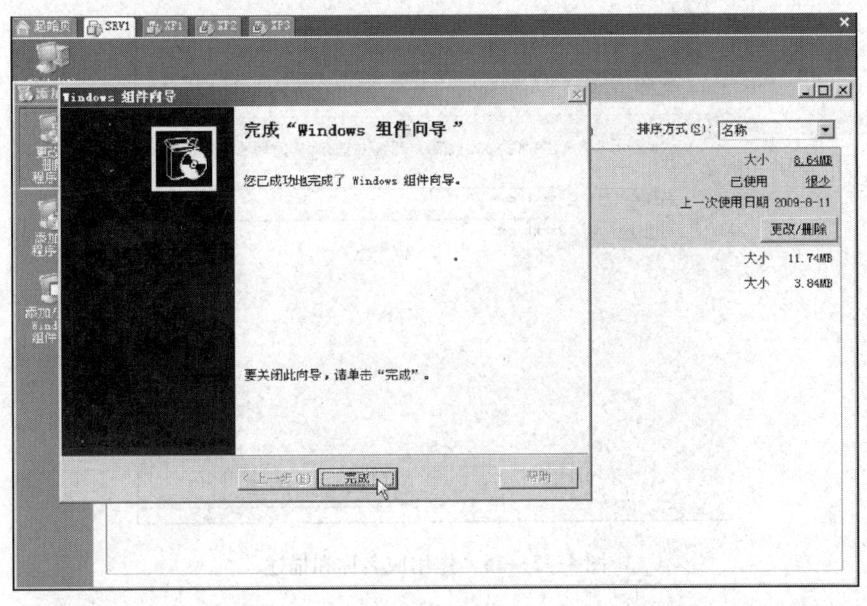

图 4—3—23　安装成功

四、配置 DHCP 服务器

1. 依次选择“开始→所有程序→管理工具→DHCP”命令，打开“DHCP”窗口。

2. 选中“srv1［192. 168. 1. 1］”选项，右击，在快捷菜单中选择“新建作用域”命令（见图 4—3—24）。

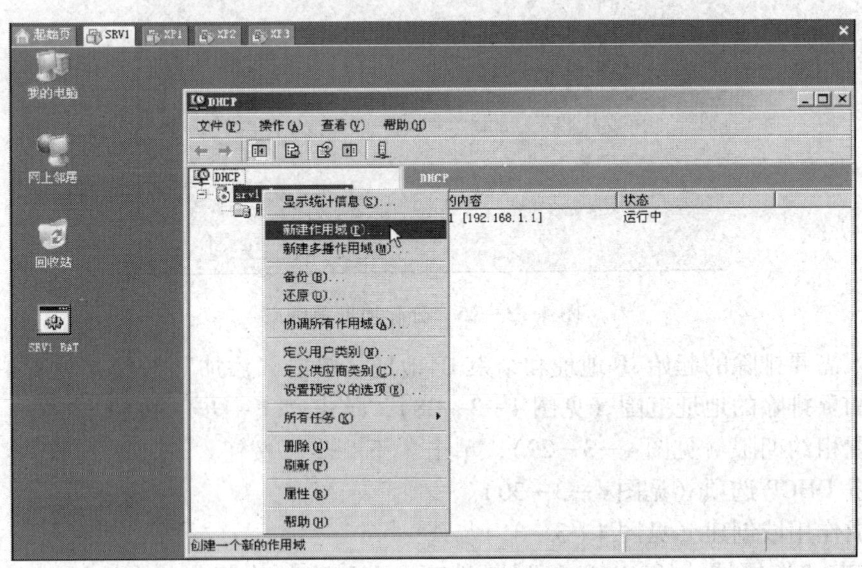

图 4—3—24　新建作用域

3. 在弹出的对话框中输入作用域名称和描述（见图4—3—25），单击“下一步”按钮。

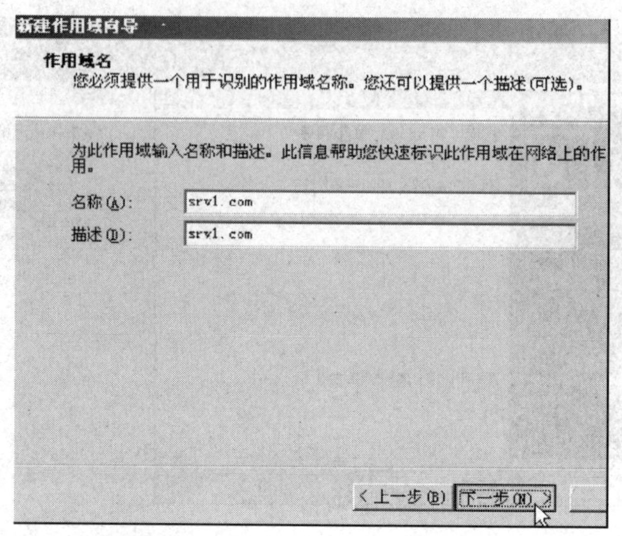

图4—3—25　作用域名称和描述

4. 输入起始IP地址和结束IP地址（见图4—3—26），单击“下一步”按钮。

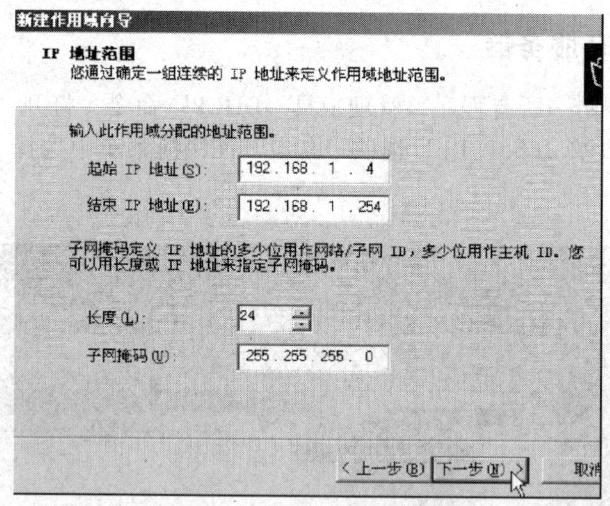

图4—3—26　分配地址范围

5. 输入需要排除的起始IP地址和结束IP地址，单击“添加”按钮（见图4—3—27）。

6. 添加要排除的地址范围（见图4—3—28），单击“下一步”按钮。

7. 设置租约期限（见图4—3—29），单击“下一步”按钮。

8. 配置DHCP选项（见图4—3—30）。

9. 完成作用域创建（见图4—3—31）。

10. 右击“作用域［192.168.1.0］”选项，在弹出的快捷菜单中选择“激活”命令，激活作用域（见图4—3—32）。

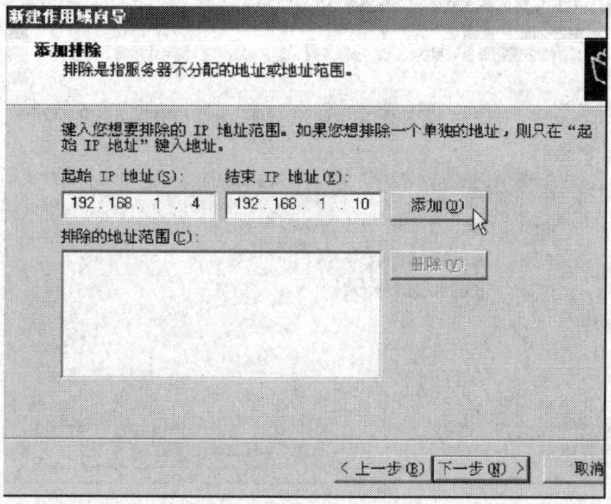

新建作用域向导

添加排除
排除是指服务器不分配的地址或地址范围。

键入您想要排除的 IP 地址范围。如果您想排除一个单独的地址，则只在“起始 IP 地址”键入地址。

起始 IP 地址(S): 192.168.1.4　结束 IP 地址(E): 192.168.1.10　添加(D)

排除的地址范围(C):　删除(V)

< 上一步(B)　下一步(N) >　取消

图 4—3—27　需要排除的起始 IP 地址和结束 IP 地址

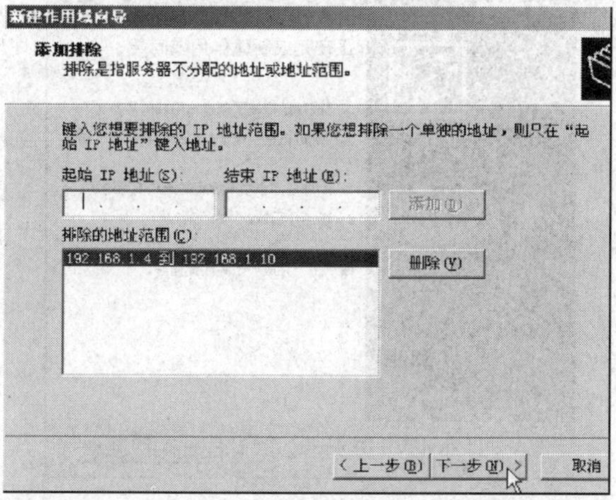

新建作用域向导

添加排除
排除是指服务器不分配的地址或地址范围。

键入您想要排除的 IP 地址范围。如果您想排除一个单独的地址，则只在“起始 IP 地址”键入地址。

起始 IP 地址(S):　结束 IP 地址(E):　添加(D)

排除的地址范围(C):
192.168.1.4 到 192.168.1.10　删除(V)

< 上一步(B)　下一步(N) >　取消

图 4—3—28　添加要排除的地址范围

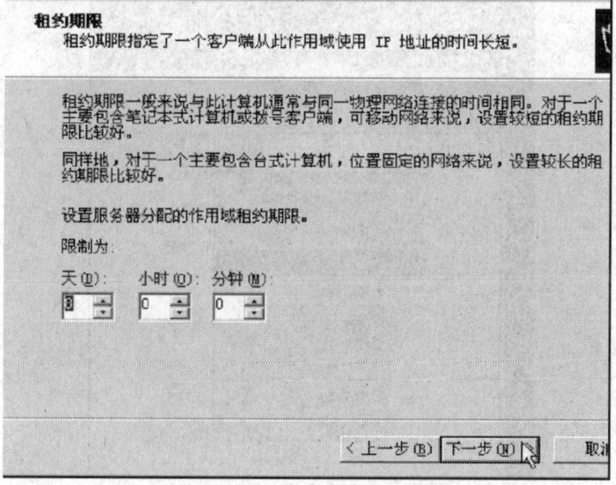

新建作用域向导

租约期限
租约期限指定了一个客户端从此作用域使用 IP 地址的时间长短。

租约期限一般来说与此计算机通常与同一物理网络连接的时间相同。对于一个主要包含笔记本式计算机或拨号客户端，可移动网络来说，设置较短的租约期限比较好。

同样地，对于一个主要包含台式计算机，位置固定的网络来说，设置较长的租约期限比较好。

设置服务器分配的作用域租约期限。

限制为:

天(D): 8　小时(O): 0　分钟(M): 0

< 上一步(B)　下一步(N) >　取消

图 4—3—29　设置租约期限

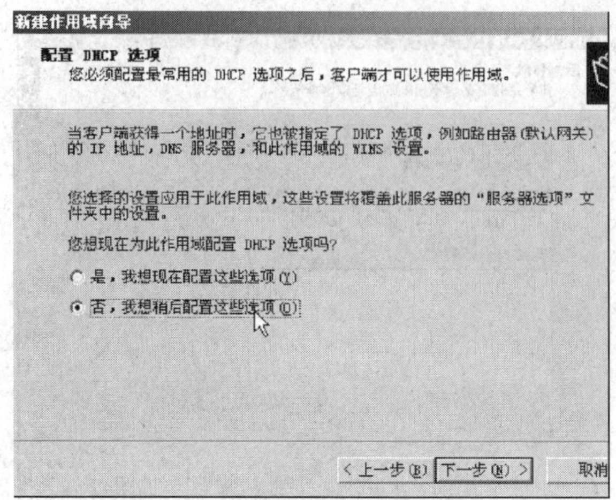

图 4—3—30　配置 DHCP 选项

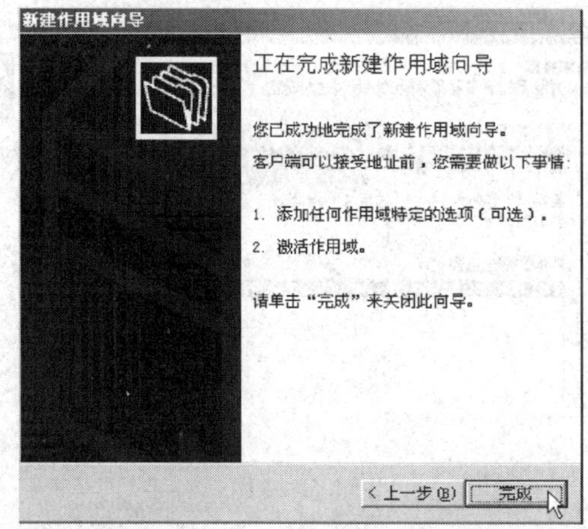

图 4—3—31　完成作用域创建

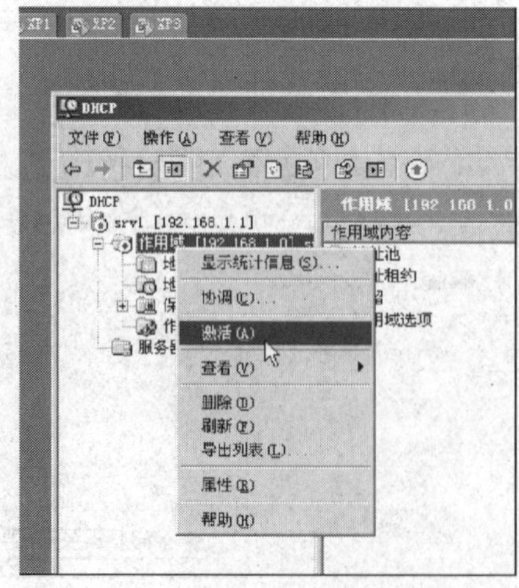

图 4—3—32　激活作用域

五、测试 DHCP 服务器

1. 打开“命令提示符”窗口，在客户端 XP1 使用“ipconfig/release”命令和“ipconfig/renew”命令进行测试（见图 4—3—33）。

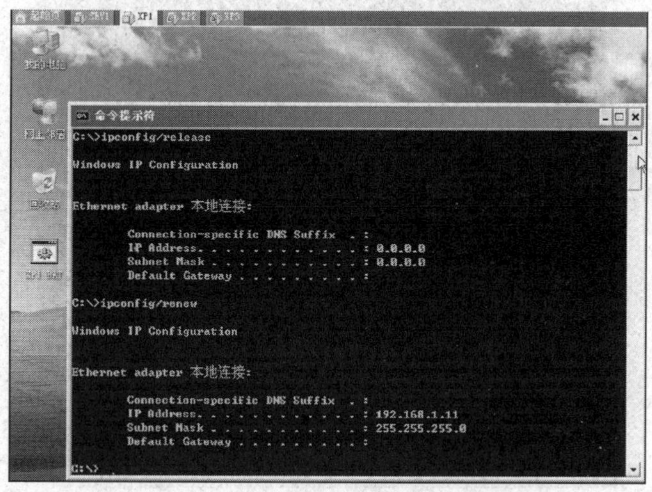

图 4—3—33　测试客户端 XP1

2. 在客户端 XP2 使用“ipconfig/release”命令和“ipconfig/renew”命令进行测试（见图 4—3—34）。

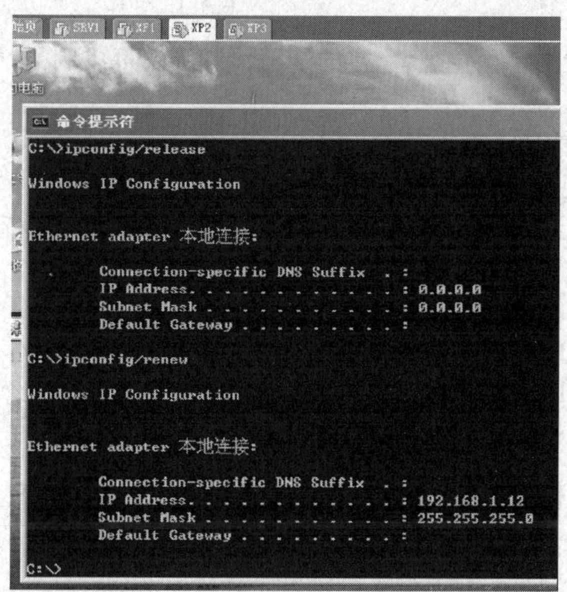

图 4—3—34　测试客户端 XP2

3. 在客户端 XP3 使用“ipconfig/release”命令和“ipconfig/renew”命令进行测试（见图 4—3—35）。

```
C:\Documents and Settings\Administrator>ipconfig/release

Windows IP Configuration


Ethernet adapter 本地连接:

        Connection-specific DNS Suffix  . :
        IP Address. . . . . . . . . . . . : 0.0.0.0
        Subnet Mask . . . . . . . . . . . : 0.0.0.0
        Default Gateway . . . . . . . . . :

C:\Documents and Settings\Administrator>ipconfig/renew

Windows IP Configuration


Ethernet adapter 本地连接:

        Connection-specific DNS Suffix  . :
        IP Address. . . . . . . . . . . . : 192.168.1.13
        Subnet Mask . . . . . . . . . . . : 255.255.255.0
        Default Gateway . . . . . . . . . :

C:\Documents and Settings\Administrator>_
```

图 4—3—35　测试客户端 XP3

课后练习

1. 填空题

（1）DHCP 是＿＿＿＿＿＿＿＿＿＿＿的缩写，该协议可以为局域网中的每一台计算机＿＿＿＿＿＿＿＿＿＿＿。

（2）DHCP 运行分为四个基本过程，即＿＿＿＿＿、＿＿＿＿＿、＿＿＿＿＿和＿＿＿＿＿。

（3）ipconfig/＿＿＿＿＿命令：DHCP 客户端＿＿＿＿IP 地址。

（4）ipconfig/＿＿＿＿＿命令：DHCP 客户端更新网卡的配置，重新从 DHCP 服务器＿＿＿＿IP 地址。

2. 实践操作

（1）使用虚拟机 DHCP 服务器为客户自动分配 IP 地址。

（2）屏蔽虚拟机 DHCP 服务器，安装、配置 DHCP 服务器，为客户自动分配 IP 地址。

任务 4　FTP 服务器的配置与使用

学习目标

1. 了解 FTP 的概念及 FTP 服务器软件 Serv－U。
2. 熟练掌握 FTP 服务器的架设。

3. 熟练掌握在客户端使用 FTP 上传或下载资源。

4. 熟练掌握在局域网中使用迅雷 5.8 高速下载。

任务描述

Windows 自带的共享文件夹，通过网上邻居可以在局域网内上传、下载文件，但不支持远程访问。如果想在家中也能下载单位的共享文件，就需要搭建 FTP 服务器。

本任务将使用第三方软件 Serv - U 搭建 FTP 服务器，实现远程访问，上传和下载资源。使用迅雷 5.8 的 FTP 探测功能，实现局域网内共享资源的“高速”下载。

相关知识

一、FTP 的概念

FTP（File Transfer Protocol）是文件传输协议。

用户将一个文件从自己的计算机发送到 FTP 服务器上，称为“上传”（upload）。用户从服务器上把文件或资源传送到客户端上，称为“下载”（download）。在 Internet 上存在许多 FTP 服务器，并存储了许多文件，如文本文件、图像文件、程序文件、声音文件、电影文件等。网络用户可以从服务器中下载文件，或者将客户端上的资源上传至服务器。

架设 FTP 服务器，既可以使用 IIS，也可以使用第三方软件 Serv - U。IIS 中的 FTP 服务可以满足企业的“基本”需求，但如果站点要求对用户的下载或上传速度进行限制，单纯使用 IIS 已经无能为力，本节将介绍一款在 Windows 平台上经常使用的 FTP 服务器软件——Serv - U。

二、Serv - U 简介

Serv - U 是一种被广泛运用的专业 FTP 服务器端软件，支持 3x/9x/ME/NT/2000/2003 等全 Windows 系列，使用它可以架设多个 FTP 服务器、限定登录用户的权限、登录主目录及查看服务器空间大小等，功能非常完备。它具有非常完备的安全特性，支持 SSL FTP 传输，支持在多个 Serv - U 和 FTP 客户端通过 SSL 加密连接保护数据安全等。Serv - U 具有以下功能：

（1）支持多用户接入。

（2）支持匿名登录，可随时限制用户登录数量。

（3）可对每个用户进行单独管理，也可使用组进行管理。

（4）可对用户的下载或上传速度进行限制。

（5）可对目录或文件实现安全管理。

（6）可对 IP 地址禁止或允许访问。

（7）易于安装，便于管理。

（8）一台计算机可建立多个 FTP 服务器。

任务实施

一、架设 FTP 服务器

1. 在 D 盘根目录下创建 FTP 文件夹，在 FTP 文件夹下创建 DOWN 和 UP 两个子文件夹。

2. 正确安装并启动 Serv－U 软件。

3. 创建供下载的账户 down 并设置权限。

（1）在 Serv－U 管理窗口中右击“用户”选项，在弹出的快捷菜单中选择“新建用户”命令（见图 4—4—1）。

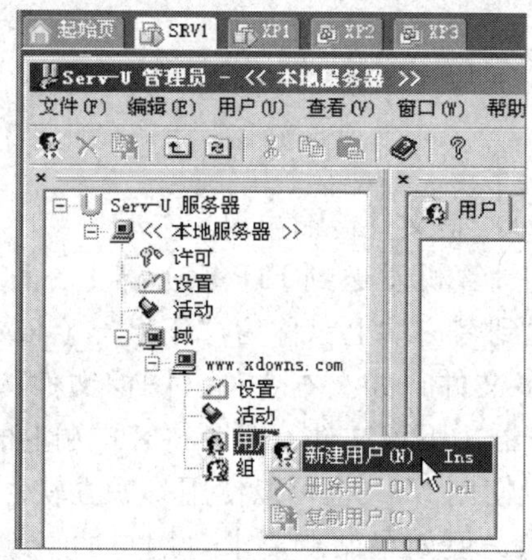

图 4—4—1　新建用户

（2）在弹出的对话框中输入用户名 down（见图 4—4—2）。

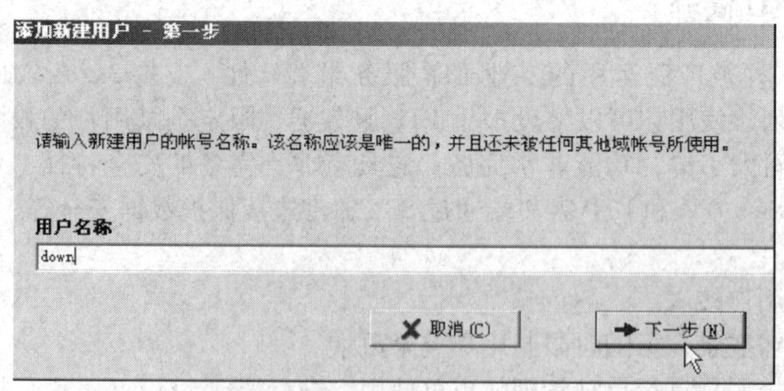

图 4—4—2　下载用户名 down

（3）输入密码 down（见图 4—4—3），单击“下一步”按钮。

（4）将主目录设置为 D:\FTP\DOWN（见图 4—4—4）。

（5）锁定主目录（见图 4—4—5），单击“完成”按钮，完成新用户的创建。

（6）在 Serv－U 管理窗口中选择用户 down，单击“目录访问”选项卡，选择“读取”“列表”和“继承”三个复选按钮（见图 4—4—6）。

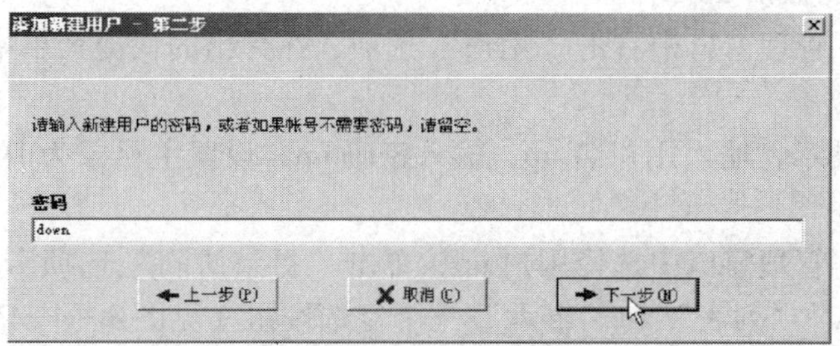

图 4—4—3　输入密码

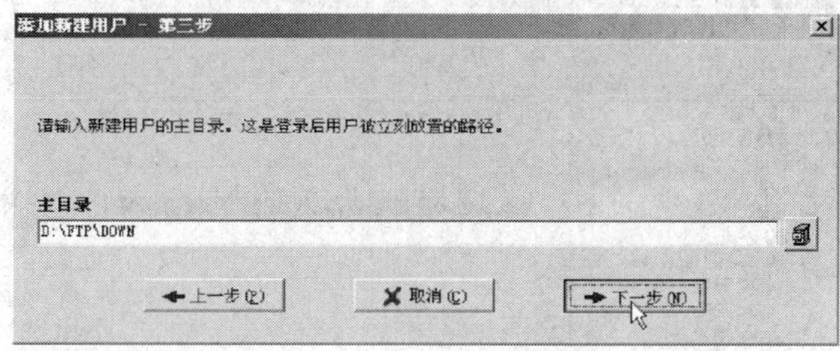

图 4—4—4　设置主目录

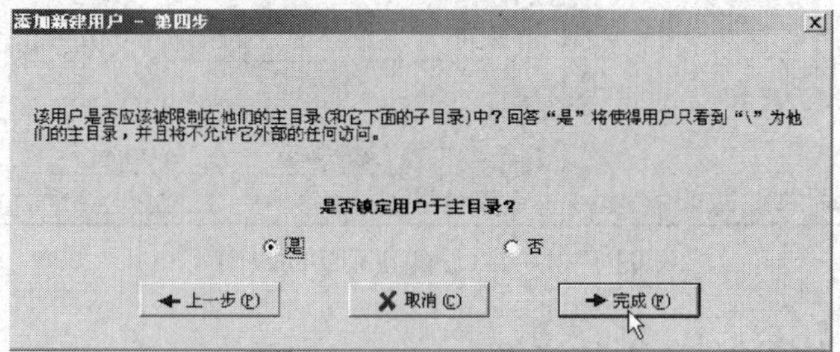

图 4—4—5　锁定主目录

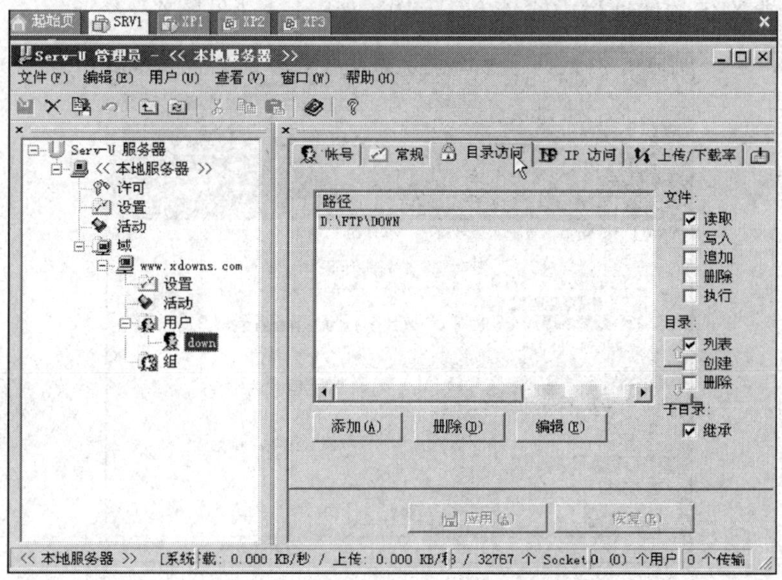

图 4—4—6　设置目录访问权限

4. 创建供上传的账户 up。

（1）在 Serv - U 管理窗口中右击“用户”选项，在弹出的快捷菜单中选择“新建用户”命令。

（2）按照创建提示，输入用户名 up，输入密码 up，设置主目录为 D:\FTP\UP，锁定主目录。

（3）在 Serv - U 管理窗口中选择用户 up，单击“目录访问”选项卡，取消“读取”复选按钮，选择“写入”“列表”和“继承”三个复选按钮（见图 4—4—7）。

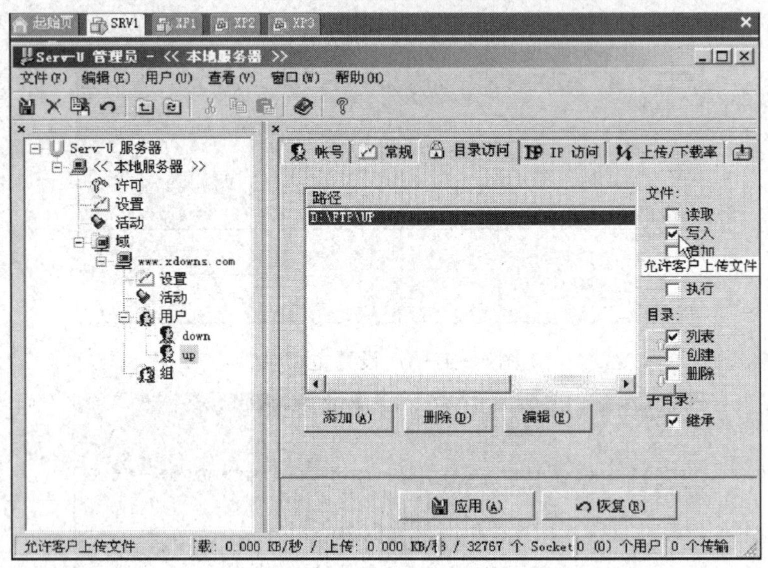

图 4—4—7　设置目录访问权限

二、在客户端使用 FTP 上传资源

1. 在客户端 XP1 的地址栏内输入 ftp://192.168.1.1（见图 4—4—8）。

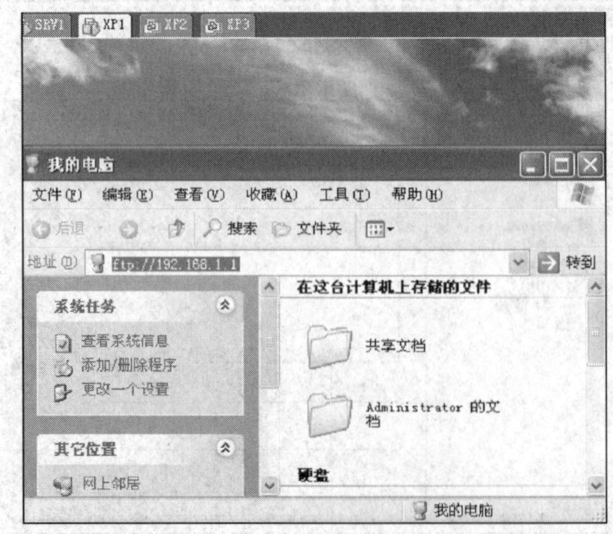

图 4—4—8　使用浏览器访问 FTP 服务器

2. 在“登录身份”对话框中输入用户名 up 和密码 up，单击“登录”按钮（见图4—4—9）。

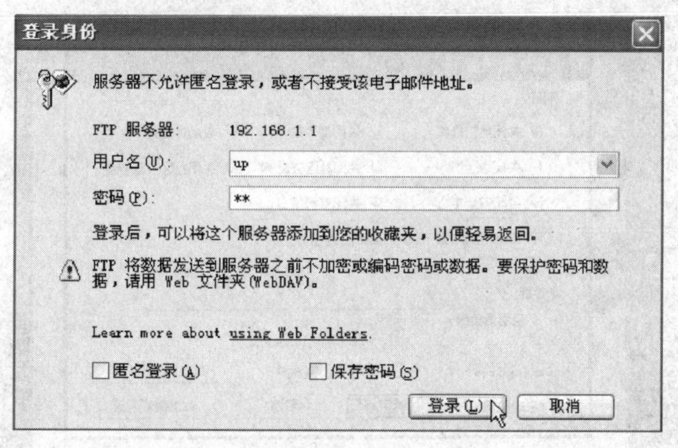

图4—4—9　登录 FTP 服务器

3. 将需要上传的文件拖到新打开的窗口中（见图4—4—10）。在 SRV1 服务器端打开 D:\FTP\UP 文件夹验证是否上传成功（见图4—4—11）。

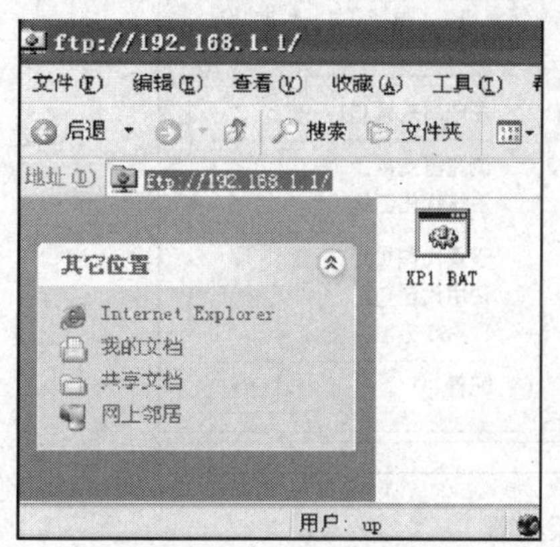

图4—4—10　上传文件

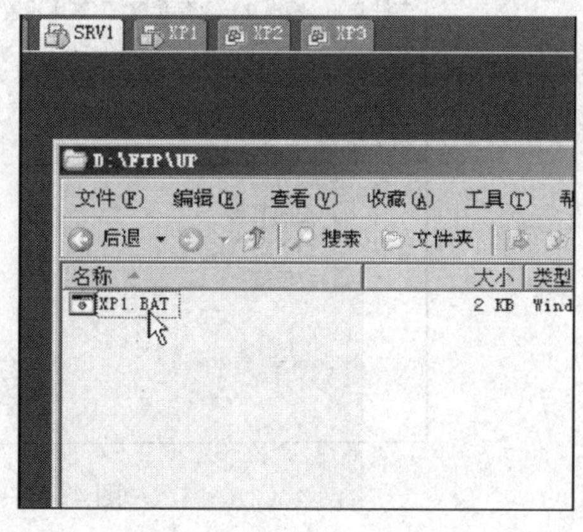

图4—4—11　上传成功

三、在客户端使用 FTP 下载资源

1. 在客户端 XP1 的地址栏内输入 ftp://192.168.1.1，输入用户名 down 和密码 down 登录服务器。

2. 在新打开的窗口中把需要下载的文件拖到桌面上，验证是否成功。

四、在局域网中使用迅雷 5.8 高速下载

1. 软件下载与安装

下载迅雷 5.8 并正确进行安装。安装过程中的扩展设置如图4—4—12所示。

2. 建立 FTP 站点

（1）启动迅雷，选择“工具→FTP 探测器”命令（或按快捷键 F7，见图4—4—13）。

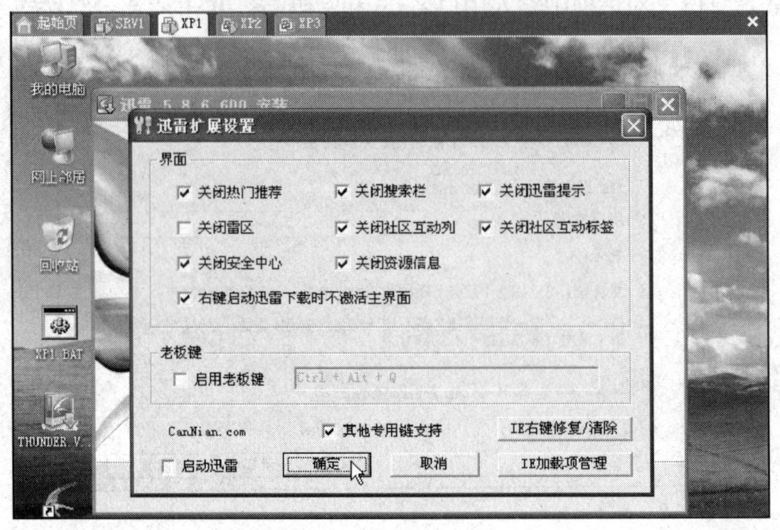

图 4—4—12　扩展设置

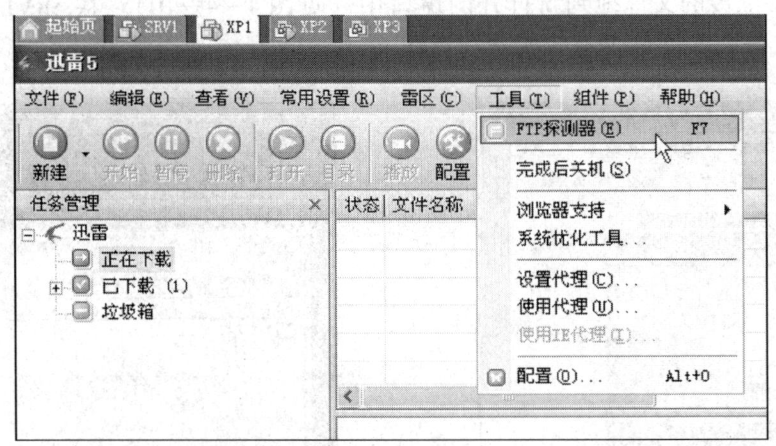

图 4—4—13　FTP 探测器

（2）在弹出的对话框中单击“新建”按钮，建立新的站点（见图 4—4—14）。

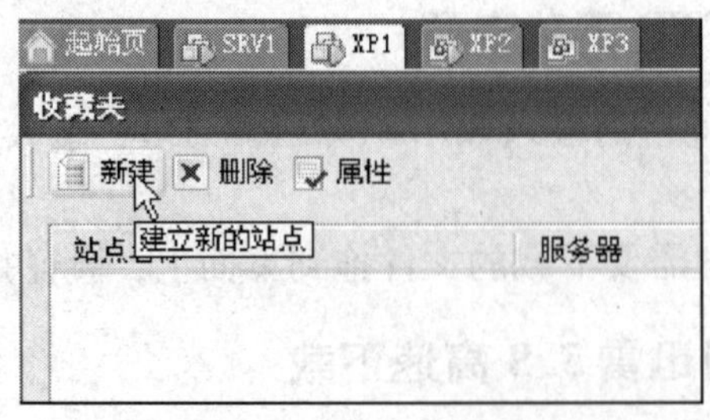

图 4—4—14　新建 FTP 站点

（3）输入站点名称 ftp、地址 ftp://192.168.1.1、端口 21、用户名 down 和密码 down（见图 4—4—15），单击“确定”按钮。双击站点名称 ftp，将窗口最大化（见图 4—4—16）。

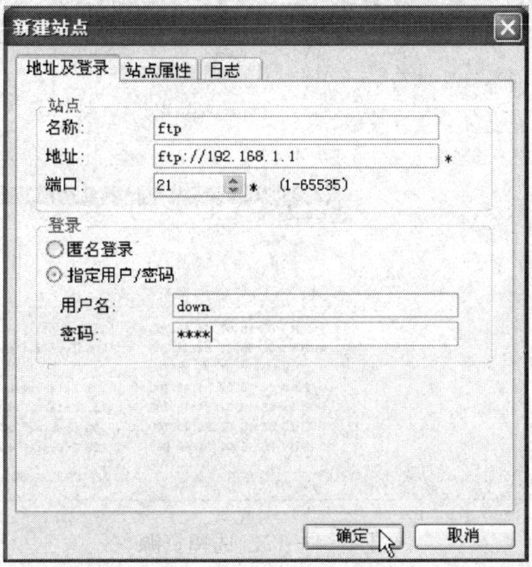

图 4—4—15　定义站点

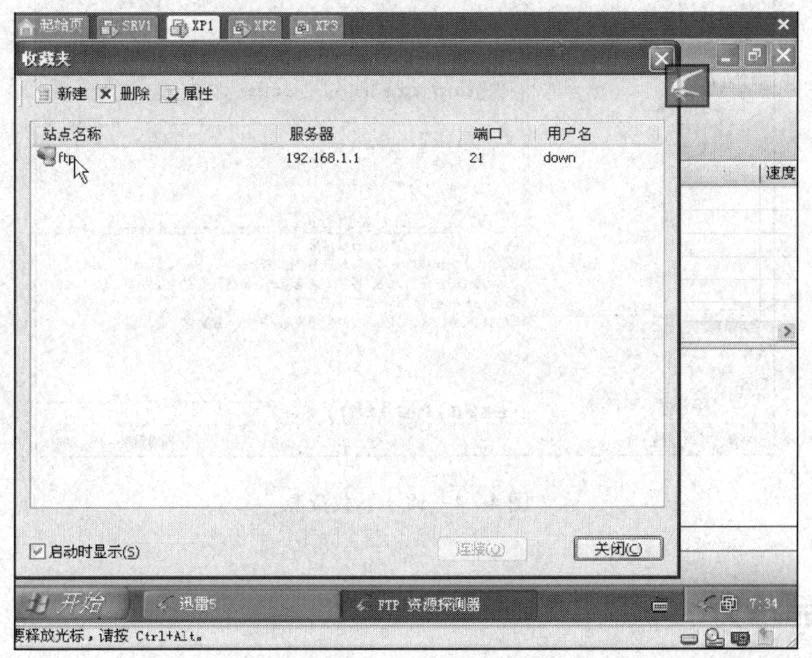

图 4—4—16　窗口最大化

3. 使用迅雷 5.8 高速下载

（1）在“FTP 资源探测器”对话框中选择需要下载的资源文件，单击“下载”按钮（见图 4—4—17）。

（2）确定存储位置后，开始高速下载，最高速度可达 15 MB/s（见图 4—4—18）。

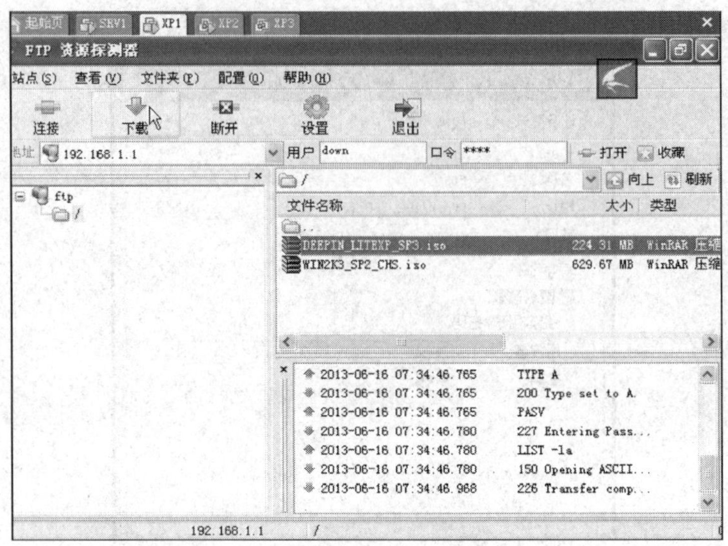

图 4—4—17　选择资源

图 4—4—18　下载资源

课后练习

1. 填空题

（1）File Transfer Protocol 是________________。

（2）用户将一个文件从自己的计算机发送到 FTP 服务器上，称为________。

（3）用户从服务器上把文件或资源传送到客户端上，称为________。

（4）架设 FTP 服务器，既可以使用______，也可以使用第三方软件__________。

（5）Serv－U 是一种被广泛运用的专业______服务器端软件。

2. 判断题

(1) Serv-U 支持多用户接入。 ( )

(2) Serv-U 支持匿名登录，但不能随时限制用户登录数量。 ( )

(3) 使用 Serv-U 可对每个用户进行单独管理，但不能像 Windows 系统一样使用组进行管理。 ( )

(4) 使用 Serv-U 可对目录或文件实现安全管理。 ( )

(5) 使用 Serv-U 可对 IP 地址禁止或允许访问。 ( )

(6) Serv-U 易于安装，便于管理。 ( )

(7) 使用 Serv-U，一台计算机只能建立一个 FTP 服务器。 ( )

3. 问答题

在局域网中如何使用迅雷高速下载文件？

4. 实践操作

(1) 在服务器上使用 Serv-U 架设 FTP 服务器，在客户端上完成上传和下载文件操作。

(2) 使用 Serv-U 和迅雷在局域网中高速下载文件。

任务 5 E-mail 服务器的配置与使用

学习目标

1. 了解电子邮件服务器的概念及相应软件。

2. 熟练掌握电子邮件服务器的安装与配置方法。

任务描述

企业内部员工为了方便传送文档资料，向网络管理员提出电子邮件需求。针对这种情况，网络管理员查阅相关资料，准备使用 Winmail 搭建电子邮件服务器供内部员工使用。

相关知识

一、电子邮件服务器简介

电子邮件可提供网络通信功能。在提倡节能环保的时代，电子邮件通过网络方便、及时地完成信件的传递，减少了纸张的使用量。

电子邮件服务器是一种用来负责电子邮件收发管理的设备，它比网络上的免费邮箱更安全和高效，因此一直是企业公司的必备设置。

搭建电子邮件服务器需要 SMTP 服务和 POP3 服务。SMTP（Simple Mail Transfer Protocol，简单邮件传输协议），它是用于在 TCP/IP 网络中的计算机间发送电子邮件的服务。

POP3（Post Office Protocol，邮局协议）是用于在 TCP/IP 网络中的计算机间接收电子邮件的服务。使用系统自带的这两项服务即可完成电子邮件的收发功能。

二、电子邮件服务器软件

在 Windows Server 2003 平台下搭建邮件服务器，既可以使用系统自带的 SMTP 和 POP3 服务来建立，也可以使用第三方软件。常见的第三方邮件服务器软件有 Winmail、MDaemon、CMailServer、U－Mail 等。

三、Winmail Mail Server V4.4 中文版

Winmail Mail Server 是安全易用全功能的邮件服务器软件，不仅支持 SMTP、POP3、IMAP、Webmail、LDAP（公共地址簿）、多域、发信认证、反垃圾邮件、邮件过滤、邮件组、公共邮件夹等标准邮件功能，还可提供邮件签核、邮件杀毒、邮件监控、支持 IIS，Apache 和 PWS、网络硬盘及共享、短信提醒、邮件备份、TLS（SSL）安全连接、邮件网关、动态域名支持、远程管理、Web 管理、独立域管理员、在线注册、二次开发接口等特色功能。它既可以作为局域网邮件服务器、互联网邮件服务器，也可以作为拨号 ISDN、ADSL 宽带、FTTB、有线通（CableModem）等接入方式的邮件服务器和邮件网关。

任务实施

一、安装电子邮件服务器

1. 运行安装程序，启动安装向导。按照操作向导完成软件安装。其中，规划名称和公司名称可以任取，安装路径保持默认路径。

2. 附加任务设置，如图 4—5—1 所示，单击“下一步”按钮。

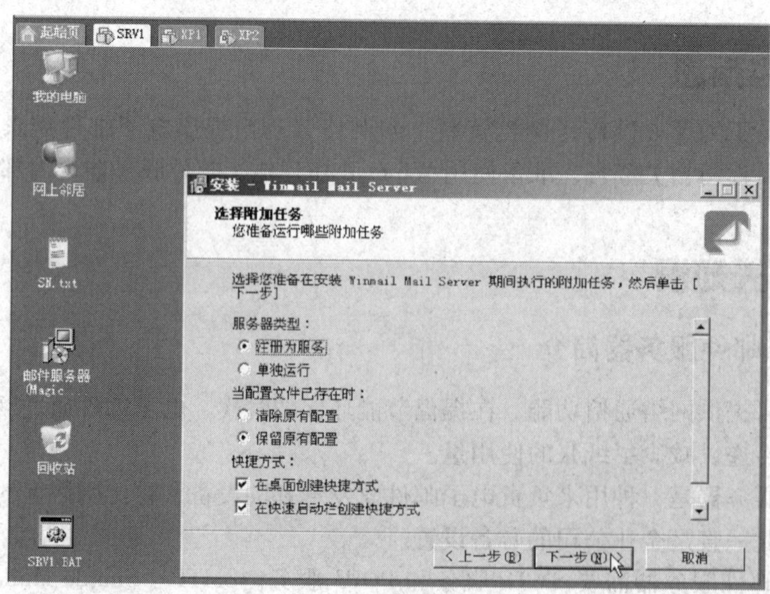

图 4—5—1　完成附加任务设置

3．输入登录密码 admin（见图 4—5—2），单击“下一步”按钮。

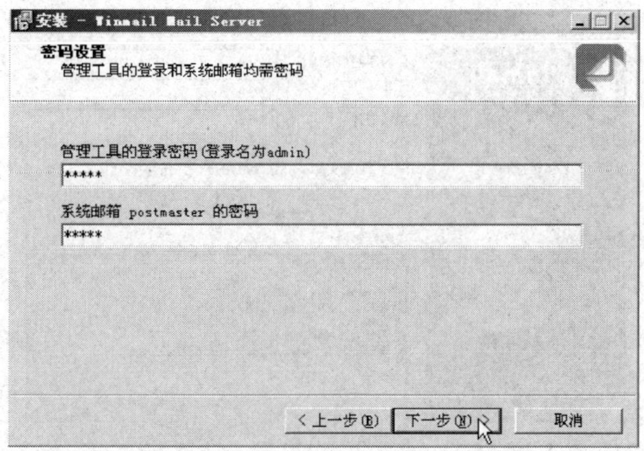

图 4—5—2　登录密码设置

4．开始安装，直到完成（见图 4—5—3）。

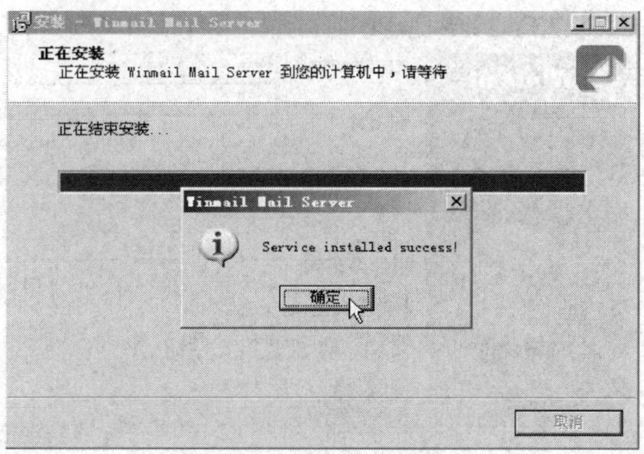

图 4—5—3　安装成功

5．创建新邮箱，并允许通过 Webmail 注册新用户（见图 4—5—4）。

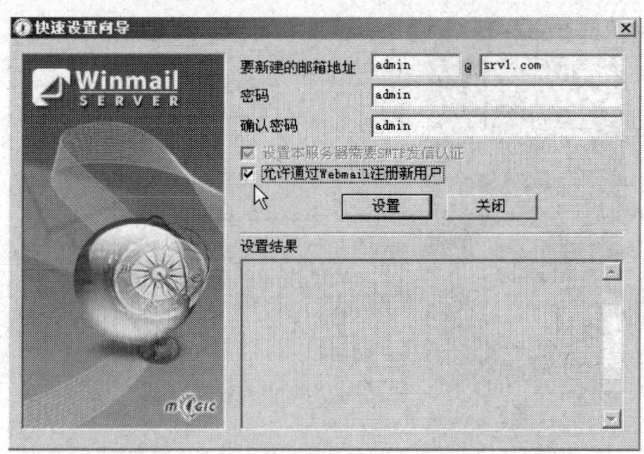

图 4—5—4　注册邮箱并允许 Webmail 注册

6. 单击“设置”按钮，创建域名和邮箱成功（见图4—5—5）。

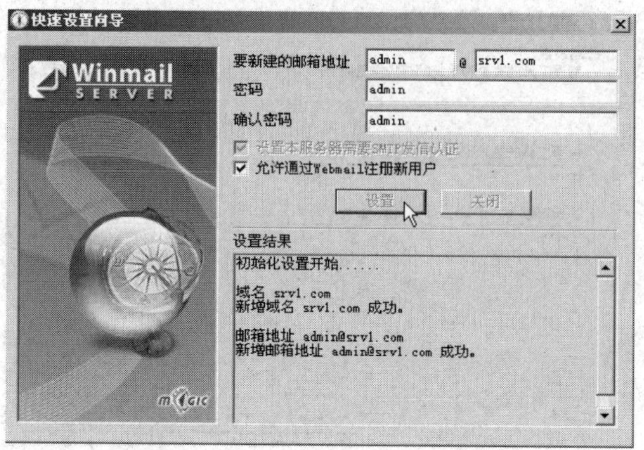

图4—5—5　创建域名和邮箱成功

7. 拖动滚动条查看SMTP服务器地址：192.168.1.1（见图4—5—6）。

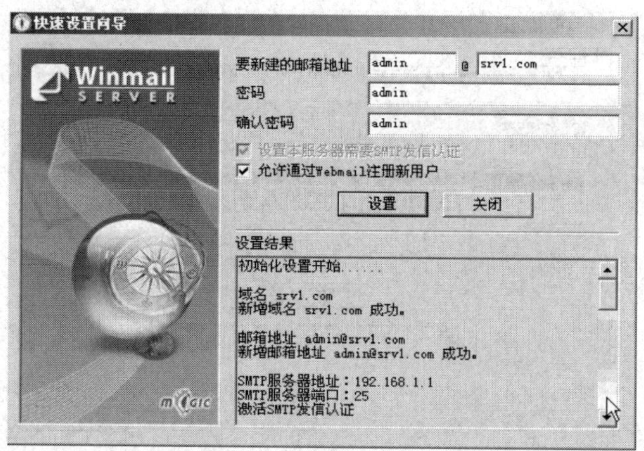

图4—5—6　SMTP服务器地址

8. 查看POP3服务器地址：192.168.1.1（见图4—5—7）。

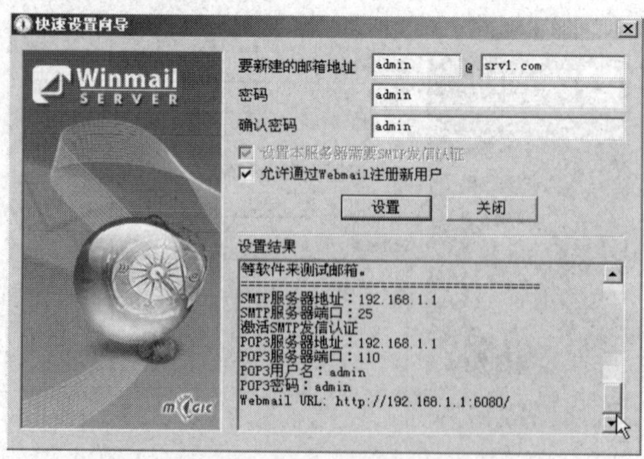

图4—5—7　POP3服务器地址

9. 邮件服务器地址为 http://192.168.1.1:6080（见图 4—5—8）。

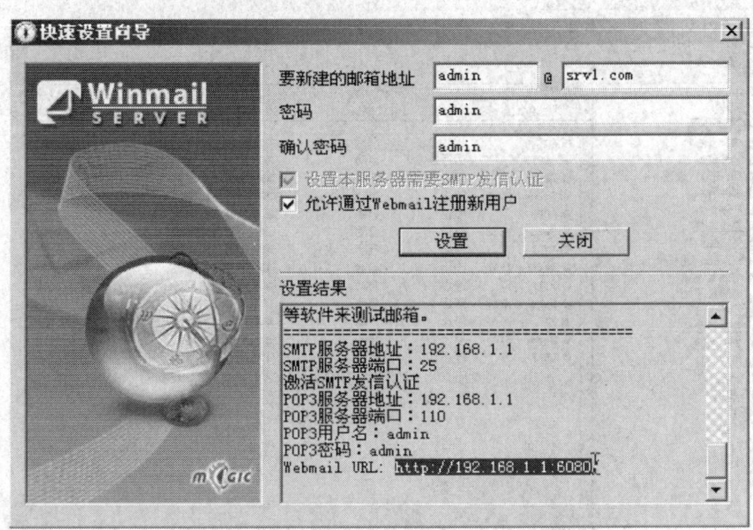

图 4—5—8　邮件服务器地址

10. 运行 Winmail Mail Server，输入用户名 admin、密码 admin，登录系统（见图4—5—9）。

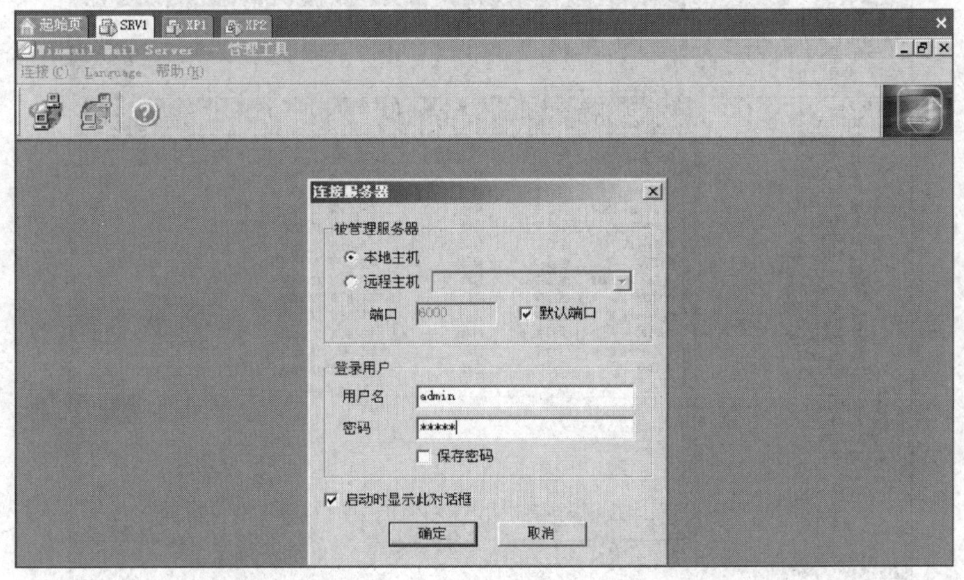

图 4—5—9　登录系统

11. 选择“帮助”菜单中的“注册”命令，输入用户名和注册码完成产品注册。

二、配置电子邮件服务器

在 Winmail Mail Server 软件对话框中，单击“系统服务”选项（见图 4—5—10），分别选择未启动的服务，单击“启动”按钮启动所有服务（见图 4—5—11）。

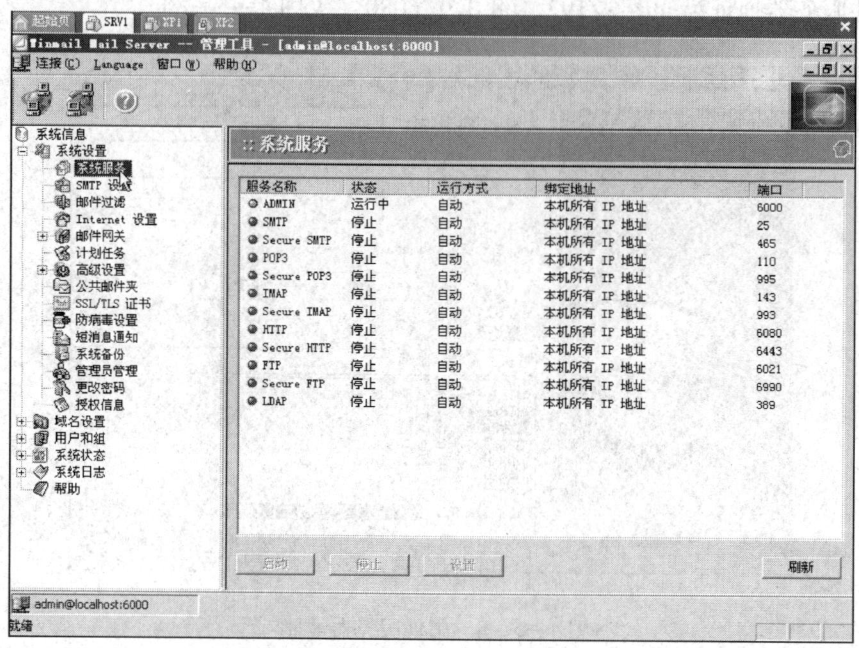

图 4—5—10　部分服务未启动

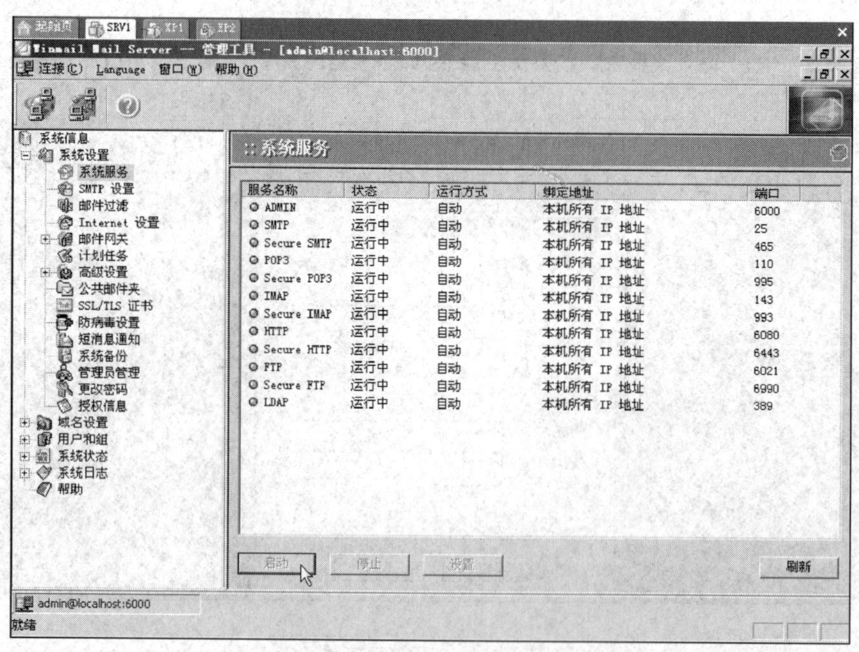

图 4—5—11　启动所有服务

三、测试邮件服务器

1. 注册新邮箱

（1）在 XP1 地址栏内输入 http://192.168.1.1:6080（见图 4—5—12），单击“注册新邮箱”链接，输入用户信息（见图 4—5—13）。

图 4—5—12　登录服务器

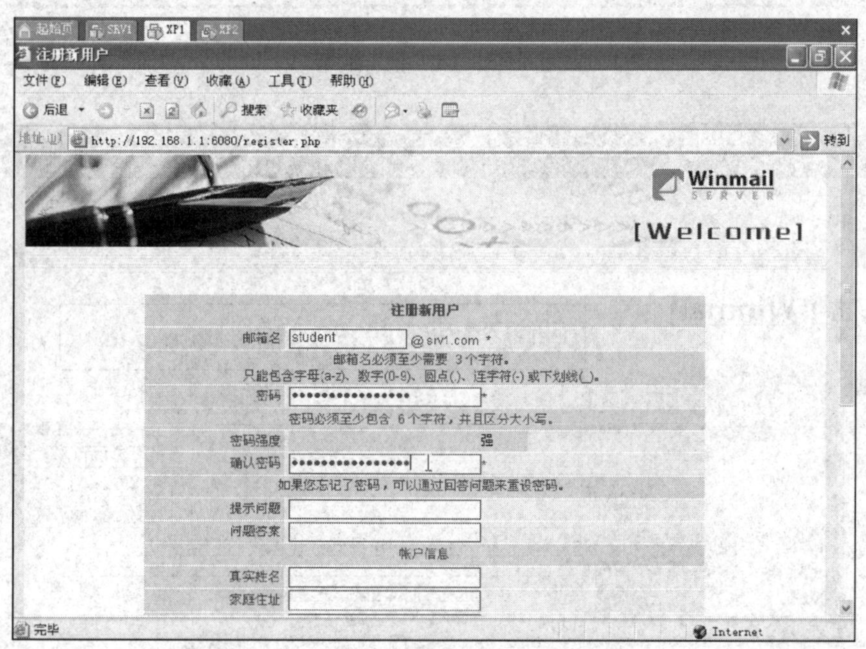

图 4—5—13　注册新邮箱

（2）注册成功后，以新注册的用户登录邮箱（见图 4—5—14）。

2．发信

（1）单击“写邮件”按钮，输入收件人、主题和信件正文（见图 4—5—15）。

（2）上传附件后，单击“发送”按钮，发送邮件（见图 4—5—16）。

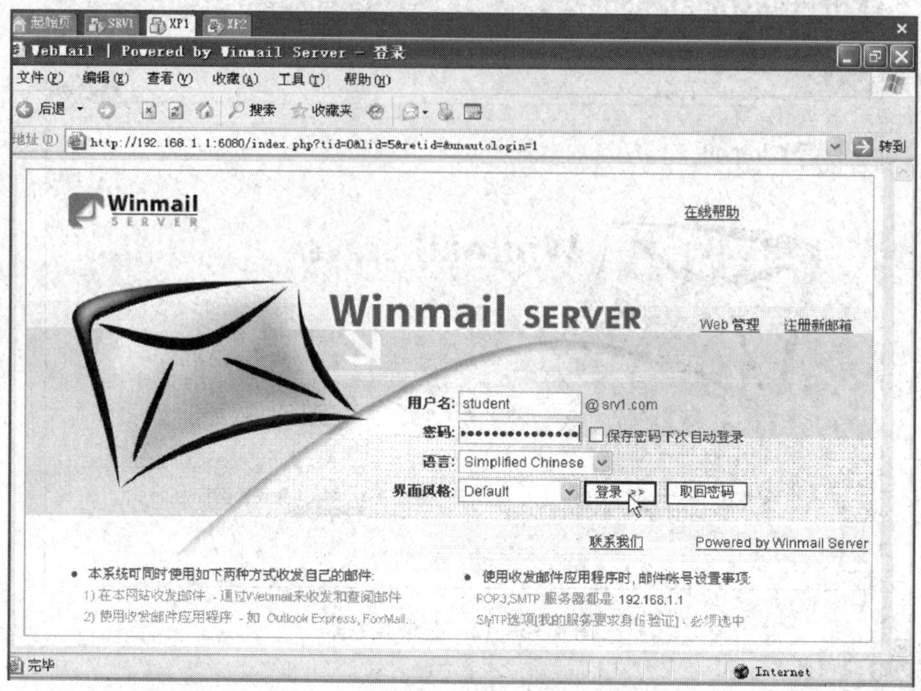

图 4—5—14　登录邮箱

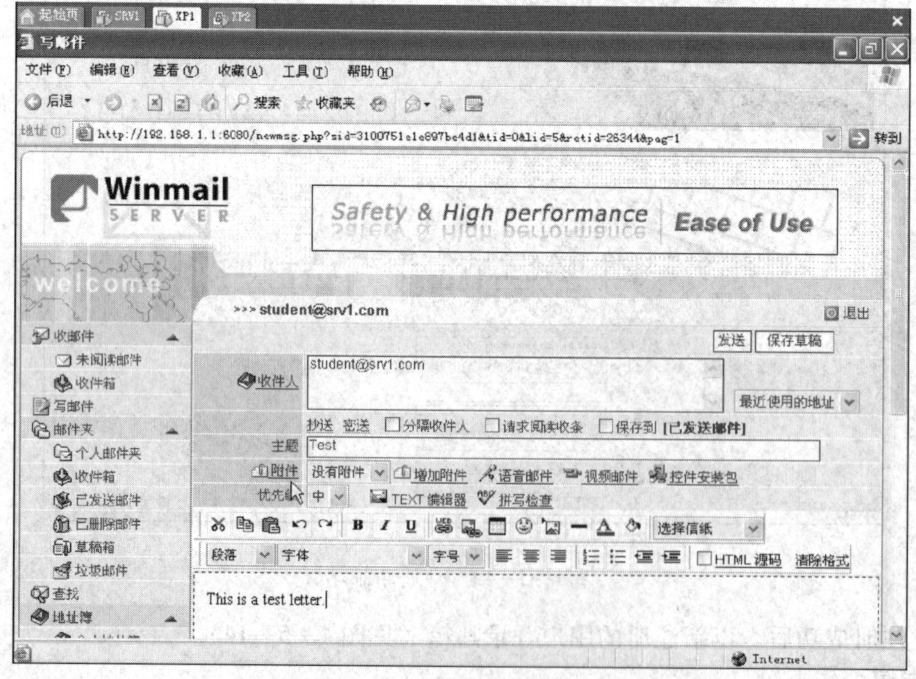

图 4—5—15　写邮件

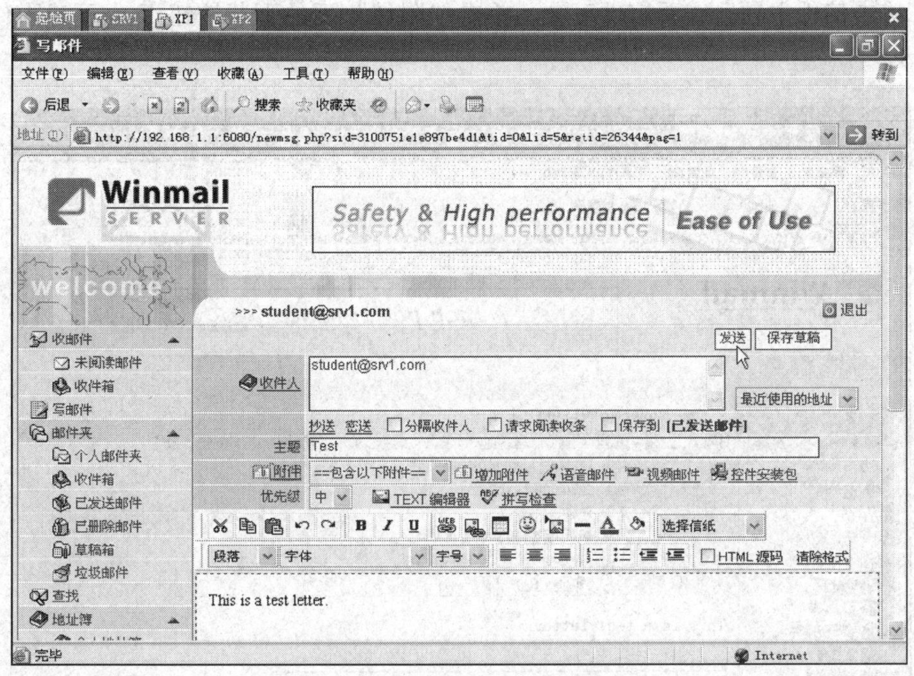

图 4—5—16　发送邮件

3. 收信

（1）在客户端 XP2 地址栏内输入 http://192.168.1.1:6080，输入用户名 admin、密码 admin，登录邮件服务器。登录成功后单击“收件箱”按钮（见图 4—5—17）。

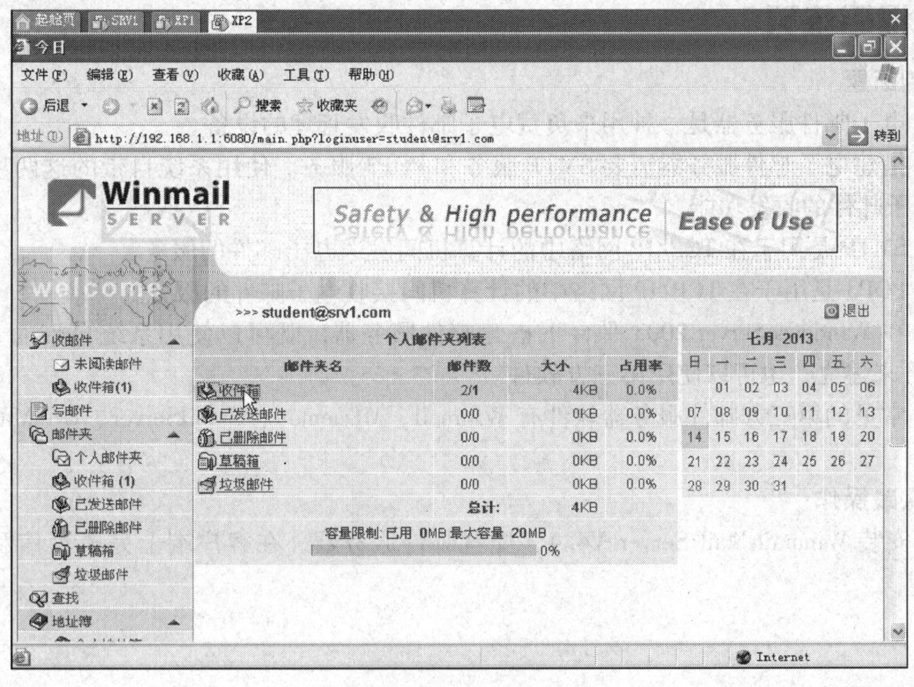

图 4—5—17　收件箱

（2）单击信件主题，查看信件正文。单击“附件”后的下载按钮，下载附件（见图4—5—18）。

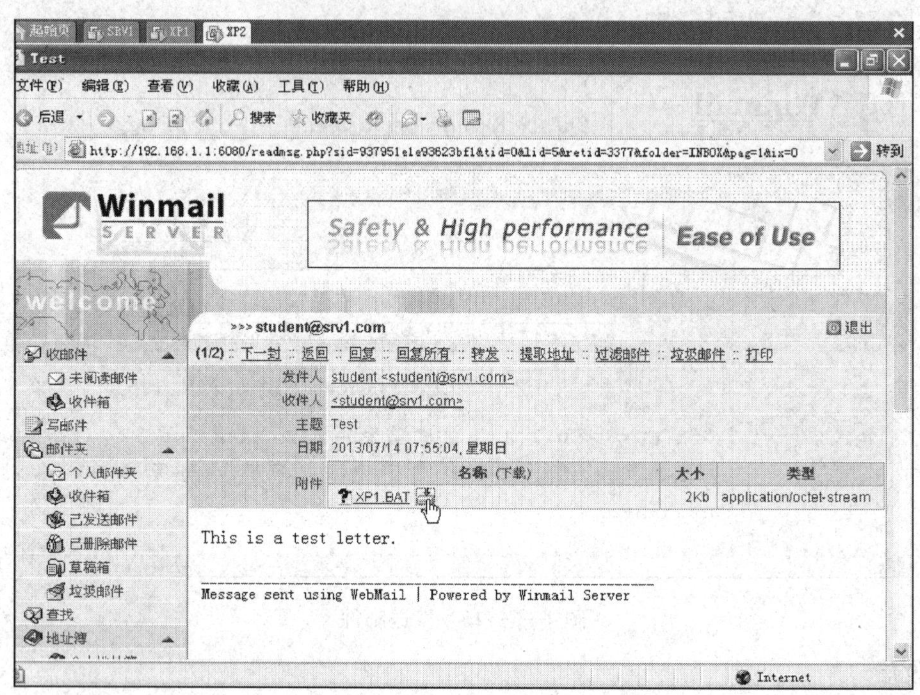

图4—5—18　下载附件

课后练习

1. 判断题

（1）电子邮件服务器是一种用来负责电子邮件收发管理的设备。（　　）

（2）搭建电子邮件服务器需要SMTP服务和POP3服务。使用系统自带的这两项服务即可完成电子邮件的收发功能。（　　）

（3）SMTP是用于在TCP/IP网络中的计算机间发送电子邮件的服务。（　　）

（4）POP3是用于在TCP/IP网络中的计算机间接收电子邮件的服务。（　　）

（5）在Windows Server 2003平台下搭建邮件服务器，既可以使用系统自带的SMTP和POP3服务来建立，也可以使用第三方软件。（　　）

（6）常见的第三方邮件服务器软件有Winmail、MDaemon、CMailServer、U－Mail等。（　　）

2. 实践操作

下载安装Winmail Mail Server V4.4，配置邮件服务器，在客户端上完成写信和收信操作。

项目五　用域控制器管理网络

项目目标

1．了解活动目录和域的基本概念。

2．了解域组策略的功能、对象、应用顺序及规则。

3．能利用集中管理机制，对用户接入、用户权限、用户行为进行集中管理。

任务1　活动目录和域

学习目标

1．了解活动目录的概念和结构。

2．了解域的概念、结构和域间信任关系。

3．了解域控制器和 Windows Server 2003 安全策略。

4．了解组织单位和站点的概念。

5．熟练掌握活动目录的安装，能验证活动目录安装的正确性。

6．能正确创建域，建立并管理域控制器。

7．熟练掌握域用户和计算机的管理，能在活动目录中正确添加域用户和计算机账户。

8．熟练掌握组和用户的创建与管理，能为网络中的用户合理划分用户组、建立用户账户，并通过账户属性设置来管理用户账户。

9．熟练掌握组织单位的创建与管理，能根据实际情况建立组织单位，并正确地将组织单位委派给用户进行管理。

10．能正确地将客户端加入域，熟练掌握使用同一用户账户登录域中不同计算机的方法。

任务描述

本任务中要完成活动目录的安装，并验证活动目录安装的正确性。安装活动目录时，要创建新域，配置 DNS，创建域管理工作环境。活动目录安装成功后，可以在活动目录中新建计算机，创建组织单位和用户。在客户端通过设置可将客户端加入域，成功加入域后，可以使用同一用户登录域中不同的计算机。

相关知识

一、活动目录

活动目录（Active Directory，AD）是存储网络对象的相关信息并使该信息可供用户和网络管理员使用的目录服务。

活动目录由目录和目录服务两部分组成。目录是存储各种对象的一个物理容器，所有的信息和数据，包括用户账户、计算机、共享资源等都存储在目录中。目录服务是一种使目录中的所有信息和资源都可以被访问的服务。

活动目录是一个分布式的目录服务，信息可以分散在多台不同的计算机上，同时将安全性集成到了活动目录中，通过网络登录，系统管理员能够管理整个网络中的目录数据和单位，而且获得授权的网络用户也可以访问网络上任何地方的资源。不管用户从何处访问或者信息处在何处，活动目录对用户都提供统一的视图，方便用户进行查找和使用。

安装活动目录有两种方式：一是使用管理工具中的“配置您的服务器向导”工具，二是在“命令提示符”窗口中输入 dcpromo 命令。使用“配置您的服务器向导”工具会自动配置 DNS 和 DHCP 服务器，操作相对简单。而使用 dcpromo 命令前，需要事先安装并配置好 DNS 服务器，若不安装 DNS 服务器，会出现找不到 DNS 服务器的错误提示。建议使用“配置您的服务器向导”工具进行安装。

活动目录采用组织单位、域、域树、域林构成层次化的目录结构。

二、域

1. 域的概念

域（domain）是由网络管理员定义的一组计算机集合，实际上就是一个网络。域树由多个域组成，域树中的第一个域称为根域。相同域树中的其他域为子域，相同域树中直接在另一个域上一层的域称为父域。域林包括多个域树，域林的根域是域林中创建的第一个域。

域是 Windows Server 2003 目录服务的基本管理单位。在 Windows Server 2003 网络中，一个域能够轻松管理数以万计个对象。

域是 Windows Server 2003 网络系统的安全性边界。一个计算机网络最基本的单元就是“域”，活动目录可以贯穿一个或多个域。每个域都有自己的安全策略以及它与其他域的信任关系。当多个域通过信任关系连接起来后，活动目录可以被多个信任域共享。

2. 域的结构

域结构通常有四种基本类型：单一域模型、主域模型、多主域模型和完全信任模型。企业根据其规模、地理分布以及其他资源条件，可以选择不同的域结构。

（1）单一域模型。单一域模型是最常见也是最适合小型企业的模型（见图 5—1—1）。

单一域模型的优点是：在这种结构下，没有由于太多域而衍生的复杂的管理问题，也没有域间的信任关系。所有资源整合在单一域中，可以集中控制管理。

单一域模型的缺点是：随着域中的账户等资料均需由域控制器来管理与验证，从而导致网络在复制账户与提供登录服务时的资料传输量过大而影响网络传输速度，甚至影响域控制器所提供的文件、打印等服务。

（2）主域模型。主域模型适用于规模较完备的企业，可依照部门来规划域。其中一个域为主域（见图5—1—2）。

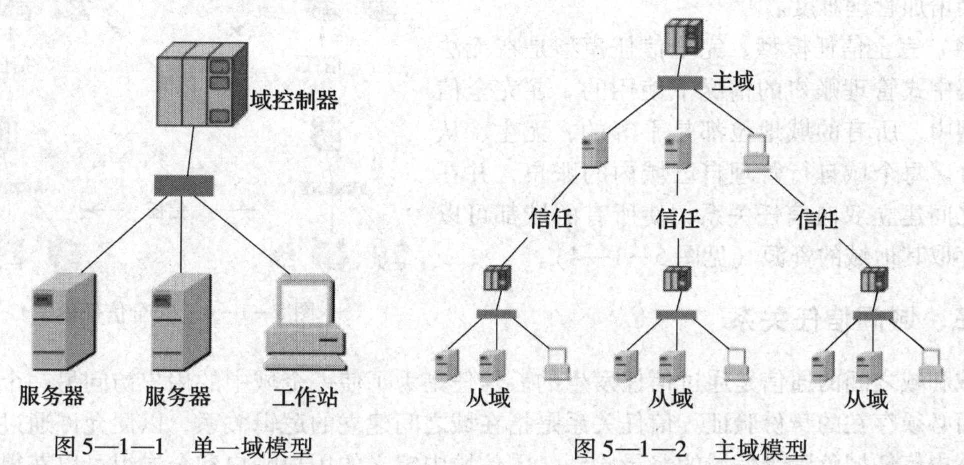

图5—1—1　单一域模型　　　　图5—1—2　主域模型

在主域模型结构中，所有域的账户将统一由主域进行管理，其他的域为“从域”。而从域与主域之间有信任关系。主域负责账户的维护，其他从域则不需要建立任何账户资料，只负责其他文件或打印服务。

主域模型的优点是：主域负责账户的维护，每个从域可以决定用户或组操作该域的权限，设置权限并不是完全控制在主域中，使用较灵活。

主域模型的缺点是：账户集中在主域中，容易造成主域网络流量激增而拥塞。

（3）多主域模型。多主域模型可以克服主域模型的缺点。该模型的结构与主域模型类似，但是可以有多个主域，并且各主域间具有双向信任关系，在不同非主域之间也可以存在信任关系（见图5—1—3）。

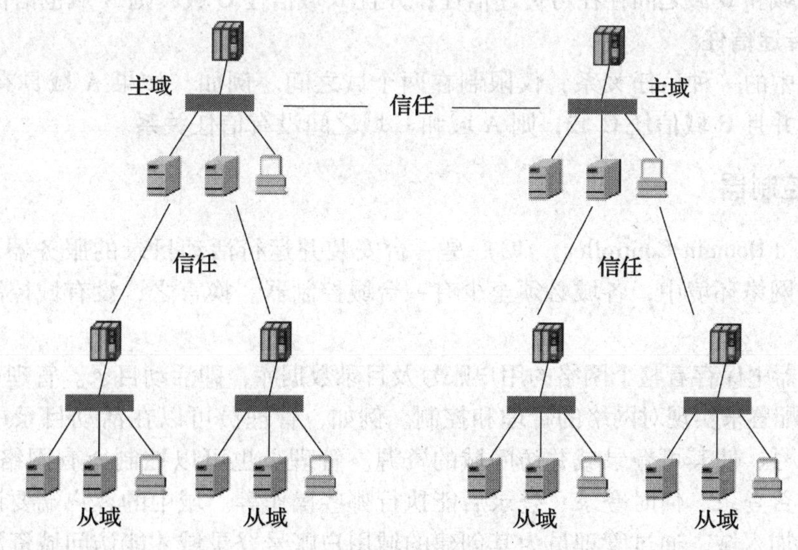

图5—1—3　多主域模型

多主域模型的优点是：可以克服主域模型的缺点，账户进行分散管理，减轻了单一主域的压力。

多主域模型的缺点是：账户分散在不同的主域间会增加管理难度。

（4）完全信任模型。完全信任模型是在无法采取集中式管理账户的情况下使用的。在完全信任模型中，所有的域地位都是平等的，无主、从域之分。每个域自行管理自己域内的账户，并在各域之间建立双向信任关系，使所有的域都可以合法存取其他域的资源（见图 5—1—4）。

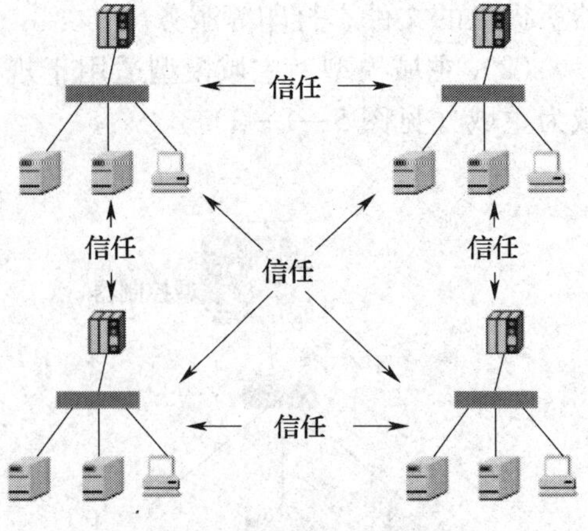

图 5—1—4　完全信任模型

三、域间信任关系

域和域之间的通信是通过信任发生的。信任是为了使一个域中的用户访问另一个域中的资源而必须存在的身份验证。信任关系是指在域之间建立的逻辑关系，以便允许通过身份验证。其中信任域负责受信域的登录验证，受信域中定义的用户账户和全局组可以获得信任权利和权限，即使该用户账户或组不在信任域的目录中。

域间信任关系一般可分为单向、双向、可传递和不可传递四种。

1. 单向信任

单向信任是两个域之间创建的单向身份验证。这意味着在域 A 和域 B 之间的单向信任中，域 A 中的用户可以访问域 B 中的资源，但是域 B 中的用户不能访问域 A 中的资源。

2. 双向信任

双向信任是指在该关系中两个域互相信任。例如，A 域信任 B 域，并且 B 域也信任 A 域。

3. 可传递信任

在整个的一组域（例如域树）间流通，并在域和信任该域的所有域之间形成的信任关系。例如，如果 A 域和 B 域之间存在可传递信任，并且 B 域信任 C 域，则 A 域也信任 C 域。

4. 不可传递信任

多域环境中的一种信任关系，仅限制在两个域之间。例如，如果 A 域具有和 B 域的不可传递信任，并且 B 域信任 C 域，则 A 域和 C 域之间没有信任关系。

四、域控制器

域控制器（Domain Controller，DC）是一台安装并运行活动目录的服务器。在 Windows Server 2003 的网络环境中，各域必须至少有一台域控制器。换言之，没有域控制器，就没有所谓的域。

在域控制器中保存着整个网络的用户账号及目录数据库，即活动目录。管理员可以通过修改活动目录的配置来实现对网络的管理和控制。例如，管理员可以在活动目录中为每个用户创建域用户账号，使其可登录域并访问域的资源。管理员也可以控制所有网络用户的行为，如控制用户能否登录、何时登录、登录后能执行哪些操作等。域中的客户端要访问域中的资源，则必须先加入域，通过管理员为其创建的域用户账号登录域才能访问域资源。同时，必须接受管理员的控制和管理。构建域后，管理员可以对整个网络实施集中控制和管理。

在域中，可以同时存在多台域控制器，各域控制器都处于平等地位。网络管理人员可以在域内任何一台域控制器上管理活动目录，包括建立账号、设置组策略、委派控制等。用户也可以通过任何一台域控制器来登录域，并访问活动目录数据库。

五、Windows Server 2003 安全策略简介

在 Windows Server 2003 系统中，可以通过设置安全策略来强化系统的安全性。Windows Server 2003 系统可以设置三种类型的安全策略，分别为本地安全策略、域安全策略和域控制器安全策略。

1. 本地安全策略

本地安全策略可以强化单机系统的安全性。只能在单机系统和域内非域控制器计算机上设置本地安全策略，而不能在域控制器计算机上设置本地安全策略。而且，本地安全策略只对本机（策略所在计算机）生效，对其他计算机无效。

2. 域安全策略

域安全策略可以强化整个域内所有计算机的安全性。通常，用户可以在域控制器计算机上设置域安全策略。域安全策略对域中所有计算机都有效。

3. 域控制器安全策略

域控制器安全策略可以强化域内域控制器计算机的安全性。用户只能在域控制器计算机上设置域控制器安全策略，而不能在域中非域控制器计算机上设置该策略。域控制器安全策略对域中所有域控制器都有效，对其他计算机无效。

Windows Server 2003 中本地安全策略、域安全策略和域控制器安全策略设置部分大都一样，这就产生一个问题：当这些策略出现冲突时，这三种策略哪种优先起作用？

对于域中的成员计算机，如果其“本地安全策略”设置项与“域安全策略”设置项发生冲突，“域安全策略”设置项优先，“本地安全策略”设置项将会被覆盖。

对于域中所有的域控制器计算机，如果其“域控制器安全策略”设置项与“域安全策略”设置项发生冲突，则以“域控制器安全策略”设置项优先，“域安全策略”设置项会被覆盖。

提 示

关于安全设置的账户策略，默认情况下成员计算机遵守域安全策略的设置。域控制器也是从域安全策略中获得账户策略。然而，通过为这些成员计算机所在 OU 的 GPO 定义账户策略，可以使成员计算机的本地账户策略不同于域账户策略。

六、组织单位

组织单位（Organizational Unit，OU）是一个容器对象，可以把域中的对象组织成逻辑组，以简化管理工作。组织单位可以包含各种对象，比如用户账户、用户组、计算机、打印机等，甚至可以包括其他组织单位，所以可以利用组织单位把域中的对象组成一个完全逻辑上的层次结构。

对于企业来讲，可以按部门把所有的用户和设备组成一个组织单位层次结构，也可以按地理位置形成层次结构，还可以按功能和权限分成多个组织层次结构。比如管理员可以按照

公司的部门创建不同的组织单位，如财务部组织单位、市场部组织单位、策划部组织单位，将不同部门的用户账号建立在相应的组织单位中管理起来非常方便。

由于组织单位层次结构局限于域的内部，所以一个域中的组织单位层次结构与另一个域中的组织单位层次结构没有任何关系，就像是 Windows 资源管理器中位于不同目录下的文件，可以重名或重复。

使用组织单位时，不要一开始就创建多层组织单位，要保持层次的简单性。不要创建太多的组织单位，只有在必要时才添加组织单位，建议不要为个别用户创建组织单位。

组织单位与组的真正区别在于安全模型—组策略与权限。如果一组用户或计算机需要对任务应用进行限制，并且使用组策略可以满足该需求，那么可以创建一个组织单位。如果一组用户或计算机需要文件夹的特定权限，以便运行应用程序或操作数据，那么应该创建一个组。

七、站点

站点是通过高速网络（Internet 或局域网）有效连接的一组计算机（见图 5—1—5）。同一站点内的所有计算机通常放在同一建筑内，或在同一局域网络上。一个站点由一个或多个 Internet 协议（IP）子网组成。子网是 IP 网络的细分，每个子网都有自己唯一的网络地址。

Active Directory 站点

172.16.32.0/19

客户端

图 5—1—5 站点示意图

域和站点之间的关系：站点是物理结构，域是逻辑结构，活动目录中的物理结构和逻辑结构彼此独立，活动目录使用拓扑信息（在目录中存储为站点和站点链接对象）来建立最有效的复制拓扑。

这种物理和逻辑结构的区分具有很多优势：可以单独设计和维护网络的逻辑和物理结构，不必使域名空间建立在物理网络基础之上；可以为相同站点中的多个域部署域控制器，也可以为多个站点中的相同域部署域控制器。

（1）一个域中可以有多个站点。例如，一个公司在北京和上海都有办公网络。北京和上海的局域网可以看成是两个站点，而这两个站点中的计算机可以在一个域中（见图 5—1—6）。

（2）一个站点中可以有多个域。例如，一个局域网可以看成是一个站点，在这个站点中可以创建多个域（见图 5—1—7）。

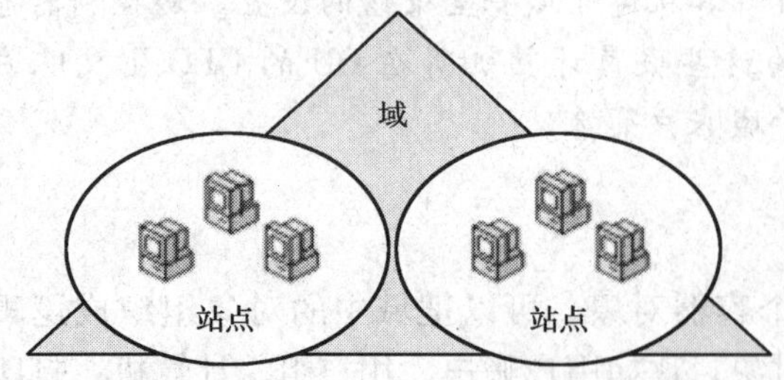

图 5—1—6 单个域中的多个站点

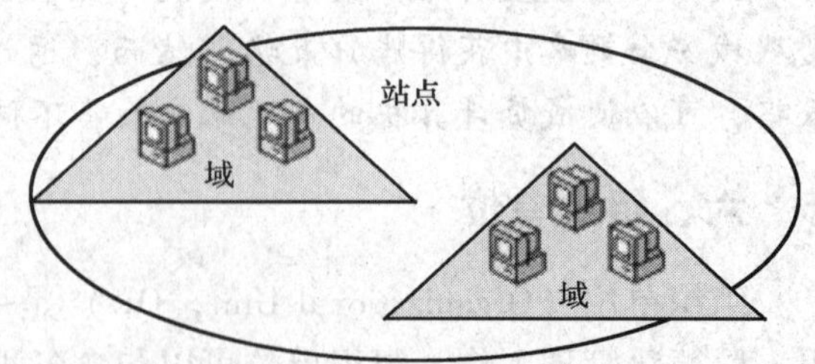

图 5—1—7 带有多个域的单个站点

八、域用户和计算机管理

域用户账户使用户能够登录到域或其他计算机中，从而获得对网络资源的访问权。域用户账户包括内置域用户和用户自己添加的域账户。

1. 内置域账户

安装完活动目录，就已经添加了一些内置域账户，它们位于 Users 容器中。如 Administrator、Guest 和 Helpassistant。这些内置账户是创建域的时候自动创建的，每个内置账户都有各自的权限。

Administrator 账户具有对域的完全控制权，并可以为其他域用户指派权限。Administrator 账户不能删除，也不能从 Administrators 组中删除，但可以重命名或禁用此账户。默认情况下，Administrator 账户是以下组的成员：Administrator admins、Enterprise admins、Group policy、Creator owners 和 Schema admins。

2. 添加域用户

（1）依次选择“开始→所有程序→管理工具→Active Directory 用户和计算机”命令，打开“Active Directory 用户和计算机”窗口。

（2）右击“Users”选项，在弹出的快捷菜单中选择“新建→用户”命令，打开“新建对象－用户”对话框。在其中输入姓、名后，Windows Server 2003 系统会自动填充完整的姓名。

（3）输入用户登录名和用户密码。默认情况下，Windows Server 2003 强制用户下次登录时必须更改密码，当用户第一次登录时让其创建自己的密码。用户的初始密码应当采用英文大小写、数字和其他符号的组合，长度不少于六个字符，同时密码与用户名不要相同，以保证账户的安全性。

3. 添加计算机账户

在域中每台运行 Windows Server 2003 系统的计算机都有一个计算机账户。在向域中添加新的计算机时，必须在“Acitve Directory 用户和计算机”窗口中创建一个新的计算机账户。计算机账户创建后，每个使用该计算机的用户都可以使用该账户登录。

（1）打开“Active Directory 用户和计算机”窗口，展开左侧控制台目录树，右击目录树中的“Computers”选项，在弹出的快捷菜单中选择“新建→计算机”命令。

（2）打开“新建对象－计算机”对话框，在该对话框中输入计算机名。

备注：这里输入的计算机名为加入到域中的客户端计算机名称。

（3）单击“确定”按钮，完成计算机账户的创建。

九、将客户端计算机加入到域

用户要想通过某台计算机登录到域中，首先必须保证管理员已在活动目录中创建了计算机和域账号，否则将无法登录。当管理员创建了计算机和域账号后，用户可以在客户端通过设置将客户端加入到域。

（1）用本地计算机管理员身份登录到计算机上，右击“我的电脑”，在弹出的快捷菜单中选择“属性”命令。在“系统属性”对话框中选择“计算机名”选项卡，单击“更改”按钮，在对话框中输入域名 xxvtc. com。单击“确定”按钮，会弹出验证窗口，输入在域控制器中新建的用户名和密码。当出现“欢迎加入到域中”的信息时，单击“确定”按钮。

（2）重新启动计算机，在“登录到 Windows”对话框中输入域账号，即用户名和密码，并在“登录到”下拉列表框中选择相应的域 xxvtc. com，单击“确定”按钮。

任务实施

一、安装活动目录

1. 依次单击“开始→所有程序→管理工具→配置您的服务器向导”选项。

2. 当出现“配置选项”后，选择“第一台服务器的典型配置”单选按钮，如图5—1—8所示，单击“下一步”按钮。

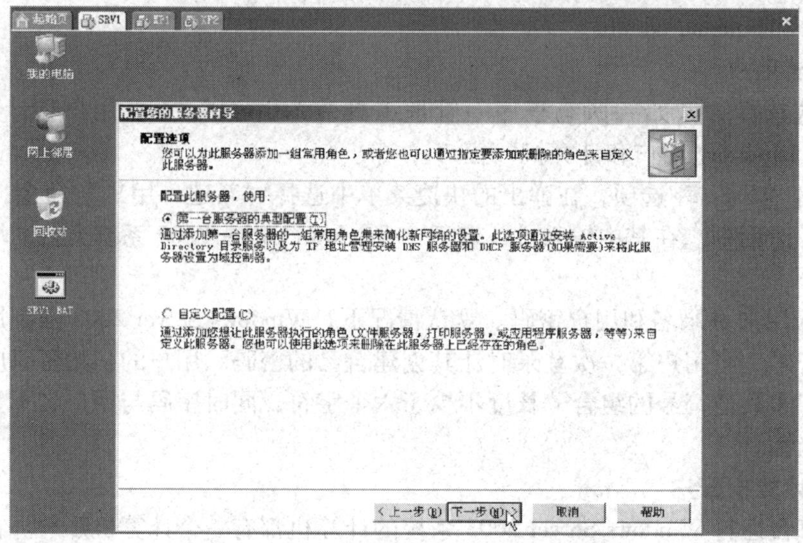

图5—1—8　第一台服务器的典型配置

3. 输入新域名xxvtc. com（见图5—1—9），NetBIOS名保持默认（见图5—1—10），单击“下一步”按钮。

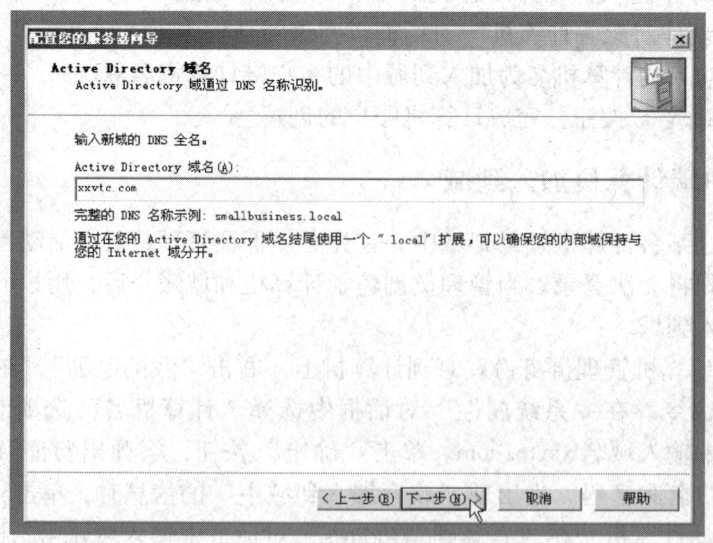

图5—1—9　DNS全名xxvtc. com

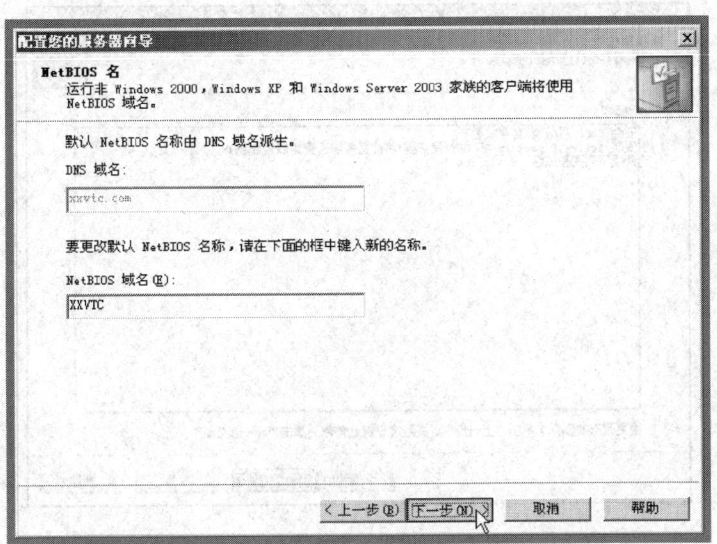

图 5—1—10　NetBIOS 默认 XXVTC

4. 在“正在转发 DNS 查询”对话框中选择“否，不转发查询”单选按钮（见图 5—1—11），单击“下一步”按钮。当出现“选择总结”对话框时（见图 5—1—12），单击“下一步”按钮。

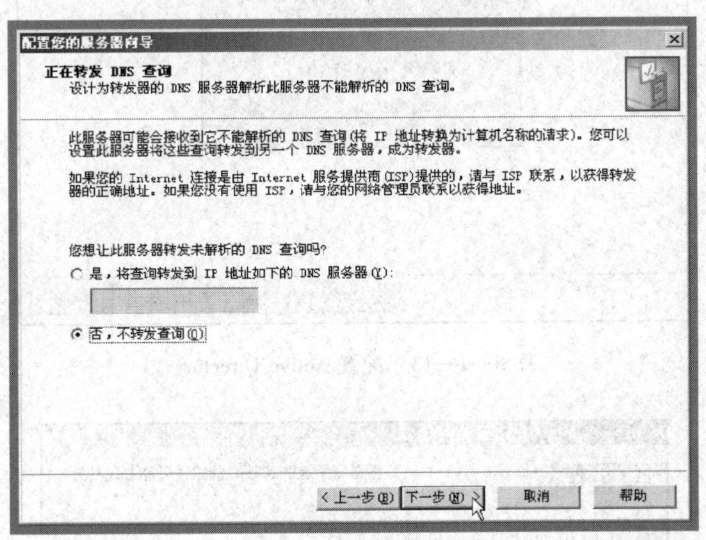

图 5—1—11　不转发查询

5. 开始安装 DHCP 服务器，在安装过程中需要指定安装光盘 I386 目录，安装 BOMS nap. dll、dhcpmib. dll（sp2. cab）、dhcpmgmt. msc（DRIVER. CAB）三个文件。

6. 安装 DHCP 后，自动开始安装并配置 Active Directory 和 DNS（见图 5—1—13）。

7. 安装程序自动将计算机的 DNS 计算机名根设成 xxvtc. com（见图 5—1—14），接下来自动配置 DNS 服务器（见图 5—1—15）。

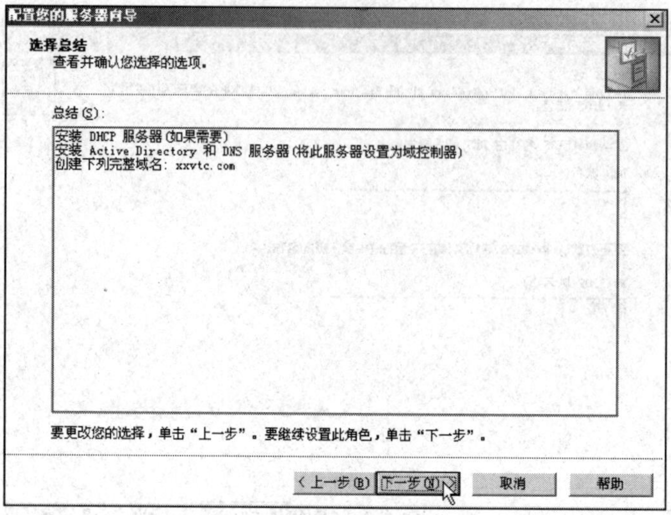
配置您的服务器向导
选择总结
查看并确认您选择的选项。
总结(S):
安装 DHCP 服务器(如果需要)
安装 Active Directory 和 DNS 服务器(将此服务器设置为域控制器)
创建下列完整域名: xxvtc.com
要更改您的选择，单击“上一步”。要继续设置此角色，单击“下一步”。
< 上一步(B)
下一步(N) >
取消
帮助

图 5—1—12　选择总结信息

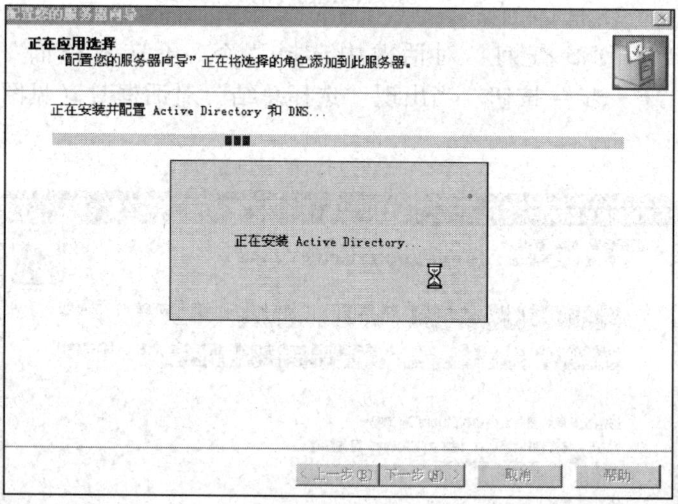
配置您的服务器向导
正在应用选择
“配置您的服务器向导”正在将选择的角色添加到此服务器。
正在安装并配置 Active Directory 和 DNS...
正在安装 Active Directory...
< 上一步(B)
下一步(N) >
取消
帮助

图 5—1—13　配置 Active Directory

Active Directory 安装向导
向导正在配置 Active Directory。根据您所选的选项，此过程可能要花几分钟或更长时间。
正在将计算机的 DNS 计算机名根设成 xxvtc.com
取消

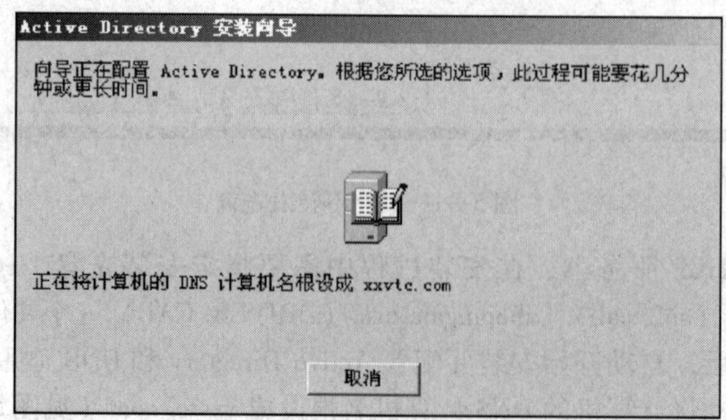

图 5—1—14　DNS 名 xxvtc. com

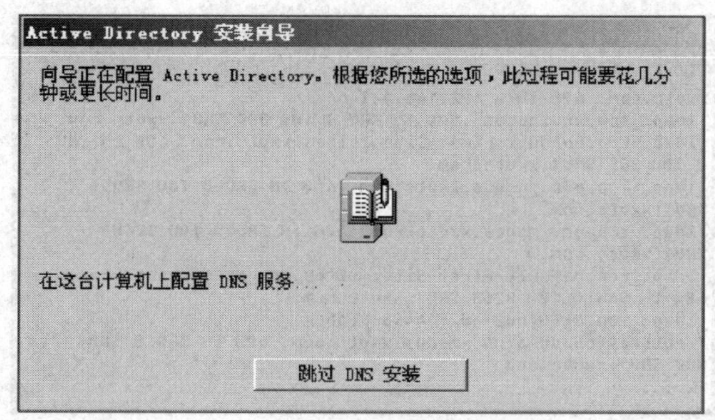

图 5—1—15　配置 DNS 服务器

8. 当出现“服务配置完成”对话框后，单击“下一步”按钮。当弹出“此服务器现在已配置好”对话框后（见图 5—1—16），单击“完成”按钮，完成第一台服务器的安装和配置。

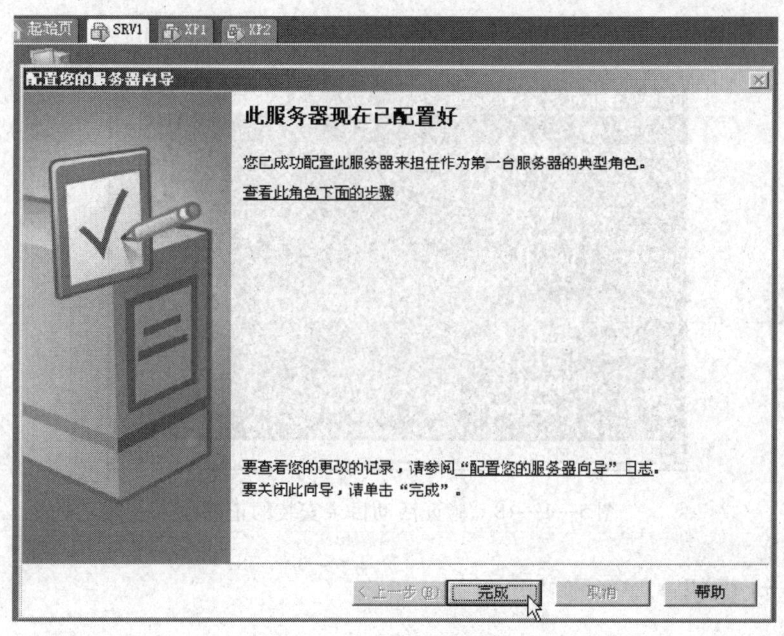

图 5—1—16　完成安装

二、验证活动目录安装的正确性

在活动目录安装过程中最重要的一项工作是在 DNS 数据库中添加服务记录（SRV 记录），通过检查 SRV 记录可以检验活动目录安装是否正确。

1. 检查 DNS 文件的 SRV 记录

用记事本打开 C:\Windows\System32\config 中的 netlogon. dns 文件，查看 LDAP 服务记录（见图 5—1—17）。本例为“_ldap. _tcp. xxvtc. com. 600 IN SRV 0 100 389 SRV1. xxvtc. com. ”。

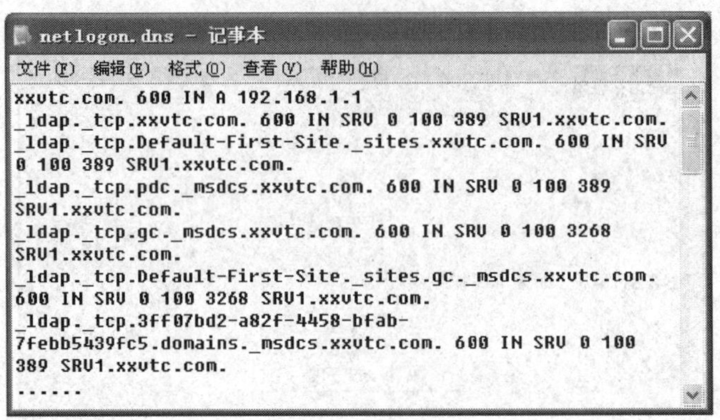

图 5—1—17　netlogon. dns 文件

2. 验证 SRV 记录在 nslookup 命令工具中运行是否正常

在“命令提示符”窗口下，先输入 nslookup 按回车键，再输入 set type = srv 按回车键，最后输入_ldap. _tcp. xxvtc. com 按回车键，如果返回了服务器名和 IP 地址（见图 5—1—18），说明 SRV 记录工作正常，活动目录安装成功。

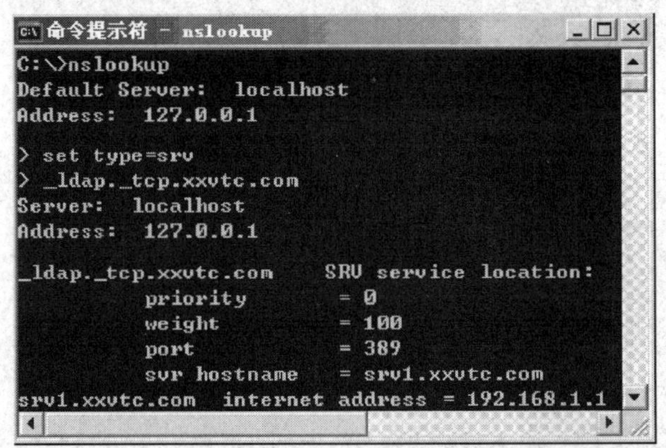

图 5—1—18　验证活动目录安装的正确性

三、新建计算机

1. 在 SRV1 中，依次单击“开始→所有程序→管理工具→Active Directory 用户和计算机”选项。在出现的“Active Directory 用户和计算机”窗口中右击“Computers”选项，在弹出的快捷菜单中选择“新建→计算机”命令（见图 5—1—19）。

2. 输入计算机名 XP1（见图 5—1—20），单击“确定”按钮，创建计算机 XP1。按相同方法创建计算机 XP2（见图 5—1—21）。

四、将客户端加入到域

1. 在 XP1 中右击“我的电脑”，在弹出的快捷菜单中选择“属性”命令，在弹出的“系统属性”对话框中选择“计算机名”选项卡，单击“更改”按钮（见图 5—1—22）。

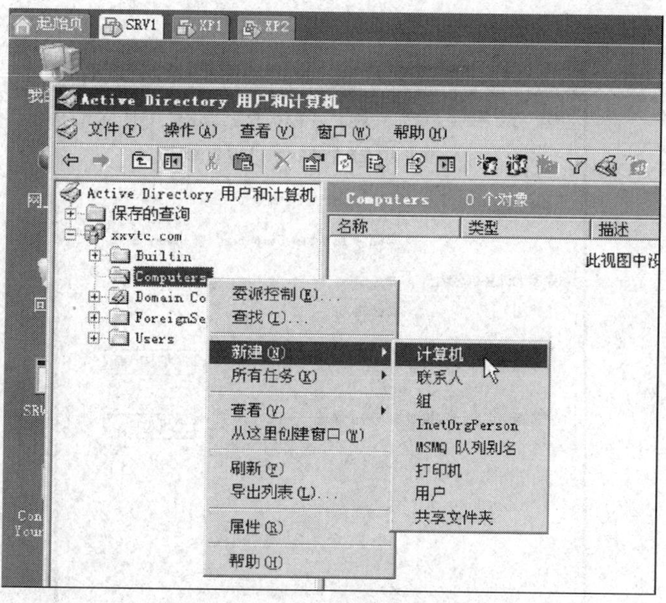

图 5—1—19　新建计算机

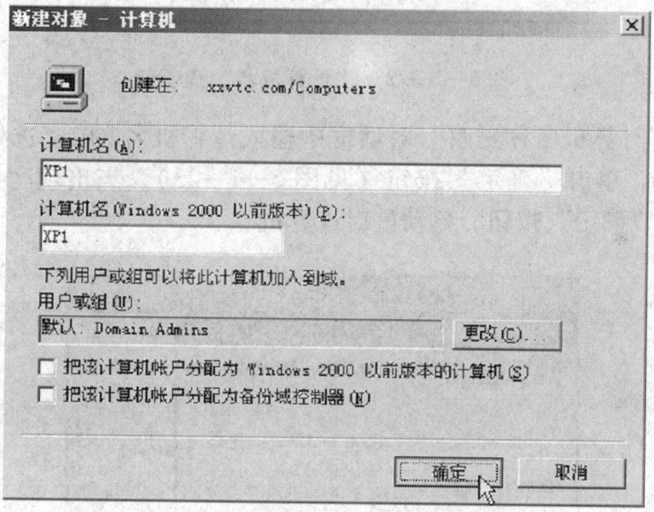

新建对象 － 计算机

创建在：　xxvtc.com/Computers

计算机名(A)：

XP1

计算机名(Windows 2000 以前版本)(P)：

XP1

下列用户或组可以将此计算机加入到域。

用户或组(U)：

默认：Domain Admins　　更改(C)...

☐ 把该计算机帐户分配为 Windows 2000 以前版本的计算机(S)

☐ 把该计算机帐户分配为备份域控制器(K)

确定　　取消

图 5—1—20　新建计算机 XP1

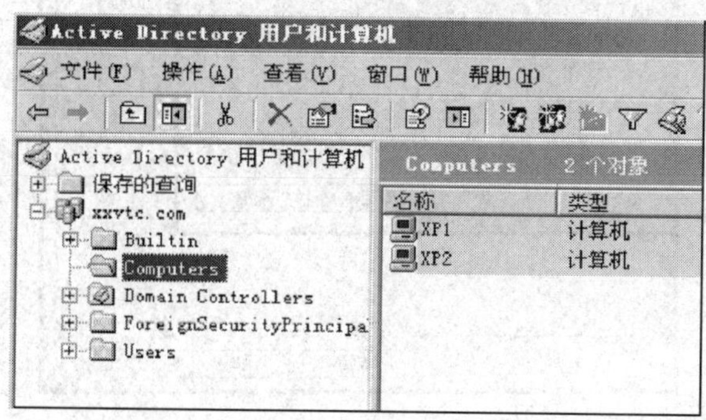

图 5—1—21　新建计算机 XP2

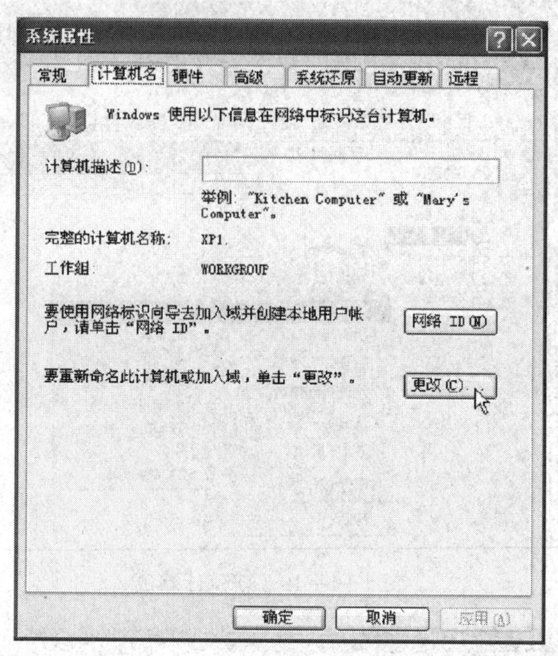

图 5—1—22　“计算机名”选项卡

2. 在弹出的“计算机名称更改”对话框中输入计算机名 XP1，选择“域”单选按钮，输入域名 xxvtc. com，单击“确定”按钮（见图 5—1—23）。当出现“欢迎加入 xxvtc. com 域”信息后，单击“确定”按钮，自动重启计算机。

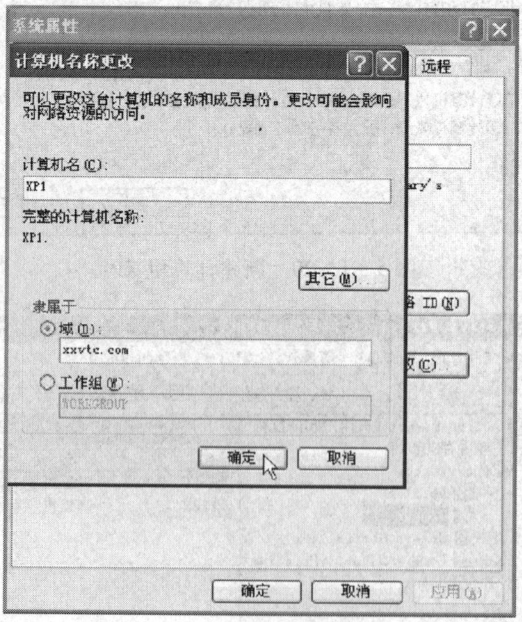

图 5—1—23　计算机名和域名

3．按组合键【Ctrl + Alt + Del】（虚拟机中使用【Ctrl + Alt + Insert】组合键），单击“选项”按钮，在“登录到”下拉菜单中选择域名“XXVTC”，单击“确定”按钮（见图5—1—24）。

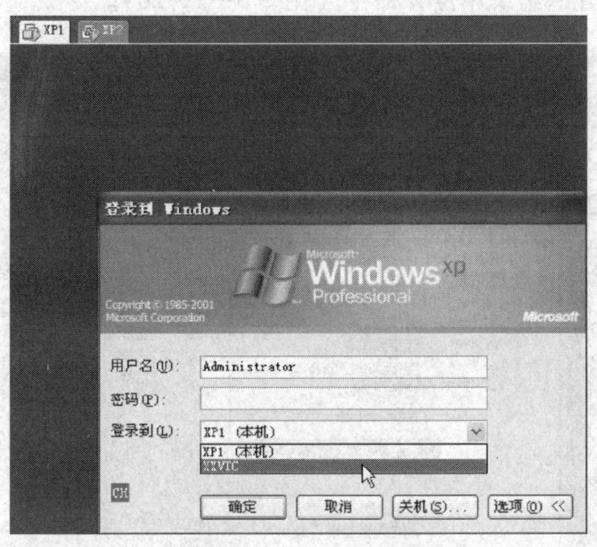

图5—1—24　登录域

4．进入桌面后，右击“我的电脑”，在弹出的快捷菜单中选择“属性”命令，选择“计算机名”选项卡，验证加入到域是否成功。若显示“域：xxvtc. com”，说明客户端已成功加入到域（见图5—1—25）。

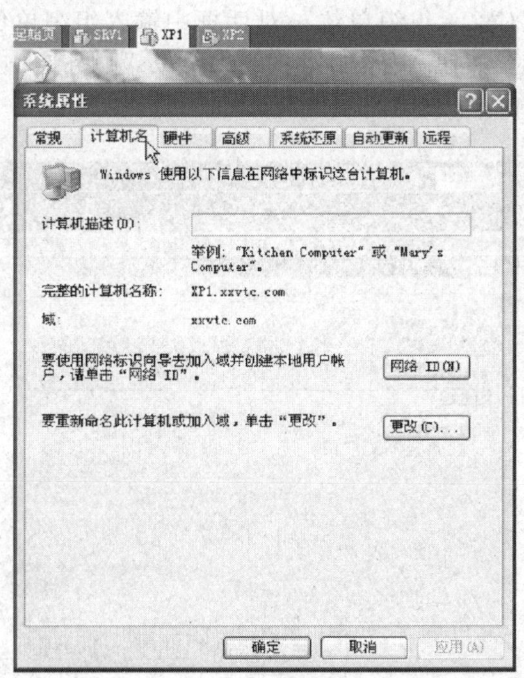

图5—1—25　成功加入到域

五、创建组织单位和用户

1. 在“Active Directory 用户和计算机”管理窗口中右击域名“xxvtc. com”，在弹出的快捷菜单中选择“新建→组织单位”命令（见图5—1—26）。

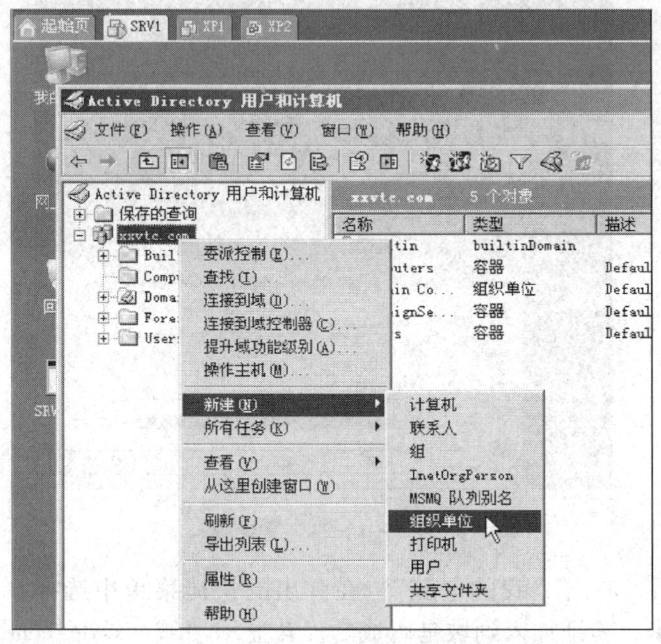

图5—1—26 新建组织单位

2. 在打开的“新建对象 - 组织单位”对话框中输入组织单位名称“财务处”（见图5—1—27），单击“确定”按钮。右击新建的组织单位“财务处”选项，在弹出的快捷菜单中选择“新建→用户”命令（见图5—1—28）。

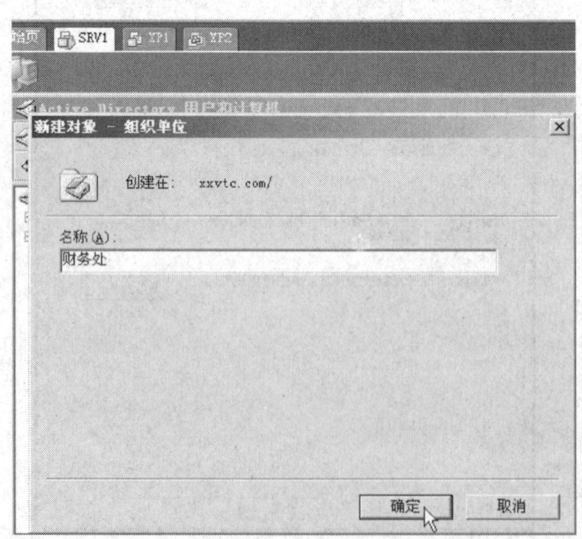

图5—1—27 组织单位名称

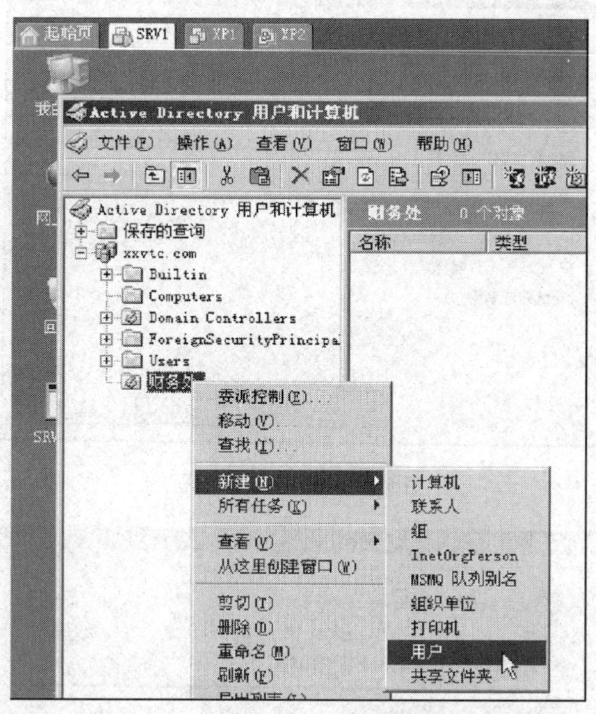

图 5—1—28　新建用户

3. 在打开的“新建对象 - 用户”对话框中，设置用户信息。姓为“张”，名为“三”，姓名自动变为“张三”，再输入用户登录名“zhangsan”（见图 5—1—29），单击“下一步”按钮。在弹出的密码设置框中输入密码“zhangsan@ xxvtc. com”（见图 5—1—30），单击“下一步”按钮。

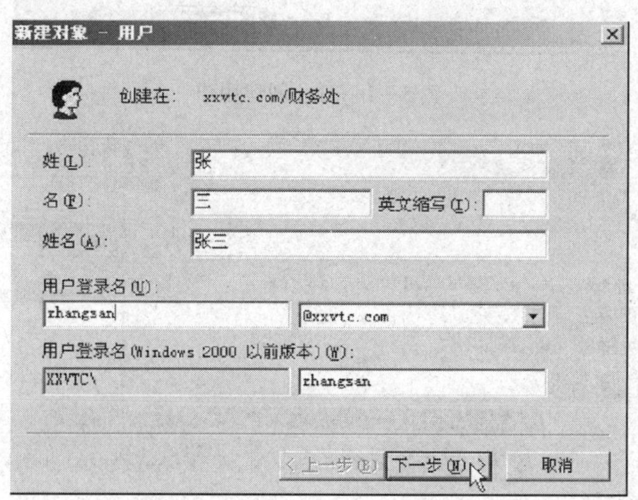

图 5—1—29　设置姓名

4. 显示用户信息后，单击“完成”按钮（见图 5—1—31），弹出错误信息提示对话框，提示创建失败（见图 5—1—32）。

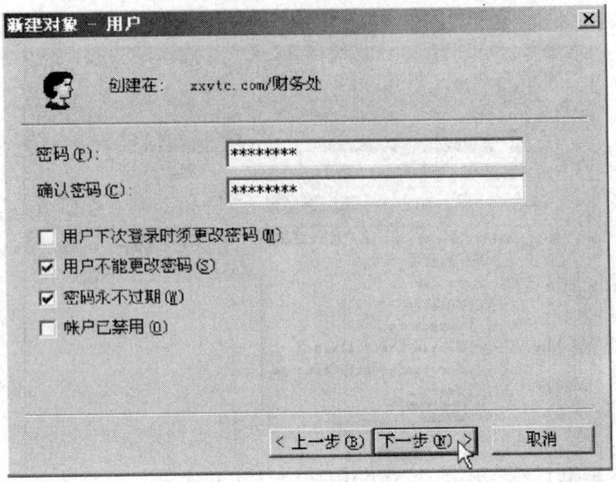

新建对象 - 用户

创建在: xxvtc.com/财务处

密码(P): ********

确认密码(C): ********

用户下次登录时须更改密码(M)

用户不能更改密码(S)

密码永不过期(W)

帐户已禁用(O)

< 上一步(B) 下一步(N) > 取消

图 5—1—30　设置密码

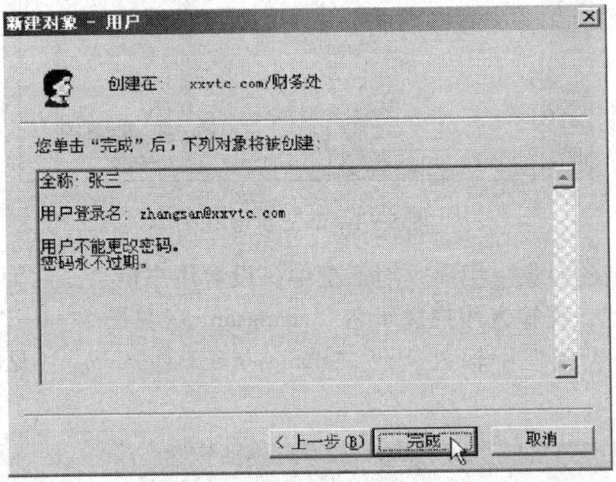

新建对象 - 用户

创建在: xxvtc.com/财务处

您单击“完成”后，下列对象将被创建:

全称: 张三

用户登录名: zhangsan@xxvtc.com

用户不能更改密码。
密码永不过期。

< 上一步(B) 完成 取消

图 5—1—31　创建用户

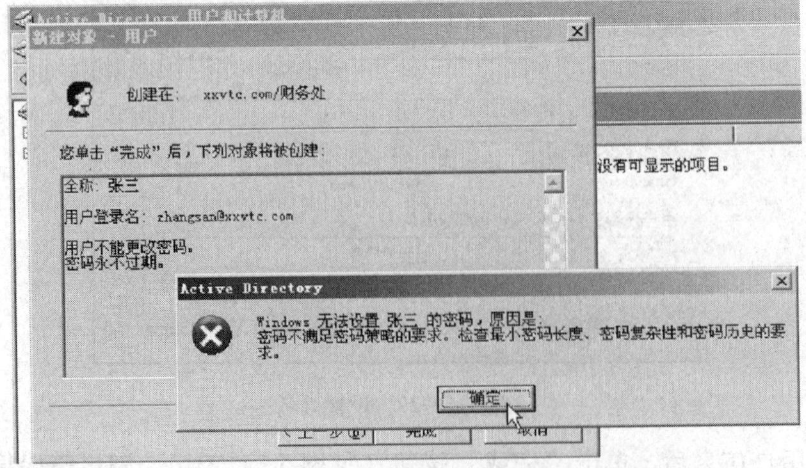

图 5—1—32　创建失败

提 示

运行 gpedit. msc 打开“组策略编辑器”，在左侧窗格中依次单击“本地计算机策略→计算机配置→Windows 设置→账户策略→密码策略”选项。在右侧窗格中右击“密码必须符合复杂性要求　已启用”选项，在弹出的快捷菜单中选择“属性”命令，切换到“解释这个设置”选项卡，其中显示了密码必须符合的复杂性要求：不能包含用户的账户名，不能包含用户姓名中超过两个连续字符的部分；至少有六个字符长；包含大写、小写、数字和非字母字符（例如!、$、#、%）四类字符中的三类字符。

5. 在错误信息提示对话框中单击“确定”按钮，返回“新建对象 - 用户”对话框。单击“上一步”按钮，重新设置密码为 P@ ssW0rd，取消“用户下次登录时须更改密码”复选框，选择“用户不能更改密码”和“密码永不过期”复选框（见图 5—1—33），单击“下一步”按钮，当出现总结信息后（见图 5—1—34），单击“完成”按钮，完成张三用户的创建。

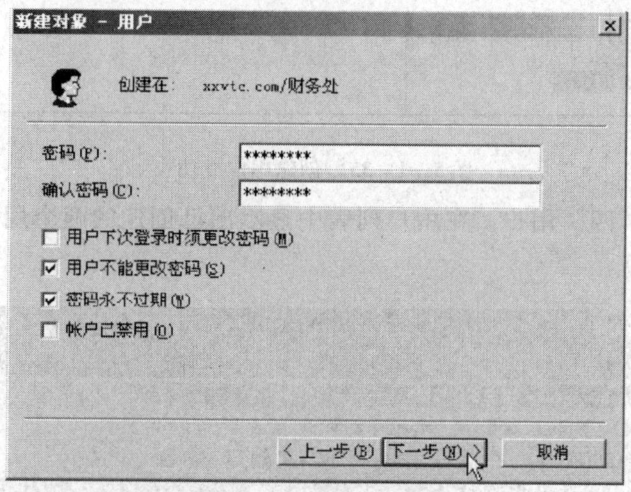

图 5—1—33　重新设置密码

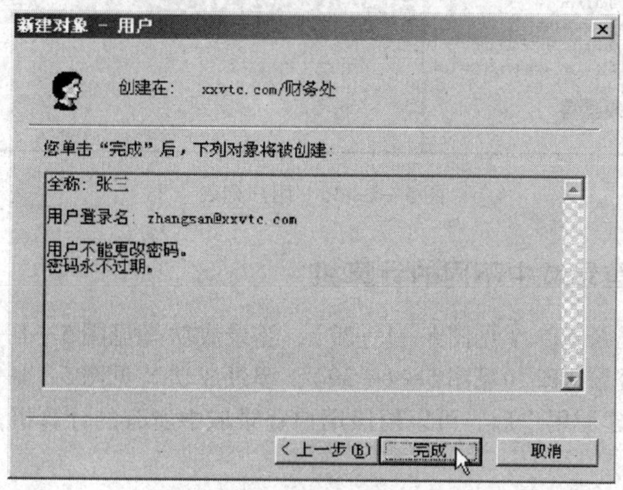

图 5—1—34　准备创建用户

6. 成功创建“张三”用户（见图5—1—35）后，右击组织单位“财务处”选项，在弹出的快捷菜单中选择“新建→用户”命令，打开“新建对象－用户”对话框，继续创建新的用户对象，姓为“李”，名为“四”；登录用户名为lisi；密码为P@ ssW0rd。取消“用户下次登录时须更改密码”复选框，选择“用户不能更改密码”和“密码永不过期”复选框。

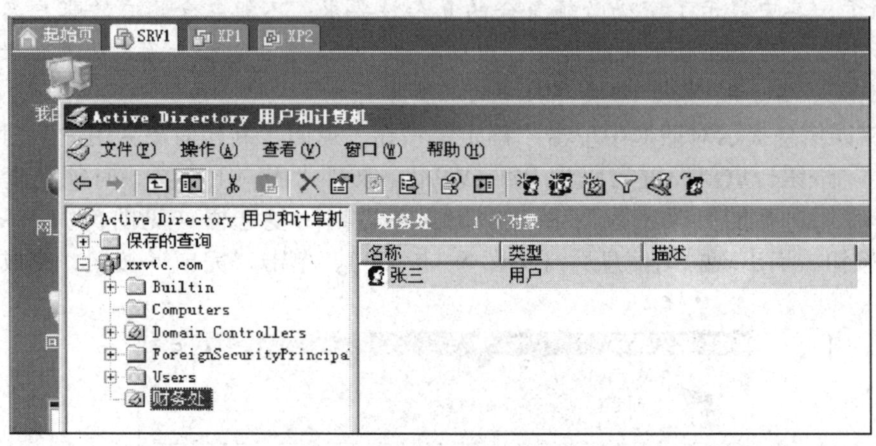

图5—1—35　创建用户成功

7. 成功创建“李四”用户。在用户列表中显示出已创建的两个用户“张三”和“李四”(见图5—1—36)。

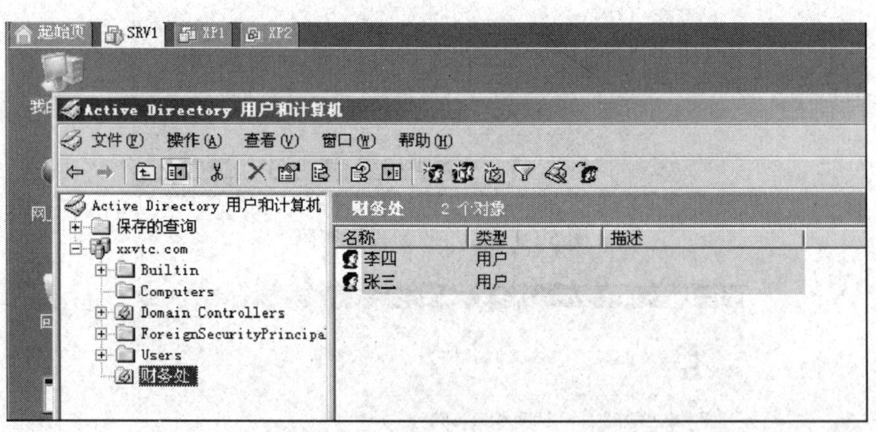

图5—1—36　用户列表

六、同一用户登录域中不同的计算机

1. 用zhangsan登录XP1（见图5—1—37），登录成功（见图5—1—38）。

2. 用zhangsan登录XP2（见图5—1—39），登录成功（见图5—1—40）。

结论：管理员创建域用户后，可以用该用户登录域中所有的计算机。

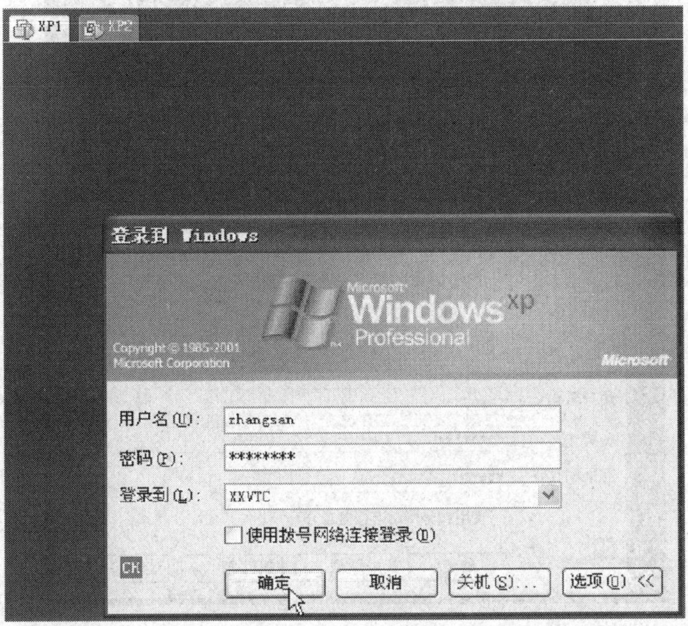

图 5—1—37　登录 XP1

图 5—1—38　登录成功

图 5—1—39　登录 XP2

图 5—1—40　登录成功

课后练习

1. 填空题

(1) 活动目录由________和____________两部分组成。

(2) 活动目录是一个________的目录服务，信息可以分散在多台不同的计算机上，不管用户从何处访问或者信息处在何处，活动目录对用户都提供________的视图，方便用户进行查找和使用。

(3) 安装活动目录有两种方式：一是使用管理工具中的______________________，二是在“命令提示符”窗口中输入______________命令。

(4) Active Directory 采用组织单位、________、域树、________构成________的目录结构。

2. 名词解释

(1) 活动目录

(2) 域

(3) 域控制器

(4) 组织单位

(5) 站点

3. 问答题

(1) 域和工作组两种管理方式有何不同？域和站点之间的关系是什么？

(2) Windows Server 2003 系统安全策略有哪些？如果不同策略设置上有冲突，应如何处理？

(3) 域与域之间的信任关系有哪几种？含义都是什么？

4. 实践操作

(1) 安装活动目录并验证正确性。

(2) 创建计算机，并将客户端加入到域。

(3) 创建 OU 和用户。

(4) 配置域安全策略：使用管理工具中的“域安全策略”完成以下操作。

1) 设置密码策略：密码长度最小为七个字符，密码必须符合复杂性要求，密码最长使用时间为 30 天。

2) 设定账户锁定策略：用户锁定阈值为三次（输入三次账户不正确将被锁定）。

3) 用户被锁定后管理员解锁（提示：右击“账户→属性→账户”，清除“账户已锁定”）。

任务 2　域组策略的使用

学习目标

1. 了解域组策略的功能、对象、应用顺序及规则，能使用组策略编辑器创建域组策略。
2. 熟练掌握限制域用户只能登录到指定的计算机的方法。

3. 能利用 GPO 分发 Windows Server 2003 管理工具包。

4. 能正确安装组策略管理控制台 gpmc. msi。

5. 能利用 GPMC 阻止客户端 QQ 软件的运行。

组策略是 Windows Server 2003 系统中的一项重要功能，为了提高管理水平和安全性，管理员可以使用域组策略集中控制用户环境，对域中所有用户和计算机进行有效的控制，快速、便捷地帮助管理员完成烦琐的工作。

在本任务中，使用组策略限制域用户只能登录到指定的计算机，利用 GPO 分发 Windows Server 2003 管理工具包，安装 gpmc. msi 后，使用散列规则阻止客户端 QQ 软件的运行。

一、域组策略

组策略（group policy）是管理员为用户和计算机定义并控制程序、网络资源及操作系统行为的主要工具。组策略有本地组策略（参见本书相关内容）和域组策略两种。域组策略是组策略在域环境中的应用。使用域组策略可以加强管理员通过活动目录数据库在站点、域、组织单位中配置用户和计算机的能力。

1. 组策略的功能

（1）软件设置。控制用户可以访问的应用程序。

（2）应用程序自动安装策略。可以通过以下两种方法实现：

1）指派应用程序。组策略直接在用户计算机上安装或升级应用程序，或为用户提供应用程序的链接，指派的应用程序用户无法删除。

2）发布应用程序。组策略管理员通过活动目录发布应用程序。应用程序出现在用户控制面板的“添加或删除程序”工具的安装组件列表中，用户可以卸载这些应用程序。

（3）脚本。组策略可以设定脚本和批处理文件在指定时间运行，脚本可以自动执行重复性的任务。

（4）安全设置。组策略管理员可以限制用户访问文件和文件夹。

（5）管理模板。包括管理基于注册表的组策略，可以利用它来强制注册表设置，控制桌面的外观和状态，包括操作系统组件和应用程序。

（6）远程安装服务（RIS）。当运行用户安装向导时，控制显示给用户 RIS 安装选项。

（7）文件夹重定向。可以重定向指定的文件夹从默认位置到另一个网络位置，从而对这些文件夹进行集中管理。

2. 组策略对象

组策略是应用到活动目录存储中的一个或多个对象配置设置的集合。这些设置保存在组策略对象 GPO（Group Policy Object，GPO）中。

GPO 中包含作用于站点、域和 OU 的组策略设置，一个或多个 GPO 可以应用于站点、域或 OU。GPO 只影响域中的计算机和用户，不会影响没有加入到域的计算机和用户。

系统里两个内建的 GPO 是：

（1）default domain policy。此策略已连接到域，因此该策略将影响域内所有的计算机和用户。

（2）default domain controller policy。此策略已连接到 domain controller OU，因此该策略将影响域控制器组织单位内的所有计算机和用户。

3. 组策略配置类型

应用组策略时存在两种配置选项：计算机配置和用户配置。

（1）计算机配置。用于管理控制计算机特定项目的策略，包括桌面外观、安全设置、操作系统下运行、文件部署、应用程序分发、计算机启动和关机脚本运行等。将这些配置应用到特定的计算机上，当该计算机启动后，自动应用设置的组策略。

（2）用户配置。用于企业里控制更多用户特定项目的管理策略，包括应用程序配置、桌面配置、应用程序分配、计算机启动和关机脚本运行等。当用户登录到计算机时，就会应用用户配置组策略。用户配置只需注销计算机后，自动应用设置的组策略。

当计算机配置和用户配置有冲突（对于相同的项目设置有不同的值）时，计算机配置将覆盖用户配置。

4. 组策略的应用顺序及规则

组策略的影响范围非常广泛，域内所有的用户与计算机都可能会受到它的约束，因此，应在应用组策略之前进行详细的规则规定，以便其能够顺利运行。

（1）组策略的应用顺序。组策略按 LSDOU 顺序应用，其中 L 表示本地（Local），S 表示站点（Site），D 表示域（Domain），OU 表示组织单位（Organizational Unit）。

1）应用本地组策略对象。

2）有站点组策略对象，则进行应用。

3）应用域组策略对象。

4）如果有域控制器策略，则进行应用。

5）如果计算机或用户属于某个 OU，则进行应用。

6）如果计算机或用户属于某个 OU 的子 OU，则进行应用。

每台计算机上的本地组策略只有一个，只能编辑本地组策略，不能创建本地组策略。

在域和组织单位上可以同时应用多个组策略。默认情况下，当这些策略不一致时，后应用的策略将覆盖以前的策略。另外，组策略可以继承，也可以累加。

（2）组策略的应用规则

1）继承与阻止继承。默认情况下，下层容器会继承来自上层容器的 GPO。例如，一个企业建立“销售部 OU”，在销售部 OU 下建立“北京销售部”和“上海销售部”，则北京和上海销售部将继承上级容器“销售部 OU”的组策略。

子容器可以阻止继承上级组策略。例如，可以右击“北京销售部”，选择“属性”命令，打开“组策略”选项卡，选中“阻止策略继承”选项。

2）累加。容器的多个组策略设置如果不冲突，则最终的有效策略是所有组策略的总和。如果容器的多个组策略设置有冲突，则后应用的组策略覆盖先应用的组策略。

例如，域的 GPO 规定禁止更改壁纸，OU 的 GPO 规定可以更改壁纸，则 OU 的有效策略是可以更改壁纸。

3）强制生效。使上级容器的 GPO 强制生效，以组织单位“销售部”要强制应用到“北京销售部”和“上海销售部”为例，实现方法如下：

右击组织单位“销售部”，选择“属性”命令，打开“组策略”选项卡，选择“销售部 GPO”，单击“选项”按钮，勾选“禁止替代”。

设为“禁止替代”的 GPO 等于拥有强制生效的权利，其他 GPO 的设置与其抵触者一律无效。即使在下层容器设置不继承策略，依然可以应用“禁止替代”。

4）筛选。上文介绍的 GPO 都是应用于容器下的所有计算机和用户，但在实际中会有这样的需求，例如销售部的所有普通用户都受 GPO 约束，而销售部经理的账户不受此约束。这个功能靠筛选实现。筛选可以实现阻止一个 GPO 应用于容器内部的特定计算机和用户。

例如，销售部 OU 中有一个销售部经理账户 salemanager 和其他 10 个普通销售员账户，销售部的这些账户都是 sales 组的成员。要实现普通用户受 GPO 影响，而经理账户 salemanager 不受影响，实现方法如下：

右击组织单位“销售部”，选择“属性”命令，打开“组策略”选项卡，选择“销售部 GPO”，单击“属性→安全”选项，给“sales”组设置允许“读取”和“应用组策略”权限。

在“销售部 GPO”的“属性→安全”中，添加“salemanager”，设置拒绝“读取”和“应用组策略”权限。

由以上步骤可知，GPO 的访问权限设置类似于 NTFS 的权限设置，在应用组策略时要注意计算机账户和用户账户是否具有操作权限。

二、限制域用户只能登录到指定的计算机

默认情况下，使用任意一个域账户都可以登录除 DC 以外的任何域成员计算机，这给企业信息安全带来很大的隐患。如果有不怀好意的员工利用这个疏漏登录其他员工或管理人员的计算机并窃取企业的机密文件，可能会给企业造成重大损失。为了避免这种悲剧的发生，可以采取组策略为域用户指定允许其登录的计算机。

在“命令提示符”窗口中输入 DSA. MSC，打开 ADUC（活动目录用户和计算机）。选择要操作的目标用户，在“用户 属性”窗口中，切换到“账户”选项卡，单击“登录到”按钮，在新打开的“登录工作站”对话框中，取消此用户可以登录到“所有计算机”选项，并选中此用户可以登录到“下列计算机”选项，单击“添加”按钮，将该域账户所使用的计算机名和能够登录的计算机名加入到计算机列表里，从而限制域用户登录到指定的计算机，保护信息的安全。

三、GPMC 简介

1. GPMC 的起源

微软在 Windows 2000 系统中更新了目录服务，推出了与这个目录完全集成的策略管理——组策略对象。随着 Windows 2000 系统的深入应用，组策略的应用也越来越广泛，作为一种手段，成功应用组策略可以起到事半功倍的效果。

但随着组策略的深入应用，对这些组策略的管理成了用户最大的负担，而部分用户根本无法预料所配置的组策略会产生何种后果，往往结果大大出乎意料。GPMC 就是微软在吸取

遍布全球的合作伙伴及大量客户反馈意见的基础上酝酿而成的。

2. GPMC 的概念

GPMC（Group Policy Management Console，组策略管理控制台）与 Windows 2000/Server 2003 系统上传统的组策略编辑器截然不同，由一个全新的 MMC 管理单元及一整套脚本化的接口组成，提供了集中的组策略管理方案，可以大大减少不正确的组策略可能导致的网络问题并简化组策略相关的安全问题，解决组策略部署中的难点，减轻 IT 管理员在实施组策略时所承担的沉重包袱。

GPMC 除了实现一般的组策略管理任务，如创建、删除、修改外，还提供了复制、导入、备份、恢复功能，GPMC 中的组策略报告功能对组策略在计算机上的生效状况提供了详细的说明。

3. GPMC 的下载与安装

Windows Server 2003 自带的组策略编辑器，功能不够完善，有些设置需要使用 GPMC 组策略管理控制台完成，需要到微软官网上下载并安装。

四、软件限制策略

在企业网络管理中，需要对企业员工的操作行为进行管理，如上班时间不允许使用 QQ 聊天、看电影等。利用域控制器实现对某些软件的限制，是一种比较流行的方式。

当用户利用域账户登录到计算机时，系统会根据这个域账户的访问权限来判断其有无某个应用软件的使用权限。当其没有相关权限时，操作系统就会拒绝用户访问某个应用软件，从而达到管理企业员工操作行为的目的。

软件限制策略通过标识并指定允许哪些应用程序运行，来保护计算机环境免受不可信任的代码的侵扰。通过证书规则、路径规则、散列规则和 Internet 区域规则，用程序就可以在策略中得到标识。默认情况下，软件可以运行在“不受限制的”与“不允许的”两个级别上。

1. 证书规则

软件限制策略可以通过其签名证书来标识文件。证书规则不能应用于带有 . exe 或 . dll 扩展名的文件。它们可以应用于脚本和 Windows 安装程序包，可以创建标识软件的证书，然后根据安全级别的设置，决定是否允许软件运行。

2. 路径规则

路径规则通过程序的文件路径对其进行标识。由于此规则按路径指定，所以程序发生移动后路径规则将失效。路径规则中可以使用诸如% programfiles% 或% systemroot% 之类的环境变量。路径规则也支持通配符，所支持的通配符为“ * ”和“?”。

3. 散列规则

散列是唯一标识程序或文件的一系列定长字节，散列可以按散列算法计算。软件限制策略可以用 SHA－1（安全散列算法）和 MD5 散列算法并根据文件的散列对其进行标识。重命名的文件或移动到其他文件夹的文件将产生同样的散列。

4. Internet 区域规则

Internet 区域规则只适用于 Windows 安装程序包。Internet 区域规则可以标识那些来自 Internet Explorer 指定区域的软件，这些区域是 Internet、本地计算机、本地 Intranet、受限站点和可信站点。

任务实施

一、限制域用户只能登录到指定的计算机

操作：限制“张三”只能登录到 XP1 和 XP3 两台计算机，不能登录到 XP2 计算机。

1. 打开“Active Directory 用户和计算机”管理窗口，在“Computers”选项下分别建立 XP1、XP2 和 XP3 三台计算机（见图 5—2—1）。

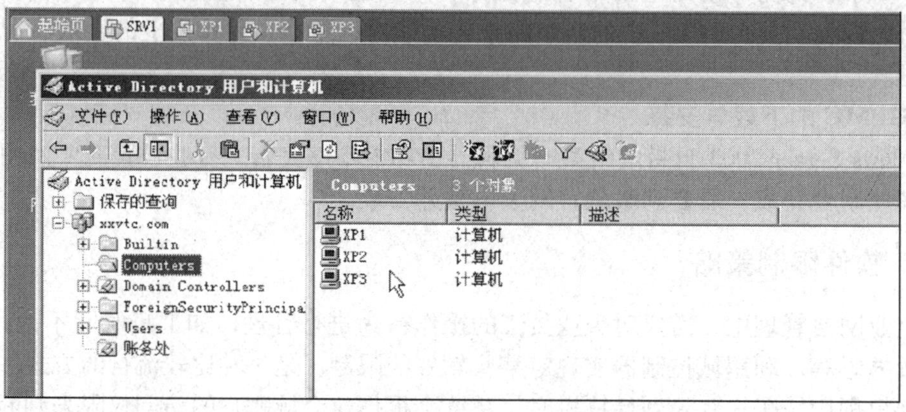

图 5—2—1 新建计算机

2. 在左侧窗格中单击组织单位“账务处”选项，在右侧窗格中右击用户“张三”，在弹出的快捷菜单中选择“属性”命令，打开“张三 属性”对话框，切换到“账户”选项卡。

3. 单击“登录时间”按钮（见图 5—2—2），设置用户允许登录的时间（见图 5—2—3）。

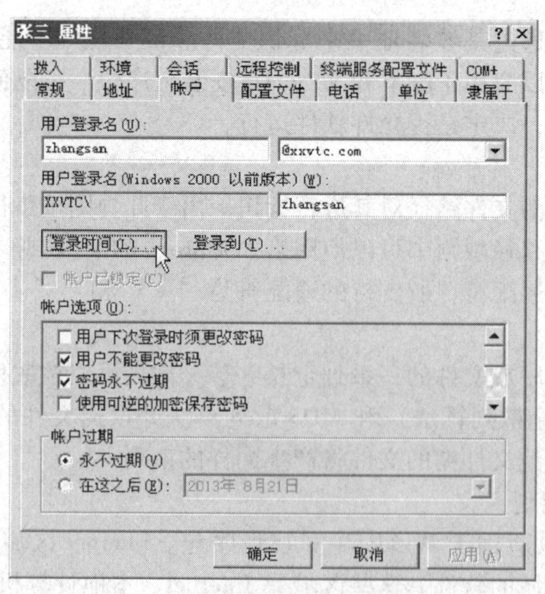

图 5—2—2 “账户”选项卡

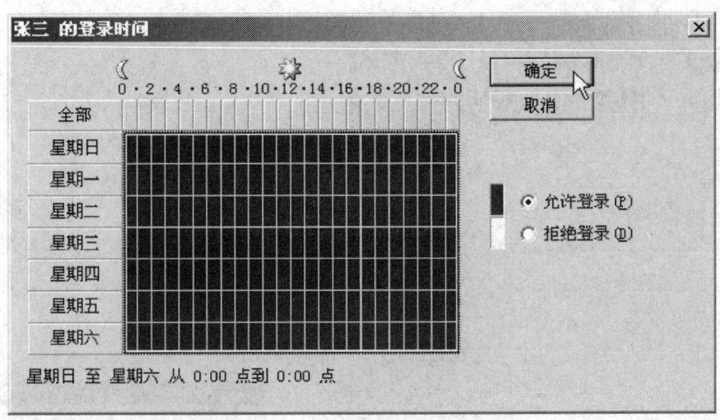

图 5—2—3　设置登录时间

4. 在图 5—2—2 所示“账户”选项卡中，单击“登录到”按钮，打开“登录工作站”对话框，勾选“下列计算机”单选按钮，输入计算机名 XP1，单击“添加”按钮（见图 5—2—4）。

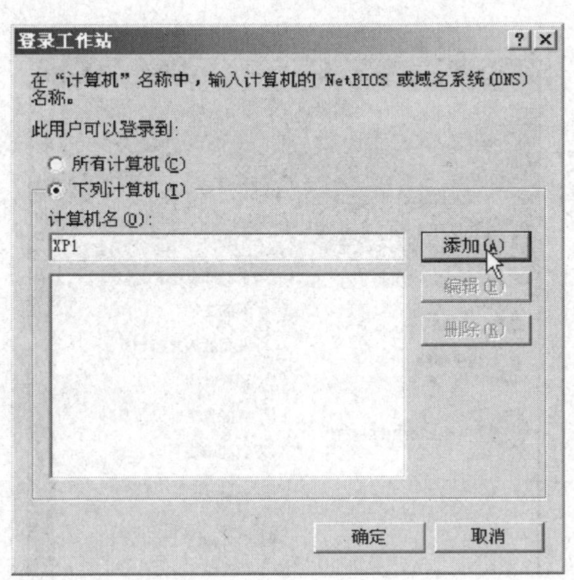

图 5—2—4　添加 XP1

5. 采用相同方法，添加计算机 XP3（见图 5—2—5），完成后关闭所有窗口。

6. 运行 secedit/refreshpolicy MACHINE_ POLICY 或 GpUpdate 刷新组策略（见图 5—2—6）。

7. 在计算机 XP2 中单击“开始”菜单，验证先前登录的用户名是否为“张三”（见图 5—2—7）。单击“注销”按钮，注销计算机。

8. 重新输入用户名“张三”和正确的密码，选择登录 xxvtc 域，单击“确定”按钮，显示“账户的配置使您无法使用该计算机。请尝试其他计算机。”的登录消息（见图 5—2—8），而登录计算机 XP1 和 XP3 均能成功。

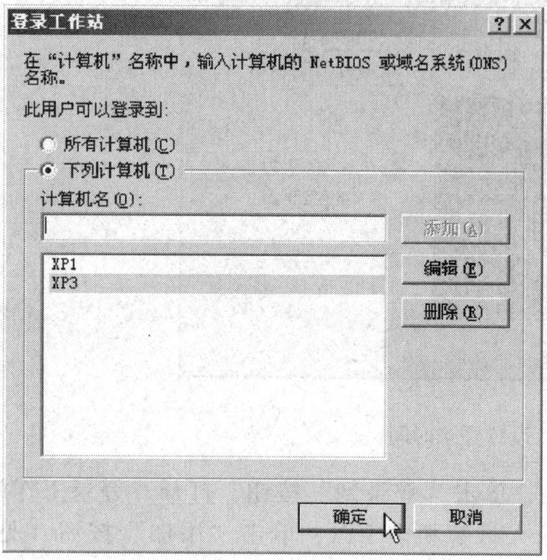

登录工作站

在“计算机”名称中，输入计算机的 NetBIOS 或域名系统(DNS)名称。

此用户可以登录到：

○ 所有计算机(C)

◉ 下列计算机(T)

计算机名(O)：

添加(A)

XP1

XP3

编辑(E)

删除(R)

确定　取消

图 5—2—5　添加 XP3

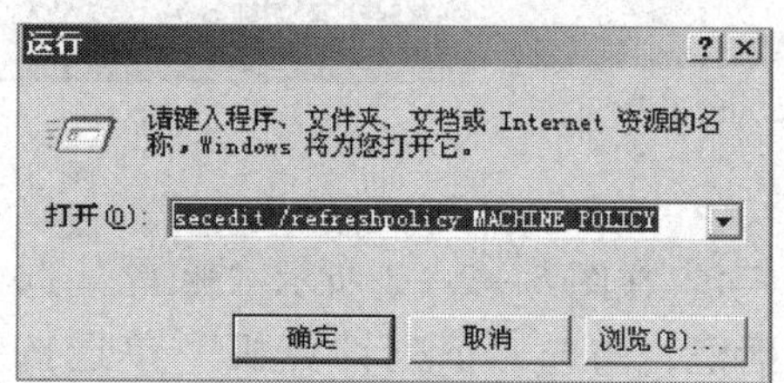

图 5—2—6　刷新组策略

图 5—2—7　张三登录 XP2

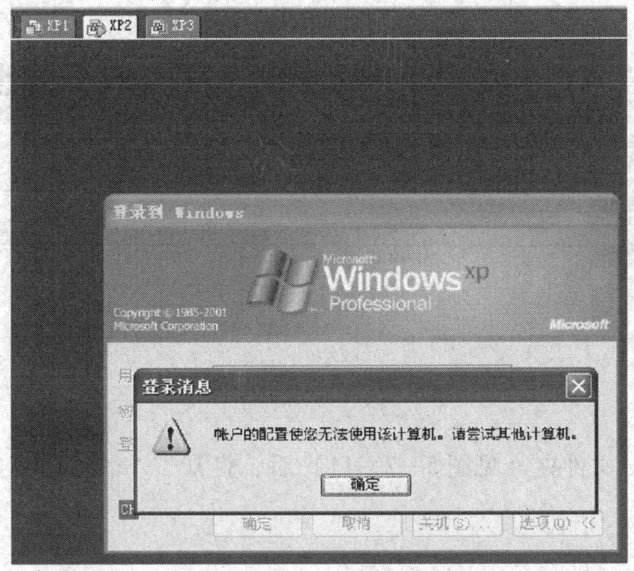

图 5—2—8　无法登录 XP2

二、利用 GPO 分发 Windows Server 2003 管理工具包

为了使用户方便地使用"Active Directory 用户和计算机"等管理工具，需要为域中的每个用户安装 Windows Server 2003 管理工具包。操作步骤如下：

1. 服务器端设置

（1）在服务器 SRV1 的 C:\WINDOWS\system32 下查找"Windows Server 2003 管理工具"安装软件包 adminpak. msi（见图 5—2—9），将该文件复制到 D:\software 文件夹下（见图 5—2—10）。

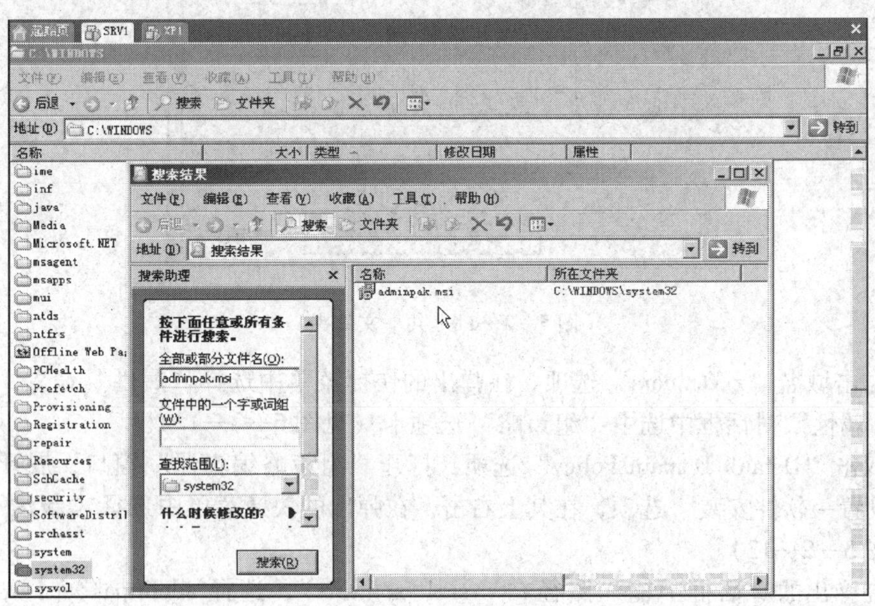

图 5—2—9　查找文件

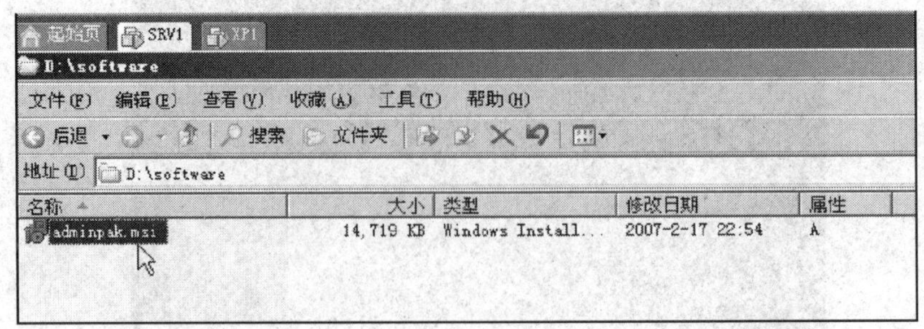

图 5—2—10　复制文件

（2）共享 software 文件夹（见图 5—2—11）后，打开“Active Directory 用户和计算机”管理窗口。

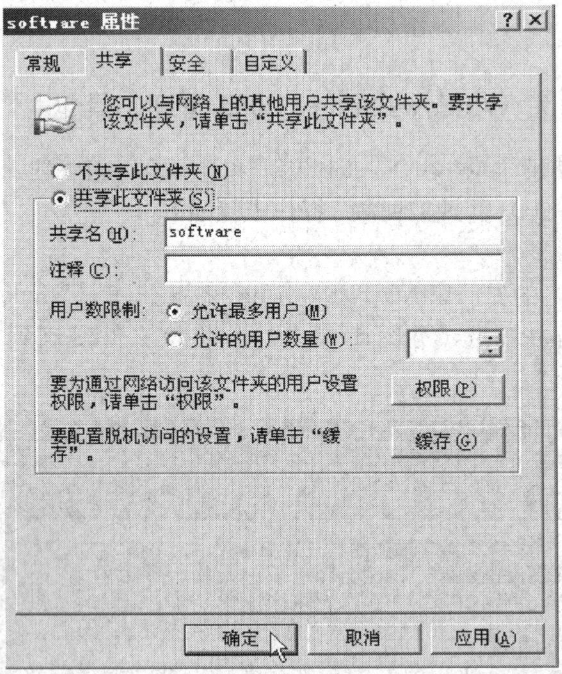

图 5—2—11　共享文件夹

（3）右击域名“xxvtc. com”选项，在弹出的快捷菜单中选择“属性”命令，在打开的“xxvtc. com 属性”对话框中选中“组策略”选项卡（见图 5—2—12）。

（4）双击“Default Domain Policy”选项，打开“组策略编辑器”窗口，展开“用户配置→软件设置→软件安装”选项，在其上右击，在弹出的快捷菜单中选择“新建→程序包”命令（见图 5—2—13）。

（5）在弹出的对话框中输入路径“\\srv1\software”，选择 adminpak. msi 文件（见图 5—2—14），单击“打开”按钮。

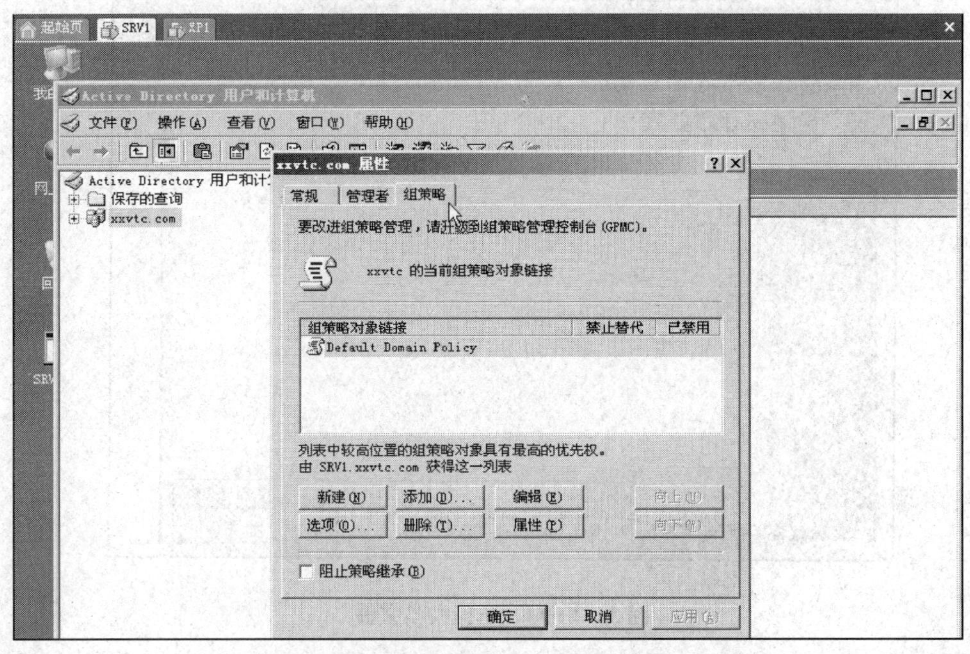

图 5—2—12 “组策略”选项卡

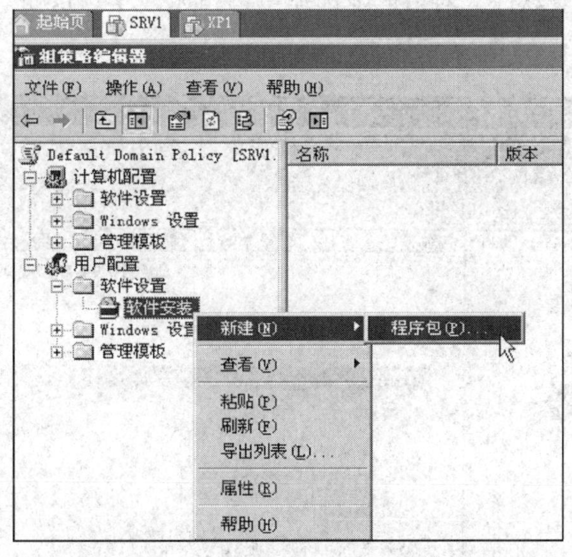

图 5—2—13 在“组策略编辑器”窗口中新建程序包

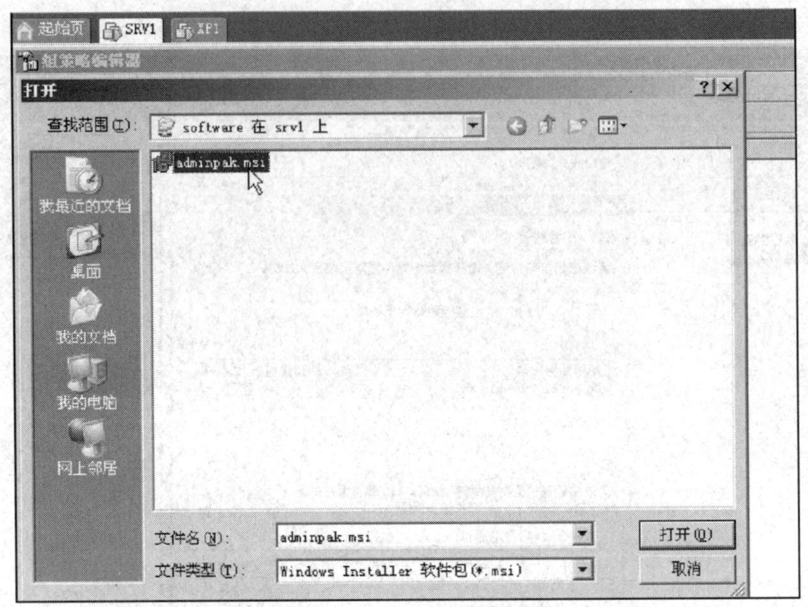

图 5—2—14　选择共享文件

提 示

在 Windows Server 2003 中只能分发扩展名是 . msi 的文件。

（6）在弹出的“部署软件”对话框中选择“已指派”单选按钮（见图 5—2—15），单击“确定”按钮。

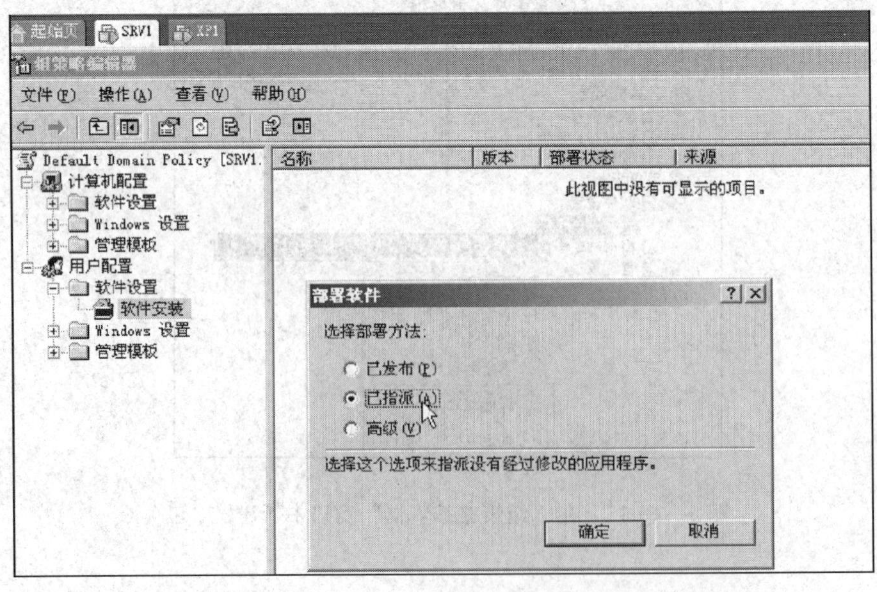

图 5—2—15　部署软件

（7）在右侧窗格中右击“Windows Server 200...　5.2　已指派”选项，在弹出的快捷菜单中选择“属性”命令，打开“Windows Server 2003 Service Pack 2 管理工具包 属性”对话框。选择“部署”选项卡，勾选“在登录时安装此应用程序”复选按钮，单击“确定”按钮，完成设置（见图5—2—16）。

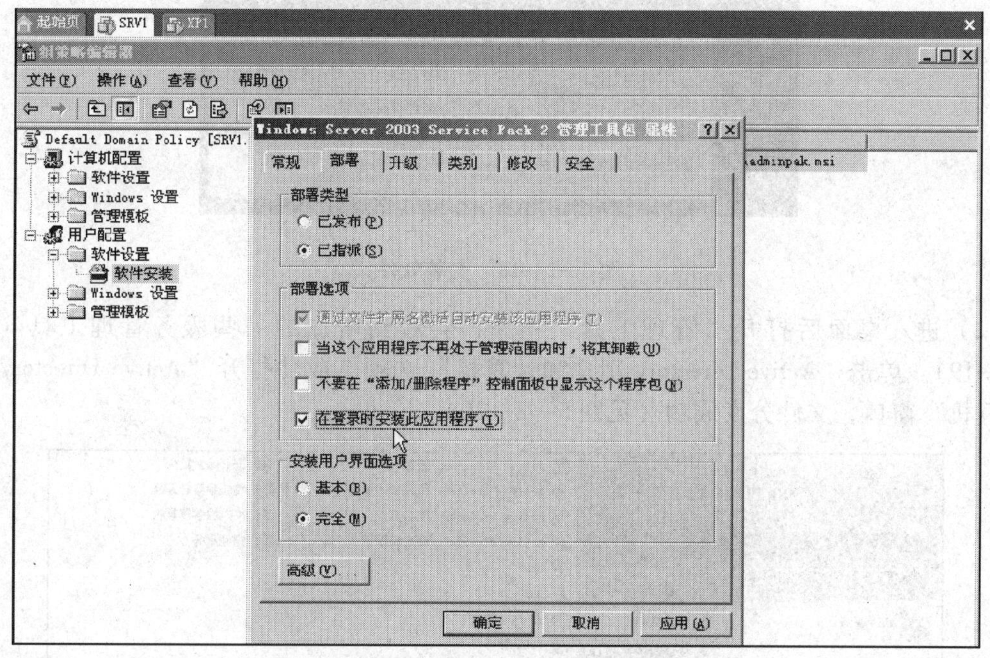

图5—2—16　“部署”选项卡

2. 在客户端检验分发效果

（1）重新启动客户端，登录到域 XXVTC（见图5—2—17）。客户端开始自动安装 Windows Server 2003 Service Pack 管理工具包（见图5—2—18）。

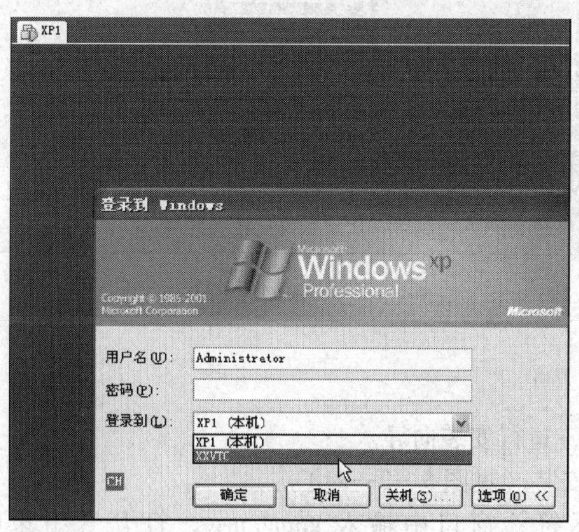

图5—2—17　登录到域

图 5—2—18　安装软件

（2）进入桌面后打开“管理工具”菜单，会看到增加的一些服务管理工具（见图 5—2—19）。单击“Active Directory 用户和计算机”选项，成功打开“Active Directory 用户和计算机”窗口，文件分发成功（见图 5—2—20）。

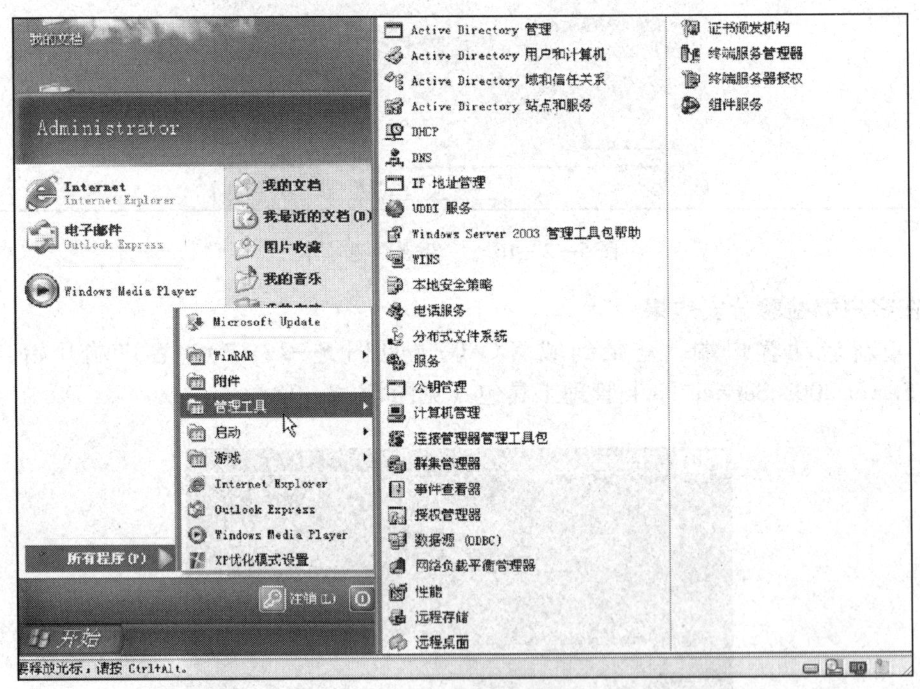

图 5—2—19　新增服务管理工具

三、安装 gpmc. msi

1. 下载 gpmc. msi，运行安装向导。

2. 按照提示完成安装（见图 5—2—21）。

3. 在“命令提示符”窗口中输入 gpmc. msc，打开“组策略管理”窗口（见图 5—2—22）。

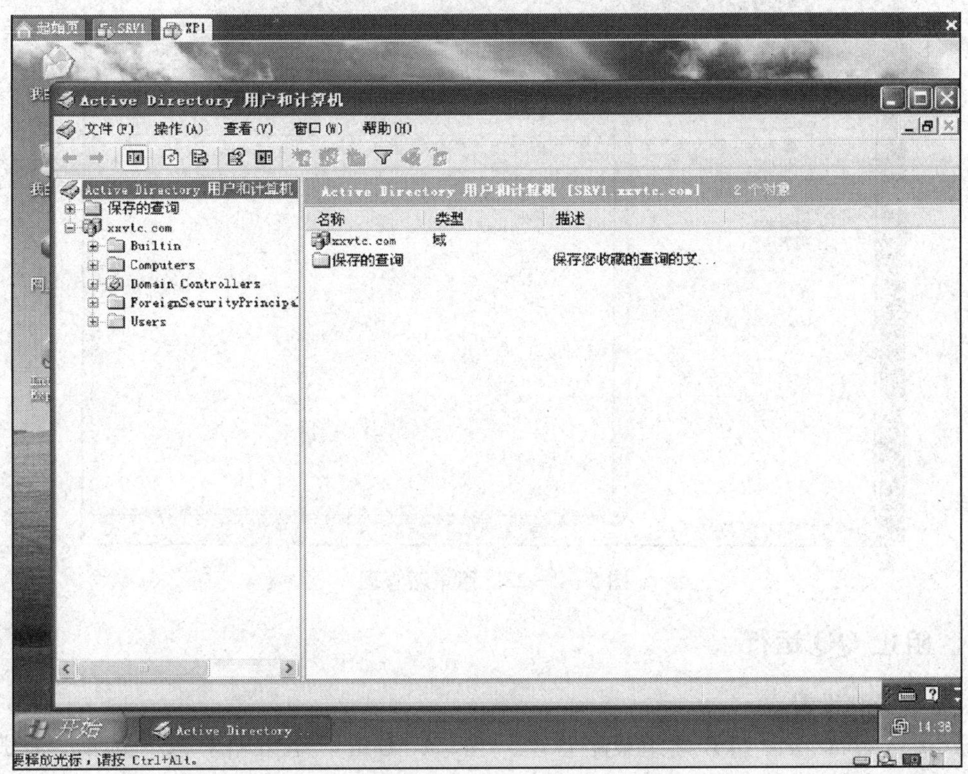

图 5—2—20　启动管理工具成功

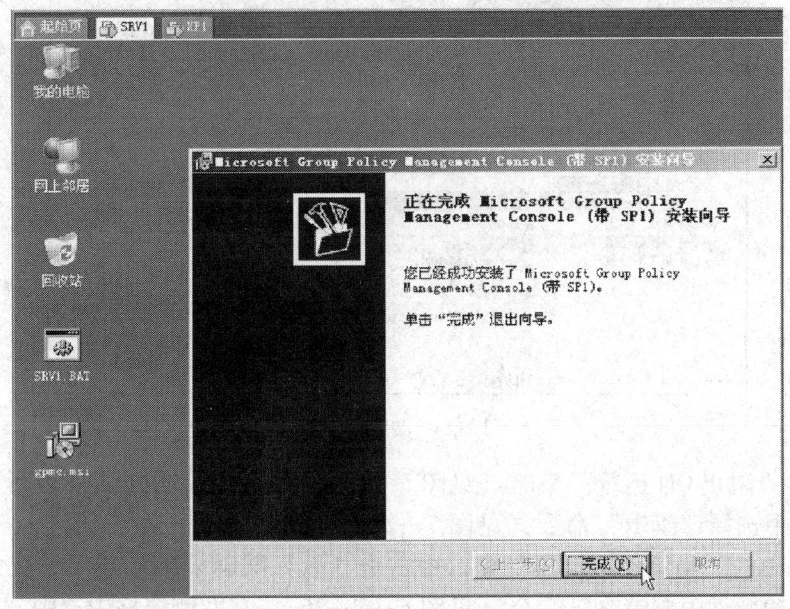

图 5—2—21　安装完成

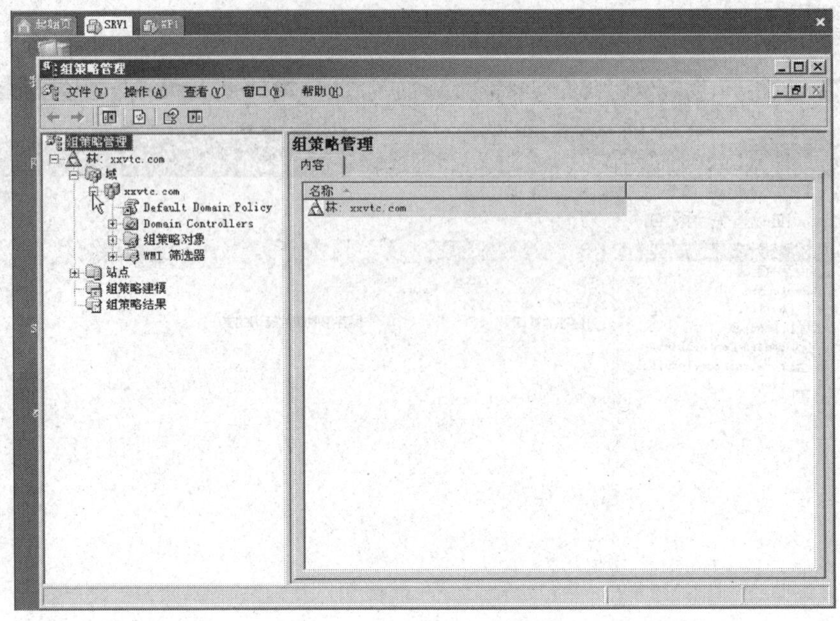

图 5—2—22　组策略管理

四、阻止 QQ 运行

1. 服务器端设置

（1）运行 gpmc. msc 打开“组策略管理”窗口，右击“组策略对象”选项，在弹出的快捷菜单中选择“新建”命令（见图 5—2—23）。

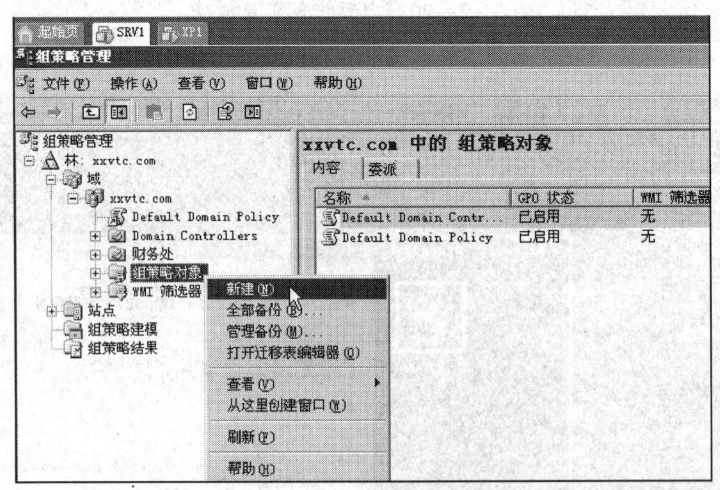

图 5—2—23　新建组策略对象

（2）新建“阻止 QQ 运行”策略（见图 5—2—24），右击“阻止 QQ 运行”选项，在弹出的快捷菜单中选择“编辑”命令（见图 5—2—25）。

（3）在弹出的“组策略编辑器”窗口中右击“软件限制策略”选项，在弹出的快捷菜单中选择“创建软件限制策略”命令（见图 5—2—26）。在左侧窗格中选中“其他规则”选项，在右侧窗格上右击，在弹出的快捷菜单中选择“新建哈希规则”命令（见图 5—2—27）。

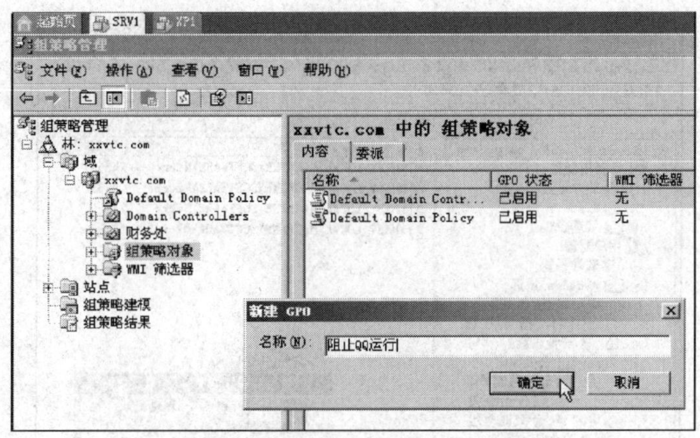

图 5—2—24　新建组策略

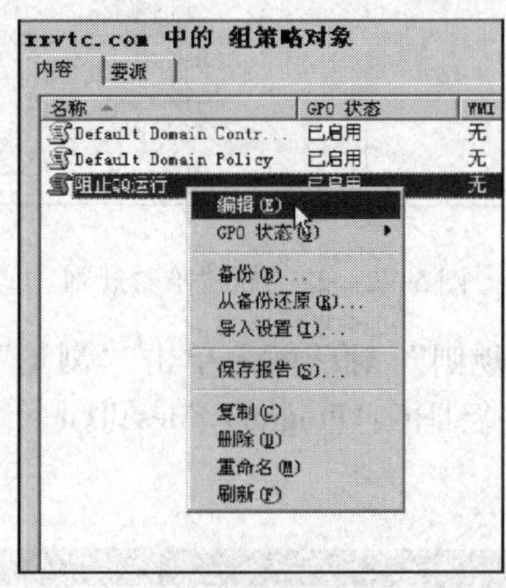

图 5—2—25　选择快捷菜单中的“编辑”命令

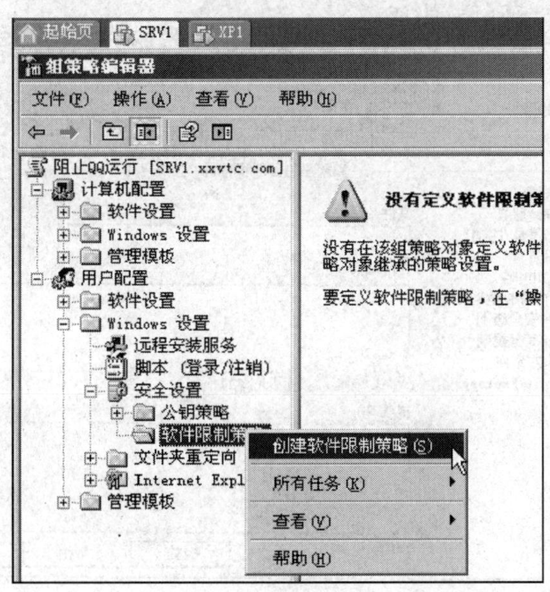

图 5—2—26　创建软件限制策略

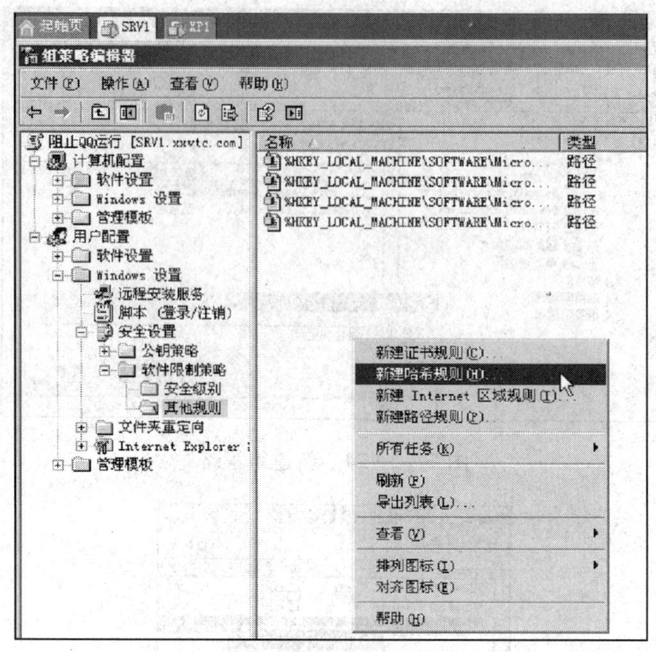

图 5—2—27　新建哈希规则

（4）在弹出的“新建哈希规则”对话框中单击“浏览”按钮，查找 QQ 的安装路径（见图 5—2—28）。QQ 的安装路径是 C:\Program Files\Tencent\QQ\bin。选择 QQ. exe，单击“打开”按钮。

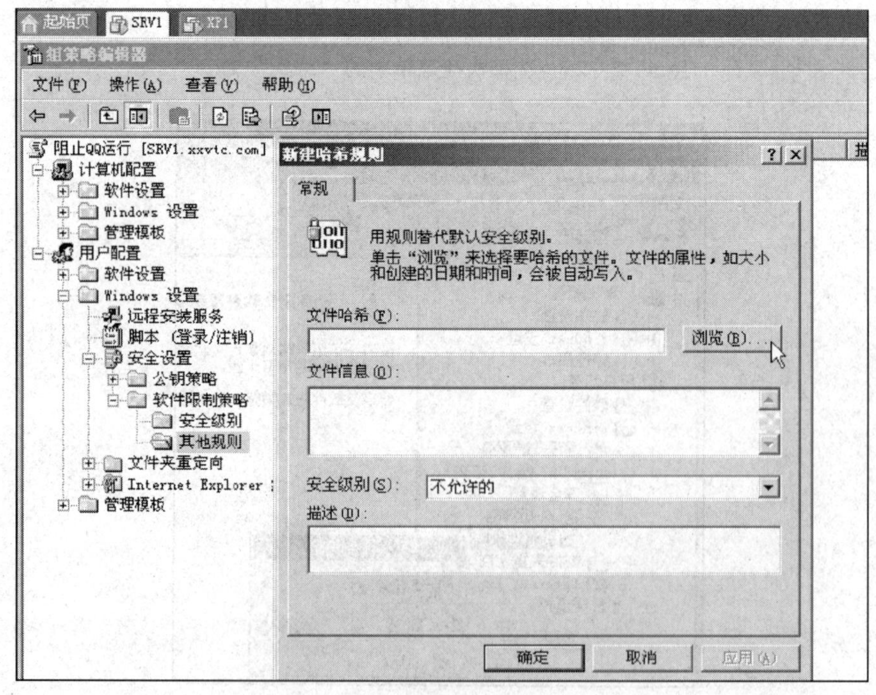

图 5—2—28　“新建哈希规则”对话框

（5）自动写入文件信息（见图5—2—29），单击“确定”按钮，成功建立哈希规则，单击“关闭”按钮，返回组策略编辑器（见图5—2—30）。

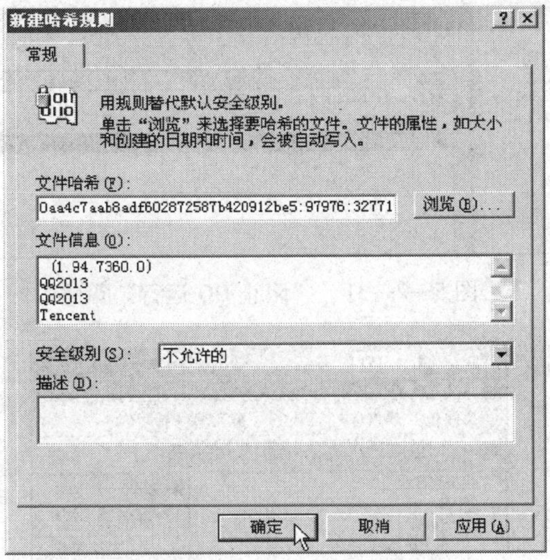

图5—2—29　自动写入文件信息

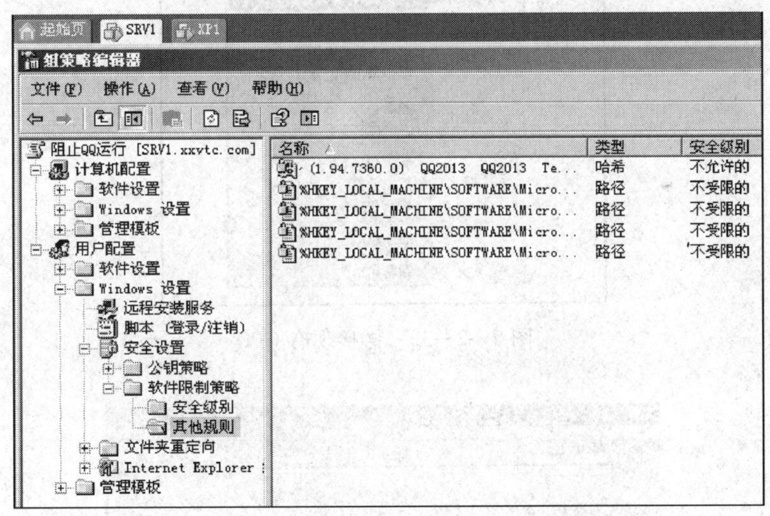

图5—2—30　成功建立哈希规则

（6）在“组策略管理”窗口的“组策略对象”选项中可以发现新增的“阻止QQ运行”策略（见图5—2—31）。

（7）在“组策略管理”窗口左侧窗格中，右击组织单位“财务处”（见图5—2—32），在弹出的快捷菜单中选择“链接现有GPO”命令，弹出“选择GPO”对话框，在“组策略对象”列表框中链接“阻止QQ运行”策略（见图5—2—33）。

（8）在“组策略管理”窗口左侧窗格中，展开“财务处”选项，选中“阻止QQ运行”选项（见图5—2—34）；在右侧窗格中单击“设置”选项卡，显示计算机配置和用户配置。在“软件限制策略/其他规则”区域中成功创建“哈希规则”（见图5—2—35）。

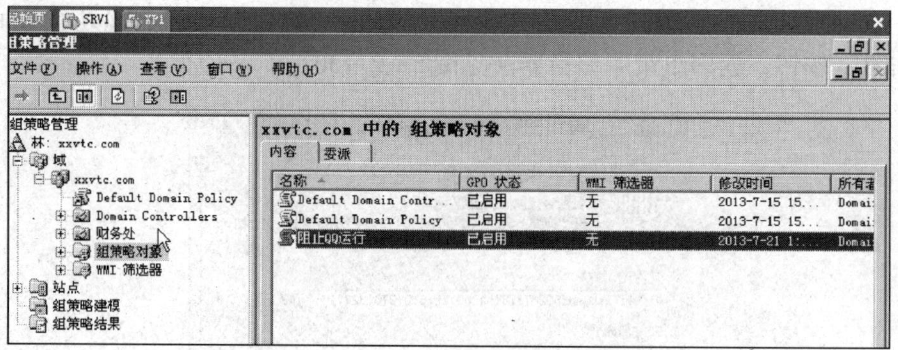

图 5—2—31 “阻止 QQ 运行”策略

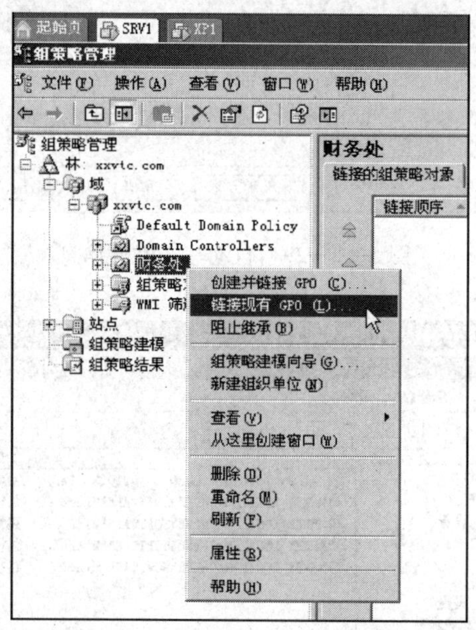

图 5—2—32 链接现有 GPO

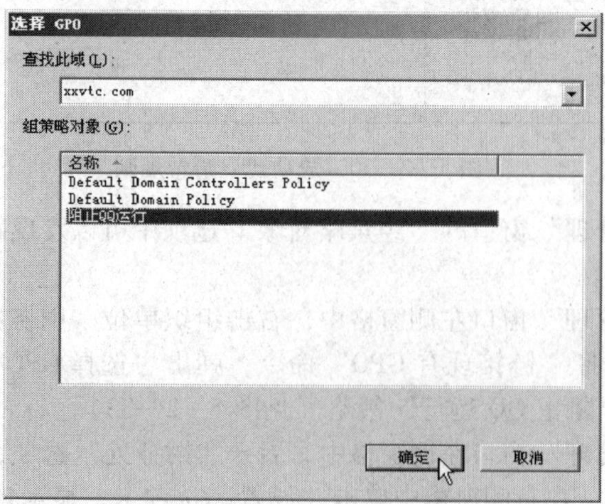

图 5—2—33 阻止 QQ 运行

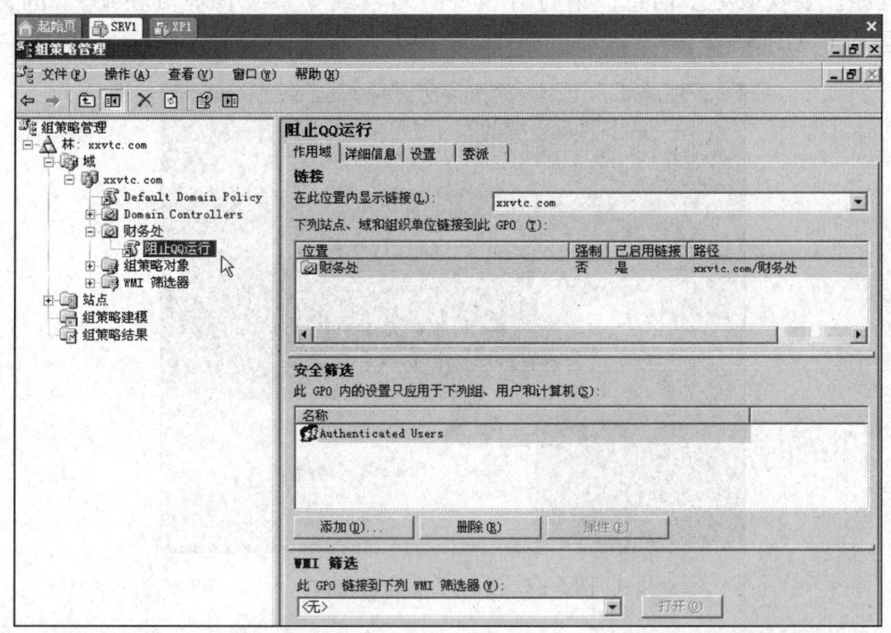

图 5—2—34　查看“财务处”的“阻止 QQ 运行”选项

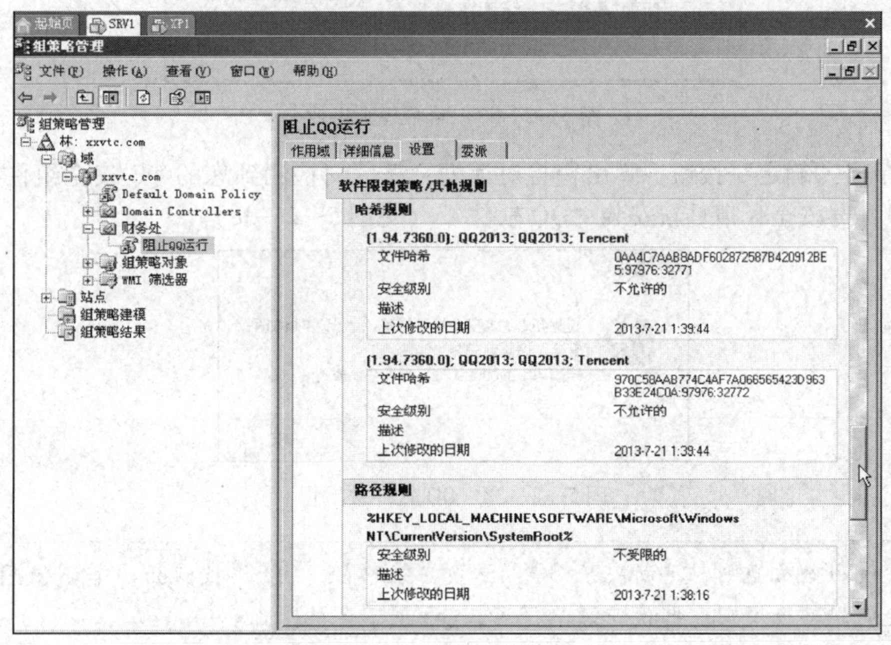

图 5—2—35　“设置”选项卡

2. 在客户端验证阻止效果

（1）在服务器端配置哈希规则前，运行 QQ 软件，出现登录窗口（见图 5—2—36）。

（2）在服务器端配置哈希规则后，注销计算机，以 zhangsan 账户重新登录到域 xxvtc。

（3）登录成功后，重新运行 QQ，将弹出“由于一个软件限制策略的阻止，Windows 无法打开此程序。要获取更多信息，请打开事件查看器或与系统管理员联系。”的警告信息，阻止 QQ 运行（见图 5—2—37）。

图 5—2—36　QQ 登录窗口

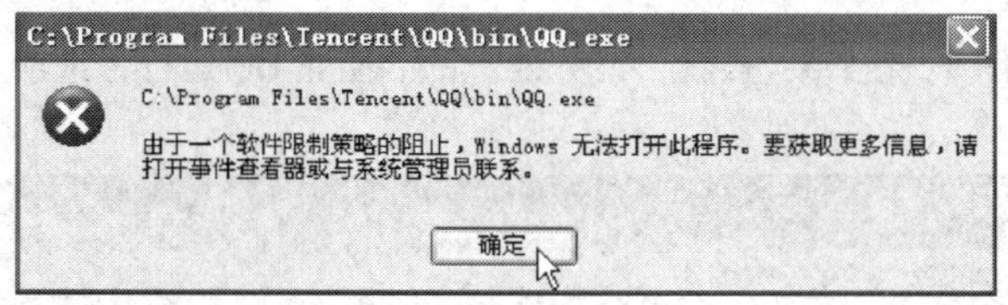

图 5—2—37　哈希规则生效

（4）单击“确定”按钮，弹出警告对话框，显示“检测到您的 QQ 安全组件异常。为了您的 QQ 账号安全，请重新安装‘QQ 软件’”（见图 5—2—38）。

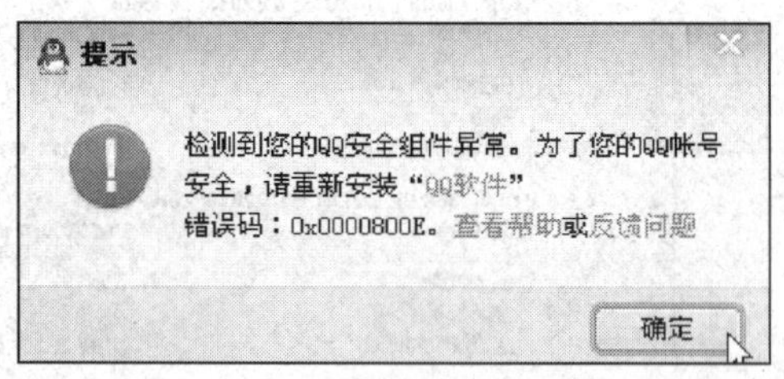

图 5—2—38　QQ 软件被阻止

由于使用哈希规则，重新安装 QQ，更换安装路径，QQ 仍被阻止。若不使用哈希规则，而是使用路径规则，更换安装路径后，QQ 则不会被阻止。

课后练习

1. 填空题

（1）组策略是管理员为用户和计算机定义并控制程序、网络资源及操作系统行为的主要工具。组策略有本地组策略和__________两种。

（2）域组策略是组策略在______环境中的应用。使用域组策略可以加强管理员通过活动目录数据库在站点、域、组织单位中配置__________和__________的能力。

（3）应用程序自动安装策略可以通过__________________和__________________两种方法实现。

（4）组策略是应用到活动目录存储中的一个或多个对象配置设置的集合。这些设置保存在____________________中。

（5）组策略按 LSDOU 顺序应用，它表示：__________、__________、__________、__________。

（6）系统里两个内建的 GPO 是__________________和________________________。

2. 判断题

（1）利用“Active Directory 用户和计算机”工具可以打开组策略对象编辑器。（　　）

（2）应用组策略时存在两种配置选项：计算机配置和用户配置。（　　）

（3）一个或多个 GPO 可以应用于站点、域或 OU。（　　）

（4）GPO 不仅影响域中的计算机和用户，还影响没有加入到域的计算机和用户。（　　）

（5）默认情况下，上层容器会继承来自下层容器的 GPO。（　　）

3. 实践操作

（1）限制域用户只能登录到指定的计算机。

（2）利用 GPO 分发 Windows Server 2003 管理工具包。

（3）利用 gpmc. msi 阻止 QQ 运行。